헨리에타 랙스의 불멸의 삶

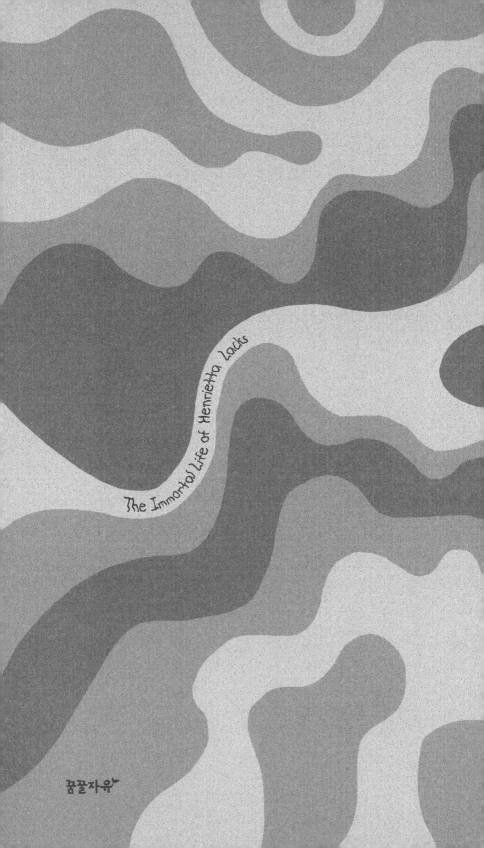

The Immortal Life of Henrietta Lacks

꿈꿀자유

헨리에타 랙스의 불멸의 삶

리베카 스클루트 지음 | 김정한·김정부 옮김

사랑하는 가족에게 이 책을 바치며

부모님 벳시와 플로이드, 그들의 배우자 테리와 비벌리,

오빠와 새언니 매트와 르네,

사랑스러운 조카 닉과 저스틴.

이 책과 씨름하던 긴 시간 동안 모두 나 없이도 잘해냈다.

그리고 이 책과 나를 끝까지 믿어주었다.

더불어 그 누구보다 책을 소중히 여기셨으며,

내가 진정 사랑했던 내 할아버지

제임스 로버트 리(1912~2003)를 추념하며.

차례

책머리에　　　　　　　　　　　　　　　　8
프롤로그　사진 속의 여인　　　　　　　　12
데보라의 목소리　　　　　　　　　　　　21

제1부 ———————————————— 삶

검진　1951년　　　　　　　　　　　　　　24
클로버　1920~1942년　　　　　　　　　　30
진단과 치료　1951년　　　　　　　　　　42
헬라의 탄생　1951년　　　　　　　　　　51
"시커먼 게 몸 안 가득 번지고 있어"　1951년　　61
"어떤 아줌마 전화야"　1999년　　　　　　70
세포 배양의 생과 사　1951년　　　　　　80
"정말 비참한 환자다"　1951년　　　　　　89
터너스테이션　1999년　　　　　　　　　94
길 건너편 저쪽　1999년　　　　　　　　107
"고통의 악마 그 자체"　1951년　　　　　115

제2부 ———————————————— 죽음

폭풍　1951년　　　　　　　　　　　　　122
헬라 세포 공장　1951~1953년　　　　　　127
헬렌 레인　1953~1954년　　　　　　　　143
"기억하기엔 너무 어렸을 때"　1951~1965년　　149
"한곳에서 영원히"　1999년　　　　　　　158
불법적이고 부도덕하며 개탄스러운　1954~1966년　169
"정말 해괴한 잡종"　1960~1966년　　　　181
"이 세상에서 가장 결정적인 순간"　1966~1973년　190
헬라 폭탄　1966년　　　　　　　　　　199

심야 의사 2000년   206

"그녀는 명성을 얻을 자격이 충분합니다" 1970~1973년   221

제3부 ——————————————— 불멸

"그게 아직 살아 있대요" 1973~1974년   232

"그들이 할 수 있는 최소한" 1975년   246

"누가 내 비장을 팔아도 좋다고 했습니까?" 1976~1988년   255

프라이버시 침해 1980~1985년   265

불멸의 비밀 1984~1995년   271

런던 이후 1996~1999년   279

헨리에타 마을 2000년   296

제카리아 2000년   307

죽음의 여신, 헬라 2000~2001년   319

"저게 다 우리 엄마" 2001년   331

흑인 정신병원 2001년   343

진료 기록 2001년   357

영혼 정화 2001년   366

천상의 몸 2001년   377

"겁먹을 건 아무것도 없으니까" 2001년   381

클로버로 가는 먼 길 2009년   391

그들은 지금 어디에   398

에필로그 헨리에타 랙스, 못다 한 이야기   402

감사의 말   421

옮긴이의 말   435

주   438

찾아보기   453

　이 책은 실화를 기록한 것이다. 등장인물은 모두 실명이며, 창조된 인물이나 꾸며낸 사건은 하나도 없다. 이 책을 쓰기 위해 나는 헨리에타 랙스의 가족과 친구들은 물론, 변호사, 윤리학자, 과학자, 랙스 가족에 관한 글을 쓴 적 있는 언론인들을 1천 시간 넘게 인터뷰했다. 또한 광범위한 기록 사진과 문서, 과학적·역사적 연구, 특히 헨리에타의 딸인 데보라 랙스의 일기를 참고했다.

　나는 사람들이 대화하거나 글을 쓸 때 사용한 언어를 그대로 전달하고자 최선을 다했다. 대화는 사투리를 그대로 살렸으며, 일기나 개인 기록에서 발췌한 내용은 원본 그대로 큰따옴표를 붙여서 인용했다. 헨리에타의 친척 한 분은 내게 말했다. "사람들의 말투를 꾸미거나 말한 내용을 바꾸면 그건 거짓말이 되고 맙니다. 그러면 그들의 삶, 그들의 경험, 그들의 실제 모습을 제대로 표현할 수 없습니다." 나는 인터뷰 때 사람들이 자신의 세계와 경험을 설명하기 위해 사용한 단어들을 책 곳곳에 그대로 옮겼다. 같은 맥락에서 '흑인 전용 colored'처럼 등장인물이 살았던 시대와 상황에 실제로 쓰였던 단어를 사용했다. 랙스 가 사람들은 종종 존스 홉킨스 병원을 '존홉킨'이라 했고, 나는 그대로 적었다. 책의 제1부 앞에 있는 '데보라의 목소리'는 데보라가 직접 말한 내용을 인용했지만, 단락의 길이를 맞추고 내용을 명확히 전달하기 위해 편집을 거쳤다.

　헨리에타 랙스는 이 책을 쓰기 수십 년 전에 사망했기 때문에, 그녀의 삶을 재구성하기 위해 인터뷰와 법적 문서, 진료 기록 등에 의존했다. 여러 장면에 등장하는 그녀의 대화는 문서 기록에서 유추하거나 인터뷰 중 했던 말을 그대로 인용한 것이다. 정확성을 기하기 위해 가능한 많은 사람을 여러 차례에 걸쳐 인터뷰했다. 제1장 '검진'에 인용한 헨리에타의 진료 기록은 서로 다른 여러 기록에서 발췌한 것을 요약했다.

헬라 HeLa는 헨리에타 랙스의 자궁경부 조직에서 배양한 세포를 지칭하며, 이 책 전반에 걸쳐 등장한다. 이 단어는 '힐라'라고 발음한다.

연대기적인 면에서 과학적 연구 관련 일자는 논문이 출판된 날이 아니라 실제로 연구를 시작한 날을 적용했다. 어떤 경우에는 연구 시작 날짜에 관한 정확한 기록이 없었기 때문에 대략적인 날짜를 썼다. 또한 여러 이야기를 교차해 동시에 전개하기도 했다. 과학적 사건들의 경우 보통 일정 기간에 걸쳐 일어나므로 같은 시간대에 진행되고 있었을 가능성이 크지만, 독자들이 쉽게 이해할 수 있도록 순차적으로 기술했다.

헨리에타 랙스와 헬라 세포의 역사는 과학, 연구 윤리, 인종, 계급 등에 관해 중요한 논쟁을 불러왔다. 나는 랙스 가족이 겪은 이야기의 범주 내에서 쟁점들을 분명하게 제시하기 위해 최선을 다했다. 그리고 에필로그에서 인체에서 채취한 조직의 소유권과 그 연구를 둘러싼 최근의 법적, 윤리적 논쟁을 다뤘다. 제기된 여러 가지 논점에 관해 다뤄야 할 내용이 훨씬 많지만, 그것은 책의 본래 취지를 벗어나는 것 같아 관련 분야 학자와 전문가들의 몫으로 남겨두고자 한다. 독자들께서 이 점 양해해주시리라 믿는다.

어떤 사람이든 추상적 개념으로 보아서는 안 된다.

한 사람 한 사람을

고유의 비밀과 보물을 간직한,

저마다 합당한 번민의 이유와 성공의 척도를 품은,

하나의 우주로 여겨야 한다.

— 엘리 위젤, 《나치 의사들과 뉘른베르크 강령》 중

사진 속의 여인

내 방 벽에는 찢어진 왼쪽 귀퉁이를 테이프로 붙여 놓은, 한 번도 만나본 적 없는 여인의 사진이 붙어 있다. 잘 다린 정장 차림에 진홍색 립스틱을 바르고 양손을 허리에 걸친 채 카메라를 똑바로 쳐다보며 웃고 있다. 1940년대 후반, 그녀는 아직 서른이 되지 않았다. 다섯 아이에게서 엄마를 앗아가고 의학의 미래를 바꿔 놓을 암세포가 몸 속에서 자라는 줄 아는지 모르는지, 엷은 갈색 피부는 부드럽기 그지 없고 활기찬 눈매에는 장난기가 가득하다. 사진 아래쪽에 이름이 적혀 있다. '헨리에타 랙스, 헬렌 레인, 혹은 헬렌 라슨.'

누가 찍었는지 아무도 모르지만, 이 사진은 온갖 잡지, 과학 교과서, 블로그, 실험실 벽에 수없이 등장한다. 보통 '헬렌 레인'이라고 하지만, 아예 이름조차 밝히지 않은 경우도 많다. 그녀는 간단히 헬라 HeLa라는 코드명으로 불린다. 이것은 숨이 멎기 고작 몇 달 전 그녀의 자궁경부에서 떼어낸 세포, 세계 최초의 불멸 인간 세포에 붙여진 이름이다.

이 여인의 진짜 이름은 헨리에타 랙스다.

오래도록 그 사진을 들여다볼 때마다 그녀의 삶은 어땠을까, 남겨진 아이들은 어떻게 되었을까, 자신의 세포가 수조 개씩 포장돼 세계 곳곳의 실험실에서 사고 팔리며 영생을 누리고 있음을 알면 어떤 생각이 들까 궁금했다. 인간이 우주로 처음 나갈 때 인간 세포가 무중력 상태에 어떻게 반응하는지 연구하기 위해 자신의 세포를 가져갔다는 것을, 또 소아마비 백신, 항암화학치료, 세포 복제, 유전자 지도, 체외수정 등 역사상 가장 획기적인 의학 발전에 자신의 세포가 크게 기여했음을 알면 어떤 기분이 들지 상상했다. 몸속에서 자랄 때와는 비교할 수 없을 정도로 많은 세포가 실험실에서 자라고 있다고 알려준다면 그녀는 기절초풍할 것이다.

오늘날 정확히 얼마나 많은 헨리에타의 세포가 살아 있는지는 알 수 없다. 어떤 과학자는 지금까지 배양된 헬라 세포를 무게로 따지면 5천만 톤이 넘을 것이라고 추정한다. 한 사람의 몸무게와 비교해보면 도저히 상상이 가지 않는 수치다. 또 다른 과학자에 따르면 지금 껏 자라난 헬라 세포를 한 줄로 세우면 10만 7,000킬로미터, 그러니까 지구를 세 바퀴 이상 돌 수 있다. 한창때 헨리에타의 키는 152센티미터를 조금 넘었을 뿐인데 말이다.

내가 헬라 세포와 그 주인을 처음 알게 된 것은 1988년, 그러니까 헨리에타가 죽은 지 37년이 되는 해였다. 열여섯 살이던 나는 한 지방 대학 강의실에 앉아 있었다. 머리가 우스꽝스럽게 벗어진 도널드 데플러 선생님이 강단에 서서 프로젝터로 투사된 두 개의 그림을 가리켰다. 세포 재생주기에 관한 그림이었지만, 내게는 그저 '단백질 활성화 연쇄반응을 일으키는 증식촉진제' 따위의 알 수 없는 어휘로 가득한 화살표, 네모, 세모의 어지러운 잡탕일 뿐이었다.

나는 출석이라고는 하지 않아 공립고등학교 1학년을 낙제한 터였다. 생물학 대신 '꿈의 연구'라는 과목을 수강해 학점을 딸 수 있는 계절학교에서 데플러 선생님의 수업을 들었다. 열여섯 살짜리가 세포 분열이나 활성효소 억제제 같은 용어가 난무하는 대학 강의실에 앉아 있자니 환장할 지경이었다.

"그림에 있는 걸 다 외워야 하나요?" 한 학생이 죽는 소리를 쳤다.

그럼, 외워야지. 물론 시험에도 나올 거야. 하지만 그런 것이 중요한 게 아니야. 데플러 선생님은 세포가 얼마나 경이로운지 설명했다. 우리 몸에는 약 100조 개의 세포가 있는데, 이 문장의 마침표 안에도 수천 개가 들어갈 정도로 작다고 했다. 그 세포들이 근육, 뼈, 혈액 등 조직을 이루고, 이것들이 다시 다양한 장기를 형성한다.

세포를 현미경으로 보면 흰자(세포질)와 노른자(핵)가 있는 것이 꼭 달걀 프라이 같다. 흰자는 세포를 먹여 살릴 물과 단백질로 가득

하고, 노른자는 개인의 모든 것을 결정짓는 온갖 유전정보를 담고 있다. 세포질은 뉴욕 시내처럼 부산하다. 효소와 당분을 이곳저곳으로 실어 나르는 도관들과 각종 분자로 가득하며 물, 영양분, 산소를 끊임없이 세포 안팎으로 펌프질한다. 세포질 속에 있는 조그만 공장들은 하루 24시간, 주 7일 쉬지 않고 가동하면서 당분, 지방, 단백질, 에너지를 생산해 세포핵을 먹여 살리고 세포 전체가 돌아가게 한다. 세포핵은 이 모든 활동의 사령탑이다. 우리 몸속 모든 세포의 핵에는 동일한 게놈이 들어 있어 세포가 언제 자라고 분화할지 지시하고, 심박동을 조절하거나 뇌가 이 책에 나오는 낱말들을 이해할 수 있게 돕는 등 세포의 임무를 완수하도록 관리한다.

데플러 선생님은 강의실 앞을 왔다갔다하며 세포분열 과정을 통해 어떻게 배아가 아기로 자라는지, 어떻게 새로운 세포가 만들어져 상처가 아무는지, 어떻게 손실된 피를 새롭게 보충하는지 설명했다. 선생님은 이 과정이 완벽하게 연출된 춤처럼 아름답다고 했다.

하지만 분열 과정에 조그만 실수 하나만 생겨도 세포는 통제불능으로 자랄 수 있다고 했다. *단 하나의 효소, 단 하나의 단백질만 잘못 활성화돼도 암에 걸릴 수 있지. 세포분열 과정의 스텝이 꼬이는 것, 그게 암이 몸 전체로 퍼지는 원리야.*

"배양한 암세포를 연구해 이런 사실을 알게 됐지." 선생님은 씩 웃더니 칠판에 큼지막하게 두 단어를 썼다. **헨리에타 랙스.**

선생님은 헨리에타가 1951년 고약한 자궁경부암으로 사망했다고 했다. 하지만 그 전에 한 의사가 암 조직 일부를 떼어내 배양용기로 옮겼다. 당시 과학자들은 수십 년째 인간 세포 배양을 시도했지만, 세포들은 매번 얼마 못 가 다 죽고 말았다. 헨리에타의 세포는 달랐다. 24시간마다 한 세대를 재생했으며, 시간이 지나도 증식을 멈추지 않았다. 최초로 실험실에서 배양된 불멸의 인간 세포였다.

"헨리에타의 세포는 그녀의 몸속에서 살았던 것보다 훨씬 오랜 시간을 몸 밖에서 살아 있지." 선생님은 전 세계 어느 세포 배양 실험실에 가도 냉동고 안에 수십억까지는 몰라도 수백만 개의 헬라 세포가 담긴 작은 갈색병이 있을 거라고 했다.

헨리에타의 세포는 암을 유발하거나 억제하는 유전자 연구에 긴요하게 사용되었다. 헤르페스, 백혈병, 인플루엔자, 혈우병, 파킨슨병 등의 치료제를 개발하는 데도 도움이 되었고, 유당 흡수, 성매개 감염병, 맹장염, 인간 수명, 모기의 짝짓기, 심지어 하수구 작업이 세포에 미치는 부정적 영향을 연구하는 데도 사용되었다. 그동안 과학자들은 이 세포의 염색체와 단백질을 상세하게 연구해 특성을 속속들이 규명했다. 헬라 세포는 실험용 쥐에 버금가는 존재, 실험실에 없어서는 안 될 존재가 되었다.

"헬라 세포는 지난 세기 의학계에서 가장 중요한 사건 중 하나지." 데플러 선생님은 이렇게 평가하고는 문득 생각났다는 듯 무덤덤한 표정으로 덧붙였다. "그 여자는 흑인이었어." 그리고 그녀의 이름을 칠판에서 단번에 지우더니 손에서 분필 가루를 털어냈다. 수업 끝.

다른 학생들이 강의실을 빠져나가는 동안 나는 생각에 잠겨 앉아 있었다. '이게 다야? 이게 우리가 아는 전부라고? 뭔가 더 있는 게 분명해.'

나는 연구실까지 데플러 선생님을 따라갔다.

"그녀는 어디 출신이에요? 자기 세포가 얼마나 중요한지 알았나요? 아이들은 있었고요?"

"나도 알았으면 좋겠구나. 하지만 그런 걸 아는 사람은 아무도 없단다."

그날 수업이 끝나고 나는 집으로 달려와 생물 교과서를 끌어안고 침대에 몸을 던졌다. 색인에서 '세포 배양'을 찾아봤다. 작은 괄호 안에 그녀에 대한 설명이 있었다.

배양된 암세포는 영양분만 있으면 무한정 분열할 수 있기 때문에 '불멸'이라고 한다. 1951년 이후 배양을 통해 계속 증식 중인 세포주細胞株가 좋은 예다. (헨리에타 랙스라는 여성의 종양에서 유래했기 때문에 헬라 세포라고 한다.)

그게 다였다. 부모님의 백과사전에도 그저 헬라만 있을 뿐, 헨리에타 랙스는 없었다.

고등학교를 졸업하고 생물학 학위 과정을 밟는 동안에는 어디서나 헬라 세포를 만날 수 있었다. 조직학, 신경학, 병리학 시간에 헬라 세포에 대해 들었다. 인접한 세포가 어떻게 서로 소통하는지 연구하는 실험에서 헬라 세포를 직접 사용하기도 했다. 하지만 데플러 선생님 이후로 헨리에타를 언급하는 사람은 더이상 없었다.

1990년대 중반 처음 컴퓨터를 사고 인터넷을 이용하게 되었을 무렵, 헨리에타에 대한 정보를 검색해봤지만 혼란스러운 자투리뿐이었다. 대부분의 웹사이트가 그녀의 이름을 '헬렌 레인'이라 했다. 어디서는 1930년대에 사망했다 하고, 다른 곳에서는 40년대, 50년대, 심지어 60년대에 사망했다고 전했다. 여기서는 난소암, 저기서는 유방암이나 자궁경부암으로 사망했다고 적었다.

마침내 1970년대에 발간된 잡지에서 그녀를 다룬 기사를 찾았다. 주로 흑인들이 구독하는 《에보니Ebony》라는 잡지는 헨리에타의 남편을 인터뷰해 이렇게 적었다. "내가 기억하는 거라고는 마누라가 병을 앓았고, 죽은 담엔 사람들이 어떤 샘플을 떼어내도 좋은지 허락받으려고 회사로 전화했다는 게 다요. 나는 못 하게 했소."《제트Jet》라는 잡지는 헨리에타의 세포가 25달러에 거래된다는 데 대해, 또 자신들도 모르는 사이에 그녀에 대한 기사들이 나오는 데 대해 가족들이 분노한다고 전했다. "과학과 언론이 자신들을 이용한다는, 갉아 먹히는 듯한 불쾌감이 그들의 뒤통수를 후려친다."

모든 기사가 가족의 사진을 함께 실었다. 사진 속에서 맏아들은 볼티모어의 집 거실에 앉아 유전학 교과서를 보고, 둘째는 군복 차림으로 아기를 안고 웃고 있다. 유독 눈길이 가는 사진이 있었다. 헨리에타의 딸 데보라 랙스가 서로 어깨를 걸고 선 가족들에게 둘러싸여 있다. 다들 밝고 상기된 눈으로 웃는데, 데보라만 웃지 않는다. 앞쪽에 외롭게 서 있는 모습이 마치 나중에 덧붙여 넣은 것 같다. 스물여섯의 아름다운 그녀는 짧은 갈색 머리에 고양이 눈매인데, 카메라를 응시하는 눈빛이 단호하고 진지하다. 죽은 지 25년이나 되는 헨리에타의 세포가 아직도 살아 있다는 사실을 가족들은 불과 몇 달 전에야 알게 됐다는 설명이 붙어 있다.

기사들은 하나같이 과학자들이 헨리에타의 자녀들을 연구하기 시작했다고 밝혔지만, 랙스 집안 사람들은 그것이 무슨 연구인지 잘 모르는 듯했다. 가족은 헨리에타가 앓았던 암을 자기들도 앓고 있는지 검사하는 것이라고 했지만, 기사에 따르면 과학자들은 헨리에타의 세포에 대해 좀더 알기 위해 가족을 연구했다. 기사들은 어머니의 세포가 불멸이란 것이 자신도 영원히 살 수 있다는 의미인지 알고 싶어하는 아들 로런스의 이야기도 인용했다. 하지만 가족 중 한 사람만은 침묵했다. 바로 데보라였다.

대학원에서 글쓰기를 공부할 때 나는 언젠가 헨리에타의 이야기를 쓰리라는 생각에 사로잡혔다. 한번은 볼티모어의 전화번호 안내원에게 전화해 헨리에타의 남편 데이비드 랙스를 찾아보기도 했다. 그의 전화번호는 등록되어 있지 않았다. 언젠가 헬라 세포와 그 세포의 주인, 누군가의 딸이자 아내이고 엄마였을 여인의 전기를 쓰리라.

그때는 상상도 못 했지만 그 전화는 10년에 걸쳐 전개될 모험의 시작이었다. 과학 실험실, 병원, 정신병원을 망라하는 이 모험에는 노벨상 수상자들과 식료품점 주인, 죄수, 전문 사기꾼 등이 각자 배역을 맡아 등장한다. 인체 조직을 의학 연구에 이용하는 데 따르는 복잡한 윤리 문제와 세포 배양의 역사를 이해하려고 노력하는 동안 나는 음모를 꾸민다는 비난을 받기도 하고, 몸뿐만 아니라 마음까지 벽에 내동댕이쳐졌다. 결국 퇴마사에게 쫓겨나는 귀신이 되어버린 듯한 자신을 발견하기도 했다. 그러나 나는 마침내 데보라를 만났다. 그녀는 내가 아는 가장 끈기 있고 강인한 여성 중 하나였다. 우리는 깊은 인간적 유대를 형성했다. 알게 모르게 나는 천천히 데보라의 이야기 속 등장인물이 되고, 그녀는 내 이야기 속 등장인물이 되었다.

데보라와 나는 완전히 다른 문화에서 자랐다. 태평양 연안 북서부에서 백인 불가지론자로 자란 나는 뿌리의 절반은 뉴욕 유태인계이고, 다른 절반은 중서부 개신교 계통이다. 데보라는 남부 출신 흑인으로 독실한 기독교 신자다. 나는 종교가 화제에 오르면 왠지 불편해서 자리를 뜨는 경향이 있었지만, 데보라의 가족은 설교, 신앙치료,

심지어 때로는 주술에 기대기까지 했다. 데보라는 미국에서 가장 가난하고 위험한 흑인 동네에서 자랐다. 나는 백인이 압도적으로 많은 안전한 중산층 마을에 살면서 전교에 흑인이 둘밖에 없는 고등학교를 다녔다. 나는 초자연적인 것은 모두 '푸닥거리'로 치부하는 과학 전문 저널리스트였다. 반면 데보라는 헨리에타의 영혼이 그 세포 속에 살면서 거기 얽혀 드는 모든 사람의 인생을 조종한다고 믿었다. 나도 예외가 아니다.

"그렇지 않구서야 사람들이 헬렌 레인이라고 알고 있던 엄마의 진짜 이름을 아가씨의 과학 선생이 어떻게 알았겠소?" 데보라는 이렇게 말하고도 남을 것이다. "그러니까 우리 엄마는 말이요, 아가씨의 관심을 끌고 싶었던 거라니까."

이런 식으로 내 인생을 풀어본다면, 이 책을 쓰는 동안 결혼을 하게 된 것은 헨리에타가 내가 일하는 동안 누군가 나를 돌봐주길 원해서였을까? 이혼은 헨리에타가 보기에 남편이 책의 집필에 방해만 되었기 때문이고. 랙스 집안 사람들의 이야기를 책에서 빼자던 편집자가 영문 모를 사고로 다친 것은 데보라에게는 헨리에타를 섭섭하게 하면 어떤 일을 당하게 되는지에 대한 본보기이다.

랙스 집안 사람들 덕에 나는 신앙과 과학, 저널리즘, 인종에 대해 안다고 생각했던 모든 것을 하나하나 되돌아보았다. 이 책은 그 결과물이다. 이 책은 헬라 세포와 헨리에타 랙스에 대한 이야기일 뿐 아니라, 데보라를 비롯한 랙스 가족에 대한 이야기이고, 그들이 헬라 세포의 존재를 받아들이기까지 평생에 걸쳐 펼쳤던 지난한 싸움과 그 세포를 가능하게 했던 과학에 대한 이야기이기도 하다.

데보라의 목소리

　사람들은 내가 아주 질려서 어째야 좋을지 모를 때까지 묻고 또 묻는다니까요. 나는 그냥 "예"라고 대답해버리고 말아요. 맞아요. 엄마 이름은 헨리에타 랙스였고, 1951년에 돌아가셨어요. 존흡킨이 엄마 세포를 갖고 갔는데, 아직도 살아 있다는 거예요. 꽁꽁 얼리지만 않으면 지금도 불어나고, 계속 자라고, 그렇게 해서 퍼져 나간대요. 과학은 엄마를 헬라라고 부른다네요. 그니까 우리 엄마는 의료시설이며 컴퓨터, 인터넷, 이렇게 온 세상 어디에나 다 있다는 소리죠.

　병원에 검사받으러 갈 때마다 나는 헬라가 우리 엄마라고 꼭 말해요. 사람들은 깜짝 놀라면서 엄마 세포가 어떻게 혈압약하고 우울증약 만드는 데 도움이 됐는지 설명하죠. 과학에서 일어난 중요한 일들이 다 엄마 덕분이라고들 해요. 하지만 딱 그것뿐이에요. 진짜 궁금한 건 설명 안 해준다니까요. 당신 엄마는 저 달 속에 있다, 핵폭탄 속에도 있다, 소아마비 백신도 만들었다, 그런 얘기 뿐이에요. 엄마가 어떻게 그걸 다 했다는 건지 정말 모르겠어요. 엄마가 그런 걸 다 했다니까 기분이 좋기는 좋죠. 엄마가 많은 사람들을 도왔다는 뜻이니까요. 엄마도 좋아할 거라고 믿어요.

　근데 뭔가 이상하다고는 늘 생각했어요. 엄마 세포가 의학에 그렇게 많은 것을 해줬다는데 왜 우리 식구들은 병원에도 맘 놓고 갈 수가 없는가. 이해가 잘 되질 않는다니까요. 우리는 누군가 엄마 세포를 갖고 간 것도 생판 몰랐는데, 사람들은 엄마를 이용해서 부자가 됐다잖아요. 오늘날까지 우리는 땡전 한 푼도 받은 게 없는데 말이죠. 한동안은 그것 땜에 미칠 것 같더군요. 결국 병이 나서 약까지 먹어야 했다니까요. 하지만 인제 맘 고생 안 할라구요. 난 그저 엄마가 누군지만 알고 싶을 뿐이니까.

제1부

삶

1951년

검진

1951년 1월 29일, 데이비드 랙스는 낡은 뷰익 승용차의 운전석에서 물끄러미 빗속을 내다보았다. 존스 홉킨스 병원 신관 앞에 탑처럼 솟은 떡갈나무 밑에 차를 세우고 세 아이(둘은 아직 기저귀를 차고 있었다)와 함께 아이들의 엄마 헨리에타를 기다리는 중이었다. 몇 분 전에 헨리에타는 머리 위로 재킷을 뒤집어쓰면서 서둘러 차에서 내려 그녀가 사용할 수 있는 유일한 화장실인 '흑인 전용' 화장실을 지나 안으로 뛰어들어갔다. 신관 바로 옆으로 우아한 돔형 구리지붕을 얹은 구관이 있었다. 3미터가 넘는 대리석 예수상이 한때 병원의 주 출입구였던 정문을 향해 활짝 두 팔을 벌려 드나드는 사람들의 발길을 붙잡았다. 헨리에타 가족은 병원에 올 때마다 조각상 앞에 꽃을 놓으며 기도를 하고, 엄지발가락을 문지르며 행운을 빌었다. 그러나 정작 오늘 헨리에타는 예수상을 그냥 지나쳤다.

그녀는 곧장 산부인과 외래로 향했다. 널찍한 대기실엔 교회 본당에서나 볼 법한 긴 나무의자만 몇 줄로 놓여 있었다. "자궁에 혹이 생긴 것 같아요." 그녀는 접수직원에게 말했다. "의사 선생님이 한번 봐줬으면 좋겠는데요."

1년 이상 헨리에타는 가까운 친구들에게 뭔가 느낌이 좋지 않다고 말하곤 했다. 어느 날 저녁식사 후 그녀는 침대에 앉아 사촌인 마거릿과 세이디에게 말했다. "암만해도 그 안에 혹이 생긴 것 같아."

　　"뭐가 있다고?" 세이디가 되물었다.

　　"혹 같은 거 말이야. 정말 아파. 그이랑 거시기 할 때도 좋기는커녕 아프기만 하다니까."

　　부부관계에서 처음 통증을 느꼈을 때는 몇 주 전에 태어난 데보라 때문이겠거니 했다. 아니라면 남편이 밖에서 다른 여자랑 자고 묻혀 들여온 '못된 피' 같은 것 때문일 테고, 그렇다면 살바르산을 먹거나 페니실린 주사를 몇 대 맞으면 나으려니 했다.

　　헨리에타는 사촌들의 손을 하나씩 끌어 데보라가 처음 발길질을 시작했을 때처럼 자기 아랫배를 쓰다듬어보게 했다.

　　"뭐 만져지는 거 없어?"

　　사촌들은 손바닥으로 아랫배를 이리저리 눌러보았다.

　　"글쎄, 잘 모르겠는데." 세이디가 고개를 갸웃거렸다. "혹시 너, 자궁 밖에 애가 서 버린 거 아니야? 여자들이 간혹 그런다는 말 들어봤지?"

　　"임신은 무슨. 택도 없는 소리! 이건 분명 혹이라구."

　　헨리에타가 걱정스럽게 대답했다.

　　"헤니! 그러지 말구 얼른 검사를 받아봐. 진짜로 나쁜 거라도 생겼으면 어쩌려고 그래?"

　　헨리에타는 병원에 가지 않았다. 사촌들도 더이상 얘기를 꺼내지 않았다. '암' 같은 말을 잘 쓰지 않던 시절이었다. 세이디는 의사가 자궁을 들어내 더이상 아기를 못 갖게 될까 봐 헨리에타가 아픈 걸 숨기고 싶어한다고 생각했다.

사촌들에게 뭔가 이상한 것 같다고 말한 지 일주일 후, 헨리에타는 스물아홉 나이에 다섯째 조를 임신한 것을 알게 되었다. 세이디와 마거릿은 아랫배 통증도 아마 임신 때문일 것이라고 했다. 하지만 그녀는 그런 것 같지 않았다.

"임신하기 전부터 그랬다니까. 이건 뭔가 다른 거야."

하지만 이제 그들은 '혹 같은 것'에 대해 더이상 말하지 않았고, 아무도 데이비드에게 알리지 않았다. 조를 낳은 지 넉 달 보름쯤 됐을 무렵, 헨리에타는 화장실에 갔다가 생리 때도 아닌데 속옷에 피가 묻은 것을 발견했다.

그녀는 아이들이며 남편, 사촌들 아무도 들어오지 못하게 화장실 문을 잠그고 욕조에 더운물을 가득 받아 몸을 담갔다. 다리를 벌리고 손가락을 펴서 몸속으로 밀어 넣었다. 자궁경부에 닿자 손가락 끝에 뭔가 만져졌다. 문질러보니 안쪽으로 깊숙이 박힌 딱딱한 혹이 분명했다. 누군가 자궁경부 왼쪽에 대리석 조각을 꽂아 놓은 것 같았다.

헨리에타는 욕조 밖으로 기어 나와 몸을 닦고 다시 옷을 입었다. 화장실에서 나오자마자 남편에게 말했다. "병원에 좀 데려다줘요. 생리할 때도 아닌데 자꾸 피가 나와요."

동네의사는 질 속을 들여다보고 그 혹은 매독 때문에 헐어서 생긴 상처라고 했다. 그러나 매독 검사가 음성으로 나오자 존스 홉킨스 병원 산부인과로 가보라고 했다.

존스 홉킨스 병원은 미국 최고의 병원 중 하나였다. 1889년 공동묘지와 정신병자 요양소가 있던 이스트 볼티모어의 5만여 제곱미터 부지에 가난한 환자들을 치료할 자선병원으로 건립되었다. 일반 병동에는 주로 병원비를 제대로 낼 수 없는 흑인들이 입원했다. 데이비드는 30킬로미터를 운전해 헨리에타를 존스 홉킨스에 데려갔다. 특별히 좋아서가 아니라 인근에 흑인을 받는 큰 병원이 그곳밖에 없기 때문이었다. 지독한 인종차별의 시대였다. 흑인이 백인 전용 병원에 나타나기라도 하면, 설령 주차장에서 죽어 갈지라도 병원 직원이 쫓아버릴 정도였다. 흑인 환자를 받았던 존스 홉킨스조차 이들을 흑인 병동에 따로 입원시켰고, 흑인 전용 식수대도 따로 두었다.

간호사가 대기실에 있던 헨리에타를 불러 일렬로 늘어선 검사실 중 흑인 전용 검사실로 안내했다. 칸막이가 투명한 유리로 되어 있어 간호사가 옆 검사실에서 감시할 수 있도록 되어 있었다. 헨리에타는 옷을 벗고 풀을 먹인 흰색 병원 가운으로 대충 몸을 가린 후 나무 검사대 위에 반듯이 누워 산부인과 당직 의사 하워드 존스Howard Jones를 기다렸다. 존스 박사는 깡마르고 머리가 희끗희끗했다. 남부 억양이 희미하게 섞인 말투에 낮고 굵은 목소리가 부드러웠다. 그가 검사실로 들어오자 헨리에타는 자궁경부의 혹에 대해 설명했다. 검사를 시작하기 전에 존스는 차트를 뒤적이며 병력과 진찰해야 할 증상을 살폈다.

6학년 내지 7학년 수준의 학력. 가정주부, 다섯 아이의 어머니. 유년기 이래 잦은 목감기와 비중격 만곡으로 인해 숨쉬기 곤란함. 비중격 수술을 권유했지만 거부함. 치아 하나에 문제가 있어 거의 5년간 치통을 앓았고, 결국 그 치아를 포함해 여러 개를 발치함. 유일한 걱정거리는 말을 못하고 뇌전증 발작을 일으키는 첫째 딸. 그런 대로 화목한 가정. 음주는 아주 가끔. 최근 여행한 적 없음. 영양 상태 양호. 협조적인 태도. 환자는 십

남매 중 하나로, 형제 중 한 명은 자동차 사고로, 다른 한 명은 류마티스성 심장질환으로, 또 다른 한 명은 약물중독으로 사망함. 지난 두 번의 임신 중 원인을 알 수 없는 질 출혈 및 혈뇨가 있었음. 당시 의사가 겸상적 혈구빈혈 검사를 권유했지만 거부함. 15세에 결혼해 남편과 살고 있으며, 부부관계를 즐기는 편은 아님. 무증상 매독을 갖고 있지만 치료받지는 않았고, 환자 자신이 별 이상 없다고 함. 내원 두 달 전 다섯 째 아이를 출산했고, 심한 혈뇨가 있었다고 함. 자궁경부 검사에서 세포활성도가 증가된 부분이 관찰됨. 1차 검진의사는 감염이나 암의 감별 및 정확한 진단을 위해 전문의에게 의뢰함. 환자가 진료 예약을 취소함. 한 달 전 임질 검사 양성 반응이 나옴. 치료를 위해 다시 방문하라고 했지만 내원하지 않음.

그녀가 추가 검사나 치료를 위해 병원을 재방문하지 않은 것은 놀랍지 않다. 헨리에타에게 존스 홉킨스 병원은 말이 통하지 않는 외국과 다를 바 없었다. 담배 수확이나 돼지 잡는 방법이라면 모를까, 자궁경부니 조직검사니 하는 의학용어를 들어봤을 리 만무했다. 독서나 글쓰기를 즐긴 적도, 학교에서 과학 과목을 공부한 적도 없었다. 그저 여느 흑인 환자들처럼 어쩔 수 없어 병원을 찾았을 뿐이었다.

존스는 헨리에타에게 통증과 출혈에 대해 듣고 차트에 적었다. "자궁경부에 뭔가 이상한 것이 있다고 한다. 왜 그렇게 생각하느냐고 물으니 거기 혹이 있는 것 같다고 했다. 직접 자신의 자궁경부를 만져보고 하는 얘기가 아니었다면 믿지 못했을 것이다."

헨리에타는 검사대에 반듯이 누워 천장을 응시했다. 존스가 질 속을 검사할 때는 저도 모르게 발판을 힘껏 밀었다. 아니나다를까, 존스는 자궁경부에 난 혹을 쉽게 찾을 수 있었다. 그는 5센트짜리 동전만 한 '궤양성 경성 종괴'라고 적었다. 종괴는 4시 방향에 있었다. 자궁경부암 병변은 1,000건도 넘게 보았지만, 이렇게 보라색을 띠면서 윤기가 나는 것은 처음이었다(존스는 나중에 '포도젤리' 같다고 적었다). 게다가 살짝 건드리기만 해도 출혈이 될 정도로 조직이 약했다. 존스는 확진을 위해 작은 샘플을 떼어 복도 끝에 붙은 병리검사실로 보냈다. 헨리에타에게는 집에 가서 기다리라고 했다.

곧바로 존스는 자리를 잡고 앉아 간호사에게 진단 내용을 구술했다. "1950년 9월 19일, 여기서 만삭 정상분만을 했다는 점에서 환자의 병력은 매우 흥미롭다. 분만 당시나 분만 6주 후 검진에서는 자궁경부에 이상이 있다는 기록이 없다."

그럼에도 석 달도 채 못 돼 종양이 커질 대로 커져 병원을 다시 찾은 것이었다. 가능성은 낮지만 진찰 때 의사들이 놓쳤거나, 그 놈이 끔찍한 속도로 자랐거나 둘 중 하나였으리라.

클로버

1920년 8월 1일 버지니아주 로어노크Roanoke에서 태어난 헨리에타 랙스의 원래 이름은 로레타 플레전트Loretta Pleasant였다. 왜 헨리에타로 개명했는지는 알 수 없다. 역에는 매일 수백 대의 기차가 드나들었다. 역사가 내려다보이는 막다른 골목의 조그만 오두막에서 패니라는 산파가 아기를 받았다. 헨리에타까지 아홉 남매가 부모와 함께 그 작은 집에서 1924년까지 살았다. 그해에 어머니 엘리자 랙스 플레전트가 열 번째 아이를 낳다가 사망했다.

아버지 조니 플레전트는 땅딸막한 사람으로 지팡이를 짚고 돌아다녔는데, 가끔 그걸로 사람을 치곤 했다. 조니가 엘리자를 차지하려고 친형을 죽였다는 소문도 떠돌았다. 아이들을 돌볼 만큼 끈기 있는 사람은 못 돼서, 엘리자가 죽자 조니는 아이들을 버지니아주 클로버로 보내 버렸다. 선조들이 노예로 일했던 클로버의 담배밭에서 아직도 일가친척들이 농사를 지었다. 누구도 열 명이나 되는 아이들을 다 들일 수는 없었던 터라 형제들은 여러 친척집으로 흩어졌다. 하나는 이 사촌, 다른 하나는 저 아주머니네서 맡는 식이었다. 헨리에타는 할아버지 토미 랙스네로 떨어졌다.

토미 할아버지네는 한때 노예 막사였던 방 네 개짜리 통나무 오두막에 살았다. 가스등을 밝히고 널빤지 마룻바닥이 깔린 그곳을 다들 '아늑한 집'이라고 불렀다. 물은 헨리에타가 언덕 아래 먼 개울에서 길어 올렸다. 언덕바지라 통나무 벽 틈으로 외풍이 세찼다. 실내 공기가 하도 서늘해서 누군가 죽으면 유족은 시신을 며칠씩 그 집 복도 입구에 안치하고 조문을 받았다. 그 뒤에는 뒤뜰 묘지에 묻었다.

헨리에타의 할아버지는 이미 다른 손자 하나도 맡아 길렀다. 헨리에타의 고모 하나가 그 오두막에서 낳고는 버려 두고 떠난 아이였다. 이름은 데이비드 랙스였지만, 사람들은 그냥 데이라 불렀다. 랙스 집안 특유의 느린 말투에서 '하우스'는 '하이스'처럼 들리고, '데이비드'는 '데이'처럼 들린 탓이었다.

집안 사람들은 어린 데이를 '몰래둥이'라고 했다. 조니 콜먼이라는 사람이 동네에 나타나 얼마간 돌아다닌 적이 있는데, 아홉 달 후에 데이가 태어난 것이다. 열두 살 먹은 사촌과 먼치라는 산파가 아이를 받았는데, 태어난 아이는 폭풍 치는 하늘같이 새파랗고 숨도 쉬지 않았다. 중절모에 지팡이를 짚은 백인 의사가 와서 출생증명서에 '사산'이라 휘갈겨 쓰고는, 작은 마차를 몰아 붉은 먼지를 날리며 읍내로 돌아갔다.

"주여, 당신께서 이 아이를 데려가지 않으실 줄로 압니다." 의사가 말을 몰아 멀어져 갈 때, 먼치는 기도했다. 그녀는 데이를 따뜻한 물로 씻겨 하얀 강보에 눕힌 후 가슴을 문지르고 톡톡 두들겼다. 얼마 후 아이의 숨통이 열리고 핏기가 돌며 피부에 엷은 갈색빛이 돌더니 이내 따뜻해졌다.

토미 할아버지네로 왔을 때 헨리에타는 네 살이었고, 데이는 아홉 살이 채 안 됐다. 헨리에타와 데이가 처음에는 할아버지 집에서 사촌 간으로, 나중에는 부부로 평생을 같이 살리라고는 누구도 상상하지 못했다.

함께 자라면서 헨리에타와 데이는 새벽 4시면 일어나 우유를 짜고 닭, 돼지, 말에게 모이와 여물을 먹였다. 옥수수, 땅콩, 채소로 가득한 텃밭을 돌본 뒤에는 담배밭으로 나갔다. 담배밭에서는 클리프, 프레드, 세이디, 마거릿 같은 사촌들과 다른 친척 아이들도 함께 일했다. 헨리에타와 데이는 쭈그리고 앉아 노새가 끄는 쟁기를 따라가며 담배씨를 뿌리는 것으로 어린 시절의 대부분을 보냈다. 봄이 되면 초록색 담뱃잎을 따내 작은 단으로 묶었다. 니코틴 즙이 잔뜩 묻어 끈적끈적해진 손으로 할아버지네 담배창고 서까래에 기어올라가 담뱃단을 거꾸로 매달아 말렸다. 여름에는 빗줄기라도 쏟아져 타는 피부를 식혀달라고 기도했다. 소낙비가 내리치면 고래고래 소리를 질러 대며 들판을 뛰어다녔다. 때마침 바람이 떨궈주는 잘 익은 과일과 호두를 한아름씩 줍기도 하면서.

여느 랙스 집안 아이들처럼 데이도 학교를 마치지 못했다. 가족들이 농장에서 일해야 한다고 주장해서 4학년까지 다니다 그만두었다. 하지만 헨리에타는 6학년까지 다녔다. 학기중에도 아침마다 텃밭과 가축을 돌본 다음, 3킬로미터도 더 되는 길을 걸어서 흑인 학교에 갔다. 등굣길에는 백인 학교가 있었는데 아이들이 돌멩이를 던지면서 그녀를 놀려댔다. 그녀가 다닌 학교는 교실 세 개짜리 목조 농장 건물로 큰 나무 아래에 있었다. 앞쪽 운동장에서는 콜먼 선생이 여자아이들과 남자아이들을 갈라서 따로 놀게 했다. 방과후나 방학 때면 헨리에타는 언제나 데이를 비롯한 사촌들과 함께 들판에서 일했다.

매년 사촌들은 돌, 나뭇가지, 모래주머니 같은 것으로 집 뒤를 흐르는 개울을 막아 작은 웅덩이를 만들었다. 일이 일찍 끝나고 날씨가 좋으면 곧장 거기로 달려갔다. 돌을 던져 늪살모사를 쫓아낸 다음, 나무 위나 진흙 투성이 개울 둑에서 풍덩풍덩 물로 뛰어들었다.

어둠이 내리면 헌 신발짝들로 불을 지펴 모기를 쫓고, 그넷줄을 매단 커다란 떡갈나무 아래 누워 별을 셌다. 술래잡기, 빙글빙글 돌며 춤추기, 사방치기를 해 가면서 토미 할아버지가 그만 잘 시간이라고 소리칠 때까지 들판을 누비며 춤추고 노래했다.

밤이 되면 아이들은 '아늑한 집'에서 불과 몇 미터 떨어진 주방 건물 다락방으로 꽉꽉 끼어 들어갔다. 나란히 누워 밤마다 거리를 헤매고 다닌다는 머리 없는 담배 농부며, 개울에 산다는 눈 없는 사람 이야기를 하다가 잠이 들었다. 새벽에는 클로이 할머니가 부엌 나무 화덕에 불을 지펴 구워 내는 고소한 비스킷 냄새에 깨어나곤 했다.

추수철이 되면 매달 하루 토미 할아버지는 저녁식사를 하고 나서 말에 마차를 걸어 사우스 보스턴으로 갈 채비를 했다. 사우스 보스턴은 미국에서 두 번째로 큰 담배시장이 서는 곳으로 담배 퍼레이드나 담배아가씨 선발대회가 열리고, 담배를 세계 곳곳으로 실어 나를 배들이 정박하는 항구도 있었다.

출발하기 전에 토미는 아이들을 불러 마차에 태웠다. 아이들은 담뱃잎을 침대 삼아 누워 어떻게든 졸음을 쫓으려고 안간힘을 썼지만 말발굽의 리듬에 이내 곯아떨어졌다. 버지니아의 다른 담배 농부들처럼 토미 랙스와 손자들도 거둬들인 담뱃잎을 마차에 싣고 밤새 사우스 보스턴으로 갔다. 이튿날 새벽녘이면 담배 경매장 앞에 마차들이 줄지어 늘어서 커다란 녹색문이 열리기를 기다렸다.

경매장에 도착하면 헨리에타와 사촌들은 말들을 마차에서 풀고 구유에 곡식을 채워 먹이고는 창고 마룻바닥에다 실어온 담뱃잎을 부렸다. 경매꾼이 빠르게 읽어 내리는 숫자들은 세월의 때가 시커멓게 낀 전등이 즐비한 10미터 높이도 더 되는 경매장 천장까지 울려 퍼졌다. 토미 할아버지가 담배 더미 곁에 서서 제발 제값을 받게 해달라고 기도하는 사이에, 헨리에타와 아이들은 창고 안을 이리저리 휘젓고 다니며 꼭 경매꾼같이 서로 지껄여 댔다. 밤이 되면 토미 할아버지를 도와 아직 팔지 못한 담뱃단을 지하실로 옮겼다. 할아버지는 그걸로 침대를 만들어주었다. 백인 농부들은 위층 다락이나 개인 침실에서 잤지만, 흑인 농부들은 축사가 줄지어 들어서고 빈 술병이 산더미처럼 쌓인 창고 한구석에 더러운 바닥에서 말, 노새, 개들과 함께 잠들었다.

경매장 창고의 하룻밤은 술과 도박과 매춘의 밤이었다. 한철 수입으로 흥분한 농부들 사이에 이따금 살인이 벌어지기도 했다. 랙스 집안 아이들은 담뱃잎 침대에 누워 천장의 굵은 통나무 버팀목들을 쳐다보면서 시끌벅적한 웃음소리, 술병 부딪는 소리, 마른 담뱃잎 냄새 속으로 빨려 들었다.

날이 밝으면 팔지 못한 담배를 다시 마차에 싣고 집을 향해 긴 여정에 올랐다. 클로버에 남아 있는 아이들에게 마차가 담배를 싣고 사우스 보스턴으로 갔다는 것은 곧 큰 치즈 덩어리나 넓적한 소시지 같은 선물도 함께 돌아오리라는 의미였다. 아이들은 '아늑한 집'으로 돌아오는 마차를 마중하느라 클로버 중심 메인 가에서 몇 시간씩 기다리곤 했다.

클로버의 널찍한 비포장도로인 메인 가는 포드 사의 모델 A 승용차와 노새나 말이 끄는 마차들로 붐볐다. 읍내에서 유일하게 트랙터를 갖고 있던 늙은이는 그걸 승용차처럼 끌고 볼일을 보러 다녔다. 그는 신문을 겨드랑이에 끼고 캐딜락과 댄이라는 으르렁대는 사냥개 두 마리를 대동했다. 메인 가 양쪽으로는 극장, 은행, 보석상, 의원, 철물점, 교회 등이 들어서 있었다. 화창한 날이면 멜빵바지에 모자를 쓰고 여송연을 빼문 시장, 의사, 장의사 같은 백인들이 대로변에 서서 주스병에 담은 위스키를 홀짝거리거나 약국 앞에 큰 나무통을 놓고 체커 게임을 하면서 담소했다. 거리의 잡화점에서는 백인 아낙들이 둘둘 만 천을 베개 삼아 잠든 아기들을 계산대 옆에 줄지어 눕혀 놓고 수다를 떨었다.

헨리에타와 사촌들은 제일 좋아하는 벅 존스가 나오는 서부영화를 보러 갈 요량으로 백인 담배농장에서 일당 10센트를 받고 일하기도 했다. 극장 주인이 흑백 무성영화를 상영하고, 부인이 피아노를 반주했다. 아는 곡이 하나밖에 없어 무슨 장면이든 음악만은 신나는 축제 분위기였다. 주인공이 총에 맞아 죽어가고 있어도 마찬가지였다. 랙스 집안 아이들은 메트로놈처럼 쉬지 않고 딸각거리는 영사기 바로 옆 흑인 전용 구역에서 영화를 봤다.

HENRIETTA LACKS

헨리에타와 데이가 커 가면서 아이들은 빙글빙글 돌며 춤추는 대신 예전에 랙스 집안의 담배농장이었던 땅을 휘감고 도는 흙먼지 풀썩이는 길에서 승마 경주를 했다. 이 땅은 이제 랙스타운으로 불렸다. 아이들은 서로 찰리를 타겠다고 다투었다. 토미 할아버지 소유의 적갈색 말 찰리는 클로버의 어떤 말보다 빨랐다. 헨리에타와 여자아이들은 사내아이들이 말을 타고 질주해 지나가면 언덕 비탈이나 밀짚을 깐 마차에서 폴짝폴짝 뛰면서 박수를 치고 소리를 질러 댔다.

헨리에타는 주로 데이에게 열광했지만, 가끔 다른 사촌인 미치광이 조 그리넌을 응원하기도 했다. 사촌 클리프의 말을 빌리면 미치광이 조는 '평균치를 엿 먹이는 녀석'이었다. 큰 키, 허스키한 목소리, 건장한 체구, 검은 피부, 뾰족한 코에 짙고 검은 털이 머리, 팔, 등, 목을 뒤덮었다. 여름에 화상을 입지 않으려면 온몸의 털을 다 밀어야 할 정도였다. 그가 '미치광이 조'가 된 것은 헨리에타에게 완전히 빠져 환심을 사려고 무슨 짓이든 하려 들었기 때문이다. 헨리에타의 아름다운 미소와 호두 같은 눈망울은 랙스타운에서 단연 돋보였다.

헨리에타 때문에 죽고 못 살던 미치광이 조는 어느 겨울날 학교에서 돌아오는 그녀의 주위를 뱅글뱅글 맴돌았다. "헤니, 제발 한 번만 기회를 줘." 헨리에타가 콧방귀를 뀌며 거절하자 미치광이 조는 곧바로 얼어붙은 연못 속으로 뛰어들어 데이트에 응할 때까지 나가지 않겠다고 버텼다.

"얼음 밑으로 뛰어들면 몸이 좀 식을 줄 알았나? 헨리에타 땜에 몸이 너무 뜨거워져서 얼음물이 팔팔 끓을 지경이라며?"

사촌들이 모두 조를 놀렸다. 헨리에타의 사촌이자 조의 누나였던 세이디가 쏘아붙였다. "사내 자식이 고작 기집애 하나 땜에 죽겠다고? 정신 똑바로 차려, 이놈아!"

데이트 몇 차례에 키스 몇 번 한 것 말고 헨리에타와 조 사이에 무슨 일이 있었는지는 아무도 모른다. 하지만 헨리에타와 데이는 그녀가 네 살 때부터 같이 잔 사이라, 둘이서 아기를 만들기 시작한 건 놀랄 일도 아니었다. 헨리에타는 열네 살 남짓에 아들 로런스를 낳았다. 4년 후 로런스의 여동생 루실 엘시 플레전트가 세상에 나왔다. 아이들은 아버지, 할아버지, 증조할아버지처럼 '아늑한 집' 마룻바닥에서 태어났다.

엘시와 같은 증상을 묘사하는 데 간질, 정신지체, 신경매독 같은 용어를 사용하게 된 것은 먼 훗날 일이다. 랙스타운 사람들에게 엘시는 그저 '마룻바닥으로 떨어진' 아이였다. 미처 산파를 부르기도 전에 쏟아져 나오는 바람에 머리를 바닥에 부딪친 것이다. 다들 그 일 때문에 엘시가 갓난아기처럼 지능이 떨어졌다고 믿었다.

헨리에타가 다녔던 교회의 케케묵은 기록에는 미혼모가 되어 교회에서 쫓겨난 여자들의 이름이 넘쳐난다. 그런데 헨리에타가 미치광이 조의 아이를 낳았다는 소문이 랙스타운에 돌았는데도 어찌된 셈인지 그녀의 이름은 여기에 올라 있지 않다.

헨리에타가 데이와 결혼한다는 소식에 미치광이 조는 낡고 무딘 주머니칼로 제 가슴을 찍었다. 윗도리에 피가 흥건한 채 술에 취해 마당에 쓰러진 조를 그 아버지가 발견했다. 어떻게든 지혈해보려고 했지만 조가 밀치면서 저항했고 출혈은 점점 더 심해졌다. 결국 아버지는 조를 강제로 끌어 차에 태우고 문에다 단단히 붙들어 매서 병원으로 데려갔다. "그런다고 헤니가 데이랑 결혼 안 할 것 같아?" 붕대를 칭칭 감고 퇴원한 조에게 세이디가 쏘아붙였다. 하지만 그 결혼을 달가워하지 않은 사람은 조만이 아니었다.

언니 글래디스는 헨리에타가 더 좋은 짝을 찾을 수 있을 거라고 입버릇처럼 말했다. 헨리에타와 데이가 클로버에서 함께 보낸 어린 시절 이야기는 집안 사람들에게 동화 속 장면처럼 들렸을지 몰라도 글래디스에겐 아니었다. 글래디스가 왜 결혼을 반대하는지는 모두에게 수수께끼였다. 누군가는 헨리에타가 더 예뻐서 질투하는 거라고 했다. 어쨌든 글래디스는 데이가 좋은 남편은 못 될 것이라며 고집을 꺾지 않았다.

1941년 4월 10일, 헨리에타와 데이는 다니던 교회 목사의 집에서 하객도 없이 결혼식을 올렸다. 각기 스물, 스물다섯이었다. 할 일이 너무 많고 돈도 없었던 터라 신혼여행은 꿈도 꾸지 못했다. 그해 겨울은 담배회사들이 참전 군인들에게 공짜 담배를 공급하면서 담배 시장이 활황이었다. 그러나 큰 농장들만 물 만난 고기였을 뿐, 소작농들은 여전히 어려웠다. 헨리에타와 데이도 담배농사로 가족들 입에 풀칠이라도 하는 정도에 만족해야 했다. 결혼하자마자 데이는 낡은 나무쟁기를 들고 앞장섰다. 그 뒤로 헨리에타가 손수 만든 수레를 밀면서 갓 파헤친 붉은 밭고랑에 담배 씨앗을 뿌렸다.

1941년이 저물어가던 어느 날 오후, 사촌 프레드 개럿이 담배밭 언저리 비포장길로 들어섰다. 근사하게 차려 입은 그는 미끈한 1936년산 쉐보레 자동차를 몰고 볼티모어에서 돌아오는 길이었다. 꼭 1년 전 그맘때에는 프레드와 클리프 형제 역시 클로버에서 담배농사를 짓고 있었다. 그들은 부업으로 외상값만 쌓여가는 흑인 전용 편의점과 주크박스가 있는 낡고 조그만 선술집을 운영했다. 가끔 헨리에타도 그곳 붉은 진흙 바닥에서 춤을 추었다. 다들 주크박스에 동전을 넣고 로열크라운 콜라를 마셨지만, 수입은 보잘것없었다. 프레드는 결국 수중에 든 3달러 25센트를 털어 북부행 버스에 올랐다. 새 삶을 찾아 떠난 몇몇 사촌들처럼 그도 베들레헴 철강 회사의 스패로스 포인트 제철공장으로 향했다. 그들은 볼티모어 중심가에서 대략 35킬로미터 떨어진 곳, 삼면이 패탭스코 강으로 둘러싸인 조그마한 흑인 동네 터너스테이션에 모여 살았다.

스패로스 포인트 공장이 처음 문을 연 19세기 후반만 해도 터너스테이션은 주로 습지나 농지였다. 널빤지를 깔아 만든 길로 연결된 오두막들만 드문드문 흩어져 있었다. 제1차 세계대전을 거치면서 철강 수요가 급증하자 백인 노동자들이 인근 던도크 지역으로 몰려들었다. 베들레헴 철강의 흑인 전용 사택이 포화 상태에 이르자 흑인들은 터너스테이션으로 밀려났다. 제2차 세계대전 초반에는 터너스테이션에도 포장도로가 깔리기 시작했고 의원, 잡화점, 얼음가게가 하나씩 들어섰다. 하지만 주민들은 여전히 식수, 하수관, 학교 문제로 고통을 겪었다.

1941년 12월 일본의 진주만 공격은 터너스테이션에 복권 당첨 같은 행운을 불러왔다. 철강 수요와 더불어 제철 노동자에 대한 수요가 하늘을 찔렀다. 정부는 터너스테이션에 돈을 쏟아부었다. 4~500세대 규모의 단층 혹은 복층 아파트 단지가 우후죽순처럼 생겨났다. 대부분 벽돌 건물이었고, 그렇지 않으면 석면 지붕널을 얹었다. 정원을 갖춘 단지도 있었다. 대부분의 단지에서 저 멀리 스패로스 공장의 용광로에서 뿜어져 나오는 화염과 굴뚝에서 피어 오르는 섬뜩한 붉은 연기를 볼 수 있었다.

스패로스 포인트는 빠른 속도로 세계 제일의 제철공장으로 변모해 콘크리트 강화용 철근, 철조망, 못을 비롯해 냉장고, 군함, 승용차에 들어갈 강철을 생산했다. 약 3만 명의 노동자를 고용하고, 연간 6백만 톤의 석탄을 때서 8백만 톤의 철강을 제련했다. 베들레헴 철강은 가난에 허덕이던 남부 출신 흑인에게 금광이나 다름없었다. 소문은 메릴랜드와 버지니아를 거쳐 캐롤라이나까지 퍼졌고, 흑인들은 대이동의 물결 속에서 약속의 땅 터너스테이션으로 몰려들었다.

일은 힘들었다. 백인이 꺼리는 일을 도맡았던 흑인들에게는 더욱 그랬다. 프레드 같은 흑인들은 반쯤 건조한 유조선의 밑바닥부터 시작했다. 몇 길 위에서 철판을 뚫고, 용접하는 인부들이 흘리는 나사며 대갈못을 주워 모으는 것이 신참들의 임무였다. 나중에는 보일러실로 자리를 옮겨 용광로에 석탄을 퍼 넣었다. 노동자들은 작업 내내 유해한 석탄가루나 석면을 뒤집어쓰고 옷에 묻혀 집으로 가져왔다. 빨래하는 아낙네들이 먼지를 털어내면서 그 가루를 들이마셨다. 스패로스에서 흑인 노동자는 시간당 80센트면 아주 많이 버는 것이었고, 보통은 그만 못했다. 백인들은 더 받았지만 프레드는 불평할 수 없었다. 시급 80센트라니, 랙스타운에서는 듣도 보도 못한 액수였다.

프레드는 그렇게 출세했다. 그리고 이제 헨리에타와 데이를 꼬드기려고 클로버에 돌아온 것이었다. 다음날 아침 프레드는 데이에게 볼티모어행 버스표를 끊어줬다. 데이가 볼티모어에 집을 마련하고 버스표 세 장을 살 돈을 모을 때까지 헨리에타는 뒤에 남아 아이들과 담배밭을 건사하기로 했다. 몇 달 뒤 해외파병 징집통지서가 날아왔다. 프레드는 저축한 돈을 몽땅 털어 데이에게 내밀며 헨리에타와 아이들을 터너스테이션으로 불러 올리라 하고는 징집에 응했다.

얼마 후 헨리에타는 클로버 메인 가 끝에 붙은 조그만 목조 기차역으로 갔다. 아이들은 하나씩 양옆에서 걸었다. 그들은 석탄을 때는 기차에 몸을 실었다. 헤아릴 수 없이 많은 무더운 오후를 그늘로 식혀주던 백 년 묵은 떡갈나무와 어린 시절이 고스란히 녹아 있는 담배밭을 영영 떠나는 것이었다. 차창 밖으로 넘실대는 언덕이며 난생처음 보는 바다를 뚫어지게 내다보며 스물한 살 헨리에타가 새로운 삶을 향해 달려가고 있었다.

1951년

진단과 치료

존스 홉킨스에 다녀온 뒤에도 헨리에타의 생활은 데이와 아이들, 시도 때도 없이 들르는 사촌들을 위한 식사 준비와 청소의 연속이었다. 한편 존스는 며칠 후 병리실에서 조직검사 결과지를 넘겨받았다. 자궁경부 '상피양암epidermoid carcinoma 1기'였다.

모든 암은 변형된 세포 하나에서 시작하며, 처음에 어떤 세포에서 발생했느냐에 따라 분류된다. 대부분의 자궁경부암은 자궁경부 표면을 덮는 상피세포에서 자란 암종이다. 헨리에타가 비정상 질출혈 때문에 존스 홉킨스를 찾았을 무렵, 우연찮게도 존스와 산부인과 과장 리처드 웨슬리 테린드Richard Wesley TeLinde는 미국 의학계에서 벌어진 자궁경부암의 정확한 진단과 최상의 치료 방법에 관한 열띤 논쟁에 참여하고 있었다.

테린드는 말쑥하고 다부진 56세의 외과의사로 미국에서 가장 저명한 자궁경부암 전문가 중 하나였다. 그는 10여 년 전 스케이팅을 하다 사고를 당해 다리를 심하게 절었다. 존스 홉킨스에서 '딕 삼촌'으로 통했던 그는 갱년기증후군 치료에 에스트로겐을 처음으로 사용했으며, 자궁내막증에 대해서도 중요한 사실을 밝혀냈다. 또한 정평있는 임상 부인과학 교과서도 저술했다. 이 책은 60년이 지난 최근까지 10판이 나올 정도로 널리 읽힌다. 모로코 왕비가 병으로 수술을 받게 되자 국왕이 테린드의 집도를 고집했을 만큼 그의 명성은 가히 국제적이었다. 헨리에타가 존스 홉킨스를 찾은 1951년경, 테린드는 자궁경부암과 관련해 새로운 이론을 내놓았다. 그 학설이 옳다면 수백만 여성의 생명을 구할 수 있었지만, 당시 학계에서 그의 주장을 귀담아듣는 이는 거의 없었다.

HENRIETTA LACKS

자궁경부암은 두 가지 형태로 분류할 수 있다. 암세포가 자궁경부의 상피층을 뚫고 아래로 파고든 침윤성 암과 상피층에만 국한된 비침윤성 암이다. 비침윤성 암은 자궁경부의 상피를 따라 매끈한 층을 이루며 자라기 때문에 '설탕가루 입힌 암sugar-icing carcinoma'이라고도 한다. 공식명칭은 상피내암carcinoma in situ으로 라틴어로 '원발부위에 국한된 암'이란 뜻이다.

1951년까지만 해도 이 분야에서 대부분의 의사가 침윤성 암은 치명적인 데 반해, 상피내암은 그렇지 않다고 믿었다. 침윤성 암은 적극적으로 치료했지만, 상피내암은 퍼지지 않는다고 여겨 별로 신경 쓰지 않았다. 테린드의 생각은 달랐다. 상피내암은 침윤성 암의 초기 단계로 방치하면 결국 치명적인 상태로 진행한다고 믿었다. 따라서 처음부터 적극적인 치료 전략을 택해 자궁경부, 자궁, 때로는 질의 대부분을 들어내는 수술을 시행하기도 했다. 그는 이런 치료 방법이 자궁경부암 사망률을 획기적으로 낮출 수 있다고 주장했지만, 다른 의사들은 너무 극단적이며 불필요한 수술이라고 비판했다.

상피내암의 진단은 1941년 그리스 출신의 조지 파파니콜로^{George} $_{Papanicolaou}$란 연구원이 '팝도말검사법$^{Pap smear}$'으로 알려진 기법을 발표하면서 비로소 가능해졌다. 이 검사법은 곡선형 유리 피펫으로 자궁경부에서 상피세포를 긁어낸 후 현미경으로 암 전 단계에 해당하는 변화가 있는지 관찰하는 것이다. 당시만 해도 암 전 단계 세포를 확인할 방법이 달리 없었기 때문에 팝도말검사법은 획기적인 진전이었다. 암 전 단계 세포는 만지거나 맨눈으로 볼 수 없으며, 증상을 유발하지도 않는다. 환자가 증상을 보이는 단계까지 갔다면 완치 가능성은 크게 줄어든다. 그러나 팝도말검사법으로 암 전 단계 세포를 진단해 자궁절제술을 시행함으로써 자궁경부암을 거의 완전히 예방할 수 있게 되었다.

당시 미국에서만 매년 1만 5,000명 이상이 자궁경부암으로 사망했다. 팝도말검사법으로 자궁경부암 사망률을 70퍼센트 이상 줄일 수 있을 것으로 기대했지만, 두 가지 중요한 걸림돌을 해결해야 했다. 첫째는 많은 여성이 헨리에타처럼 검사조차 받지 않는다는 것이었고, 둘째는 검사를 받는다고 해도 검사 결과를 정확하게 판독할 수 있는 의사가 드물다는 점이었다. 대부분의 의사가 자궁경부암을 현미경으로 볼 때 진행 단계별로 어떻게 다른지 잘 몰랐다. 어떤 의사는 항생제로 치료할 수 있는 감염을 암으로 잘못 진단해 생식기관을 모두 제거하는 수술을 하기도 했으며, 반대로 암을 감염으로 오진하고 항생제만 처방하는 바람에 결국 암이 퍼져 죽는 경우도 있었다. 설사 암 전 단계의 변화를 제대로 진단해도 어떻게 치료해야 하는지 모르는 의사도 허다했다.

테린드는 자궁경부암이 아닌 다른 질병을 반드시 감별하고, 외과 의사들에게 수술 전 팝도말검사 결과를 조직검사로 재차 확인할 것을 촉구해 소위 '정당화할 수 없는 자궁절제술'을 최소화하려고 무진 애를 썼다. 또한 상피내암이 침윤성 암으로 진행하는 것을 막으려면 적극적인 치료가 필요하다는 것을 증명하고 싶어했다.

헨리에타가 첫 검사를 받기 얼마 전에 테린드는 워싱턴 D.C.에서 열린 병리학회에서 상피내암에 관한 주장을 발표했지만, 동료 의사들의 뭇매를 맞고 단상에서 내려왔다. 그는 존스 홉킨스로 돌아와 그들이 틀렸음을 증명할 연구를 계획했다. 테린드 연구팀은 과거 10년 간 존스 홉킨스에서 침윤성 자궁경부암으로 진단된 환자들의 진료 기록과 병리소견을 검토해 얼마나 많은 사례가 상피내암에서 진행된 것인지 확인하고자 했다.

그 시절 의사들이 흔히 그랬듯, 테린드 역시 알리지도 않고 환자들을 임상연구 대상으로 삼았다. 과학자들은 환자들이 공공병원에서 무료로 치료받는 만큼 치료비 대신 연구 대상이 되어도 문제될 것이 없다고 믿었다. 존스는 이렇게 썼을 정도였다. "홉킨스에는 가난한 흑인 환자가 넘쳐나 임상연구 재료가 무궁무진하다." 상피내암과 침윤성 암의 상관관계에 관해 전례 없이 방대했던 이 연구를 통해 존스와 테린드는 초기 병리 소견을 확인할 수 있었던 침윤성 암 환자의 62퍼센트가 애초에 상피내암에서 시작했음을 밝혔다. 연구와 별도로 테린드는 정상 자궁경부 조직과 두 가지 다른 자궁경부암 조직 표본을 배양할 수 있다면 세 가지 세포, 즉 정상 세포, 상피내암세포, 침윤성 암세포를 서로 비교할 수 있다고 생각했다. 실험실에서 배양한 상피내암세포와 침윤성 암세포가 비슷해 보이고, 또 비슷하게 행동함을 확인한다면 논쟁에 종지부를 찍을 수 있었다. 결국 자신이 옳았고, 그를 무시했던 의사들은 환자를 죽이고 있었음이 증명되는 것이다. 그는 존스 홉킨스의 조직 배양 연구 책임자 조지 가이 George Gey 를 찾아갔다.

가이와 그의 아내 마거릿 박사는 암의 원인과 치료법을 밝힐 목적으로 지난 30년 동안 체외에서 암세포를 키울 방법을 찾고 있었다. 대부분의 세포가 금세 죽어버렸고, 몇몇 살아남은 것들도 전혀 자라지 않았다. 그러나 최초로 불멸의 인간 세포, 즉 하나의 근원세포에서 시작해 분열하면서 자가복제를 계속해 결코 죽지 않는 세포주를 배양하겠다는 이들의 의지는 결코 흔들리지 않았다. 이미 약 8년 전인 1943년, 미국립보건원 National Institutes of Health, NIH 연구자들이 쥐의 세포를 이용해 불멸의 세포주를 만드는 것이 가능함을 입증했다. 가이 부부는 인간 세포를 배양하고 싶었다. 어떤 조직이든 상관없었다.

가이는 수중에 들어오는 어떤 세포든 실험실로 가져갔다. 그는 자신을 "끊임없이 인간 세포를 섭취해야 하는, 세상에서 가장 욕심 많은 맹금"이라고 불렀다. 테린드가 세포를 배양해주는 조건으로 자궁경부암 조직을 제공하겠다고 했을 때도 전혀 망설이지 않았다. 테린드는 존스 홉킨스를 찾는 모든 자궁경부암 환자의 조직을 모으기 시작했다. 당연히 헨리에타의 조직도 포함되었다.

HENRIETTA LACKS

1951년 2월 5일, 존스는 조직검사 보고서를 받자마자 헨리에타에게 전화로 결과를 알렸다. 자궁경부암. 헨리에타는 아무에게도 검사 결과를 말하지 않았다. 묻는 사람도 없었다. 그녀는 아무 일 없다는 듯 할 일을 계속했다. 혼자 해결할 수 있는 일로 다른 사람을 귀찮게 하고 싶지 않았다. 지극히 그녀다운 행동이었다.

그날 밤 헨리에타는 남편에게 말했다. "여보, 암만해도 날 병원에 다시 가봐야겠어요. 의사가 검사를 좀더 해보고 약도 처방해준대요." 다음날 아침, 그녀는 병원 앞에서 남편과 아이들에게 걱정하지 말라고 하고는 차에서 내렸다.

"별거 아니라니까요. 의사가 금방 낫게 해줄 거예요."

헨리에타는 곧장 입원 창구로 가서 치료받으러 왔다고 알렸다. 그리고 맨 위에 '수술 동의서'라고 쓰인 양식에 서명했다.

본인 _____은 아래에 서명함으로써 존스 홉킨스 병원 의료진이 치료에 필요하다고 판단해 부분 또는 전신 마취 상태에서 외과적 수술을 시행하는 것에 동의합니다.

헨리에타는 빈칸에 또박또박 이름을 적었다. 입회인은 동의서 밑부분에 있는 빈칸에 알아볼 수 없는 글씨로 휘갈겨 서명했고, 헨리에타도 그 아래칸에 서명했다.

헨리에타는 간호사를 따라 긴 복도를 지나 흑인 여자병동으로 갔다. 입원하자마자 존스와 다른 백인 의사들로부터 평생 받은 것보다 더 많은 검사를 받았다. 의사들은 소변 검사, 혈액 검사, 흉부 방사선 검사를 시행했고, 헨리에타의 코와 방광에 튜브를 끼워 넣었다.

이튿날 저녁, 담당 간호사는 밤부터 금식이라며 이른 저녁식사를 내왔다. 다음날 첫 항암치료를 받자면 전신마취가 필요했기에 공복 상태를 유지해야 했다. 헨리에타의 종양은 침윤성 암이었다. 미국 전역의 일류 병원처럼 존스 홉킨스도 백색 방사성 원소인 라듐으로 침윤성 암을 치료했다.

19세기 말 라듐이 처음 발견되자 언론은 일제히 환호했다. "가스나 전기를 대체하고, 모든 난치병을 치료할 길이 열렸다!" 시계회사는 눈금을 빛나게 하려고 염료에 라듐을 첨가했고, 의사들은 멀미에서 중이염까지 모든 질병에 분말 라듐을 투여했다. 그러나 어떤 세포든 라듐에 닿자마자 죽어버렸다. 사소한 문제로 라듐을 투약한 환자들이 사망하는 사고가 발생했다. 라듐은 암으로 발전할 수 있는 돌연변이를 유발하고, 고용량에서는 피부에 화상을 입힌다. 그러나 동시에 라듐은 암세포를 죽일 수 있었다.

존스 홉킨스에서는 1900년대 초부터 자궁경부암 치료에 라듐을 사용했다. 당시 이 병원 외과의사였던 하워드 켈리Howard Kelly가 라듐을 발견하고 나아가 라듐이 암세포를 파괴할 수 있음을 밝힌 프랑스의 퀴리Curie 부부를 방문한 것이 계기였다. 접촉 위험을 모른 채켈리는 호주머니에 라듐 한 줌을 넣어서 미국으로 가져왔고, 이후에도 라듐을 구하기 위해 정기적으로 전 세계를 돌아다녔다. 1940년대까지 헨리에타의 담당 의사였던 존스의 연구를 비롯해 이 분야 연구들은 라듐이 침윤성 자궁경부암을 치료하는 데 수술보다 더 안전하고 효과적이라고 보고했다.

헨리에타가 항암치료를 시작하던 날 아침, 택시기사가 얇은 유리로 된 라듐 튜브가 가득 담긴 왕진 가방을 시 반대편 클리닉에서 병원으로 가져왔다. 튜브들은 볼티모어에 사는 어떤 여성이 손바느질로 만든 작은 천주머니 안쪽 가느다란 구멍 속에 하나씩 끼워져 있었다. 주머니는 고안한 의사의 이름을 따서 '브랙 판Brack plaque'이라 불렸다. 존스 홉킨스에 근무했던 브랙은 헨리에타의 라듐 치료도 주관했는데 나중에 암으로 사망했다. 라듐에 정기적으로 노출되었기 때문일 가능성이 높다. 켈리와 함께 전 세계를 돌면서 구한 라듐을 주머니에 넣고 다녔던 전공의가 암으로 사망한 것도 같은 이유로 보인다.

간호사가 브랙 판을 스테인리스 받침 위에 올려놓았다. 다른 간호사가 헨리에타를 휠체어에 태워 2층에 있는 조그만 흑인 전용 수술실로 데려갔다. 스테인리스 수술대 위로 커다란 전등들이 강렬하게 빛났다. 수술 팀은 모두 백인이었다. 모두 흰 가운을 입고, 흰 모자, 마스크, 수술용 장갑을 착용했다. 헨리에타는 전신마취 상태로 방 한 가운데에 놓인 수술대에 누웠다. 집도의인 로런스 와튼 주니어Lawrence Wharton Jr.는 등받이 없는 동그란 의자에 앉아 그녀의 다리 사이에 자리잡았다. 그는 헨리에타의 몸속을 자세히 살핀 후, 자궁경부를 벌려 치료 준비를 했다. 누구도 사전에 그녀에게 테린드가 자궁경부암 조직을 모으고 있다고 알리거나, 조직 기증 의사를 묻지 않았다. 와튼은 먼저 날카로운 칼로 자궁경부에서 10센트짜리 동전만 한 조직 두 개를 떼어내 유리접시에 담았다. 하나는 암에서, 다른 하나는 근처의 정상 자궁경부에서 채취했다.

그 후 라듐 튜브를 헨리에타의 자궁경부 안쪽에 밀어 넣고, 적당한 위치에 꿰매어 고정했다. 자궁경부 바깥 표면에 라듐판을 고정하고, 맞은편에 다른 판을 고정했다. 라듐판이 암 조직과 계속 접촉하도록 거즈 뭉치를 질 속으로 밀어 넣었다. 마지막으로 치료 중 소변이 나올 수 있도록 방광 속에 배뇨관을 고정했다.

와튼이 라듐 치료를 마치자, 간호사가 헨리에타를 휠체어에 태워 다시 병동으로 데려갔다. 와튼은 차트에 기록했다. "환자가 시술을 잘 견뎠으며, 양호한 상태로 수술실을 나감." 다른 페이지에는 이렇게 적었다. "헨리에타 랙스…… 자궁경부 조직검사…… 조직은 닥터 조지 가이에게 보냄."

숱하게 해온 것처럼 전공의 하나가 조직이 든 접시를 가이의 실험실로 가져 갔다. 이렇게 조직을 넘겨받을 때면 가이는 여전히 기대감에 들떴다. 하지만 실험실의 다른 연구원들 눈에는 수년간 실패를 거듭한 수많은 조직과 마찬가지로 그저 따분할 뿐이었다. 헨리에타의 세포도 다른 것들처럼 곧 죽을 것이 뻔했다.

1951년

헬라의 탄생

스물한 살 난 가이의 연구 보조원 메리 쿠비체크^{Mary Kubicek}는 기다란 석재 배양 벤치 두 개를 붙여 만든 휴식 테이블에 앉아 참치 샐러드를 넣은 샌드위치를 먹고 있었다. 메리와 마거릿을 포함해 실험실에 있는 여자들은 하나같이 굵고 검은 테에 두꺼운 렌즈가 달려 꼭 고양이 눈같이 생긴 고글을 쓰고, 머리는 뒤로 단단히 묶어 올린 채 수많은 나날을 거기에서 보냈다.

얼핏 보면 배양실은 마치 제조공장의 주방 같았다. 각종 주방용품과 유리제품이 가득 찬 커다란 양철 커피통이 여럿 있었고, 테이블 위에는 커피 크림 분말, 설탕, 스푼, 음료수병이 널렸다. 한쪽 벽에는 거대한 철제 냉동고가 서 있고, 그 옆에는 가이가 근처 채석장에서 돌을 가져다 손수 제작한 싱크대가 있었다. 분젠 버너 옆에는 찻주전자가 놓였고, 냉동고에는 혈액, 태반, 종양 표본, 죽은 쥐가 가득했다. 스무 해도 더 전에 가이가 사냥해 온 오리도 집 냉장고에 들어가지 않는다고 거기에 보관했다. 다른 쪽 벽에는 실험동물 우리가 일렬로 늘어서 그 안에 든 토끼, 쥐, 기니피그가 시도 때도 없이 울어 댔다. 가이는 메리가 점심을 먹고 있던 테이블 한쪽에도 선반을 짜 넣었다.

그 위에는 몸속에 암 덩어리가 가득한 생쥐들이 득실거리는 우리들이 있었다. 메리는 점심을 먹으며 항상 우리 속 쥐들을 빤히 바라보았다. 가이가 헨리에타의 자궁경부에서 떼어낸 조직을 실험실로 들고 들어오던 그날도 다르지 않았다.

"새 조직을 자네 자리에 놓고 가네."

메리는 못 본 체했다. '제발 이제 그만.' 그녀는 계속 샌드위치를 먹으며 생각했다. '어차피 죽을 텐데 다 먹고 하지 뭐.'

접시에 담긴 세포는 시간이 지날수록 죽을 가능성이 커지기 때문에 조직을 그냥 둬서는 안 되었다. 그러나 메리는 세포 배양에 지칠 대로 지쳐 있었다. 스테이크에서 연골을 발라내듯 죽은 조직을 섬세하게 잘라내는 일에 진저리가 쳐졌고, 아무리 열심히 해도 어김없이 죽어 나가는 세포에 신물이 났다.

'알게 뭐람?' 그녀는 생각했다.

HENRIETTA LACKS

가이가 메리를 고용한 것은 순전히 두 손 때문이었다. 지도교수의 추천으로 면접을 보러 왔을 때, 그녀는 생리학 전공으로 막 대학을 졸업한 참이었다. 가이는 메리에게 테이블 위에 놓인 펜을 들어 몇 문장을 써보라고 했다. 다음에는 칼로 종이 조각을 잘라보라고 했다. 피펫을 돌려 눈금을 맞춰보라고도 했다.

정교하게 자르기, 긁어 모으기, 핀셋으로 집기, 피펫 다루기 등을 장시간 동안 잘해낼 수 있을지 보느라 가이가 자기의 손을, 더 정확히 말하면 손재주와 힘을 체크했음을 메리는 여러 달 지나서야 깨달왔다.

헨리에타가 존스 홉킨스에서 진료받을 무렵, 메리는 실험실로 들어오는 대부분의 조직을 처리했다. 그러나 그때까지 테린드의 환자에게서 온 조직은 모두 죽어버렸다.

당시는 세포를 성공적으로 배양하는 데 많은 장애가 있었다. 우선 세포가 필요로 하는 영양소가 정확히 무엇인지, 그것을 어떻게 넣어줘야 하는지 제대로 아는 사람이 없었다. 벌써 오래 전부터 가이 부부를 비롯해 많은 연구자들이 완벽한 배양액과 배지를 만들기 위해 애쓰고 있었다. 가이와 마거릿이 완벽한 조합을 찾기 위해 여러 가지 재료를 넣고 빼는 실험을 수도 없이 반복하면서 '가이표 배양액' 제조법은 진화를 거듭했다. 들어가는 재료는 닭의 혈장, 송아지 태아 퓨레puree, 특수 염분, 제대혈 따위로 마녀의 묘약 같았다. 가이는 실험실 창문에 종을 매달고 안뜰을 가로질러 산부인과 병동까지 줄을 연결했다. 아기가 태어나면 간호사들은 종을 울렸고, 마거릿이나 메리가 곧장 달려가 제대혈을 받아왔다.

다른 재료도 구하기가 결코 쉽지 않았다. 소의 태아와 닭의 혈액을 구하기 위해 가이는 적어도 일주일에 한 번은 지역 도살장을 찾았다. 낡을 대로 낡은 쉐보레 자동차를 끌고 도살장에 갈 때면 왼쪽 펜더가 도로에 끌려 불꽃이 튀었다. 그는 동이 트기도 전에 다 쓰러져가는 목조건물에 도착했다. 벽에는 여기저기 넓은 틈이 벌어지고, 바닥에는 톱밥이 어지럽게 흩어져 있었다. 가이는 울어 대는 닭의 두 다리를 거꾸로 잡고 닭장에서 꺼낸 다음, 안간힘을 써 가며 도마 위에 뒤집어 눕혔다. 한손으로 다리를 붙잡고 팔꿈치로는 닭 모가지를 움직이지 못하게 눌렀다. 다른 손으로 알코올 솜을 집어 가슴을 소독한 후, 주삿바늘을 심장에 찔러 넣어 피를 뽑았다. 일이 끝나면 "미안하네, 늙은 친구"라고 하며 닭을 바로 세워 닭장으로 돌려보냈다. 때때로 닭이 스트레스를 못 견디고 죽으면 집으로 가져갔고, 마거릿이 튀겨서 저녁상에 올렸다.

당시 실험실에서 썼던 다른 기법들과 마찬가지로 '닭 채혈법'도 마거릿이 생각해냈다. 그녀는 실험 방법을 고안해 차근차근 가이에게 가르치는 한편, 배우고 싶어하는 연구원들을 위해 상세한 설명서도 만들었다.

완벽한 배양액을 만드는 작업은 계속되었다. 세포 배양에서 가장 큰 문제는 세균 오염이었다. 배양 중인 세포가 사람의 손이나 호흡, 공기 중에 떠다니는 먼지 등을 통해 세균이나 다른 미생물에 감염되면 죽고 만다. 그러나 마거릿은 환자 감염을 방지하는 것이 주요 업무였던 수술실 간호사 출신이었기에, 무균 처치는 그녀의 전문 분야였다. 나중에 사람들은 가이의 실험실이 세포 배양에 성공한 것은 전적으로 마거릿의 수술실 경력 덕분이었다고 말하기도 했다. 대개 세포 배양 연구자들은 가이처럼 생물학자였기 때문에 세균 오염을 예방하는 방법에 대해서는 문외한이었다.

마거릿은 가이와 실험실 직원들에게 배양 조건을 무균화하는 방법에 대해 아는 것을 모두 가르쳤다. 새로운 실험 기사나 대학원생이 올 때마다 교육을 반복했다. 실험실의 유리기구 세척을 전담하는 미니란 직원을 고용하기까지 했다. 마거릿은 골드 더스트 트윈스Gold Dust Twins 비누만 사용하게 했다. 그 비누를 얼마나 신뢰했던지 제조사가 망한다는 소문이 돌자 한 트럭분을 구입할 정도였다.

마거릿은 팔짱을 끼고 실험실을 순찰했다. 미니가 일할 때면 어깨

너머로 지켜보았다. 설사 만족해 웃는다 해도 항상 수술용 마스크를 쓰고 있었기 때문에 아무도 볼 수 없었다. 그녀는 혹시 얼룩이나 티가 남아 있지나 않은지 모든 실험 기구를 점검했다. 가끔 얼룩을 발견하면 "미니!"하고 고함을 질렀다. 그 소리가 어찌나 컸던지 미니는 움츠러들 수밖에 없었다.

메리는 마거릿의 노여움을 사지 않으려고 멸균 수칙을 철저히 지켰다. 점심식사 후, 헨리에타의 조직을 처리하기 전에 깨끗한 흰 가운을 입고 수술용 캡과 마스크를 쓴 메리는 자신의 배양실로 향했다. 가이의 실험실 가운데에는 그가 손수 제작한 네 개의 밀폐된 배양실이 있었다. 배양실은 폭과 길이와 높이가 각각 1.5미터 정도에 불과한 입방체 모양의 좁은 공간으로 오염된 공기가 들어가지 않도록 냉장고 문처럼 밀폐되는 출입문이 달려 있었다. 문밖에서 메리는 멸균 장치를 가동해 배양실 내부를 뜨거운 증기로 채웠다. 세포를 손상시키는 미생물을 제거하기 위해서였다. 증기가 걷히자 배양실 안으로 들어가 문을 꼭 닫았다. 먼저 물을 뿌려 시멘트 바닥을 씻어낸 후, 알코올로 작업대를 문질러 닦았다. 외부 공기는 천장에 설치된 환기장치를 통해 걸러져 배양실 안으로 유입되었다. 배양실을 정화한 후에는 분젠버너에 불을 붙여 불꽃으로 시험관이나 사용한 외과용 메스를 멸균했다. 조직마다 새로운 메스를 사용할 재정적 여유는 없었다.

이렇게 하고 난 후에야 비로소 조직을 다룰 수 있다. 그녀는 한 손으로 겸자를 들어 헨리에타의 자궁경부 조직을 잡고, 다른 손으로는 외과용 메스를 이용해 1제곱밀리미터 크기의 입방체로 조심스럽게 잘랐다. 그중 하나를 피펫으로 빨아들여 바닥에 닭피가 응고되어 붙어 있는 시험관 속으로 떨어뜨렸다. 닭피와 조직이 덮이도록 배양액을 몇 방울 떨어뜨린 후, 마지막으로 시험관을 고무마개로 막고 각각 라벨을 붙였다. 배양 세포의 이름은 보통 환자의 이름과 성에서 각각 첫머리 알파벳 두 개씩을 따서 지었다.

메리는 Henrietta Lacks에서 첫 두 글자씩 따서 시험관마다 옆면에 검은 글씨로 크게 'HeLa'라고 써 넣었다. 그 후, 시험관들을 배양실로 옮겼다. 배양기도 실험실에 있는 대부분의 장비처럼 가이가 고물 처리장에서 주워 온 재료로 직접 만든 것이었다. 그는 무에서 유를 창조하는 재주를 지닌 것 같았다.

HENRIETTA LACKS

조지 가이는 1899년 피츠버그에서 태어나 철강 제련소가 내려다 보이는 언덕에서 자랐다. 제련소 굴뚝에서 뿜어 나오는 숯검정 때문에 그가 살던 조그만 흰색 집은 화재로 그을린 것 같았고, 저녁 노을도 검게 보일 정도였다. 어머니는 텃밭에서 갖가지 곡식과 채소를 직접 길러 가족을 먹였다. 가이는 어려서부터 집 뒤에 있는 조그만 광산에서 석탄을 캤다. 아침마다 곡괭이를 들고 축축한 굴 속을 기어 다니며 양동이에 석탄을 채운 덕에 가족과 이웃들이 집을 따뜻하게 하고 음식을 조리할 수 있었다.

피츠버그 대학교에서 생물학을 전공할 때도 가이는 목수와 석수로 일해 학비를 벌었다. 그는 돈을 거의 들이지 않고도 무엇이든 만들 수 있었다. 의대 2학년 시절에는 살아 있는 세포의 동영상을 촬영하고 싶어 간헐 촬영이 가능한 카메라가 부착된 현미경을 직접 조립했다. 현미경 부품들과 어디서 났는지도 모를 16밀리미터 카메라 장비, 유리, 쇠붙이, 고물 처리장에서 구한 모터를 어지럽게 조합해 만든 것이었다. 그는 존스 홉킨스 병원 시체 안치실 바로 밑 지반을 뚫어 만든 콧구멍만 한 실험실에서 그것들을 조립했다. 실험실 바닥은 지하에 완전히 묻혀 있었고, 벽은 차가 지나갈 때 흔들리지 않도록 사방을 두꺼운 코르크로 둘렀다. 밤에는 리투아니아 출신 실험 보조원이 현미경 옆에 간이침대를 깔고 새우잠을 자면서 카메라를 지켰다. 타이머의 똑딱 소리가 밤새 일정한 속도로 들리는지 확인하고, 매시간마다 일어나 현미경의 초점을 다시 맞췄다. 가이와 스승 워런 루이스Warren Lewis는 바로 그 카메라를 이용해 꽃이 피는 것처럼 느려서 맨눈으로는 볼 수 없는 세포 분열 과정을 필름에 담았다. 그들은 플립북을 넘기듯 필름을 빠른 속도로 돌리면서 세포 분열 과정을 연속 동작으로 관찰할 수 있었다.

가이는 건축 현장에서 학비를 마련하느라 학교를 들락거렸기 때문에 의대를 졸업하는 데 꼬박 8년이 걸렸다. 졸업 후 가이와 마거릿은 존스 홉킨스의 관리실 구역에 첫 실험실을 열었다. 수주일에 걸쳐 전기선을 깔고, 페인트 칠과 배관 공사를 하고, 캐비닛과 실험대를 설치했다. 비용의 대부분을 사비로 충당했다.

마거릿은 매사 차분하고 신중해 실험실의 정신적 지주였다. 반면 가이는 장난기 넘치고 덩치만 큰 애어른이었다. 직장에서는 말쑥하게 차려 입었지만 집에서는 플란넬 바지나 군복 바지, 또는 멜빵 바지를 입고 지냈다. 주말이면 안마당에서 돌을 날랐고, 한자리에서 옥수수 열두 개를 먹어 치웠다. 차고에는 언제든 껍데기를 깨서 바로 먹을 수 있도록 굴이 가득 든 통을 놓아두었다. 그는 은퇴한 미식축구 선수처럼 키는 195센티미터가 넘었고, 체중은 100킬로그램에 육박했다. 척추가 융합되는 바람에 등이 부자연스럽게 뻣뻣하고 수직으로 굳어 몸을 편하게 움직일 수 없었다. 어느 일요일, 지하실에 있던 와인 제조실이 폭발해 적포도주 거품이 차고와 거리로 반짝반짝 흩뿌려지자 가이는 이를 빗물 배수관으로 씻어내며 교회에 가는 이웃에게 손을 흔들었다.

가이는 의욕이 넘치는 몽상가였다. 동시에 수십 개의 프로젝트를 시작할 정도로 성미가 급하고 즉흥적이었다. 실험실과 자택 지하실에는 만들다 만 기계, 완성 못 한 발명품, 누구도 실험실에서 쓰리라고는 상상도 못 할 고물 잡동사니가 가득했다. 아이디어가 떠오르면 그는 책상 앞이든 식탁 앞이든 술집에서든 운전 중이든 그 자리에 주저앉아 항상 갖고 다니는 여송연을 씹어 물고 냅킨이나 찢어진 술병 상표 뒷면에 그림을 갈겨 댔다. 가장 중요한 발명품인 '세포 배양용 시험관 회전통'도 이런 식으로 빛을 보았다.

이 발명품은 회전할 수 있는 커다란 나무 원통에 회전시험관이라는 특수 시험관이 들어갈 구멍들이 뚫려 있었다. 가이가 '팔랑개비'라고 부른 회전통은 콘크리트 혼합기처럼 한 시간에 두 바퀴 정도의 느린 속도로 하루 종일 쉬지 않고 돌았다. 가이는 이런 회전이 절대적으로 중요하다고 생각했다. 배양액이 노폐물과 영양분을 운반하려면 우리 몸속의 혈액처럼 쉬지 않고 세포 주위로 흘러야 한다고 믿었던 것이다.

메리는 마침내 헨리에타의 자궁경부 조직 자르는 일을 마치고, 각각의 조각을 수십 개의 회전시험관에 떨어뜨린 다음 배양실로 가지고 들어갔다. 시험관을 한 번에 하나씩 회전통에 꽂은 다음 스위치를 눌렀다. 가이의 세포 배양기가 천천히 돌기 시작했다.

헨리에타는 첫 번째 라듐 치료 후 기력을 되찾기 위해 이틀간 더 입원했다. 의사들은 안팎으로 그녀를 진찰했다. 배를 눌러보고, 손가락을 넣어 항문과 질 속을 살피기도 했다. 새 배뇨관을 방광에 삽입했으며, 정맥주사도 다른 곳에 다시 꽂았다. 차트에는 "30세 흑인 여성으로 특별한 불편 없이 편안하게 누워 있음"이라고 기록했다. 다음날 아침에는 "밤새 안녕함, 기력이 양호해 퇴원해도 좋겠음"이라고 적었다.

헨리에타가 병원을 떠나기 전에 주치의는 다리를 양쪽으로 벌리고 자궁경부에서 라듐을 빼냈다. 문제가 생기면 바로 클리닉에 전화하고, 2~3주 후에 2차 라듐 치료를 위해 다시 내원하라고 지시했다.

헨리에타의 세포를 배양하기 시작한 후에도 메리는 매일 아침 실험실을 소독하는 것으로 하루를 시작했다. 그녀는 배양시험관을 들여다보고 혼자 씩 웃으며 생각했다. 아무 일도 없으시네요. 아이구, 놀라워라!

헨리에타가 퇴원하고 이틀 후, 메리는 시험관 바닥에 붙은 혈괴 주변에 달걀 프라이의 흰자처럼 보이는 작은 반점들을 발견했다. 세포들이 자라고 있네! 하긴 다른 세포들도 얼마간 생존한 적이 있었지. 메리는 대수롭지 않게 생각했다.

그러나 헨리에타의 세포는 단지 생존한 것이 아니라 가공할 속도로 자랐다. 다음날 아침에는 흰자 같은 반점들이 두 배로 늘어나 있었다. 메리는 세포들이 자랄 공간을 넉넉히 주기 위해 다른 두 개의 시험관으로 분주(分株)했다. 24시간 후 반점은 또 두 배가 되어 있었다.

그녀는 네 개의 시험관에, 다음에는 여섯 개의 시험관에 분주했다. 그때마다 헨리에타의 세포들은 금세 자라나 메리가 마련해준 공간을 바로 채웠다.

하지만 가이는 폭죽을 터뜨리기엔 아직 이르다고 생각했다.

"그러다가도 언제 죽을지 모르지." 그가 메리에게 말했다. 세포들은 죽지 않았다. 지금껏 본 것들과 달리 계속 자랐다. 세포 수는 24시간마다 두 배로 불어났다. 수백 개 위에 또 수백 개가 쌓이며 금세 수백만 개가 되었다.

"잡초처럼 번지네!" 마거릿이 말했다.

암세포는 헨리에타의 정상 세포보다 스무 배나 빨리 자랐다. 헨리에타의 정상 세포는 메리가 배양을 시작한 지 며칠 만에 죽어 버렸지만, 암세포는 먹을 것과 누울 곳만 있으면 결코 성장을 멈출 것 같지 않았다.

비로소 가이는 친한 동료들에게 어쩌면 최초로 결코 죽지 않는 인간 세포를 배양한 것 같다고 알렸다. 동료들은 지나가는 말로 물었다. "나도 좀 주겠어?"

가이는 대답했다. "물론이지!"

1951년

"시커먼 게 몸 안 가득 번지고 있어"

자기 세포가 실험실에서 자라고 있는지 어쩐지 헨리에타가 알 리 없었다. 병원을 나선 후 그녀의 삶은 일상으로 되돌아갔다. 볼티모어에는 도무지 정을 붙일 수 없어 주말마다 아이들을 데리고 클로버를 찾았다. 담배밭을 돌보거나 '아늑한 집'의 계단에서 몇 시간씩 버터를 저었다. 라듐 치료는 지독한 구역질, 구토, 무기력, 빈혈을 유발할 수 있지만 헨리에타에게 이런 부작용이 있었다는 기록은 없다. 그녀가 이런 증상을 호소했다고 기억하는 사람도 없다.

클로버를 찾지 않을 때 헨리에타는 데이와 아이들, 집에 들른 사촌들을 위해 요리를 했다. 그녀의 쌀가루 푸딩은 소문이 자자했다. 알맞게 익혀낸 채소, 곱창 요리, 시장한 사촌들이 들이닥칠 때를 대비해 난로 위에 듬뿍 준비해 둔 미트볼 스파게티도 그만이었다. 데이가 야간 작업반이 아닌 날, 둘은 집에서 시간을 보냈다. 아이들을 재우고 카드 게임을 하거나 라디오에서 흘러 나오는 베니 스미스Bennie Smith의 블루스 기타를 들었다. 밤에 일하는 날 데이가 쾅 문을 닫고 출근하면 헨리에타와 세이디는 백까지 센 다음에 댄스 복장으로 갈아입고 아이들이 깨지 않도록 조심조심 집을 빠져나왔다. 일단 밖으로 나오면 엉덩이를 실룩거리며 소리를 크게 한번 질러보고, 애덤스 바Adams Bar나 트윈 파인스Twin Pines 무도장까지 종종걸음을 쳤다.

"미친 듯이 린디합Lindy Hop을 췄지." 수십 년 후 세이디는 내게 말했다. "한마디로 구제불능이었어. 음악이 흐르면 미칠 듯이 흔들어 댔으니까. 무대를 가로질러 투스텝도 밟고, 블루스에 맞춰 흔들기도 했구만. 오죽하면 사람들이 동전을 던져줬을까. 음악이 좀 느려지면 와우, 무대로 달려나가 찍고, 흔들고, 돌고 난리였다니까! 다들 그렇게 놀았지."

그녀는 어린아이처럼 낄낄댔다. "정말 아름다운 시절이었다오." 그때 그들은 아름다운 아가씨들이었다.

호두 같은 눈망울, 곧고 하얀 치아, 도톰한 입술의 헨리에타는 야무진 턱에 탱탱한 엉덩이, 근육질의 짧은 다리, 담배 농사와 부엌일로 단련된 거친 두 손을 지닌 다부진 여인이었다. 손톱은 요리할 때 밀가루 반죽이 끼지 않도록 짧게 깎았지만, 항상 진홍색 매니큐어를 발라 발가락과 어울리게 맞추었다.

헨리에타는 손발톱을 다듬고 윤 내는 데 몇 시간씩 정성을 들였다. 머리에 컬 핀을 높이 꽂아 올리고, 매일 저녁 손빨래를 할 만큼 좋아한 비단 슬립을 입고 침대에 걸터앉아 손톱에 매니큐어를 발랐다. 바지는 절대 입지 않았다. 외출할 때면 잘 다린 치마와 셔츠를 입고, 앞이 트인 작고 끈 없는 구두를 즐겨 신었다. 핀을 꽂은 머리는 끝을 앞쪽으로 약간 휘감아, 세이디 말로는 "머리가 얼굴 쪽으로 춤을 추는" 것 같았다.

"헤니는 생동감이 넘쳤어. 같이 있으면 늘 재미난 일이 생겼지." 세이디가 천장을 바라보며 내게 말했다. "헤니는 그냥 사람을 좋아했어. 내 속에 있는 좋은 것이 저절로 흘러 넘치게 하는 사람이었지."

하지만 제아무리 헨리에타라 해도 내면에서 어떤 즐거움도 끌어낼 수 없는 사람이 있었다. 클로버에서 터너스테이션으로 막 합류한 게일런Galen의 처 에설은 헨리에타를 끔찍이 싫어했다. 사촌들은 질투 때문이라고 했다.

"그렇다고 에설만 탓할 수는 없었어." 세이디가 말했다. "남편이 자기 마누라보다 헤니를 더 좋아했으니까. 아이고, 그 놈은 헤니가 어딜 가나 쫓아다녔다니까! 데이가 출근하면 헤니네 집에서 아예 죽치고 있었지. 에설 딴에는 질투 땜에 헤니가 불같이 미울 수밖에 없었지. 그래서 맨날 헤니를 골탕 먹이려고 하는 거 같았어." 에설이 나이트클럽에 나타나면 헨리에타와 세이디는 낄낄거리며 뒷문으로 빠져나가 다른 클럽으로 옮겼다.

데이가 일하는 날 밤에 이렇게 돌아다니지 않을 때면 헨리에타와 세이디는 세이디의 동생 마거릿과 헨리에타네 거실에서 빙고 게임을 했다. 어른들이 판돈 몇 센트를 놓고 소리 지르고 웃고 떠드는 동안 헨리에타네 꼬마들 데이비드, 데보라, 조는 테이블 밑 양탄자에서 빙고 칩을 갖고 놀았다. 벌써 열여섯이 된 로런스는 나름 삶을 즐기며 싸돌아다녔다. 하지만 이 장면에는 한 아이가 보이지 않는다. 헨리에타의 맏딸 엘시다.

아프기 전에 헨리에타는 클로버에 내려갈 때 항상 엘시를 데리고 갔다. 엘시는 '아늑한 집'의 간이의자에 앉아 언덕을 굽어보거나, 헨리에타가 텃밭을 다듬는 동안 일출을 바라보았다. 그녀는 헨리에타처럼 아름답고 섬세하며 여성스러웠다. 헨리에타는 항상 손수 지은 리본 달린 옷으로 엘시를 잘 차려 입히고, 몇 시간씩 공을 들여 긴 갈색 곱슬머리를 땋아주었다. 엘시는 말을 하지는 않았지만, 얼굴 옆으로 두 손을 흔들면서 까악까악 울기도 하고 새처럼 조잘대기도 했다. 사람들은 그 큰 갈색 눈을 들여다보며 이 작은 머리로 무슨 생각을 할까 엿보려 했다. 엘시는 꿈쩍도 않고 그저 두려움과 슬픔이 가득한 눈망울로 노려볼 뿐이었다. 엄마인 헨리에타만이 아이를 앞뒤로 얼러서 굳은 눈빛을 부드럽게 풀어줄 수 있었다.

가끔 엘시는 들판을 내달리면서 야생 칠면조를 쫓거나, 노새 꼬리를 잡고 로런스가 떼어놓을 때까지 노새를 내리치기도 했다. 헨리에타의 사촌 피터는 엘시가 태어날 때부터 하나님께서 보호해주시는 것 같았다고 했다. 노새는 그렇게 맞으면서도 엘시를 해치지 않았다. 노새 역시 미친 개처럼 날뛰거나 발길질을 할 땐 정말 사나웠지만, 엘시는 뭔가 특별하다는 걸 아는 것 같았다. 넘어지기도 하고, 여기저기 문이며 벽을 들이받기도 하고, 나무 화덕에 데기도 했지만, 그래도 엘시는 자라고 있었다. 헨리에타는 데이에게 차를 태워달라고 부탁해 엘시를 부흥집회에 데리고 다녔다. 목사들이 치유한답시고 손을 얹곤 했지만 기적은 없었다. 터너스테이션에서 엘시는 가끔 집에서 뛰쳐나가 괴성을 지르며 거리를 뛰어다녔다.

조를 임신하자 헨리에타는 부쩍 자란 엘시를 혼자 돌보는 것이 힘에 부쳤다. 엘시의 동생 둘도 같이 돌보았기 때문에 더욱 그랬다. 의사들은 엘시를 어디 다른 곳으로 보내는 것이 모두를 위해 최선이라고 권했다. 그래서 엘시는 볼티모어에서 남쪽으로 한 시간 반가량 떨어진 흑인정신병원Hospital for the Negro Insane인 크라운스빌 주립병원 Crownsville State Hospital에서 지내게 되었다.

사촌들은 모두 의사들이 엘시를 병원으로 보내 버리자 헨리에타에게서 더이상 생기를 찾아볼 수 없었다고 회고한다. 엘시를 잃은 것은 헨리에타의 삶에서 최악의 사건이었다. 거의 1년이 지났어도 헨리에타는 데이나 다른 사촌에게 부탁해 일주일에 한 번은 꼭 크라운스빌을 찾아 엘시와 마주 앉았다. 엘시는 울면서 헨리에타에게 달라붙었고, 서로 머리를 어루만지며 안타까워했다.

헨리에타는 아이들을 다루는 데 일가견이 있었다. 그녀가 있을 때는 모든 아이가 착하고 얌전하게 놀았다. 하지만 엄마가 외출하면 로런스는 곧장 말썽꾸러기로 변신했다. 날씨가 좋은 날이면 터너스테이션의 낡은 부둣가로 달려갔다. 엄마가 엄격히 금한 일이었다. 부두는 몇 년 전 화재로 소실되면서 나무 말뚝들만 덩그렇게 남았는데, 로런스 패거리는 그 말뚝 위에서 다이빙하기를 좋아했다. 세이디의 아들 하나가 다이빙하다 바위에 머리를 부딪혀 거의 익사할 뻔했고, 로런스는 거기만 갔다 오면 눈병이 생겼다. 바닷물이 스패로스 포인트에서 나오는 폐수로 오염됐다고 다들 불만이었다. 로런스가 부두에 갔다는 소리를 들으면 헨리에타는 부리나케 달려가 녀석을 끄집어낸 다음 매질을 했다.

"오오 주여, 헤니는 회초리를 들고 쫓아 내려갔다우. 오 주여. 세상에 타작도 그런 타작이 없었지." 세이디가 회고했다. 하지만 이럴 때 빼고는 헨리에타가 화를 내는 일은 매우 드물었다. "마음이 강했어. 겁이 없었지."

한 달 반이 지나도록 터너스테이션의 누구도 헨리에타가 아프다는 것을 눈치채지 못했다. 검사받으러 한 번, 라듐 치료받으러 한 번, 두 번밖에 존스 홉킨스에 가지 않았기 때문에 암을 앓고 있음을 숨기기가 어렵지 않았다. 의사들은 치료 경과에 만족했다. 첫 번째 라듐 치료로 자궁경부가 약간 벌겋게 부어 올랐지만 종양의 크기는 줄고 있었다. 그렇더라도 이제 방사선 치료를 시작해야 했다. 한 달간 주중에 매일 병원에 가야 했기에 누군가의 도움이 필요했다. 데이는 밤에 일을 하므로 방사선 치료를 마쳐도 홉킨스에서 차로 20분 거리에 있는 집까지 곧장 데리고 올 수 없었다. 헨리에타는 병원에서 몇 블록 떨어진 사촌 마거릿의 집에서 데이가 데리러 올 때까지 기다리는 것이 좋겠다고 생각했다. 그러려면 마거릿과 세이디에게 병을 알릴 수밖에 없었다.

터너스테이션에서 매년 한 번씩 열리는 카니발 때 헨리에타는 사촌들에게 암을 앓고 있다고 알렸다. 여느 때처럼 셋은 대관람차에 올랐다. 헨리에타는 관람차가 제일 높이 올라가 멀리 바다 쪽으로 스패로스 포인트가 건너다 보일 때까지 기다렸다가, 상쾌한 봄바람에 신이 나 둘이 발을 앞뒤로 흔들 때 얘기를 꺼냈다.

"나 거기에 혹 같은 것이 있다고 했던 거 기억나?" 다들 고개를 끄덕였다. "글쎄, 그게 암이라잖아." 헨리에타가 말을 이었다. "존홉킨스로 치료받으러 다녀."

"뭐라구?!" 관람차에서 미끄러져 떨어질 듯 갑자기 현기증이 난 세이디가 헨리에타를 바라보며 되물었다.

"심각한 건 아냐. 난, 괜찮아."

헨리에타의 말이 맞는 것 같았다. 라듐 치료 덕에 종양은 자취를 감추었다. 의사들이 보기에 자궁경부는 정상으로 되돌아왔고, 다른 곳 어디에도 종양이 전이된 것 같지 않았다. 의사들은 완치를 확신했다. 두 번째 라듐 치료를 위해 입원했을 때는 만성 축농증과 두통의 원인이었던 비중격 만곡증을 치료하기 위해 코 재건수술까지 시행했다. 이제 새로운 시작이었다. 방사선 치료는 혹시 남았을지도 모를 암세포를 확실히 죽이려는 것이었다.

두 번째 라듐 치료를 받고 약 2주 후에 생리가 시작됐는데, 피가 매우 탁했고 멈추지 않았다. 몇 주가 지난 3월 20일, 데이가 방사선 치료를 위해 존스 홉킨스에 내려줄 때도 하혈은 여전했다. 환자용 가운으로 갈아입은 헨리에타는 위쪽으로 커다란 의료장비가 설치되어 있는 검사대에 누웠다. 의사는 대장과 척추를 방사선에서 보호하기 위해 길고 가느다란 납 조각을 질 속에 밀어 넣었다. 그리고 자궁 바로 위 배 양쪽에 지워지는 검은 잉크로 점 두 개를 그려 넣었다. 점들은 매번 같은 위치에 방사선을 조사하도록 과녁 역할을 할 터였다. 피부 한 곳에 너무 심한 손상을 입지 않도록 두 곳을 번갈아 가며 치료했다.

방사선 치료를 마치면 옷을 갈아입고 몇 블록 떨어진 마거릿네까지 걸어가 자정 무렵에 데이가 태우러 올 때까지 기다렸다. 첫 주에 헨리에타와 마거릿은 거실에 앉아 카드나 빙고 게임을 하면서 남편이며 사촌, 아이들 이야기를 했다. 방사선 치료는 좀 불편한 것을 빼고는 그럭저럭 견딜 만했다. 하혈도 멈췄다. 좀 매스껍기도 했지만 헨리에타는 불평하는 법이 없었다.

다 괜찮았던 것은 아니다. 방사선 치료가 끝나갈 무렵, 헨리에타는 의사에게 언제쯤 다시 아기를 가질 수 있느냐고 물었다. 그때까지 방사선 치료를 받으면 더이상 임신을 할 수 없다는 것을 몰랐던 것이다.

당시 존스 홉킨스에서는 방사선 치료 전에 불임과 관련해 환자에게 주의를 주는 것이 원칙이었다. 하워드 존스는 그와 테린드가 모든 환자에게 그렇게 했다고 증언했다. 사실 테린드는 헨리에타가 존스 홉킨스에서 치료받기 1년 반 전 자궁절제술에 관한 논문에 이렇게 썼다.

자궁절제술의 심리적 영향은 특히 젊은 여성에게 심각하다. 환자가 충분히 이해하지 못한 상태에서 자궁을 절제해서는 안 된다. 환자는 임신 능력 상실을 포함해 수술과 관련한 제반 사실에 대해 설명을 들을 권리가 있다. (…) 제반 사실을 환자에게 알리고 충분히 생각할 시간을 주는 것이 좋다. (…) 마취에서 깨어난 환자가 사후에 임신 능력을 잃었음을 아는 것보다 수술 전에 미리 알고 대비하는 편이 훨씬 낫다.

헨리에타의 경우에는 뭔가 잘못된 것이 틀림없다. 한 의사는 진료 기록에 적었다. "더이상 아이를 가질 수 없다고 말했다. 그랬더니 환자는 그런 얘기를 미리 들었다면 결코 방사선 치료를 받지 않았을 것이라고 했다." 하지만 사실을 알았을 때는 이미 늦었다.

방사선 치료를 시작한 지 3주쯤 지나자 아랫배 안쪽이 타는 것 같았다. 오줌 눌 때면 꼭 깨진 유리 조각이 섞여 나오는 느낌이었다. 데이는 자기 성기에서 이상한 것이 나온다며 헨리에타가 홉킨스에서 치료받던 병을 옮긴 것이 분명하다고 불평했다.

헨리에타를 진찰하고 나서 존스는 차트에 적었다. "그 반대인 것 같다. 하지만 어쨌든 이제 환자는 (…) 방사선 치료 부작용에 더해 급성 임질까지 걸렸다."

하지만 데이의 행각은 헨리에타의 걱정거리 축에도 끼지 못했다. 마거릿네까지 가는 짧은 거리가 점점 길게 느껴졌고, 도착하면 그저 잠만 자고 싶었다. 하루는 홉킨스에서 몇 블록도 못 가 길바닥에 쓰러졌고, 마거릿의 집까지 가는 데 거의 한 시간이 걸렸다. 그 뒤로는 택시를 타야 했다. 어느 날 오후, 헨리에타는 소파에 누워 있다가 윗옷을 걷어 올려 마거릿과 세이디에게 방사선 치료로 몸이 어떻게 되었는지 보여주었다. 세이디가 놀라 훅 숨을 들이쉬었다. 가슴부터 골반까지 피부가 온통 숯처럼 새까맣게 그을려 있었다. 다른 곳은 자연스러운 빛깔, 꼭 어린 사슴 같은 피부색 그대로였다.

"헤니, 의사들이 널 아주 숯처럼 태워 버렸네!" 세이디가 목소리를 낮췄다.

헨리에타는 그저 고개를 끄덕였다. "세상에, 몸속에 시커먼 게 가득 번지는 것 같아."

1999년

"어떤 아줌마 전화야"

데플러 선생님 수업에서 헨리에타에 대해 알게 된 지 11년째 되던 해 스물일곱 살 생일을 맞은 바로 그날, 나는 미국에서 가장 오랜 전통을 지닌 흑인 대학의 하나인 애틀랜타 소재 모어하우스 의대 Morehouse School of Medicine에서 주최한 '헬라 암 관리 심포지엄The HeLa Cancer Control Symposium'에서 발표된 과학논문집을 발견했다. 심포지엄은 모어하우스 의대 산부인과 교수 롤런드 패틸로Roland Pattillo가 헨리에타를 추념할 목적으로 마련한 자리였다. 패틸로는 조지 가이의 몇 안 되는 흑인 제자였다.

헨리에타에 대해 물어보려고 전화하던 중, 패틸로에게 그녀를 다룬 책을 쓰고 있다고 했다.

"오호, 그래요?" 느리고도 걸걸한 웃음 너머로 그가 말했다. 꼭 이런 느낌이었다. '아이구, 아가야, 너 지금 뭘 하려고 덤비는지 알기나 하니?' "헨리에타의 가족들이 당신하고는 얘기하려고 하지 않을 텐데요. 헬라 세포 때문에 아주 끔찍한 세월을 보내고 있으니까."

"그분의 가족을 아세요? 좀 연결해주실 수 있을까요?"

"그렇게 할 수는 있소만, 먼저 몇 가지 물어볼 게 있어요. 우선 내가 왜 그래야 하지요?"

패틀로는 한 시간 동안이나 책을 쓰는 의도가 뭔지 꼬치꼬치 캐물었다. 내가 왜 헬라 세포에 집착하는지 들으면서 그는 끙끙거리기도 하고 한숨을 내쉬기도 했다. '으으으음'이나 '글쎄요오'를 중간중간 섞어가면서.

얘기가 끝나자 결국 그가 물었다. "헛짚은 게 아니라면, 당신은 백인이군요."

"그렇게 티가 나요?"

"예." 그가 대답했다. "흑인과 과학에 대해 좀 아시는지?"

나는 역사시간에 보고서를 발표하듯 터스키기 매독 연구에 대해 설명했다. 1930년대에 터스키기 대학Tuskegee Institute에서 공중보건국 연구원들이 매독이 감염에서 사망에 이르는 과정을 관찰할 목적으로 프로젝트를 진행했다. 그들은 매독을 앓는 수백 명의 흑인 남성을 모집해 고통스럽게 천천히 죽어가는 과정을 관찰했다. 심지어 페니실린을 쓰면 목숨을 구할 수 있음을 알게 된 다음에도 프로젝트는 계속되었다. 연구에 참여한 흑인들은 질문하지 않았다. 가난하고 교육받지 못한 사람들이었다. 게다가 연구 참여 대가로 무료 건강검진, 따뜻한 식사, 병의원 방문 시 교통비, 사망 시 유가족에게 50달러의 장례보조비 지급 등의 보상도 주어졌다. 당시 많은 백인들처럼 터스키기 프로젝트를 기획한 연구자들도 흑인은 '지독스럽게 매독에 찌든 인종'이라고 믿었기에 그들을 주요 연구 대상으로 삼았다.

연구에 참여한 수백 명의 흑인 남성이 사망한 1970년대까지도 대중은 터스키기 매독 연구에 대해 알지 못했다. 연구를 한다던 의사들이 흑인들을 기만하다 못해 죽어가는 것을 태연히 지켜 보기만 했다는 뉴스가 흑인 사회에 전염병처럼 번졌다. 의사들이 일부러 매독균을 흑인 남성들에게 주입했다는 소문도 나돌았다.

"그 밖에 또 뭘 아시는지?" 패틸로가 심드렁하게 물었다.

나는 소위 '미시시피 충수절제술Mississippi Appendectomies'도 안다고 했다. 가난한 흑인 여성들이 더이상 아이를 갖지 못하게 하고, 신참 의사들에게 수술 연습을 시킬 목적으로 불필요한 자궁절제술을 자행했던 사건이다. 거의 전적으로 흑인만 걸리는 겸상적혈구빈혈에 대한 연구자금이 턱없이 부족하다는 내용도 읽었다고 했다.

"전화하신 시점이 아주 재미있군요." 그가 운을 뗐다. "마침 다음번 헬라 세포 학회를 준비하는 참인 데다, 전화벨이 울렸을 때 막 책상 앞에 앉아 컴퓨터에 헨리에타 랙스라고 쳤거든요." 우리는 웃었다. 이건 어떤 징후가 분명하다고, 헨리에타가 우리 둘을 엮어주려는 모양이라고 서로에게 말했다.

"데보라가 헨리에타의 딸입니다." 뻔한 사실을 알려준다는 투로 그가 말했다. "가족들은 데일이라 하지요. 거의 오십이 다 됐고, 손자들과 함께 아직도 볼티모어에 살아요. 헨리에타의 남편도 아직 살아있답니다. 얼추 여든넷인데 여전히 존스 홉킨스 클리닉에 다니지요." 구미 당기는 미끼를 던지듯 그가 말했다.

"헨리에타에게 간질을 앓던 딸이 있었다는 건 아시나요?"

"몰랐는데요."

"헨리에타가 사망한 뒤 얼마 안 돼 그 아이도 죽었어요. 이제 데보라가 유일한 딸이죠. 데보라는 어머니의 죽음과 그 세포 때문에 하도 들들 볶이는 바람에 최근에는 뇌졸중 직전까지 갔어요. 전 또다시 데보라를 그렇게 들볶는 데 가담하고 싶지는 않은데요."

내가 말하려고 하는데 그가 중간에 끊었다.

"이제 환자를 봐야겠어요." 그가 딱 잘랐다. "가족들하고 당신을 연결해줘야 할지 아직 확신이 없어요. 하지만 그쪽은 적어도 의도에 대해 솔직한 것 같군요. 생각을 좀 해보고 다시 얘기합시다. 내일 전화 주세요."

연달아 사흘을 조른 뒤에야 패틸로는 데보라의 전화번호를 주겠다고 했다. 하지만 전화하기 전에 몇 가지 알아둘 것이 있다고 주의를 줬다. 그는 목소리를 낮추더니 데보라를 대할 때 해도 되는 것과 하지 말아야 할 것들을 빠르게 쏟아냈다. 공격적으로 나가면 안 되고, 정직해야 한다. 너무 의학적으로 나가도 안 되고, 너무 몰아세워도 안 된다. 깔보듯 얘기해서는 더욱 안 된다. 데보라가 그걸 특히 싫어한다. 열의는 보이되, 그녀가 그 세포 때문에 겪은 고초가 이만저만이 아님을 절대 잊어서는 안 된다. 그리고 인내심. "무엇보다 그게 필요할 거요."

HENRIETTA LACKS

패틸로와 통화를 마치자마자, 해도 되는 것과 안 되는 것들을 되새기면서 데보라에게 전화를 걸었다. 전화벨이 울리는 동안, 나는 방 안을 왔다갔다 안절부절못했다. 그녀가 나지막하게 말했다. "여보세요." 나는 속사포처럼 말을 쏟아냈다. "전화를 받으셨군요! 몇 년 동안이나 얘기를 하고 싶었어요. 당신 어머니에 관한 책을 쓰고 있습니다!"

"뭐라고요?"

그때는 데보라가 거의 듣지 못한다는 걸 몰랐다. 그녀는 남의 말을 들을 때 입술 모양에 많이 의존했기 때문에 빨리 말하면 놓칠 수밖에 없었다.

숨을 깊이 들이쉬고 다시 또박또박.

"안녕하세요? 제 이름은 리베카입니다."

"안녕하시우?" 지친 목소리였지만 따뜻했다.

"당신과 대화할 수 있게 되다니 정말 반가워요."

"으음…." 이런 얘기에 이젠 신물이 났다는 투였다.

다시 그녀의 어머니에 대한 책을 쓰고 싶다고 했다. 그녀의 세포가 그렇게 과학 연구에 중요한데 아무도 헨리에타를 모르는 것 같아 놀랐다고도 했다.

데보라는 한동안 아무 말 없이 있다가 소리쳤다. "암요!" 그녀는 피식 웃더니 마치 오래도록 잘 아는 사이인 것처럼 말하기 시작했다. "모두 그 세포만 알고 싶어하지, 엄마 이름은 안중에도 없다니까. 헬라는 사람인데 말이요. 근데, 책을 쓴다고? 할렐루야! 그거 참 멋진 생각이군요!"

뜻밖이었다.

실수라도 해서 말문을 닫아버리면 어떡하나 싶어서 간단히 답했다. "좋습니다." 그 한마디가 전화를 끊을 때까지 내가 한 말의 전부였다. 질문조차 필요 없었다. 재빨리 메모만 했다.

데보라는 예고도 없이 전 생애에 걸친 방대한 이야기를 45분간 쏟아냈다. 딱히 순서랄 것도 없이 1920년대부터 1990년대까지 종횡무진 넘나들며 아버지, 할아버지, 사촌들, 어머니, 생판 낯선 사람들의 이야기가 정신 없이 튀어나왔다.

"아무도 한마디도 안 합디다. 뭔 말인고 하니 우리 엄마가 입던 옷은 어디 있대요? 엄마가 신던 신발은? 엄마가 차던 시계랑 반지가 있었는데 몽땅 도둑 맞아버렸지. 동생이 그 애를 죽인 다음에."

데보라는 어떤 남자 얘기를 했는데 이름은 밝히지 않았다. "그 작자가 엄마 진료 기록하고 부검 보고서를 빼냈다는 게 당최 이해가 되질 않아. 앨라배마 깜방에서 15년이나 썩은 놈이라는데, 존흡킨이 우리 엄말 죽였다고, 또 백인 의사 놈들이 엄마가 흑인이라서 엄마 몸에다 실험을 했다고 떠들고 다닌다니까." 데보라가 말을 이었다. "억장이 무너지고 열불이 나서 참을 수가 없어. 이제 이런 말 하는 것도 좀 덜 괴롭지만, 엄마 세포 때문에 하도 들볶여서 보름 사이에 두 번이나 중풍을 맞을 뻔했다우."

데보라는 갑자기 집안 내력으로 화제를 옮겨 '흑인 정신병원'과 노예 소유주였다는 증조할아버지 얘기를 꺼냈다. "우리 집안은 아주 뒤죽박죽이야. 푸에르토리코 사람이 된 이모도 있으니까."

데보라는 "이제 더 못 참겠어"라거나 "이제 누굴 믿어야 할까?"란 말을 거듭했다. 무엇보다 어머니에 대해, 그리고 어머니의 세포가 과학 연구에 공헌한 바에 대해 알고 싶어했다. 사람들이 알려주겠다고 하고는 수십 년간 약속을 지키지 않았다고 했다. "정말 넌덜머리가 나요. 내가 진짜 바라는 게 뭔지 아시우? 정말 알고 싶어요. 우리 엄마한테서는 무슨 향기가 났을까? 무슨 색깔을 좋아했을까? 춤추는 걸 좋아했을까? 날 젖을 먹여 길렀을까? 정말 그런 게 알고 싶은데, 아무도 말을 안 해준단 말이에요."

그녀는 소리내 웃고는 말을 이었다. "이것만은 꼭 말하고 싶어요. 엄마에 관한 이야기는 아직 안 끝났다는 거. 그 일이 아가씨한테 안

성맞춤인 것 같기는 한데, 사실 책 세 권으로도 모자랄 거요!"

누군가 현관으로 들어온 모양이었다. 데보라는 수화기에 대고 소리쳤다. "안녕하시우! 뭐야, 편지야?" 편지의 '편'자에도 기겁한 것 같았다. "이런 젠장! 망할! 진짜 편지라고?!"

"어이, 리베카 양." 그녀가 말했다. "그만 끊어야겠어. 월요일에 다시 전화하시우. 좋아, 약속! 하나님께서 함께 하시길. 그럼, 끊어요."

그녀는 전화를 끊었다. 나는 충격에 휩싸여 수화기를 내려놓을 생각도 못하고 턱 밑에 끼운 채, 이해하지 못한 내용을 미친 듯 휘갈겨 내려갔다. 동생=살인, 편지=나쁜 것, 헨리에타의 진료 기록을 훔친 사람, 흑인 정신병원?

약속대로 월요일에 다시 전화를 걸었을 때 데보라는 전혀 다른 사람 같았다. 목소리는 귀찮은 투가 역력했다. 우울한 것도 같았고 수면제를 과하게 복용한 듯 느릿했다.

"인터뷰 안 할래요." 그녀는 횡설수설 웅얼거렸다. "그만 가시우. 오빠들이 나보고 직접 책을 쓰래. 작가도 아닌데 말이지. 암튼 인터뷰는 안 할 거니까 그리 아셔. 미안해요."

뭔가 말하려고 했지만 그녀가 막았다. "더는 아가씨하고 말 못 한다니까. 그러지 말고 우리 집안 남자들한테 한번 매달려봐요."

그녀는 세 남자의 연락처를 알려줬다. 아버지와 큰오빠 로런스의 전화번호, 작은오빠 데이비드의 호출기 번호였다. "다들 소니라고 불러." 그렇게 일러주고는 전화를 끊었다. 그 뒤로 1년 가까이 데보라와는 다시 통화할 수 없었다.

나는 데보라와 그녀의 아버지, 오빠들에게 매일 전화했다. 아무도 받지 않았다. 며칠 동안 메시지만 남기고 있는데 마침내 데이의 집에서 누군가 전화를 받았다. '여보세요'란 말도 없이 수화기에 대고 숨만 쉬었다. 수화기 저편으로 힙합이 쿵쾅거렸다.

데이비드와 통화하고 싶다고 하자, 어린 소년이 "예에" 하고는 수화기를 던져버리는 것 같았다. "가서 할아부지 불러 와!" 소년이 소리쳤다. 한참 조용하더니 다시 소리쳤다. "중요한 일이야. 할아부지 불러!" 대답이 없었다.

"어떤 아줌마 전화야." 그가 소리쳤다. "빨랑……"

아까 그 소년이 전화기에 대고 다시 숨을 내쉬었고, 또 다른 소년이 다른 수화기를 집어 들었다. "여보세요."

"안녕? 데이비드 씨 좀 바꿔주겠니?"

"누구신데요?"

"리베카라고 해."

수화기를 입에서 뗀 다음 소년이 외쳤다. "가서 할아부지 불러 와. 어떤 아줌마가 할무니 세포 땜에 전화했어."

몇 년이 지나서야 나는 꼬마가 어떻게 내 목소리만 듣고도 전화한 이유를 알아챘는지 이해했다. 다른 지방의 백인이 데이에게 전화하는 것은 오직 헬라 세포에 관해 원하는 것이 있을 때뿐이었다. 하지만 그때는 뭐가 뭔지 몰랐다. 그저 잘못 들었거니 했다.

한 여인이 수화기를 들었다. "여보세요, 무슨 일이죠?" 말투가 날카롭고 짧막해서 '이런 데 시간 낭비하고 싶지 않네요'라고 하는 것 같았다. 데이비드와 통화하고 싶다고 하자 누구냐고 물었다. 더 말하면 전화를 끊어버릴까봐 짧게 대답했다. "리베카라고 합니다."

"잠시만요." 여인은 한숨을 쉬더니 전화기를 내리면서 말했다. "이걸 할아버지께 갖다드려라. 할머니 세포 땜에 리베카란 사람이 장거리 전화를 했다고 전해드려."

아이가 전화기를 집어 제 귀에 바짝 갖다 대고 달려가는 것 같았다. 긴 침묵이 흘렀다.

"할아부지, 일어나봐요." 아이가 소곤거렸다. "할무니 때문에 누가 전화했어요."

"누구?"

"일어나라구요. 할무니 세포 땜에 누가 전화했다니까요."

"누구? 어디서?"

"할무니 세포, 전화…… 일어나요."

"그 세포가… 어디?"

"여기요." 소년이 전화기를 넘겼다.

"예에?"

"안녕하세요, 데이비드 랙스 씬가요?"

"예에."

내 이름을 밝히고 용건을 설명하는데 얼마 못 가 데이는 깊은 한숨을 내쉬었다.

"뭐 지금 이거……" 그가 지독한 남부 억양으로 웅얼거렸다. 꼭 뇌졸중을 겪은 사람처럼 단어들이 서로 엉키고 꼬여 흩어졌다. "내 마누라 세포를 갖고 있다구?"

"예." 내가 부인의 세포 일로 전화한 것이 아니냐고 묻는 것 같아

이렇게 대답했다.

"예에?" 그의 목소리가 갑자기 밝아졌다. "우리 마누라 세폴 갖고 있다고? 거시기가 댁이 얘기하는 걸 아요?"

"예," 내가 전화하는 줄 데보라도 아느냐고 묻는 것 같아 이렇게 대답했다.

"음, 그러면 우리 늙은 마누라 세포가 댁을 상대할 테니까, 난 가만 냅두슈." 그가 말을 낚아챘다. "당신네들, 이제 아주 지긋지긋하니까." 그는 전화를 끊어버렸다.

1951년

세포 배양의 생과 사

헨리에타가 방사선 치료를 시작하고 3주쯤 지난 1951년 4월 10일, 조지 가이는 볼티모어 지역 WAAM TV의 특별 프로그램에 출연했다. 방송국에서 가이의 성공을 조명하기 위해 특집 프로그램을 편성한 것이었다. 극적인 음악을 배경으로 아나운서가 선언했다.

"오늘 밤 우리는 과학자들이 왜 암을 곧 정복할 수 있다고 믿는지 알게 될 것입니다."

카메라가 연방 플래시를 터뜨렸다. 가이는 세포 사진으로 도배된 벽을 배경으로 탁자 앞에 앉아 있었다. 그의 얼굴은 좀 긴 편이었지만 품위가 있었다. 뾰족한 콧날에 검은색 플라스틱 이중초점 안경을 걸쳤고, 찰리 채플린 풍의 콧수염을 길렀다. 그는 등을 똑바로 세우고 뻣뻣하게 앉아 있었다. 깔끔하게 다린 정장의 가슴팍에는 흰색 손수건을 꽂고, 머리카락은 반듯하게 빗어 넘겼다. 그는 무표정한 얼굴로 스크린을 응시하다 시선을 카메라로 되돌리며 손가락으로 탁자를 두드렸다.

"우리 몸을 구성하는 세포는 아주 작아서 핀의 머리를 채우려고 해도 5,000개는 있어야 합니다." 다소 큰 목소리가 부자연스러웠다.

"정상 세포가 어떻게 암세포가 되는지는 여전히 수수께끼입니다."

그는 먼저 도표를 보여주고 긴 나무 지시봉을 써가며 세포의 구조와 암에 대해 개략적으로 설명했다. 이어서 세포를 촬영한 필름을 스크린에 비췄다. 세포들의 가장자리가 조금씩 주변의 여백으로 뻗어나갔다. 이번에는 암세포 하나에 초점을 맞추고 확대했다. 암세포의 표면은 처음에 둥글고 매끄러웠지만, 갑자기 격렬하게 흔들리더니 곧바로 터져서 다섯 개의 암세포가 되었다.

고조되는 분위기 속에서 가이가 말했다. "이제 저희가 배양하고 있는 엄청난 양의 암세포가 들어 있는 병을 보여드리겠습니다." 그는 분명 헨리에타의 세포가 가득 차 있을 맥주캔 크기의 투명한 유리병을 흔들며, 그의 실험실이 그 세포를 연구해 암을 정복할 방법을 찾고 있다 했다. "이런 기초연구를 통해 암세포에 손상을 입혀 완전히 소멸시킬 방법을 찾을 수 있으리라 확신합니다."

가이는 비전의 실현을 앞당기기 위해 암 연구에 배양 세포를 사용할 법한 과학자들에게 헨리에타의 세포를 보내기 시작했다. 오늘날에는 흔한 일이지만, 당시에는 살아 있는 세포를 소포로 부치는 것이 불가능했다. 대신 가이는 세포들을 시험관에 담아 배양액을 몇 방울 떨어뜨린 후 비행기에 태워 보냈다. 이 방법은 짧은 시간 동안 세포를 살려 놓기에 안성맞춤이었다. 때로는 비행사나 승무원이 윗옷 가슴 쪽에 있는 주머니에 시험관을 찔러 넣기도 했는데, 그러면 세포들은 배양기 안에 있는 것처럼 알맞은 온도를 유지할 수 있었다. 한편 세포를 비행기 화물칸에 실어 보낼 때는 과열 방지를 위해 얼음 덩어리에 구멍을 파고 시험관을 꽂은 다음, 톱밥을 채운 마분지 상자에 넣어 포장했다. 발송이 끝나면 가이는 수취인에게 세포가 곧 그 도시로 "전이轉移"할 테니 비행기에서 내리자마자 실험실로 가져가라고 당부했다. 모든 단계가 순조로우면 세포는 살아남았다. 그러나 실패하더라도 그는 성공할 때까지 계속 세포를 포장했다.

가이는 텍사스, 뉴욕, 인도, 네덜란드 암스테르담 등 세계 곳곳의 연구자에게 헬라 세포를 보냈다. 이들은 더 많은 과학자에게 세포를 나눠주었고, 그들은 또 다른 연구자에게 분양했다. 헬라 세포는 노새의 안장 주머니에 실려 칠레 산맥을 넘었다. 가이는 배양 기법을 전수하고 새 실험실을 여는 것을 돕기 위해 어디 갈 때마다 상의 윗주머니에 헬라 세포 시험관을 꽂고 비행기에 올랐다. 실험 기법을 배우기 위해 가이의 실험실을 방문한 과학자들에게도 헬라 세포를 한두 병씩 들려 보냈다. 그때부터 가이와 동료들은 동봉한 편지에 헬라 세포를 '금쪽 같은 내 새끼'라고 불렀다.

헨리에타의 세포가 그렇게 귀중했던 이유는 살아 있는 인간을 대상으로 할 수 없었던 실험을 가능하게 했기 때문이었다. 과학자들은 헬라 세포를 무수한 독소와 방사선, 감염에 노출시켜보았다. 정상 세포를 파괴하지 않고 암세포만 골라 죽이는 방법을 찾기 위해 여러 가지 약물을 들이붓기도 했다. 면역기능이 손상된 래트에 주입해 면역이 암세포의 성장에 어떤 영향을 미치는지도 알아보았다. 면역 억제 래트는 헨리에타와 똑같은 암에 걸렸다. 실험 도중에 세포가 죽어도 문제 없었다. 배양실에서 끊임없이 자라는 헬라 세포를 꺼내어 처음부터 다시 시작하면 되었다.

헬라 세포의 보급과 이에 따른 새로운 연구의 물결에도 불구하고 이 경이로운 세포의 탄생이나 그것이 어떻게 암의 정복에 도움이 되는지를 다룬 보도는 없었다. 단 한 번 출연한 TV 프로그램에서도 가이는 헨리에타나 그녀의 세포를 이름으로 직접 거론하지는 않았기 때문에, 대중이 헬라 세포에 대해 알 수는 없었다. 설사 알았다 한들 큰 관심을 갖지는 않았을 것이다. 과거 수십 년간 언론은 세포 배양에 성공하면 질병에서 세상을 구원하고 영생을 가져다줄 것이라고 보도했다. 1951년까지 대중은 그 말을 믿지 않았다. 세포 배양은 의학적 기적이라기보다 무서운 공상과학영화의 한 장면에 가까웠던 것이다.

HENRIETTA LACKS

세포 배양의 역사는 1912년 1월 17일, 뉴욕 록펠러 대학의 프랑스 출신 외과의사 알렉시 카렐Alexis Carrel이 '불멸의 닭 심장 세포'를 배양했다고 발표한 날 시작되었다.

과학자들은 20세기가 시작되기 전부터 살아 있는 세포를 배양하려고 애썼다. 그러나 조직은 어김없이 죽고 말았다. 몸 밖에서 조직을 살려 놓는 것은 불가능하다는 믿음이 생겨났다. 카렐은 그들이 틀렸음을 입증할 참이었다. 서른아홉의 나이에 혈관봉합술을 고안해 관상동맥우회술을 시행하고 장기이식 방법을 개선한 그는 언젠가 폐나 간, 신장 등의 장기를 실험실에서 손쉽게 키워 이식수술을 원하는 곳 어디든 보낼 수 있기를 꿈꾸었다. 첫 단계로 닭의 심장 조직 배양을 시도했는데, 놀랍게도 성공했다. 심장 세포들은 닭의 몸 안에 있는 것처럼 박동을 계속했다. 몇 달 후 카렐은 혈관봉합술을 고안하고 장기이식 방법을 발전시킨 공로로 노벨상을 받으며 곧바로 유명인사가 되었다. 노벨상은 닭 심장과 관련이 없었지만, 언론이 불멸의 닭 심장 세포를 장기이식 업적과 연결해 보도하는 바람에 갑자기 그가 '청춘의 샘'이라도 발견한 것처럼 여겨졌다. 세계 곳곳의 신문이 이런 헤드라인을 내보냈다.

카렐의 새로운 기적, 노화를 막을 방법을 제시하다!
과학자들, 불멸의 닭 심장을 만들어내다!
죽음을 피할 수 있을지도!

과학자들은 카렐이 배양한 닭 심장 세포를 20세기의 가장 위대한 진보 중 하나로 평가했다. 세포 배양으로 음식 섭취나 성행위에서 '바흐의 음악, 밀턴의 시, 미켈란젤로의 천재성'까지 모든 비밀이 풀릴 것이라고 생각했다. 카렐은 그야말로 과학계의 메시아였다. 잡지들은 그의 배양액을 '젊음의 묘약'이라 불렀고, 그 속에서 목욕하면 영원히 살지도 모른다고 흥분했다.

카렐은 대중의 영생에는 관심이 없었다. 그는 인종개량론자였다. 그에게 장기이식과 생명 연장은 우둔하고 열등한 종족, 즉 가난하고 못 배운 유색인종에 의해 오염되고 있는 우월한 백인종을 보존하기 위한 방법일 뿐이었다. 그는 영생할 가치가 있는 사람, 즉 백인만의 영생을 꿈꿨으며, 그 밖에는 모두 죽거나 거세해야 한다고 믿었다. 그는 훗날 이런 믿음에 사로잡혀 인종 개량을 위해 '열정적 조치'를 취한 히틀러를 칭송하기도 했다.

카렐의 기이한 행동 때문에 언론은 그의 업적을 광적으로 취재했다. 그는 다부진 체격에 말이 빠른 프랑스인이었다. 한쪽 눈은 갈색, 다른 쪽은 푸른색이었고, 외출 때는 항상 수술용 모자를 썼다. 빛을 쬐면 배양 중인 세포가 죽을 수 있다는 잘못된 믿음을 갖는 바람에 그의 연구원들은 길고 검은 실험복을 입고, 머리에는 눈구멍만 간신히 뚫은 검은색 복면을 썼다. 꼭 KKK단 집회 사진 같았다. 그들은 마루, 천장, 벽을 온통 검게 칠한 그림자 없는 방에서 검은색 탁자 앞에 놓인 검은색 의자에 앉아 일했다. 조명이라고는 천장에 뚫린 조그만 채광창이 전부였지만, 그나마 먼지로 뒤덮여 있었다.

카렐은 텔레파시와 투시력을 믿는 신비주의자였다. 그는 인간을 가사假死 상태로 만들어 몇 세기 후에 다시 살릴 수 있다고 생각했다. 심지어 자기 아파트를 예배당으로 개조해 의학의 기적에 대한 강연을 시작했다. 기자들에게는 남미로 가 독재자가 되기를 꿈꾼다고 하기도 했다. 많은 과학자가 그를 비과학적이라고 비판하면서 거리를 뒀지만, 백인 중심의 미국 사회는 열광했다. 백인들에게 그는 천재이자 정신적 스승이었다.

《리더스 다이제스트》는 성관계는 정신을 고갈시키기 때문에 "이미 부부관계를 많이 한 부인은 더이상 남편을 유혹해서는 안 된다"고 충고하는 카렐의 기사를 실었다. 베스트셀러였던 저서《인간, 미지의 존재Man, the Unknown》에서 그는 미국 헌법이 모든 인간의 평등을 보장한 것은 '오류'이며, 고쳐야 한다고 주장했다. "저능한 사람과 천재가 법 앞에서 평등할 수는 없다… 우둔한 인간, 어리석은 인간, 정신이 산만해 집중하지 못하는 인간, 노력하지 않는 인간은 고등교육을 받을 권리가 없다."

카렐의 책은 200만 부 이상 팔렸고, 20개 언어로 번역되었다. '저자와의 대화' 행사에는 수천 명이 모였다. 행사 장소가 꽉꽉 들어차 일부 팬을 돌려보내야 하는 상황이 심심찮게 벌어지자 폭동 진압 장구를 착용한 경찰이 동원되어 질서를 유지했다.

　이런 일을 겪고도 언론과 대중은 '불멸의 닭 심장 세포'에 사로잡혀 있었다. 《뉴욕 월드 텔레그램 New York World Telegram》이라는 신문사는 새해 첫날이면 카렐에게 전화를 걸어 세포의 상태를 확인했다. 매년 1월 17일 카렐의 연구팀은 검은색 정장을 차려 입고 배양 세포 앞에서 생일 축하 노래를 합창했다. 몇몇 신문과 잡지는 수십 년 동안 똑같은 기사를 재탕했다.

닭 심장 세포, 10년간 생존하다!

······ 14년간 생존하다!

······ 20년간 생존하다!

　기사들은 한결같이 배양 세포가 의학의 판도를 바꿀 것이라고 장담했지만, 그런 일은 일어나지 않았다. 그동안 세포에 대한 카렐의 주장은 점점 더 몽상으로 변해갔다.

　"이런 식으로 계속 자라면 전체 세포의 부피가 태양계보다 더 커질 것이다!" 그러자 《리터러리 다이제스트 The Literary Digest》는 "배양 세포가 이미 지구를 덮고도 남을 것"이라는 기사를 실었고, 영국의 한 타블로이드 신문은 세포들이 "한걸음에 대서양을 건널 수 있을 만큼 큰 수탉으로 자랄 수도 있다. 거대한 수탉이 둥근 지구 위에 앉아 있으면 마치 풍향계처럼 보일 것이다"라고 했다. 몇몇 베스트셀러 서적은 조직 배양이 내포한 위험을 경고했다. 어떤 책은 곧 아기들의 70퍼센트가 배양실에서 자랄 것이라고 내다봤고, 다른 책은 흑인 거인이나 머리 둘 달린 두꺼비가 나올 수 있다고 상상했다.

그러나 막상 조직 배양에 대한 두려움이 미국의 안방을 파고든 것은 1930년대의 유명 라디오 공포 쇼 〈정전Lights Out〉의 한 에피소드를 통해서였다. 가상 인물인 앨버트 박사가 실험실에서 불멸의 닭 심장을 기르는 데 성공하지만, 그것이 통제를 벗어나 마구 자라서 공상과학영화 〈블롭The Blob〉의 괴물처럼 거리를 가득 채우고, 뭐든 닥치는 대로 먹어 치운다는 내용이었다. 이 괴물은 단 2주 만에 온나라를 집어삼켜 버린다.

실제 닭 심장 세포 연구는 별 진척이 없었다. 게다가 최초의 근원 세포들은 실제로 얼마 생존하지 못했을 가능성이 있다. 카렐이 나치주의자와 협력했다는 죄목으로 재판을 기다리다 사망한 지 몇 년 후, 레너드 헤이플릭Leonard Hayflick이라는 과학자가 닭 심장에 의문을 제기했다. 아무도 카렐의 실험을 재현할 수 없었고, 그의 세포가 '모든 정상 세포는 사멸하기 전에 한정된 횟수만 분열할 수 있다'는 생물학의 기본법칙을 거스르는 것 같았던 것이다. 헤이플릭은 조사 결과 닭 심장 근원세포가 실제로는 카렐이 배양을 시작한 후 얼마 못가 죽어 버렸을 것으로 추정했다. 카렐은 세포에 영양분을 공급하기 위해 배양접시에 조직을 갈아 만든 '배아 주스embryo juice'를 넣어주었는데 의도했든 아니든 그때마다 새로운 세포를 넣고 있었던 셈이었다. 카렐의 연구 보조원 중 한 명 이상이 헤이플릭의 주장을 확인해주었다. 그러나 카렐이 사망한 후 2년이 지났을 무렵 보조원이 그 유명한 닭 심장 세포들을 가차 없이 쓰레기통으로 던져버리는 바람에 아무도 직접 확인해볼 수는 없었다.

어쨌든 카렐의 닭 심장 세포가 '사망'했다는 사실이 알려진 지 막 5년이 지난 1951년, 가이의 실험실에서 헨리에타의 세포가 자라기 시작했을 때 불멸의 세포에 대한 대중의 이미지는 크게 악화되어 있었다. 조직 배양은 인종차별주의나 소름 돋는 공상과학, 나치주의, 사이비 약 따위의 결정판 같은 것이었다. 절대로 축하할 만한 업적이 아니었다. 아니 사실, 아무도 별 관심이 없었다.

1951년

"정말 비참한 환자다"

그해 6월 초 헨리에타는 의사에게 암이 퍼지는 것 같다고, 암세포가 온몸을 돌아다니는 느낌이라고 여러 번 말했다. 의사들은 어떤 이상도 발견하지 못했다. 한 의사는 차트에 썼다. "환자는 기분이 그런대로 괜찮다고 함. 하복부의 모호한 불쾌감을 계속 호소하지만 (…) 재발의 증거는 없음. 한 달 후 다시 내원."

헨리에타가 의사들을 못 미더워했다는 기록은 없다. 1950년대의 여느 환자처럼 그녀는 의사의 지시에 잘 따랐다. '선의의 거짓말'이 통하던 시절이었다. 종종 의사들은 병명은 물론 가장 기본적인 검사 결과조차 환자에게 알리지 않았다. 암 따위 제대로 이해 못 할 무서운 용어를 써서 환자를 당황시키거나 혼란에 빠뜨리는 것은 바람직하지 않다고 믿었다. 의사들은 환자에 대해 잘 안다고 생각했고, 환자들도 이를 전혀 의심하지 않았다.

일반 병동 흑인 환자들은 더욱 그랬다. 1951년, 볼티모어였다. 인종차별은 당연했고, 흑인은 백인의 전문적인 판단에 의문을 제기하지 않는다는 것이 통념이었다. 병원에서도 차별이 만연했으므로, 흑인들은 그저 치료를 받을 수 있다는 것만으로도 감사했다.

헨리에타가 백인이었다면 치료 방법이 달랐을까? 달랐다면 어떻게 달랐을까? 알 길은 없다. 하워드 존스에 따르면 조직검사 후 라듐 치료와 방사선 치료는 당시의 표준이었다. 헨리에타도 여느 백인과 똑같은 치료를 받은 셈이다. 그러나 몇몇 연구에 따르면 흑인은 백인보다 질병이 더 진행된 상태에서 입원치료를 시작했다. 입원해도 충분한 진통제 처방을 받지 못했으며, 사망률도 더 높았다.

확실한 것은 헨리에타의 진료 기록에 나오는 내용뿐이다. 의사가 괜찮다고 한 뒤 몇 주가 지나 그녀는 병원을 다시 찾았다. '불쾌감' 정도가 아니라 양쪽 아랫배에 '통증'이 생겼던 것이다. 그러나 기록은 전과 동일하다. "재발의 증거는 없음, 한 달 후 내원."

또 2주 반이 지나자 통증이 갑자기 심해졌다. 소변도 잘 나오지 않고, 통증 때문에 걷기도 어려웠다. 그녀는 곧바로 홉킨스로 갔지만 의사는 배뇨관을 꽂아 방광을 비운 뒤, 그냥 돌려보냈다. 3일 후에 극심한 돌발성 통증이 재발해 또 병원을 찾았다. 의사가 복부를 눌러보자 "돌덩이같이 딱딱한 종괴"가 만져졌다. 방사선 검사에서 종괴가 골반 벽에 들러붙어 요도를 거의 막은 것이 확인되었다. 당직 의사는 존스를 비롯해 치료에 참여한 의사들을 호출했다. 그들은 그녀를 진찰하고 방사선 사진을 살펴보았다. 모두 의견이 일치했다. "수술 불가능." 진료 기록에 건강하다고 한 것이 불과 몇 주 전인데, 의사 중 하나는 이렇게 기록했다. "만성적으로 아픈 것 같음. 분명히 통증에 시달리고 있음." 그는 집에 가서 쉬라며 헨리에타를 돌려보냈다.

훗날 사촌 세이디는 암이 재발했을 당시의 헨리에타를 이렇게 회상했다. "헤니는 말이야, 겉으로 봐서는 하나도 아픈 사람 같지 않았어. 얼굴이나 몸이나 건강해 보였지. 암으로 누워 있는 사람들 아주 끔찍하잖어. 헤니는 전혀 안 그랬어. 환자구나 싶었던 건 딱 두 눈뿐이었어. 눈빛만큼은 얼마 못 살 것 같다, 그런 생각이 들더구만."

HENRIETTA LACKS

그때까지도 세이디와 마거릿, 데이 말고는 헨리에타가 아픈 줄 아는 사람이 없었다. 하지만 어느 날 갑자기 모두가 알게 되었다. 스패로스 포인트에서 각자 일을 마치고 집으로 걸어올 때, 데이와 사촌들은 한 블록 밖에서도 헨리에타가 하나님께 도와달라고 흐느껴 우는 소리를 들을 수 있었다. 다음주에 데이는 그녀를 홉킨스로 데려가 방사선 검사를 다시 받았다. 돌처럼 딱딱한 암 덩어리가 뱃속을 가득 채우고 있었다. 자궁 근처와 양쪽 콩팥에 각각 하나씩, 그리고 다른 하나는 요도를 막고 있었다. 진료 기록에 괜찮다고 했던 게 불과 한 달 전인데, 이날 다른 의사는 이렇게 썼다. "질병의 매우 빠른 진행을 고려할 때, 예후가 아주 나쁠 것으로 보임. (유일한 선택은) 통증이 다소 줄기를 기대하며 방사선 치료를 좀더 해보는 것임."

이제 헨리에타는 집을 나와 자동차까지 걸어가기도 어려웠지만, 데이와 사촌들이 돌아가면서 그녀를 홉킨스에 데려가 방사선 치료를 받게 했다. 그들은 헨리에타가 죽어가고 있음을 몰랐다. 의사들이 여전히 그녀의 병을 치료하려고 애쓴다고 생각했다. 담당 의사들은 종양의 크기를 줄여 사망할 때까지 통증을 완화해보자는 의도로 매일 방사선 조사량을 조금씩 늘렸다. 하지만 복부의 피부는 점점 검게 타 들어갔고, 통증도 점점 심해질 뿐이었다.

서른한 번째 생일이 지난 지 일주일 되던 8월 8일, 헨리에타는 방사선 치료를 받으러 갔다가 입원하고 싶다고 했다. "몹시 아프다고 호소하며, 정말 고통스러워 보임. 상당히 먼 거리에서 와야 하기 때문에, 적절한 통증 조절을 위해 입원하는 것이 바람직함."

입원 수속을 마치자, 간호사는 수혈이 필요할 때를 대비해 혈액을 채취해 '흑인'이라는 딱지를 붙인 후 냉장고에 보관했다. 의사는 헨리에타를 검사대 위에 눕히고 자궁경부 세포를 더 채취했다. 조지 가이가 말기 암세포의 성장이 이전과 어떻게 다른지 비교해보고 싶어 했기 때문이었다. 소변으로 배출되지 못한 독성 노폐물이 체내에 축적된 탓인지 이번 세포들은 배양을 시작하자 바로 죽어버렸다.

입원 후 처음 며칠은 데이가 매일 아이들을 데리고 왔다. 아이들이 돌아가면 헨리에타는 슬픔에 겨워 몇 시간씩 흐느껴 울었다. 간호사가 데이에게 환자가 너무 힘들어하니까 아이들을 데리고 오지 말라고 일렀다. 그후 데이는 매일 같은 시간에 뷰익 자동차를 병원 뒤쪽에 세우고 아이들과 함께 헨리에타의 병실 바로 아래 울프 거리의 잔디밭에 앉아 있었다. 그녀는 침대에서 일어나 손과 얼굴로 창문을 문지르며 뛰노는 아이들을 바라보았다. 그것도 잠시, 며칠 후부터는 몸을 일으켜 창문까지 가는 것도 힘들어졌다.

의사들은 어떻게든 통증을 누그러뜨리려고 애썼지만 소용 없었다. "데메롤Demerol은 통증 근처에도 못 가는 것 같다." 의사는 모르핀 투여를 시도했다. "이것도 별 소용이 없다." 이번에는 드로모란 Dromoran을 투여했다. "이건 좀 효과가 있다." 효과는 오래가지 않았다. 심지어 어느 의사는 통각신경을 차단할 목적으로 100퍼센트 알코올을 척추에 직접 투여했다. "알코올 주사는 실패로 끝났다."

매일 림프절이며 엉덩이뼈, 소음순 등에 새로운 암 덩어리가 생겨났다. 체온은 하루 종일 섭씨 40도를 넘나들었다. 의사들은 마침내 방사선 치료를 중단했다. 그들도 암에 굴복하고 만 것 같다. "헨리에타는 정말 비참한 환자다." "괴롭게 신음한다." "계속 구역질을 하고 먹는 족족 다 토한다고 호소한다." "갑자기 소리를 지르고…매우 불안해 한다." "본인의 소견으로는 할 수 있는 것을 다 하고 있다."

조지 가이가 입원하고 있던 헨리에타를 문병했다거나 세포에 대해 직접 언질했다는 기록은 없다. 내가 만나본 사람들은 모두 가이와 헨리에타가 한번도 만난 적이 없다고 했다. 단 한 사람, 역시 존스 홉킨스에 근무했던 가이의 동료이자 미생물학자 로르 오릴리언Laure Aurelian만은 다르게 증언했다.

"나는 잊을 수 없어요. 조지가 헨리에타의 침대맡에 기댄 채 이렇게 말했다고 했어요. '당신의 세포가 당신을 영원히 살게 할 겁니다.' 그녀의 세포가 수많은 생명을 구할 거라고 했더니, 그녀가 웃더랍니다. 자신은 고통스럽지만 다른 사람들한테 좋은 일을 할 수 있어서 기쁘다고 했대요."

1999년

터너스테이션

데이와 처음으로 통화하고 며칠 후, 둘째 아들 데이비드 소니 랙스를 만나려고 피츠버그에서 볼티모어까지 차를 몰았다. 그가 마침내 호출에 응했던 것이다. 내 번호가 계속 호출기에 떠서 더는 못 참겠으니 만나주겠다고 했다. 당시에는 몰랐지만 그는 나에 대해 알아보려고 숨 넘어갈 듯 다급하게 다섯 차례나 패틸로에게 전화했다. 볼티모어에 도착해서 소니를 호출하면, 그가 나를 태우고 형 로런스의 집으로 가 데이를 만나게 해주기로 되어 있었다. 운이 좋으면 데보라도 만날 수 있다고 했다. 다운타운에 위치한 홀리데이인에 숙소를 정했다. 침대에 걸터앉아 전화기를 무릎에 올려놓고 소니를 호출했다. 감감무소식.

거리 맞은편에 고딕 양식으로 높이 솟은 벽돌 시계탑을 내다보았다. 꼭대기에 달린 거대한 시계는 비바람에 찌든 은백색으로 테두리에 큼지막하게 'B-R-O-M-O-S-E-L-T-Z-E-R'라고 새겨져 있었다. 시곗바늘이 천천히 하나씩 문자들을 지나쳤다. 몇 분마다 소니를 호출하면서 전화벨이 울리기를 기다렸다.

참다 못해 두꺼운 볼티모어 전화번호부를 집어 들었다. L 섹션을 펴고 이름들을 짚어 내려갔다. 아네트 랙스…… 찰스 랙스…… 성이 랙스인 모든 사람에게 전화해서 혹시 헨리에타를 아느냐고 물어볼까? 하지만 휴대전화가 없었고, 객실 전화를 쓰다가 정작 소니의 전화를 못 받을까봐 걱정이 되었다. 할 수 없이 다시 소니를 호출했다. 전화기와 전화번호부를 그대로 무릎에 올려놓은 채 침대에 누웠다. 1976년《롤링 스톤Rolling Stone》지에 실렸던 마이클 로저스Michael Rogers의 기사를 다시 읽었다. 누렇게 바랜 기사는 랙스 집안 사람들에 대한 것이었다. 로저스는 헨리에타의 가족을 처음 취재한 기자였다. 그 기사를 읽고 또 읽었지만, 구절 하나하나를 마음속에 새기고 싶었다.

기사 중간쯤에 로저스는 썼다. "볼티모어 다운타운의 홀리데이인 7층 객실에 앉아 있다. 방열창 밖으로 거대한 시계가 보인다. 숫자 대신 B-R-O-M-O-S-E-L-T-Z-E-R란 문자를 새겨 넣었다. 무릎에는 전화기와 볼티모어 전화번호부가 놓여 있다." 나는 벌떡 일어나 앉았다. 타임머신 영화의 한 장면에 갇힌 느낌이었다. 20년도 더 전, 내가 세 살 적에 로저스도 똑같은 전화번호부를 뒤지고 있었다니! "성이 랙스인 사람 절반 정도에게 전화를 해봤는데 헨리에타를 모르는 사람이 없을 정도다." 그녀를 아는 사람을 찾을지 모른다는 기대감에 전화번호부를 다시 펴고 다이얼을 돌렸다. 아예 전화를 받지 않거나, 받아도 그냥 끊어버리거나, 헨리에타란 사람은 모른다 했다. 헨리에타의 터너스테이션 주소를 본 적이 있던 오래된 신문기사 하나를 찾아냈다. 뉴피츠버그 애버뉴 713번지. 네 개의 지도를 뒤진 후에 광고나 다른 지역 확대도에 가리지 않고 터너스테이션이 제대로 나온 지도를 찾을 수 있었다.

터너스테이션은 지도 속에서만 숨어 있는 곳이 아니었다. 고속도로변에 설치된 시멘트 벽과 울타리를 지나고, 넓은 철로를 건너고, 낡은 상점들과 사이사이에 낀 교회들, 판자를 쳐서 출입문을 봉쇄한 폐가의 행렬, 시끄럽게 윙윙대는 축구장만 한 발전소를 지나쳐 차를 몰아야 했다. 마침내 분홍색 술이 달린 커튼이 드리워져 있고 불에 검게 그을린 주점 주차장에서 검은색 나무 간판을 볼 수 있었다. **터너스테이션에 오신 것을 환영합니다.**

오늘날까지도 이 동네를 정확히 뭐라고 부르는지, 지명을 어떻게 쓰는지 확실히 아는 사람이 없는 것 같다. 때로는 복수로 'Tuners Station', 때로는 소유격으로 'Tuner's Station'이라고 쓴다. 하지만 대개 그냥 단수로 'Tuner Station'이라고 했다. 원래 공식 지명은 '굿럭 Good Luck'이었지만, 이곳이 그 이름에 부합한 적은 한 번도 없었다.

헨리에타가 이사 온 1940년대에 터너스테이션은 한창 호황이었다. 그러나 제2차 세계대전이 끝나자 스패로스 포인트 제련소의 생산량 감축이 불가피했다. 볼티모어 가스전기회사가 새로 발전소를 짓기 위해 300채가 넘는 가옥을 허물자 1,300여 명이 하루아침에 길거리로 나앉는 신세가 되고 말았다. 대부분 흑인이었다. 점점 많은 부지가 산업용지로 지정되면서 주거용 건물은 계속 철거되었다. 주민들은 이스트 볼티모어 지역으로 밀려나거나 다시 시골로 돌아갔다. 1950년대 말, 터너스테이션의 인구는 한창때에 비해 거의 절반 이상 줄었다. 내가 그곳을 찾았을 때는 인구가 고작 1,000명 남짓이었고, 그조차 계속 줄고 있었다. 일자리가 거의 없기 때문이었다.

헨리에타가 살 당시, 터너스테이션은 문단속조차 필요 없는 안전한 곳이었다. 이제 4킬로미터쯤 되는 시멘트 벽돌 담장 안쪽으로 한

때 헨리에타의 아이들이 뛰놀던 바로 그곳에 주택개발사업이 진행되고 있었다. 상점, 나이트클럽, 찻집, 학교 등이 문을 닫고, 마약상, 갱, 범죄는 늘고 있었다. 그래도 열 곳 넘는 교회가 여전히 이곳에 있었다.

헨리에타의 주소를 적시했던 신문기사는 터너스테이션에 사는 코트니 스피드Courtney Speed란 여자의 말을 인용했다. 스피드는 식료품점을 운영하며 헨리에타 랙스 박물관을 열기 위해 재단을 설립했다. 스피드의 가게 터에 가보니 군데군데 녹슨 회색 조립식 건물이 들어서 있었다. 창문은 깨져 철사로 막아 놓았다. 앞쪽에 빨간 장미 한 송이가 그려진 표지판이 달려 있었다. "묵시를 되찾고자 영혼을 일깨우나니. 잠언 29장 18절." 여섯 남자가 건물 앞 계단에 모여 웃고 있었다. 30대로 제일 나이 들어 보이는 남자는 헐렁한 붉은색 바지에 빨간 멜빵, 검은 셔츠, 운전 모자 차림이었다. 다른 남자는 흰색과 빨간색이 섞인 스키 재킷을 입었는데 좀 커 보였다. 다양한 색조의 낡은 갈색 바지를 입은 더 어린 청년들이 둘을 둘러싸고 있었다. 붉은색 옷을 입은 두 남자가 말을 멈추고 내가 천천히 차를 몰고 지나가는 모습을 지켜봤다. 그들은 계속 히죽거렸다.

터너스테이션은 어느 쪽이든 너비가 채 2킬로미터가 못 된다. 고층빌딩처럼 솟은 선박 건조용 크레인과 스패로스 포인트 제련소에서 짙은 구름을 토해내던 굴뚝들이 경계였다. 스피드의 식료품점을 찾느라 이리저리 도는데 아이들이 거리에서 놀다 말고 쳐다보며 손을 흔들었다. 아이들은 비슷하게 생긴 붉은 벽돌집들과 빨래를 널고 있는 아낙네들을 지나 나를 따라 달렸다. 엄마들도 웃으며 내게 손을 흔들었다. 트레일러 옆을 지나칠 때마다 그 앞쪽에 웅성거리고 있던 남자들이 손을 흔들었다. 헨리에타가 살았던 오래된 집도 몇 번을 지나갔다. 헨리에타의 집은 안쪽이 네 세대로 나뉜 갈색 벽돌 건물 안에 있었다. 쇠사슬로 연결된 울타리 안에는 너비 1미터쯤 되는 잔디밭이 있고, 세 발짝을 옮기면 작은 시멘트 현관 계단으로 연결되었다. 한 아이가 헨리에타가 살던 집의 낡은 칸막이문 뒤쪽에서 막대기를 가지고 놀다가 나를 보고 손을 흔들었다.

나도 아이들 하나하나에게 답례로 손을 흔들었다. 아이들이 삼삼오오 어울려 이 길 혹은 저 모퉁이에서 웃으며 따라올 때마다 나는 짐짓 놀란 표정을 지었다. 하지만 차를 멈추고 도움을 청하지는 않았다. 나는 너무 긴장하고 있었다. 터너스테이션 사람들은 그저 웃으면서 나를 바라보고 의아한듯 고개를 갸웃거렸다. '저 젊은 백인 여자, 차를 끌고 들어와 빙글빙글 돌면서 도대체 뭘 하려는 속셈일까?'

마침내 뉴샤일로 침례교회가 나왔다. 신문기사에 따르면 헨리에타 랙스 박물관을 건립하려는 지역 주민 모임이 열리던 장소였다. 교회는 닫혀 있었다. 앞쪽 높은 유리창에 얼굴을 바짝 붙이고 안을 들여다보려는데, 검은색 타운카town car가 멈춰 서더니 40대로 보이는 잘생긴 남자가 내렸다. 검은색 정장과 베레모 차림에 금테 안경을 쓰고, 손에는 교회 열쇠꾸러미를 들고 있었다. 안경을 코끝에다 걸치고 맨눈으로 나를 넘겨다 보면서 무슨 일이냐고 물었다.

나는 왜 터너스테이션에 왔는지 말했다.

"헨리에타 랙스요? 금시초문인데요."

"사실 아는 사람이 그렇게 많지는 않아요." 나는 스피드의 식료품점에 헨리에타를 추념하는 현판이 걸려 있다는 기사를 읽은 적이 있다고 했다.

"그래요? 스피드네 가게에요?" 그가 놀란 듯 말하더니 갑자기 환한 웃음을 지으며 한 손을 내 어깨에 올렸다. "스피드네로 안내해드리죠." 내 차로 자기 차를 따라오라고 했다.

차가 지나가자 거리에 나와 있던 사람들이 손을 흔들면서 소리쳤다. "안녕하세요, 잭슨 목사님!" "목사님, 잘 지내시죠?" 그도 고개를 끄덕이고 맞받아 소리쳤다. "안녕하세요!" "하나님의 은총이 함께 하길!" 두 블록도 채 못 가서 젊은이들이 웅성거리던 트레일러 앞에 멈췄다. 목사는 좁은 공간을 비집고 주차를 하더니 내게 차에서 내리라고 손짓했다. 계단에 모여 있던 젊은이들이 웃으면서 두 손으로 목사의 손을 잡고 악수를 했다. "안녕하세요, 목사님, 친구를 데리고 오셨나봐요?"

"예, 그렇지요." 그가 대답했다. "스피드 여사와 얘기를 하고 싶답니다."

알고 보니 빨간 바지에 멜빵을 한 남자는 스피드의 장남 키스였다. 어머니는 외출 중인데 언제 돌아올지 알고 있으니, 자기들과 함께 현관에 앉아서 기다리는 것도 괜찮을 것이라 했다. 내가 자리를 잡고 앉자 빨간색과 흰색이 섞인 스키 재킷을 입은 남자가 껄껄 웃더니 자신을 그녀의 아들 마이크라고 소개했다. 사이러스, 조, 타이론도 스피드의 아들이었다. 입구에 있던 젊은이 모두와 가게 안에 있던 남자들도 거의 다 그녀의 아들이었다. 재빨리 세어보니 열다섯이었다. "잠깐만요, 형제가 열다섯이나 돼요?"

"오!" 마이크가 큰 소리로 말했다. "우리 엄마, 스피드 여사를 잘 모르시네요, 그렇죠? 아이구, 난 엄마가 존경스러워요. 우리 엄마, 끝내주거든요. 엄마가 터너스테이션을 꽉 잡고 있어요, 진짜로요. 남자들도 꼼짝 못 하죠."

현관에 있던 남자들이 모두 고개를 끄덕이며 맞장구 쳤다. "맞아요."

"우리가 없을 때 어떤 놈이 엄마한테 해코지하려고 가게에 들어온다? 걱정할 거 없어요. 왜냐면, 엄마가 혼줄을 낼 거니까요." 마이크가 말했다. "한번은 어떤 놈이 가게에 뛰어들면서 소리쳤어요. '내 그 카운터를 넘어가 네 년을 붙잡고 말겠어!' 난 너무 겁이 나서 엄마 뒤에 숨었고요! 엄마가 어떻게 했게요? 고개를 한 번 흔들고 두 팔을 번쩍 들더니, '일루 와봐! 일루 와보라구! 너 미쳤다 이거지? 그럼 한번 해보자!' 이러는 거예요." 마이크가 얘기하는 동안 스피드의 아들들은 이구동성으로 합창했다. "아멘!" 마이크가 내 등을 툭 두드리자 모두 한바탕 웃었다.

바로 그 순간, 코트니 스피드가 계단 아래 나타났다. 검고 긴 머리를 약간 느슨하게 감아 올렸고, 몇 가닥 가는 머리카락이 얼굴 주변에 흩어져 있었다. 아름답고 갸름한 얼굴은 세월의 흔적을 찾아볼 수 없었다. 갈색의 고운 눈동자와 그 주위를 둘러싼 바닷물처럼 파란 홍채가 더할 나위 없이 깊었다. 섬세했다. 억세다는 느낌은 없었다. 장바구니를 가슴에 안은 채 그녀가 속삭였다.

"그 놈이 저 카운터를 뛰어넘어 나를 덮치던?"

마이크는 고함 반, 웃음 반으로 대답할 겨를도 없었다. 차분하게 웃는 표정으로 그녀는 나를 넘겨다봤다.

"물었잖니, 그 놈이 카운터를 뛰어넘던?"

"아뇨, 안 그랬어요." 마이크가 씩 웃었다.

"그 놈은 아무 짓도 못하고 줄행랑을 쳤지요. 엄마는 가게에 총도 안 갖다났어요. 총이 필요할 턱이 없죠!"

"난 총으로 버티는 게 아니야." 이렇게 말하고 그녀는 나를 향해 돌아서 웃었다.

"안녕하시우?" 그러고는 계단을 올라 가게 안으로 들어갔다. 우리 모두 따라 들어갔다.

"엄마, 목사님이 이분을 데려왔어요. 리베카라는 분인데 엄마랑 얘기하고 싶대요." 키스가 나를 소개했다.

코트니 스피드는 아름답고도 수줍게 웃었다. 눈빛은 밝고 자상했다. "하나님의 은총이 있기를, 아가씨!"

가게 안은 두꺼운 종이상자를 펴서 바닥의 대부분을 덮었다. 긴 세월 동안 닳고 닳았기 때문이었다. 벽면을 따라 진열대가 줄지어 있는데, 어떤 곳은 텅 비었고 다른 곳에는 빵, 쌀, 화장지, 병에 든 돼지족발 같은 것들이 있었다. 한쪽 진열대에는 지역 신문 볼티모어 선 Baltimore Sun 수백 부가 쌓여 있었다. 신문은 그녀의 남편이 사망한 1970년대까지 거슬러 올라갔다. 이젠 누가 창문을 깨고 들어와도 새로 유리창을 해 달지 않는다고 했다. 그래봐야 또 깰 것이 뻔하기 때문이란다. 벽마다 손으로 직접 쓴 안내장을 걸어 놓았는데, 한쪽 벽에는 '샘 더 맨 스노볼스Sam the Man Snowballs'라는 디저트 가게를, 다른 쪽에는 스포츠 클럽, 교회 모임, 무료 고졸 학력 인증시험이나 성인을 위한 읽기 쓰기 강좌 등을 알리고 있었다. 스피드에게는 수십 명의 '영적 아들'이 있었는데, 직접 낳은 여섯 아들과 조금도 다를 바 없이 대했다. 어느 집 아이든 칩이나 캔디, 음료수를 사려고 가게에 들르면 거스름돈을 직접 계산했다. 계산이 맞으면 공짜로 허시 초콜릿 조각을 얻어먹었다.

스피드는 진열대의 물품들을 가지런히 정리해 상표가 앞쪽으로 오게 했다. 어깨너머로 외쳤다. "어쩐 일로 여기까지 왔어요?"

네 개의 지도에 대해 말하자, 그녀는 굳은 돼지기름 박스를 진열대에 던져 올렸다. "그럼 이제 우린 네지도증후군four-map syndrome 에 걸렸군요. 저들은 우릴 지구에서 밀어내려고 안간힘을 쓰지요. 하지만 하나님께서 허락하지 않으시는 걸요. 하나님께 찬양을! 하나님께선 정말로 얘기를 나눠야 할 사람들을 보내주시지요." 그녀가 흰셔츠에 손을 닦았다. "이제 하나님께서 아가씨를 이리로 보내셨으니, 무얼 도와드리면 되지요?"

"헨리에타 랙스에 대해 알고 싶은데요."

스피드는 깜짝 놀란 듯 숨을 멈췄다. 낯빛이 갑자기 창백해졌다. 몇 발자국 뒷걸음질 치더니 나지막하게 내뱉었다. "코필드 씨를 알죠? 그가 보냈나요?" 혼란스러웠다. 코필드란 사람은 들어본 적도 없다고, 누가 보내서 온 것이 아니라고 말했다.

"나에 대해서 어떻게 알았어요?" 그녀가 몇 걸음 더 물러서며 말을 낚아챘다. 나는 주머니에서 꼬깃꼬깃 접힌 낡은 신문기사를 꺼내 건넸다.

"가족하고 얘기해봤어요?"

"시도는 하고 있는데요. 데보라하고는 한 번 통화했고요, 오늘 소니를 만나기로 돼 있었는데, 나타나지 않았어요."

그녀가 고개를 끄덕였다. '내, 그럴 줄 알았지'하고 말하는 듯했다. "가족이 원하지 않는 이상 아가씨한테 아무 말도 할 수 없어요. 정말 안 돼요."

"그 박물관 현판은요? 그것만이라도 좀 볼 수 없을까요?"

"여기 없어요." 그녀는 딱 잘랐다. "여긴 암 것도 없어요. 그것 때문에 자꾸 나쁜 일이 생기거든."

그녀는 나를 오랫동안 빤히 쳐다본 후에 표정이 좀 부드러워졌다. 한 손으로는 내 손을 잡고, 다른 손으로 내 뺨을 쓰다듬었다.

"아가씨 눈빛이 맘에 들어요. 날 따라와요."

그녀는 서둘러 문을 나서더니 계단을 내려가 낡은 갈색 스테이션 왜건에 올랐다. 어떤 남자가 조수석에 앉아 차가 달리고 있기라도 한 듯 도로를 똑바로 응시하고 있었다. 스피드가 다시 "따라오세요" 하며 차에 올랐을 때도 그는 쳐다보지 않았다.

터너스테이션을 관통해 지역 공공도서관 주차장까지 앞장서 갔다. 차에서 내리려는데, 스피드가 다가왔다. 신이 난 듯 함박웃음을 터뜨리며 박수를 치더니, 까치발을 하고 깡총거렸다. 그녀가 쏟아붓 듯 말했다. "2월 1일은 여기 볼티모어 카운티의 헨리에타 랙스 기념일이에요. 바로 이번 2월 1일, 이 도서관에서 박물관 착공식을 거창하게 열려구요! 우린 어쨌든 박물관을 열 거예요. 코필드 때문에 문제가 엄청나게 많이 터지긴 했지만. 데보라가 질겁을 했지 뭐예요. 사실 지금쯤 박물관을 거의 마무리할 예정이었어요. 그런 어처구니없는 일이 생기기 전엔 박물관 개관은 다 된 거나 마찬가지였지요. 하나님께서 당신을 보내주셔서 정말 다행이에요." 그녀가 하늘을 가리켰다. "누군가는 이 얘길 꼭 책으로 써야 해요! 하나님께 찬양을! 사람들이 헨리에타에 대해 꼭 알아야 한다니까요!"

"코필드 씨가 누군데요?"

그녀가 깜짝 놀라더니 손으로 입을 잽싸게 가렸다. "가족이 좋다고 할 때까진 정말 아무 얘기도 할 수 없어요." 이렇게 말하고는 내 손을 잡더니 도서관으로 달려 들어갔다.

"리베카 양이에요." 그녀는 다시 까치발을 하고 사서에게 나를 소개했다. "헨리에타 랙스에 대해 책을 쓴대요!"

"우와, 그거 정말 굉장한데요!" 사서가 맞장구치더니 코트니를 바라봤다. "그녀하고는 얘기 된 거예요?"

"그 테이프 좀 봤으면 해요." 코트니가 말했다.

사서가 비디오테이프 진열대 쪽으로 걸어 내려가더니 하얀 상자하나를 뽑아 건넸다.

코트니는 비디오테이프를 겨드랑이에 끼고 내 손을 잡아 끌며 주차장으로 돌아왔다. 다시 차에 오르더니 급히 앞장서면서 따라 오라고 했다. 편의점 앞에 잠깐 멈춰 서자 앞좌석의 남자가 안으로 들어가 빵 한 덩이를 사왔다. 그녀는 남자를 그의 집 앞에 내려주고 소리쳤다. "사촌인데 소리를 못 들어요. 운전도 못 하고요!"

마침내 그녀가 운영하는 조그만 미용실이 나왔다. 스피드네 식료품점에서 멀지 않았다. 그녀는 앞문의 빗장 두 개를 풀더니 손을 허공에 대고 흔들었다. "냄새가 어디 쥐덫에 한 놈 걸린 것 같네요." 의자들이 한쪽으로 나란히 놓였고, 반대쪽으로는 헤어드라이어가 줄지어 걸려 있어 비좁았다. 머리를 감는 개수대는 합판 조각으로 떠받쳤다. 개수대의 물은 커다란 흰색 양동이로 빠졌는데, 그 주변 벽은오랜 세월 튀고 또 튄 염색약으로 찌들어 있었다. 개수대 옆에는 가격표가 붙어 있었다. '커트/스타일 10달러, 고데 7달러'. 안쪽 벽에 붙어 선 미용도구 캐비닛 위에 낡고 두터운 나무 액자에 든 헨리에타의 사진이 걸려 있었다. 양손을 허리에 척 걸쳐 올린 모습이었다.

나는 놀라서 눈썹을 치켜세우며 사진을 가리켰다. 코트니가 고개를 흔들었다.

"내가 아는 건 다 말해줄게요." 그녀가 나지막이 속삭였다. "아가씨가 랙스 가족하고 얘기해보고 그들이 좋다고 하면 말예요. 더는 문젯거리를 만들고 싶지 않거든요. 데보라가 이 일 땜에 또 아픈 것도 싫고요."

코트니는 비닐커버가 낡아 터진 미용의자를 가리켰다. 그리고 의자를 헤어드라이어 옆 작은 텔레비전을 향해 돌렸다. "이 테이프를 꼭 봐야 해요." 그녀는 리모컨과 열쇠꾸러미를 건네면서 문을 나서다 돌아섰다. "절대 이 문을 열면 안 돼요! 나 말고는 누구한테도 문 열어주면 안 된다고요. 알았죠?" 그녀는 신신당부했다. "그 비디오에 있는 거 하나도 놓치지 말고 다 봐야 해요. 다시 봐야겠다 싶으면 되감기 버튼을 눌러요. 몇 번을 보든, 하나도 빼먹으면 안 돼요." 그러더니 문을 잠그고 나가 버렸다.

텔레비전 화면에 재생된 것은 〈인체의 원리The Way of All Flesh〉라는 BBC 방송의 다큐멘터리였다. 사실 헨리에타와 헬라 세포를 다룬 이 필름을 구하려고 몇 달째 애를 쓰고 있었다. 영상은 감미로운 음악과 함께 젊은 흑인 여성이 카메라 앞에서 춤추는 장면으로 시작되었다. 물론 헨리에타는 아니었다. 한 영국 남성이 멜로드라마에나 어울림 직한 목소리로 이야기를 풀어 갔다. 귀신 얘기를 사실인 양 전하는 것 같았다.

"1951년, 미국 볼티모어에서 한 여성이 사망했습니다." 극적 효과를 위한 잠시 멈춤. "그녀의 이름은 헨리에타 랙스였습니다." 음침한 음악 소리가 점점 커지는 가운데 내레이터가 헬라 세포를 소개했다. "이 세포는 현대 의학을 바꿔 놓았습니다.⋯ 여러 국가의 정책과 그나라 대통령의 국가 경영에도 큰 영향을 미쳤습니다. 심지어 이 세포는 냉전에도 관여했습니다. 과학자들은 그녀의 세포가 죽음을 정복할 비밀을 품고 있다고 확신했기 때문에……"

무엇보다 눈길을 사로잡은 것은 클로버를 찍은 장면이었다. 헨리에타의 친척들이 아직도 살고 있을 것 같은 남부 버지니아의 오래된 노예 농장 마을. 마지막은 헨리에타의 사촌 프레드 개럿이 클로버의 노예 막사 뒤에 서 있는 장면이었다. 뒤편으로 가족묘지가 보였다. 내레이터는 이곳 어딘가에 헨리에타가 묘비도 없이 묻혀 있다고 전했다.

프레드는 손으로 묘지를 가리키면서도 카메라를 뚫어져라 바라보았다. "그 세포들이 아직 살아 있다구 생각하시나? 저 무덤 속에서 말이요." 그가 잠깐 말을 멈추더니 아주 깊고 격하게, 오랫동안 웃었다. "천만에. 택도 없는 소리요. 하지만 저기 무덤 밖 시험관에서는 아직도 살아 있다고 합디다. 그렇다면 그건 기적이지요."

화면이 꺼졌다. 나는 깨달았다. 헨리에타의 자녀나 남편이 나를 상대하고 싶어하지 않는다면 클로버에 내려가 사촌들을 만나보리라.

그날 밤 호텔로 돌아와 마침내 소니와 통화를 했다. 소니는 마음을 바꿔 나를 만나지 않겠노라 했지만 이유는 밝히지 않았다. 클로버의 친척들을 연결해달라고 했더니, 직접 내려가 찾아보라고 했다. 그리고 껄껄 웃더니 행운을 빈다고 덧붙였다.

길 건너편 저쪽

클로버는 버지니아주 남부 360번 고속도로변 굽이치는 언덕 자락에 있었다. 죽음의 강River of Death 둑을 따라 형성된 디피컬트 크리크 Difficult Creek라는 동네 바로 다음이다. 5월처럼 따뜻하고 화창했던 12월의 어느 날, 차를 몰고 클로버 중심가로 들어섰다. 노란 포스트 잇에 소니가 일러준 몇 마디만 달랑 적어서 차의 계기판에 붙인 채였다. "어머니 묘를 못 찾겠어요. 아무래도 낮에 가야 할 거에요. 가로등 하나 없어서 밤만 되면 아주 암흑천지니까. 아무튼 아무나 붙잡고 물어봐도 랙스타운은 알 거에요."

클로버 다운타운은 정면에 스프레이로 '철거'라고 휘갈겨 쓴 주유소와 헨리에타가 볼티모어행 기차를 탔던 역이 있던 자리 사이에 형성되어 있었다. 메인가에 있던 낡은 극장의 지붕은 몇 년 전에 무너져 잡초 더미 위에 스크린으로 쓰던 벽만 덩그러니 남아 있다. 상점들은 수십 년 전에 직원들이 점심식사를 하려고 자리를 뜬 뒤로 영영 돌아오지 않은 것 같았다. 애벗의 옷가게 한쪽 벽은 새로 들여온 레드윙 작업부츠 박스가 두꺼운 먼지를 덮어쓴 채 천장까지 쌓여 있었다. 긴 유리 카운터 안쪽의 골동품 같은 계산대 밑에는 남성 정장이 빳빳하게 풀을 먹여 접은 대로 플라스틱 포장에 든 채 여러 줄로 쌓여 있었다. 로지네 레스토랑의 라운지는 너무 두툼하게 속을 채운 의자와 소파, 조악한 카펫이 채우고 있었다. 색은 갈색, 오렌지색, 노란색으로 다양했지만 하나같이 먼지를 뒤집어썼다. '주 7일 영업'이라고 쓰인 정문의 작은 표지판 바로 밑에 '영업 안 함'이라고 붙여 놓았다. 그레고리-마틴 슈퍼마켓에는 물건이 반쯤 담긴 쇼핑 카트들이 수십 년 묵은 통조림 진열대 옆에서 세월을 썩혔다. 벽에 걸린 시계는 6시 34분에서 움직이지 않았다. 1980년대 언제쯤 마틴이 장의사를 개업하려고 슈퍼를 폐업한 이후로 시계도 가지 않은 것 같았다.

마약에 중독된 젊은이들과 노년 세대가 하나둘 죽어갔지만, 클로버의 인구는 장의사를 업으로 삼을 수 있을 만큼 많지 않았다. 1974년에 227명, 1998년에는 198명에 불과했다. 바로 그해에 클로버는 읍^{town}의 지위를 잃었다. 교회와 미용실은 몇 개 있었지만 문을 연 곳은 가뭄에 콩 나듯 했다. 다운타운에서 영업이 되는 곳은 달랑 벽돌로 지은 사무실 하나뿐인 우체국 정도였다. 그나마 내가 갔을 땐 문이 닫혀 있었다.

메인가는 몇 시간 죽치고 앉아 있어도 행인이든 차든 누구 하나 지나갈 것 같지 않았다. 하지만 한 남자가 빨간색 전동자전거에 기댄 채 로지네 레스토랑 앞에 서 있었다. 마치 지나가는 차를 향해 손을 흔들어주려고 기다리는 것 같았다. 키 작고 통통한 백인이었다. 두 볼은 불그스름했고, 50대에서 70대까지 나이를 종잡을 수 없었다. 마을 사람들이 '인사맨'이라고 부르는 그는 평생 이 모퉁이에 무표정하게 서서 지나가는 차에 손을 흔들었다. 그에게 랙스타운이 어디냐고 물었다. 랙스타운의 우편함들을 보면서 랙스라는 성을 쓰는 집마다 들러서 헨리에타에 대해 물어볼 작정이었다. 그는 아무 말 없이 내게 손을 흔들어 인사하고는 천천히 뒤쪽 찻길 건너편을 가리켰다.

랙스타운은 클로버의 다른 지역과 확연히 달랐다. 다운타운에서 뻗어 나온 2차선 도로 한편에 아주 넓고 잘 다듬어진 언덕이 굽이쳤다. 말들을 풀어놓은 수만 제곱미터의 개인 녹지에는 작은 호수도 하나 있었다. 길에서 좀 들어가 흰색 페인트를 칠한 나무판자로 엮은 담이 있고, 그 너머에 잘 관리된 저택이 있었다. 미니밴도 한 대 주차되어 있었다. 바로 길 건너편에는 2미터 조금 넘는 폭에 4미터 조금 못 미치는 길이의 방 한 칸짜리 오두막이 서 있었다. 페인트칠도 하지 않은 나무판자를 듬성듬성 붙여 만든 허름한 담 주위로 담쟁이덩쿨과 잡초가 무성하게 자랐다.

그 판잣집이 랙스타운의 시작이었다. 외길을 따라 1.5킬로미터 정도 가옥 수십 채가 늘어서 있었다. 어떤 집은 밝은 노란색이나 녹색으로 칠했고, 어떤 집은 아예 페인트칠을 하지 않았다. 반쯤 무너지거나 화재로 거의 소실된 집도 있었다. 시멘트벽돌집이나 이동식 트레일러가 노예 시대 오두막과 나란히 자리를 잡았다. 어떤 집은 위성 안테나를 달았고, 현관 옆에 그네의자도 들여놓았다. 하지만 녹이 슨 채 반쯤 땅에 파묻힌 트레일러도 있었다. 나는 도로를 따라 랙스타운 끝에서 끝까지 몇 차례 왕복해보았다. '주정부 보수구간 종료'라는 푯말을 지나면 도로는 자갈길로 바뀌었다. 도로 옆은 담배밭이었는데, 한편에 농구장이 들어서 있었다. 말이 농구장이지 바닥은 그냥 붉은 맨땅이었고, 비바람에 씻긴 죽은 나무 몸통 위에 그물도 없이 달랑 링만 걸어 놓았다.

피츠버그와 클로버 사이 어딘가에서 소음기가 떨어져 나가는 바람에, 랙스타운 사람들은 내 검정색 혼다 고물차가 지나갈 때마다 소리를 들을 수 있었다. 차가 지나가면 현관으로 나오거나 창문으로 내다봤다. 세 번인가 네 번째 지나갈 때 마침내 일흔이 넘어 보이는 노인이 방 두 칸짜리 녹색 목조 오두막에서 느릿느릿 걸어 나왔다. 연녹색 스웨터에 스카프를 두르고 운전 모자를 쓰고 있었다. 그가 눈썹을 치켜 올리며 내게 뻣뻣한 팔을 흔들었다.

"길을 잃었소?" 요란한 배기 소음 때문에 그는 소리를 질렀다.

손잡이를 돌려 창을 내리고, 꼭 그런 것은 아니라고 대답했다.

"어디 보자. 대체 어디를 가려고 그래요? 여기 사람은 아닌 것 같은데."

혹시 헨리에타를 아느냐고 물었다. 그는 웃으면서 자신을 쿠티라고 소개했다. 헨리에타의 친사촌이라고 했다.

진짜 이름은 헥터 헨리였지만, 수십 년 전 소아마비에 걸린 뒤로 사람들은 그를 쿠티라 불렀다. 왜 그렇게 부르게 되었는지는 자신도 모른다고 했다. 쿠티는 피부색이 옅은 편이어서 남미계라 해도 믿을 정도였다. 읍내 백인 의사는 소아마비에 걸린 아홉 살 소년을 가까운 병원에 데려가 자기 아들이라고 했다. 당시 병원에서는 흑인을 받지 않았기 때문이다. 쿠티는 1년을 철폐 iron lung 속에서 지냈다. 그 뒤로도 수시로 병원을 들락거렸다. 소아마비로 인한 신경손상으로 목과 팔이 부분 마비되었고 통증이 잠시도 끊이지 않았다. 날씨에 상관없이 스카프를 둘렀다. 보온을 해주면 통증이 좀 덜했기 때문이다.

자초지종을 설명하자 그는 길 위아래를 번갈아 가리켰다. "이 동네 사람은 모두 헨리에타 친척이라고 보면 돼요. 그런데 죽은 지 오래됐잖소. 이제 생각도 잘 안 나. 누님에 관한 건 그 세포 말곤 다 죽어버렸으니." 그가 내 차를 가리키며 말했다. "그 시끄러운 건 꺼버리고 안으로 좀 들어오시오. 주스라도 한잔 하고 가요."

정문을 여니 바로 조그만 부엌이었다. 커피메이커, 오래된 토스트기, 냄비 두 개가 올려진 낡은 장작 난로가 있었다. 냄비 하나는 비었고, 다른 하나에는 매운 고추가 가득했다. 부엌 벽도 바깥처럼 올리브 빛깔이 감도는 짙은 녹색이었다. 벽에는 전기코드 뭉치와 파리채를 줄지어 걸어 놓았다. 최근에 실내 배관 공사를 했지만, 그는 여전히 화장실이 집 밖에 따로 있는 것을 좋아했다.

팔을 거의 못 쓰면서도 쿠티는 건축을 독학해 가며 집을 직접 지었다. 손수 널빤지에 못질을 하고 외장을 다듬었다. 단열 설비를 잊는 바람에 완공되자마자 벽을 뜯고 공사를 다시 했다. 지은 지 몇 년 못 되어 전기담요를 덮고 자다 집을 몽땅 태워 먹었다. 하지만 다시 지었다. 벽이 약간 휘었지만 못을 워낙 많이 쳐서 무너질 염려는 없다고 했다.

쿠티는 붉은 주스 한 잔을 건네더니 나무판자로 바닥을 깐 어두컴컴한 거실로 안내했다. 소파 같은 것은 없었고, 철제 접이식 간이의자와 리놀륨 바닥에 고정한 이발의자가 전부였다. 이발의자의 쿠션은 배관용 테이프로 완전히 뒤덮여 있었다. 수십 년간 쿠티는 랙스타운의 이발사였다. "저 의자가 요즘은 1,200달러나 하지만, 그때는 저걸 8달러에 구했다오." 그가 부엌에서 외쳤다. "머리 깎는 데 1달러도 안 했거든. 쉰여덟 사람이나 깎은 날도 있었지." 결국 팔을 들고 있을 수 없어서 이발사 일도 접어야 했다.

벽에 기대 놓은 라디오에서는 청취자와 전화를 주고받는 기독교 복음 프로그램 소리가 요란했다. 전도사가 하나님께서 전화 건 사람의 간염을 치료해줄 거라고 고함을 쳤다. 쿠티는 접이식 의자를 펴서 권하고 침실로 들어갔다. 한 손으로 침대 매트리스를 들어올려 머리로 받친 다음, 그 밑에 숨겨둔 종이 더미를 뒤지기 시작했다.

"누님 것이 여기 어디 있을 텐데." 그가 매트리스 밑에서 웅얼거렸다. "어디다 뒀더라. 딴 나라에서는 누님을 25달러, 어떤 때는 50달러에 산다는 거 아시우? 가족들한테 돌아간 돈은 땡전 한 푼도 없지만." 수백 장이 넘는 종이를 파헤친 쿠티가 거실로 돌아왔다.

"내가 갖고 있는 사진은 이게 다요." 쿠티가 《롤링 스톤》에 실렸던 '양손 허리' 사진을 가리켰다. "뭔 소린지 당최 모르겠어. 뭐 책가방 한번 제대로 메보지 못했으니까. 계산도 서툴고, 읽는 것도 까막눈이나 다름없소. 그나마 손이 떨려서 요새는 이름도 잘 못 써." 그는 《롤링 스톤》 기사에 헨리에타가 클로버에서 보낸 유년시절에 대해 뭔가 쓰여 있는지 물었다. 난 고개를 흔들며 그런 내용은 없다고 했다.

"다들 헨리에타 누님을 좋아했어. 마음씨가 참 좋았거든. 그냥 사랑스럽고 부드럽고 항시 웃고, 집에 가면 우리한테 항시 잘해줬지. 몹쓸 병에 걸려서도 '나만 아프니까 억울하다. 너희들도 좀 당해봐라' 하는 사람이 아니야. 그렇게 아픈데도 절대 안 그랬어. 아무래도 무슨 일이 벌어지는지 통 모르는 사람 같았어. 곧 죽는단 생각은 안 하고 싶었던 거지."

그가 고개를 저었다. "있잖소, 사람들이 그러는데 누님 조각조각을 다 합쳐 놓으면 400킬로도 넘는답디다. 누님은 그렇게 큰 여자는 아니었는데. 지금도 크고 있다는구만."

라디오에서 전도사가 "할렐루야!"를 연발했다.

"소아마비가 많이 안 좋아졌을 때 누님이 날 돌봐주고 그랬어." 그가 회상했다. "항시 자기가 고쳐주고 싶다고 그랬지. 누님이 아프기 전에 내가 소아마비에 걸리는 통에 날 못 도와준 거야. 그래도 소아마비가 얼마나 몹쓸 병인지는 똑똑히 봤지. 난 누님이 딴 사람들 소아마비를 없애주려고 자기 세포를 쓰게 한 게 아닌가 싶구먼."

그가 잠시 말을 멈추었다. "이 근방 사람들 누구도 헨리에타가 어떻게 죽었는지, 어째서 그것이 아직도 살아 있는지 하나도 몰라. 그게 바로 수수께끼야." 그가 방을 둘러보면서 마른 마늘과 양파를 채워 넣은 벽과 천장 사이 공간을 향해 고개를 끄덕였다.

"있잖소, 정말 많은 게 사람들이 만든 거요." 그가 목소리를 낮춰 속삭였다. "**사람이 만들었다**는 게 무슨 말인지 아시겠지?" 나는 고개를 저었다.

"부두교voodoo 말이오." 그가 속삭였다. "누님 병이나 세포를 남자가 만들었다는 사람도 있고, 여자가 만들었다는 사람도 있더구만. 어떤 사람은 의사놈들이 한 짓이라고 떠들고."

라디오에서 흘러나오는 전도사의 목소리가 점점 더 격앙되고 있었다. "하나님께서 당신을 도우실 겁니다. 하지만 지금 당장 제게 전화를 걸어야 합니다. 제 딸이나 누나가 암에 걸렸다면, 전 전화를 할 겁니다! 시간이 없으니까요!"

쿠티가 라디오 소리보다 더 크게 외쳤다. "헨리에타 같은 경우는 듣도 보도 못 했다고 의사들이 그런답디다! 귀신이 그랬거나 사람이 그랬거나 둘 중 하나겠지."

그는 랙스타운 이 집 저 집을 떠돌며 사람을 아프게 하는 귀신에 대해 말했다. 그도 집에서 장작 난로 옆 벽에 기대 있거나, 침대 옆에 서 있는 남자 귀신을 본 적이 있다고 했다. 가장 위험한 귀신은 머리와 꼬리가 없는 멧돼지 형상으로 무게가 몇 톤이나 나가는데, 몇 년 전 그 놈이 랙스타운을 어슬렁거리며 돌아다니는 꼴을 봤다고 했다. 피가 홍건한 목에 끊어진 쇠사슬이 흔들거렸다. 사슬을 끌며 흙 길을 돌아다닐 때 쩔렁쩔렁 소리가 울려 퍼졌다.

"그 귀신이 묘지 쪽으로 건너가는 걸 봤다니까. 처음엔 길 이쪽에 있었는데 쇠사슬이 이리저리 흔들리더구만." 귀신은 쿠티를 보더니 당장 공격할 듯 발로 땅을 쾅쾅 구르며 사방에 붉은 흙먼지를 튀겼다. 마침 전조등을 한쪽만 켠 자동차가 쿠티 쪽으로 질주해왔다. "그 차가 내려오면서 불빛을 바로 그 놈한테 비췄어. 멧돼지야, 멧돼지. 맹세할 수 있어." 그러자 괴물은 금세 사라져버렸다. "지금도 간혹 쇠사슬 흔들리는 소리가 들려." 쿠티는 그 차 덕분에 다른 병에 걸리지 않게 되었다고 생각했다.

"귀신이 헨리에타를 못 가게 했는지, 의사가 그랬는지 확실히 모르겠어." 그가 말을 이었다. "하지만 그 암이 보통 암이 아니란 것은 알지, 보통 암이면 사람이 죽은 다음에도 그렇게 계속 자라지는 않을 테니까 말이야."

1951년

"고통의 악마 그 자체"

9월에 접어들자 헨리에타의 몸 곳곳에 암 덩어리가 들어찼다. 종양은 방광뿐 아니라 횡격막을 지나 폐까지 퍼졌다. 암 덩어리가 장을 막아 임신 6개월 때처럼 배가 부어 올랐다. 콩팥이 더이상 혈액 속 노폐물을 걸러내지 못해 몸속에 독소가 쌓이면서 구역질이 그치지 않았다. 엄청난 양의 수혈을 받아야 했다. 한 의사는 "그녀가 혈액은 행에 진 빚을 갚을 때까지" 수혈을 중지한다고 차트에 적었다.

사촌 에밋 랙스는 스패로스 포인트에서 일하던 중 헨리에타가 많이 아파서 혈액이 필요하다는 얘기를 들었다. 그는 곧바로 자르던 강철 파이프를 내던지고 동생과 친구들에게 달려갔다. 하나같이 긴 세월 고된 노동으로 손톱이 깨지고 손바닥에 굳은살이 박였으며 폐에는 철가루와 석면이 쌓인 노동자들이었다. 시골에서 처음 올라왔을 때, 그들은 헨리에타네 마루에서 잠을 자고 그녀가 만들어주는 스파게티를 먹었다. 볼티모어에 온 처음 몇 주 동안 헨리에타는 이들이 길을 잃지 않도록 스패로스 포인트를 오가는 노면전차를 같이 타주었다. 그녀는 그들이 자립할 때까지 도시락을 챙겨주었으며, 그 뒤로도 봉급날이 가까워지면 혹시 끼니를 거를까봐 출근하는 데이의 손에 여분의 음식을 들려 보냈다. 그들은 주머니에 돈이 떨어질 때마다 헨리에타를 찾았다. 그럴 때면 헨리에타는 빨리 여자친구를 사귀거나 장가를 가라고 놀렸고, 괜찮은 아가씨를 직접 소개해주기도 했다. 오랫동안 헨리에타의 집에 기거했던 에밋의 침대는 아직도 2층 복도에 놓여 있었다. 바로 몇 달 전에야 그녀의 집에서 나왔던 것이다.

에밋이 헨리에타를 마지막으로 본 것은 그녀를 크라운스빌에 있는 엘시에게 데려다주었을 때였다. 엘시는 숙소로 쓰던 벽돌 막사의 공터 한구석에 앉아 있었다. 막사와 공터 둘레로 철조망이 쳐져 있었다. 엘시는 그들이 오는 것을 보고 특유의 새울음 같은 소리를 내면서 달려왔다. 그러고는 그들 앞에 멈춰 서서 얼굴을 빤히 쳐다보았다. 헨리에타는 얼른 엘시를 두 팔로 부둥켜안고 오랫동안 애타게 바라본 다음, 에밋을 향해 돌아서서 말했다.

"괜찮은 것 같아."

"그러네. 단정한 게 좋아 보이는구만. 다 괜찮아 보여."

그들은 오랫동안 아무 말 없이 앉아 있었다. 헨리에타는 엘시가 잘 지내는 것을 보자 안도하면서도 뭔가 불안한 것 같았다. 그것이 그녀가 딸을 본 마지막 순간이었다. 에밋은 헨리에타가 작별인사를 한 것이라고 믿는다. 그녀가 알지 못했던 것은, 그날 이후 아무도 엘시를 다시 찾지 않았다는 점이다.

몇 달 후 헨리에타에게 수혈이 필요하다는 소식을 듣자마자 에밋 형제는 친구 여섯과 함께 우르르 트럭에 올라타 곧장 홉킨스로 달려갔다. 간호사는 그들을 데리고 흑인 병동으로 올라가 줄줄이 늘어선 침대를 지나 헨리에타가 누워 있는 침상으로 안내했다. 헨리에타는 63킬로그램쯤 나가던 몸무게가 45킬로그램으로 줄 정도로 쇠약해져 있었다. 세이디와 헨리에타의 언니 글래디스가 곁을 지켰다. 그들은 잠도 제대로 못 잔 채 내내 울어서 두 눈이 퉁퉁 부어 있었다. 글래디스는 헨리에타가 입원했다는 소식을 듣자마자 시외버스를 타고 올라왔다. 자매는 별로 친하지 않았고, 동네 사람들도 글래디스는 심술궂고 못생겨 헨리에타의 언니같지 않다고 놀렸다. 그렇지만 어쨌거나 친동생이었기 때문에 글래디스는 무릎 위에 베개를 얹고 곁을 지켰다.

간호사는 병실 한쪽에 서서 건장한 청년 여덟이 침대 옆에 둘러서는 것을 바라보았다. 헨리에타는 팔을 움직여 간신히 몸을 일으켜보려고 했지만, 손목 발목이 가죽끈으로 침대에 묶여 있었다.

"너희들 여기는 뭐하러?" 헨리에타가 신음 소리를 내며 말했다.

"얼른 일어나야지." 에밋이 대답하자 같이 온 청년들도 이구동성으로 맞장구쳤다. "그럼요!" 헨리에타는 한마디도 하지 않았다. 그저 머리를 다시 베개에 눕힐 뿐이었다.

갑자기 몸이 판자처럼 뻣뻣해졌다. 헨리에타는 괴성을 질렀다. 간호사는 얼른 침대로 달려와 팔과 다리의 가죽끈을 단단히 동여맸다. 전에도 여러 번 바닥에 떨어졌던 것이다. 글래디스는 경련을 하며 혀를 깨물까봐 무릎 위에 올려놓았던 베개를 헨리에타의 입속에 밀어넣었다. 세이디는 엉엉 울면서 헨리에타의 머리카락을 어루만졌다.

"맙소사!" 에밋은 내게 말했다. "꼭 고통의 악마한테 홀린 것처럼 울부짖으면서 침대 위에서 몸부림쳤어." 간호사는 에밋 형제와 친구들을 조용히 병동 밖으로 데리고 나가 흑인 전용 헌혈실로 안내했다. 각기 500밀리리터씩, 총 4리터의 혈액을 기증했다. 에밋이 헨리에타의 침대를 떠나며 뒤돌아보자 발작이 잦아들기 시작해 글래디스가 입에서 베개를 빼내고 있었다.

"죽을 때까지 절대 못 잊을 거요. 그 놈의 통증이 몰아쳐오면 누님은 속으로 이렇게 말하는 것 같았소. '헨리에타, 이제 그만 떠날 때가 됐어.' 그렇게 고통스러워하는 사람은 여태 본 적이 없어. 언제든 만나고 싶을 만큼 그렇게 상냥하고 예쁜 여자였는데 말이야. 그런데 그 놈의 세포들, 내 참, 정말 별나기도 하지. 의사들이 그 세포를 절대 못 죽인다는 것도 놀랄 일이 아니지…… 그 놈의 암, 정말 끔찍했다니까."

HENRIETTA LACKS

1951년 9월 24일 오후 4시, 에밋 형제와 친구들이 다녀간 직후에 의사는 고용량 모르핀을 주사한 후 차트에 적었다. "진통제를 제외한 모든 투약과 처치를 중단할 것." 헨리에타는 이틀 후에 깨어났지만 때와 장소를 구분하지 못하고 몹시 겁에 질린 모습이었다. 어디에 있는지, 의사가 무엇을 하는지 전혀 알지 못하고, 심지어 잠시 자기 이름도 기억하지 못했다. 정신이 좀 들자 그녀는 글래디스 쪽으로 고개를 돌리고 얼마 못 가 죽을 것 같다고 했다.

"언니, 데이가 아이들을 잘 보살피는가 좀 봐줘." 뺨 위로 눈물이 흘러내렸다. "특히 울 애기 데보라를 부탁해." 그녀가 입원했을 때 데보라는 겨우 첫돌이 지난 아기였다. 헨리에타는 애타게 데보라를 안아보고 싶었다. 예쁜 옷을 입히고 머리를 곱게 땋아주고 싶었다. 더 자라면 매니큐어를 예쁘게 칠하는 법과 머리 땋는 법을 가르쳐주고, 남자들 다루는 법도 알려주고 싶었다.

"나 죽고 난 뒤에 우리 애들한테 나쁜 일 생기면 절대 안 돼." 헨리에타가 글래디스를 바라보며 나지막한 소리로 말했다. 그리고 몸을 돌려 등을 보이고 눈을 감았다. 글래디스는 병원을 빠져나와 시외버스를 타고 클로버로 돌아갔다. 그날 밤, 글래디스는 데이에게 전화를 걸었다.

"헤니가 말이야, 아무래도 오늘을 못 넘길 것 같구만. 자네한테 애들 좀 잘 챙겨달라고 꼭 전하라고 했네. 그러겠다고 약속했어. 제발 애들 아무 일 없이 자라게 해달라고 신신당부를 하더군."

헨리에타는 1951년 10월 4일 오전 12시 15분에 사망했다.

제2부

죽음

1951년

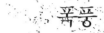

헨리에타 랙스의 부고가 있었을 리 없지만, 사망 소식은 곧바로 가이의 실험실에 전해졌다. 사체는 '흑인 전용' 냉동고로 옮겨졌고, 가이는 담당 의사에게 부검을 할 수 있는지 문의했다. 전 세계 조직 배양 전문가들은 헨리에타의 세포 같은 불멸 세포로 조직 도서관을 만들고 싶어 했다. 가이도 헨리에타의 사체에서 가능한 한 많은 장기의 조직을 채취해, 그것들도 헬라 세포처럼 자라는지 조사하고자 했다. 그러나 사후에 조직을 채취하려면 남편에게 허락을 받아야 했다.

살아 있는 환자의 조직을 얻기 전에 허락을 받아야 한다는 법 조항이나 윤리 규정은 없었지만, 허락 없이 사체에서 조직을 떼거나 부검을 하는 것은 분명 불법이었다.

데이가 기억하기로는 병원에서 누군가 전화를 걸어 헨리에타의 사망 소식을 전하면서 부검을 해도 되겠느냐고 묻기에 '노'라고 대답했다. 몇 시간 후, 데이는 사촌 한 명과 존스 홉킨스에 도착해 시신을 확인하고 몇 가지 서류에 서명했다. 이때 의사들은 재차 부검을 하게 해달라고 요청했다. 의사는 몇 가지 검사를 하고 싶다면서, 훗날 자녀들에게 도움이 될 수도 있다고 설득했다. 사촌이 부검이 해가 될 것은 없다고 하자, 결국 데이는 동의서에 서명했다.

헨리에타의 시신은 곧바로 휑뎅그렁한 지하 안치실의 스테인리스 테이블 위에 올려졌다. 가이의 실험 보조원 메리는 문 앞에서부터 정신을 놓을 듯 숨을 헐떡였다. 시체를 본 적조차 없는데 페트리 접시 한 꾸러미를 들고 시체 옆에 서 있어야 하다니! 병리학자 윌버 박사는 부검대 위로 몸을 굽히고 있었다. 헨리에타의 두 팔은 스스로 뻗은 것처럼 머리 위로 올려져 있었다. 메리는 테이블 쪽으로 걸어가며 자신에게 속삭였다. '기절해서 웃음거리가 되진 않을 거야.'

메리는 양팔 위를 돌아 윌버 옆에 섰다. 엉덩이가 헨리에타의 한쪽 겨드랑이 옆에 있는 셈이었다. 윌버가 인사를 건네자, 메리도 인사했다. 그 뒤로는 침묵이 흘렀다. 데이는 장례식에서 시신을 공개할 생각이었기 때문에 부분 부검에만 동의했다. 가슴을 절개하지 않고, 팔다리나 머리를 떼어내지 않는다는 뜻이었다. 메리는 헨리에타의 몸에서 채취한 조직을 받기 위해 페트리 접시의 뚜껑을 하나씩 열어 내밀었다. 윌버는 방광, 장, 자궁, 콩팥, 질, 난소, 충수돌기, 간, 심장, 폐 등에서 조직을 채취해 페트리 접시에 떨어뜨렸다. 마지막으로 훗날의 연구를 위해 암세포로 뒤덮인 헨리에타의 자궁경부에서 조직 몇 조각을 더 떼어내어 포름알데히드로 채워진 용기에 담았다.

헨리에타의 공식적인 사인은 말기 요독증이었다. 소변을 통해 정상적으로 배출되어야 할 독성 노폐물이 혈액 속에 쌓이는 현상이다. 종양이 요도를 완전히 막아버려 방광으로 배뇨관을 삽입할 수 없을 정도였다. 양쪽 콩팥과 방광, 난소, 자궁이 있어야 할 자리는 야구공만 한 종양 덩어리들이 거의 채우고 있었다. 다른 장기들도 온통 작은 흰색 종양들로 뒤덮여 누군가 그녀의 몸속을 진주로 채워 놓은 것 같았다.

메리는 월버가 복부 봉합을 끝낼 때까지 옆에 서서 기다렸다. 당장 안치실을 뛰쳐나가 실험실로 돌아가고 싶었지만, 헨리에타의 팔과 다리에 시선을 고정하고 버텼다. 그저 생기 없는 눈빛을 피할 수 있기만 바랐다. 그러다 발끝에 시선이 닿는 순간, 메리는 숨을 훅 들이마셨다. 군데군데 벗겨지긴 했지만 발톱에는 선홍색 매니큐어가 선명했다.

메리는 훗날 회상했다. "그 발톱을 보았을 때 거의 기절할 뻔했어요. **맙소사, 정말 사람이구나.** 그녀가 욕실에 앉아 발톱에 정성껏 매니큐어를 바르는 모습이 떠올랐어요. 바로 그때 우리가 지금껏 배양해서 전 세계로 보낸 그 세포들이 살아 숨쉬는 한 여자한테서 왔음을 처음 깨달았어요. 한 번도 그런 식으로 생각하진 않았거든요."

HENRIETTA LACKS

며칠 후 평범한 소나무 관에 담긴 헨리에타의 시신이 볼티모어에서 클로버까지 구불구불 먼 길을 기차로 운구되었다. 데이는 비싼 관을 살 여유가 없었다. 비가 내리는 가운데, 장의사가 역에서 관을 받아 녹슨 트럭 짐칸에 밀어 넣었다. 트럭은 클로버 다운타운을 통과하며 헨리에타가 체커 게임하는 백인 노인들을 구경하곤 했던 철물점을 지났다. 그리고 몇 달 전까지도 춤추러 가곤 했던 클럽 '더 섀크 The Shack' 앞에서 방향을 틀어 랙스타운 로드로 접어들었다. 장의사의 트럭이 랙스타운을 지날 때, 사촌들은 헨리에타의 마지막 모습을 보려고 현관 앞에 나와 섰다. 다들 손을 허리에 짚거나 아이들을 꼭 붙잡고 고개를 저으며 기도했다.

쿠티는 발을 질질 끌며 앞마당으로 나와 쏟아지는 빗속에서 하늘을 쳐다보며 오열했다. "자비로우신 하나님! 저 가련한 여인을 편히 쉬게 하소서. 제 말 들리시나요? 고생은 할 만큼 했나이다!"

"아멘" 소리가 현관 앞에 늘어선 사람들 사이에 메아리쳤다.

약 400미터쯤 내려가자 글래디스와 세이디가 무릎 아래까지 늘어진 긴 분홍색 드레스를 입고 '아늑한 집'의 부서진 나무계단에 앉아 있었다. 발 앞에는 화장품, 컬핀, 붉은색 매니큐어, 시신을 조문객에게 공개할 때 눈 위에 올려놓을 1센트짜리 동전 두 개가 담긴 바구니가 놓여 있었다. 친척들은 장의사의 트럭이 집과 도로 사이 맨땅에 파인 붉은 진흙탕으로 천천히 들어서는 것을 아무 말 없이 바라보았다.

클리프와 프레드는 집 뒤 가족묘지에 서 있었다. 작업복은 비에 흠뻑 젖어 무거웠다. 헨리에타의 무덤을 파느라 종일 돌투성이 묘지 여기저기에 삽질을 했던 것이다. 한 곳을 파다가 표지도 없이 묻힌 어느 친척의 관이 나오면, 다시 다른 곳을 파보는 식이었다. 마침내 헨리에타의 어머니 묘비 근처에서 빈 지점을 찾았다.

클리프와 프레드는 트럭 소리가 들리자 헨리에타를 내리기 위해 '아늑한 집' 쪽으로 갔다. 현관에 들여놓은 소나무 관을 열자 세이디가 흐느끼기 시작했다. 세이디에게 가장 가슴 아픈 것은 생명을 잃은 몸이 아니라 그녀의 발톱이었다. 분명 헨리에타는 매니큐어가 그렇게 군데군데 벗겨진 채로 내버려 두느니 차라리 죽는 편이 낫겠다고 했을 것이었다.

"세상에, 헤니에겐 죽는 것보다 저게 더 큰 상처일 거야." 그녀는 중얼거렸다.

며칠 동안 헨리에타의 관은 '아늑한 집'의 복도에 안치되었다. 시체가 부패하지 않도록 복도 양쪽 문에 버팀목을 끼워 서늘한 바람이 계속 들어오게 했다. 내내 비가 내렸지만, 친척과 이웃들은 진흙투성이 들판을 헤치고 와 조문했다.

장례식 날 아침 데이는 데보라, 조, 소니, 로런스를 데리고 진흙탕 속을 걸었다. 엘시는 없었다. 그녀는 엄마가 죽었다는 사실조차 모른 채 여전히 크라운스빌에 있었다.

장례식에 대해 랙스 집안 사촌들이 기억하는 것은 많지 않다. 몇몇이 추도사를 했고, 찬송가를 한두 곡 불렀다는 정도였다. 그러나 그 다음에 무슨 일이 일어났는지는 모두가 생생하게 기억했다. 클리프와 프레드가 헨리에타의 관을 무덤 속에 내리고 막 흙을 덮기 시작할 때, 갑자기 하늘이 칠흑같이 캄캄해졌다. 굵은 빗방울이 후두둑 떨어졌다. 긴 천둥소리가 으르렁거리자, 아이들이 날카로운 비명을 질렀다. 어디선가 강한 돌풍이 불어와 가족묘지 아래 있던 헛간의 함석 지붕을 헨리에타의 무덤 위로 날려버렸다. 지붕 양쪽을 이룬 긴 함석판이 커다란 새의 은빛 날개처럼 펄럭였다. 바람에 담배밭 여러 군데서 불이 나고 나무들이 송두리째 뽑혀 수킬로미터에 걸쳐 정전 사태를 빚었다. 랙스 집안 어느 사촌은 거실에서 정원까지 날아갔는데, 통나무집이 바람에 통째로 뜯겨 몸 위로 무너지는 바람에 그 자리에서 깔려 죽었다.

훗날 헨리에타의 사촌 피터는 그날을 회상하면서 벗어진 머리를 저으며 웃었다. "헤니는 하고 싶은 말을 우물쭈물 빙빙 돌리는 사람이 아니었어. 우리한테 무슨 말을 할라고 그 폭풍을 일으켰단 걸 진작 알아봤어야 하는 건데."

1951년 __ 폭풍

헬라 세포 공장

헨리에타가 사망하고 얼마 지나지 않아, 헬라 세포를 매주 수조 개 단위로 대량생산하기 위한 공장 건립 계획이 시작되었다. 이 계획에 불을 붙인 것은 다름 아닌 급성 회백수염, 즉 소아마비였다.

1951년 말, 소아마비는 전 세계에 걸쳐 역사상 유례없는 맹위를 떨쳤다. 학교는 휴교에 들어갔고, 부모들은 공포에 빠졌으며, 대중은 필사적으로 예방주사를 맞으려고 했다. 1952년 2월, 피츠버그 대학교의 조너스 소크Jonas Salk는 세계 최초로 소아마비 백신을 개발했다고 발표했다. 그러나 어린이들에게 백신을 접종하려면 먼저 대규모 임상연구를 통해 효과와 안전성을 검증해야 했다. 대규모 연구를 진행하려면 산업 규모로 세포를 배양해야 했는데, 그런 일은 아무도 해본 적이 없었다.

그 자신 소아마비로 인해 마비장애를 겪었던 프랭클린 델러노 루스벨트 대통령이 설립한 자선단체 '소아마비 국민재단National Foundation for Infantile Paralysis, NFIP'이 소아마비 백신을 검증하기 위한 사상 최대 규모의 임상시험을 구체화하기 시작했다. 소크가 200만 명의 어린이에게 백신을 접종하면, NFIP는 이들의 혈액을 채취해 면역이 생겼는지 확인할 계획이었다. 면역을 확인하려면 백신을 접종한 어린이의 혈청과 살아 있는 소아마비바이러스와 배양 세포를 혼합하는 중화 검사를 수백만 번 이상 시행해야 했다. 백신이 효과가 있다면 예방접종을 받은 소아의 혈청이 바이러스를 차단해 배양 세포를 보호할 것이다. 반대로 효과가 없다면 배양 세포는 바이러스에 감염되어 손상을 입게 되고 과학자는 현미경으로 이를 확인할 수 있을 터였다.

문제는 중화검사에 사용하는 세포를 원숭이에서 채취했다는 것이다. 세포를 채취하고 나면 원숭이는 죽고 말았다. 동물복지 얘기가 아니다. 오늘날과 달리 당시 동물복지는 전혀 논쟁거리가 아니었다. 원숭이는 너무 비쌌다. 원숭이 세포를 이용해 수백만 건의 중화검사를 시행하려면 수백만 달러가 필요했다. NFIP는 대량 배양이 가능해 원숭이 세포보다 훨씬 싼 세포를 찾는 데 뛰어들었다.

NFIP는 가이를 비롯한 배양 전문가들에게 도움을 요청했다. 가이는 금맥을 캘 기회가 왔음을 직감했다. NFIP 산하 마치 오브 다임스 March of Dimes*는 연평균 5,000만 달러를 모금했다. 사무총장은 자금의 상당 부분을 세포 배양 전문가들에게 제공해 세포를 대량생산할 방법을 찾고자 했다. 오래도록 연구자금에 얼마나 목말라 했던가!

절묘한 시점이었다. 우연찮게 NFIP가 도움을 요청한 직후에 가이는 헨리에타의 세포가 여태껏 봐왔던 여느 인간 세포와 다르게 자란다는 사실을 발견했다.

배양 중인 세포는 대개 유리 표면에 붙어 단층으로 자라며 군락을 이룬다. 세포가 자랄 공간이 금세 부족해진다는 뜻이다. 세포 수를

• 1938년 소아마비 퇴치를 위해 설립된 미국의 비영리단체 — 편집자

늘리려면 품이 많이 들었다. 세포가 자랄 공간을 확보하기 위해 과학자들은 정기적으로 배양 중인 세포를 긁어내어 여러 개의 배양용기로 분주하는 작업을 반복해야 했다. 헨리에타의 세포는 그렇게 까다롭지 않았다. 유리 표면에 붙지 않고도 얼마든지 자랄 수 있었다. 즉, 배양액에 뜬 채 자랄 수 있기 때문에 자성을 띤 기구로 계속 저어주면 그만이었다. 오늘날 '부유배양법'이라고 부르는 이 배양 기법도 가이가 개발했다. 결국 헬라 세포는 여느 세포와 달리 공간적 제약을 거의 받지 않았다. 사실상 배양액이 소모될 때까지 계속 분열했다. 배양용기가 크면 클수록 더 많이 증식했다. 헬라 세포가 소아마비바이러스에 취약하기만 하다면(그렇지 않은 세포도 있다), 수백만 개의 원숭이 세포 없이도 중화검사가 가능해 대량생산 문제가 바로 해결될 것이었다.

1952년 4월 NFIP 자문위원회가 파견한 미네소타 대학 박사 후 과정 전임연구원 윌리엄 셔러William Scherer와 가이는 소아마비바이러스를 헬라 세포에 감염시키는 실험을 수행했다. 며칠 지나지 않아 그들은 헬라 세포가 그때까지 배양된 어떤 세포보다도 소아마비바이러스에 취약하다는 사실을 발견했다. NFIP가 그토록 염원했던 세포를 찾아낸 것이다.

그러나 대량생산을 시작하기 전에 배양된 세포를 각지로 보낼 새로운 방법을 찾아야 했다. 가이가 사용하던 항공 화물 운송 시스템은 동료들에게 소량의 세포를 보내기에는 좋았지만 대규모 수송엔 비용이 너무 많이 들었다. 아무리 많은 세포를 길러내도 정작 필요한 곳에 보낼 수 없다면 무용지물이다. 그들은 시험을 시작했다.

1952년 현충일에 가이는 코르크로 내부를 두른 통조림통에 시험관 대여섯 개를 넣고 과열 방지를 위해 시험관 주위를 얼음으로 채웠다. 시험관에는 헬라 세포와 함께 며칠 동안 버틸 만큼의 배양액이 들어 있었다. 자세한 영양 공급 및 취급 지침도 타자기로 작성해 동봉했다. 메리는 소포를 미네소타주에 있는 셔러에게 부치려고 우체국으로 갔다. 휴일이라 시내 중앙 우체국을 뺀 볼티모어의 모든 우체국이 문을 닫았다. 메리는 전차를 몇 번씩 갈아탔지만 결국 해냈다. 그리고 세포들도 해내고 말았다! 세포가 담긴 소포는 약 4일 후에 미니애폴리스에 도착했고, 셔러가 배양기에 넣자 자라기 시작했다. 살아 있는 세포가 사상 처음으로 우편을 통해 성공적으로 배달된 순간이었다.

그후에도 몇 달간, 가이와 셔러는 헬라 세포가 어떤 환경에서든 장거리 여행을 견딜 수 있는지 알아보기 위해 비행기나 기차, 트럭을 이용해 미국 각지로 시험관을 보냈다. 미니애폴리스에서 노리치로 보내면, 거기서 뉴욕으로 보내고, 다시 뉴욕에서 미니애폴리스로 돌려 보내는 식이었다. 세포가 죽은 시험관은 단 하나밖에 없었다.

헬라 세포가 소아마비바이러스에 취약할 뿐 아니라 저렴한 비용으로 대량생산이 가능하다는 소식을 듣자마자 NFIP는 윌리엄 셔러를 터스키기 대학으로 파견해 헬라 세포 공급센터HeLa Distribution Center 설립을 감독했다. 당시 미국에서 가장 유명한 흑인 대학 중 하나였다. NFIP가 터스키기를 택한 이유는 전적으로 〈흑인행동Negro Activities〉 재단 이사장 찰스 바이넘Charles Bynum 때문이었다. 과학교사이자 민권운동가인 바이넘은 흑인으로서는 미국 최초로 재단의 운영진을 맡은 인물이다. 그는 터스키기에 헬라 세포 공급센터를 유치하면 젊은 흑인 과학자들에게 수십만 달러의 기금과 일자리와 수련 기회를 제공할 수 있다고 생각했다.

불과 몇 달 만에 여섯 명의 흑인 과학자와 실험기사로 구성된 연구팀은 터스키기 대학에 완전히 새로운 형태의 공장을 세웠다. 벽마다 공업용 강철로 만든 증기멸균용 가압멸균처리기들이 늘어섰고, 자동교반기가 달린 거대한 배양액통과 배양기가 줄줄이 설치되었다. 그 옆에는 배양용 유리용기가 수북이 쌓였다. 자동 세포분배기는 가늘고 긴 금속팔로 쉴 새 없이 시험관 속에 헬라 세포를 뿜어냈다. 터스키기 연구팀은 염분, 미네랄, 혈청 등을 섞어 매주 수천 리터의 배양액을 제조했다. 혈청은 학생과 군인들의 헌혈을 받는 한편 지역 신문 광고를 보고 혈액을 팔러 온 목화밭 노동자들에게서 얻었다.

실험기사들은 공장의 품질관리 직원처럼 매주 수십만 개의 배양 시험관을 현미경으로 들여다보며 헬라 세포가 활발하게 자라는지 확인했다. 다른 직원들은 엄격한 일정에 따라 미국 전역의 23개 소아마비 검사센터의 과학자들에게 헬라 세포를 배송했다.

헬라 세포 공급센터의 직원 수는 과학자와 실험기사를 합쳐 35명으로 늘었다. 그들은 매주 2만 개의 시험관에 약 6조 개의 헬라 세포를 생산했다. 역사상 최초의 세포 생산공장이었다. 모든 것이 헨리에타가 사망한 직후 가이가 통조림통에 담아 셔러에게 보낸 단 한 병의 헬라 세포에서 시작되었다.

이렇게 생산된 세포를 이용해 과학자들은 소크의 소아마비 백신이 효과가 있음을 밝혀냈다. 뉴욕 타임스는 헬라 세포가 든 작은 유리병을 검은 손에 들고 현미경 위로 몸을 굽혀 세포를 검사하는 흑인 여성들의 사진을 싣고 이런 헤드라인을 달았다.

소아마비 전쟁 일선에 선 터스키기 연구팀
흑인 과학자 부대, 소크 백신의 효과를 밝히는 열쇠를 쥐다
끝없이 증식하는 헬라 세포

흑인 과학자들과 실험기사들(대부분 여성이었다)이 수백만 미국인(대부분 백인이었다)의 생명을 구하기 위해 흑인 여성의 세포를 연구에 이용했던 것이다. 같은 시간, 같은 대학 캠퍼스에서는 주정부 관리들이 악명 높은 터스키기 매독 연구를 진행하고 있었다.

HENRIETTA LACKS

터스키기 공급센터는 우선 소아마비 백신 검사실에만 헬라 세포를 보냈다. 그러나 헬라 세포가 바닥날 가능성이 없다는 것이 분명해지자, 구입하고 싶어하는 모든 과학자들에게 공급하기 시작했다. 가격은 단 10달러에 항공 운송료를 보탠 정도였다. 과학자들은 세포가 어떻게 단백질을 생성하는지, 환경이나 화학약품에 어떻게 반응하는지 밝혀내기 위해 끊임없이 헬라 세포를 찾았다. 암세포였음에도 여전히 정상 세포의 기본적인 특성을 갖고 있기에 가능한 일이었다. 즉, 헬라 세포는 정상 세포처럼 단백질을 만들고 다른 세포와 소통했다. 분열하고 에너지를 생성했으며, 유전자를 발현하고 그 기능을 조절했다. 헬라 세포는 배양 상태에서 호르몬이나 단백질을 합성하는 데도 사용되었다. 감염에 취약해 세균은 물론, 특히 바이러스를 연구하는 데 아주 적합한 수단이었다.

바이러스는 자신의 유전 물질을 살아 있는 세포 내로 주입해 세포의 유전 프로그램을 통째로 바꿔 버린다. 바이러스에 감염된 세포는 자기 자신이 아니라 바이러스를 만들어 낸다. 헬라 세포는 암세포라 서 바이러스를 증식시키는 데 특히 유용했다. 정상 세포보다 훨씬 빨 리 증식해 결과를 빨리 얻을 수 있었던 것이다. 헬라 세포는 성실한 일꾼이었다. 믿음직스럽고, 저렴하며, 구하기도 쉬웠다.

시기 또한 완벽했다. 1950년대 초반에야 과학자들은 바이러스를 이해하기 시작했다. 때맞춰 헨리에타의 세포가 미 전역의 실험실에 배송되었다. 과학자들은 바이러스가 어떻게 세포 안으로 침투해 증 식하고 전파되는지 연구하기 위해 헤르페스, 홍역, 볼거리, 계두鷄痘, 뇌염 등 온갖 바이러스에 헬라 세포를 노출시켜보았다.

헨리에타의 세포는 막 태동하던 바이러스학의 급격한 발전을 이 끌었다. 그러나 그것은 시작에 불과했다. 헨리에타가 사망하고 몇 년 지나지 않아 전 세계 과학자들은 연달아 중요한 과학적 쾌거를 일궈 냈다. 우선 헬라 세포를 이용해 어떤 변화나 손상도 유발하지 않고 세포를 냉동하는 방법을 개발했다. 기존의 냉동식품이나 가축 번식 용 냉동 정자를 운송할 때 사용하는 표준화된 방법을 이용해 전 세 계 과학자들에게 세포를 보낼 수 있게 된 것이다. 또한 영양 공급이 나 무균 상태 유지를 전혀 걱정하지 않고 세포를 냉동했다가 나중에 녹여 다시 실험을 계속할 수도 있었다. 무엇보다 과학자들은 냉동기 법을 이용해 다양한 상태로 세포를 일시정지시킬 수 있다는 데 흥분 했다.

세포를 냉동시킨다는 것은 '일시정지' 버튼을 누르는 것과 비슷하 다. 즉, 세포분열이나 대사를 포함한 세포의 모든 활동이 정지되었다 가, 세포를 해동하면 '재생' 버튼을 누를 때처럼 다시 시작된다. 이제 과학자들은 세포를 다양한 간격으로 일시정지시켜 가령 특정 약물에 대한 반응을 1주, 2주, 또는 6주 후에 관찰해 서로 비교할 수 있었다. 동일한 세포를 시간차를 두고 관찰해 세포 노화에 따른 변화를 연구할 길도 열렸다. 그리고 세포를 서로 다른 시점에 냉동하면 소위 '자발변형spontaneous transformation', 즉 배양 중인 정상 세포가 암세포로 변형되는 순간을 관찰할 수 있으리라 믿었다.

냉동기법의 개발은 헬라 세포가 조직 배양 분야에 기여한 여러 가지 극적인 발전의 서막일 뿐이었다. 당시만 해도 지리멸렬하던 조직 배양 분야가 표준화되었다는 점이 가장 큰 진전이라 할 수 있다. 가이와 동료들은 배양액을 만들고 세포를 살아 있게 하는 데 시간이 너무 많이 든다는 점이 늘 불만이었다. 더 큰 문제는 과학자들이 제각기 다른 방법으로 다양한 성분의 배양액을 제조한 후, 서로 다른 기법으로 서로 다른 세포를 이용해 연구를 수행한다는 점이었다. 다른 과학자의 실험 방법을 제대로 아는 경우가 드물었고, 따라서 다른 이의 실험을 재현하는 것은 거의 불가능했다. 과학에서 실험의 재현은 필수적이다. 어떤 실험을 제3자가 반복해 같은 결과를 얻을 수 없다면 그 발견은 유효성을 인정받을 수 없다. 가이를 비롯한 배양 전문가들은 조직 배양 분야도 표준화된 재료와 표준화된 실험 방법이 없다면 곧 침체되고 말 것이라고 우려했다.

가이를 비롯한 전문가들은 이미 '조직 배양 기법의 간소화 및 표준화'를 목표로 위원회를 발족했다. 또한 마이크로바이올로지컬 어소시에이츠Microbiological Associates와 디프코 래버러토리스Difco Laboratories 등 두 곳의 신생 생물학 실험재료 공급회사에 배양액의 주요 성분을 제조 판매하도록 설득하고, 모든 배양액 조제 기술을 전수했다. 이들 회사는 곧바로 배양액의 주성분을 판매하기 시작했지만, 실제로 세포를 배양할 때는 여전히 서로 다른 제조법으로 자신만의 배양액을 만들어야 했다.

조직 배양 분야가 표준화된 데는 몇 가지 계기가 있었다. 첫째, 터스키기 공급센터에서 헬라 세포를 대량으로 생산한 것이 가장 결정적이었다. 둘째, 국립보건원의 해리 이글Harry Eagle이라는 연구원이 헬라 세포를 이용해 배송하기 쉽고 받자마자 바로 사용할 수 있는 갤런 단위의 표준화된 배양액을 최초로 제조했다. 셋째, 가이를 비롯한 연구자들이 헬라 세포를 사용해 어떤 유리용기와 시험관 마개가 세포에 가장 안전한지 밝혀낸 것도 표준화에 기여했다.

이제 전 세계 과학자가 똑같은 배양액과 장비로 배양한 똑같은 세포를 가지고 연구를 수행할 수 있었다. 실험실에 앉아 모든 실험재료를 주문하고, 받을 수 있게 된 것이다. 얼마 지나지 않아 과학자들은 최초로 인간 복제 세포를 만드는 데 성공했다. 헬라 세포의 배양 이후 그토록 염원했던 일이 실현된 것이다.

오늘날 '복제'라고 하면, 유명한 복제양 돌리처럼 어느 한쪽 부모의 DNA를 이용해 살아 있는 동물을 만들어내는 것을 떠올린다. 그러나 완전한 동물을 복제하기 훨씬 전에 헬라 세포와 같은 개별 세포의 복제가 먼저 이루어졌다.

세포 복제가 중요한 이유를 이해하려면 두 가지 사실을 알아야 한다. 첫째, 헬라 세포는 헨리에타의 자궁경부 세포 하나에서 자라난 것이 아니다. 종양의 작은 조각, 다시 말해 여러 개의 암세포에서 자란 것이다. 둘째, 같은 조직에서 유래한 세포라도 종종 다르게 행동한다. 어떤 세포는 더 빨리 자라고, 어떤 세포는 소아마비바이러스를 더 많이 증식시키고, 어떤 세포는 특정 항생제에 더 강한 내성을 보인다. 개별 세포의 독특한 특성을 연구에 이용하려면 복제 세포, 즉 단 한 개의 세포에서 유래한 세포주가 있어야 했다. 마침내 콜로라도의 연구팀이 헬라 세포를 이용해 복제 세포를 만드는 데 성공했다. 이제 과학자들은 헬라 세포뿐 아니라 수백, 수천의 헬라 복제 세포를 갖게 된 것이다.

헬라 세포를 이용해 개발한 초창기 세포 배양 및 클로닝cloning 기법은 단일 계통 세포를 배양하는 데 필요한 첨단 기술의 모태가 되었다. 단일 계통 세포를 배양할 수 있게 되자 인공수정, 동물 복제, 줄기세포 분리가 가능해졌다. 그동안에도 헬라 세포는 대표적인 인간 세포로서 대부분의 실험실에서 꾸준히 이용되며 인간 유전학이라는 새로운 분야를 열었다.

과학자들은 오랫동안 인간 세포는 48개의 염색체를 가지고 있다고 믿었다. 염색체란 세포 내 모든 유전정보를 포함한 DNA 가닥의 꾸러미를 일컫는다. 염색체는 한데 엉켜 있기 때문에 숫자를 정확하게 헤아리기가 매우 어렵다. 1953년 텍사스의 한 유전학자가 순전히 실수로 엉뚱한 세포가 들어 있는 액체를 헬라 세포와 섞어 버렸다. '행운의 실수'였다. 세포 안에 있던 염색체가 부풀어서 터져 나왔던 것이다. 과학자들은 최초로 각각의 염색체를 명확하게 관찰할 수 있었다. 이 우연한 발견을 계기로 스페인과 스웨덴 출신의 두 과학자가 각기 별도로 인간의 염색체가 46개임을 밝혀냈다.

인간의 염색체 수가 몇 개인지 알려지자, 염색체 수가 너무 많거나 적어서 생기는 유전질환의 진단이 가능해졌다. 곧바로 전 세계 과학자들은 염색체의 수적 이상으로 생기는 질병을 밝혀내기 시작했다.

다운 증후군은 21번 염색체가 하나 더 있는 질병이고, 클라인펠터 증후군은 성염색체 X가 하나 더 많아서 생기며, 터너 증후군Turner syndrome은 성염색체 X가 일부 또는 전부 소실되어 생기는 질병이었다.

새로운 과학적 진전과 함께 헬라 세포를 필요로 하는 곳도 급증했다. 이제 터스키기 공급센터로는 수요를 감당하기 어려웠다. 마이크로바이올로지컬 어소시에이츠의 소유주 새뮤얼 리더Samuel Reader는 직업군인 출신으로 과학에는 문외한이었다. 그러나 사업 파트너였던 먼로 빈센트Monroe Vincent는 과학자였기 때문에 세포 시장의 잠재성을 꿰뚫어 보았다. 과학자들은 세포가 필요했지만, 충분한 세포를 배양할 능력과 시간이 있는 사람은 드물었다. 그들은 그저 세포를 사고 싶어했다. 리더와 빈센트는 헬라 세포를 발판 삼아 대량생산 능력을 갖춘 최초의 상업적 세포 공급센터의 건립에 착수했다.

메릴랜드주 베데스다에 공급센터를 착공할 때 리더는 '세포공장Cell Factory'이란 애칭을 붙였다. 한때 프리토스 옥수수칩 공장이었던 넓은 창고 한가운데에 유리로 둘러싼 방을 만들고, 그 안에 수백 개의 시험관 집게가 부착된 회전식 컨베이어벨트를 설치했다. 유리방 밖에는 터스키기 공급센터 것보다 더 큰 배양액통을 층층이 쌓았다. 세포를 출하할 때가 되면 리더는 큰 소리로 종을 울렸다. 배송 직원들을 포함, 건물 안에 있던 모든 근로자가 하던 일을 멈추고 멸균처리실에서 몸을 꼼꼼히 닦은 후, 가운과 모자를 착용하고 컨베이어벨트 앞에 줄지어 섰다. 어떤 사람은 튜브에 세포를 채우고, 어떤 사람은 고무마개를 끼운 후 튜브를 밀봉해 이동식 배양기 안에 차곡차곡 쌓았다. 이렇게 일시 저장했다가 순서가 되면 포장해 출하했다.

마이크로바이올로지컬 어소시에이츠의 가장 큰 고객은 국립보건원 같은 연구소였다. 국립보건원은 일정에 따라 매번 수백만 개의 헬라 세포를 꾸준히 주문했다. 그러나 전 세계 과학자들도 단돈 50달러 미만에 헬라 세포를 주문해 하루이틀 만에 배송받을 수 있었다. 리더는 주요 항공사와 세포 운송 계약을 맺었다. 주문 시마다 배달원이 세포를 갖고 가면 항공사는 바로 다음 비행기로 보내고 목적지 공항에서 받아 택시로 실험실까지 배달하는 시스템이었다. 인체 유래 생물학 실험재료를 판매하는 수십억 달러 규모의 산업이 서서히 탄생하고 있었다.

리더는 조직 배양의 대가들을 초빙해 이 분야에서 가장 필요한 제품이 무엇이며, 어떻게 만들 수 있는지 의견을 구했다. 자문 과학자 중에는 레너드 헤이플릭이 있었다. 이견이 있을 수 있지만 현재까지 현장에 남은 가장 유명한 초창기 세포 배양 전문가다. 그는 내게 말했다. "마이크로바이올로지컬 어소시에이츠란 회사와 새뮤얼 리더는 우리 분야에서 가히 혁명 같은 존재였지요. 난 혁명이란 말을 가볍게 쓰는 사람이 아닙니다."

리더의 사업이 번창하자 터스키기 공급센터가 받는 주문은 급격히 감소했다. 이제 마이크로바이올로지컬 어소시에이츠 같은 회사에서 필요한 만큼 세포를 공급했기 때문에 NFIP는 공급센터를 닫기로 했다. 그때는 헬라 세포 외에 다른 세포들도 연구용으로 판매되었다. 장비와 배양액의 표준화로 조직 배양이 점점 간편해져 과학자들은 거의 모든 세포를 배양했다. 그러나 규모면에서 헬라 세포에 필적하는 것은 없었다.

냉전이 고조되자 과학자들은 헬라 세포를 고선량의 방사선에 노출해 핵폭탄이 어떻게 세포를 파괴하는지 연구하고, 그렇게 손상된 세포를 회복시킬 방법을 찾고자 했다. 다른 과학자들은 인간 세포가 심해 잠수나 우주비행 같은 극한 상황에 어떻게 반응하는지 연구하기 위해 헬라 세포를 특수 원심분리기에 넣고 내부 압력이 중력의 십만 배가 넘도록 빠르게 회전시켰다.

가능성은 무한해 보였다. 한번은 기독교여자청년회YWCA의 보건교육 책임자가 조직 배양에 대해 듣고 연구자들에게 조직 배양의 성과를 이용해 YWCA의 노인 여성들을 돕고 싶다는 편지를 보냈다. "그분들은 얼굴과 목의 피부와 조직이 해가 갈수록 얇아지고 쭈글쭈글해진다고 불평합니다. 짧은 소견으로는 조직을 체외에서 살려 놓을 수 있다면 얼굴과 목의 조직을 미리 저장했다가 늙어서 다시 사용할 방법도 있으리라 생각합니다."

헨리에타의 세포가 여성의 얼굴에 젊음을 되돌려줄 수는 없었다. 그러나 미국과 유럽의 화장품회사와 제약회사들은 실험동물 대신 헬라 세포를 이용해 새로운 제품과 약물이 세포 손상을 유발하는지 검사하기 시작했다. 과학자들은 핵을 제거해도 세포가 살 수 있는지 확인하기 위해 헬라 세포를 반으로 잘라보았다. 세포를 파괴하지 않고 세포 안으로 어떤 물질을 주입할 방법을 찾는 데도 헬라 세포를 이용했다. 스테로이드, 항암제, 호르몬, 비타민의 효과와 환경 스트레스의 영향을 연구하는 데도 헬라 세포를 이용했다. 결핵균, 살모넬라균, 질염을 일으키는 세균을 헬라 세포에 감염시켜보기도 했다.

1953년 가이는 미 연방정부의 요청으로 파병 미군을 희생시키던 유행성 출혈열을 연구하기 위해 헬라 세포를 갖고 극동 지역을 방문하기도 했다. 래트에 직접 주사한 헬라 세포가 암을 유발하는지도 연구했다. 그러나 가이는 한 환자에게서 채취한 정상 세포와 암세포를 동시에 배양해 비교하는 연구에 집중하면서 점차 헬라 세포에서 벗어나고자 했다. 하지만 헬라 세포와 세포 배양에 관한 동료 과학자들의 끝없는 질문 공세를 피할 길은 없었다. 가이의 기술을 배우기 위해 과학자들은 한 주에도 몇 차례씩 그의 실험실을 찾았다. 가이는 세포 배양 장비의 설치를 돕기 위해 세계 각지의 실험실을 방문하기도 했다.

가이의 동료들은 업적을 인정받기 위해서라도 논문을 발표해야 한다고 충고했다. 가이의 대답은 항상 같았다. "너무 바빠." 집에서도 일 때문에 밤을 새우는 경우가 다반사였다. 연구비 연장 신청을 해야 했고, 온갖 편지를 회신하는 데 몇 달이 걸렸다. 한번은 사망한 직원의 급여를 석 달이나 지급하다가 누군가 알려주고 나서야 중단했다. 메리와 마거릿은 헬라 세포 배양에 관한 논문을 발표하라고 1년 내내 들볶았다. 결국 가이는 학회에서 발표할 짧은 초록을 작성했고, 마거릿이 학술지에 제출해 비로소 출판되었다. 그후로는 마거릿이 가이를 대신해 정기적으로 그의 연구를 논문으로 발표했다.

1950년대 중반에 이르자 대부분의 과학자가 조직 배양을 연구에 이용했지만 가이는 지칠 대로 지쳤다. 그는 친구와 동료들에게 편지를 보내 하소연했다. "누군가 작금의 상황에 대해 바른말을 할 때가 되었네. 말하는 순간뿐일지라도 '세상이 온통 조직 배양과 그 가능성에 미쳐 있다'고 밝혀야 해. 조직 배양을 둘러싼 호들갑 속에 누군가에게 도움이 될 만한 게 몇 가지라도 있길 바라네. (…) 모든 게 좀 진정됐으면 좋겠어."

가이는 학계가 헬라 세포에 집착하는 모습이 못마땅했다. 연구에 쓸 수 있는 다른 세포도 있었다. 그가 직접 배양하고 환자의 이름을 따서 명명한 A.Fi.와 D-1 Re도 있었다. 이 세포도 다른 과학자에게 정기적으로 제공했다. 그러나 배양하기가 훨씬 어려웠고, 헬라 세포처럼 왕성하게 증식하지도 않았다. 가이는 회사에서 헬라 세포를 공급해 직접 나눠줄 필요가 없다는 데 안도했다. 그렇지만 헬라 세포가 더이상 그의 통제하에 있지 않다는 사실은 달갑지 않았다.

터스키기 공급센터에서 헬라 세포를 생산하기 시작한 이래, 가이는 과학자들에게 꾸준히 편지를 보내 세포의 용도를 제한하려고 했다. 한번은 오랜 친구이자 동료인 찰스 포머럿Charles Pomerat에게 편지를 보내 포머럿 실험실을 비롯한 과학자들이 헬라 세포를 이용해 가이 자신이 '가장 유능했던' 분야를 연구하는 데 대해 개탄했다. 심지어 가이가 연구를 끝내고 발표만 남겨놓은 주제까지 파고들었다. 포머럿은 답장을 보냈다.

헬라 세포주를 이용한 연구가 널리 퍼진 상황을 자네가 동의하지 않는 데 관해 (…) 나는 자네가 헬라 세포를 여기저기 나눠준 이상 그런 방향을 막을 길은 없다고 보네. 더구나 이젠 그 세포를 쉽게 구입할 수 있지 않은가? 이건 어쩌면 골든 햄스터를 이용해 연구하지 말라는 것과 비슷하다네! (…) 헬라 세포를 쉽게 이용할 수 있게 된 건, 모두 자네의 따뜻한 마음 덕분이라고 생각하네. 그러니 자네도 모든 과학자가 세포주를 이용한 연구에 뛰어들고 싶어한다는 걸 이해하기 바라네.

포머럿은 "일단 개인의 손을 떠나면 공동의 과학적 자산이 되기 때문에 다른 과학자에게 세포를 공개하기 전에" 헬라 세포에 대한 자신의 연구를 끝냈어야 했다고 시사했다.

가이는 그렇게 하지 못했다. 그리고 헬라 세포가 '공동의 과학적 자산'이 되자 사람들은 세포 뒤의 여인에 대해 궁금해하기 시작했다.

헬렌 레인

많은 사람이 헨리에타라는 이름을 아는 것으로 보아 어디선가 흘러 나간 것이 분명했다. 미니애폴리스의 윌리엄 셔러와 지도교수 제롬 시버튼Jerome Syverton에게는 가이가 직접 얘기했다. NFIP 연구원들에게도 귀띔했으니, 그들이 터스키기 연구팀에도 알렸을 것이다. 하워드 존스, 리처드 테린드, 그리고 헨리에타를 치료했던 홉킨스의 다른 의사들과 마찬가지로 가이의 연구원 모두 그녀의 이름을 알았다.

아니나 다를까, 1953년 11월 2일자《미니애폴리스 스타Minneapolis Star》지가 최초로 헬라 세포를 제공한 여성을 지목했다. 다만 한 가지, 이름이 정확하지 않았다. "헨리에타 레이크스Henrietta Lakes라는 볼티모어 여성에서 비롯된 것"이라고 썼던 것이다.

누가 헨리에타의 실명과 거의 같은 이름을 미니애폴리스 스타에 흘렸는지는 알 수 없다. 기사가 나오고 얼마 안 되어 제롬 시버튼은 가이에게 편지를 보냈다. "셔러나 제가 환자의 이름을 신문에 넘기지 않았음을 분명히 하기 위해 편지를 씁니다. 아시다시피 셔러와 저는 세포주를 헬라로 지칭하고 실명은 절대 사용해서는 안 된다는 데

선생님과 입장을 같이하는 바입니다."

어쨌든 이름은 나돌기 시작했다. 기사가 나가고 이틀 후 NFIP의 언론 담당 롤런드 버그Roland H. Berg가 가이에게 서한을 보내 독자층이 더 넓은 잡지에 헬라 세포를 다룬 심층 기사를 쓰고 싶다는 뜻을 전했다. 버그는 더 많은 이야기를 원했다. "과학적이면서도 인간적인 관심을 끌 만한 이야기란 점에서 흥미롭습니다."

가이는 답신을 보냈다. "이 문제로 테린드 박사와 논의했습니다. 더 대중적인 잡지에 실려도 좋다는 데는 박사님도 동의했습니다. 하지만 환자의 이름만은 보호할 수 있기를 바랍니다." 하지만 버그는 요지부동이었다.

기사를 어떻게 쓰고 싶은지에 대한 제 생각을 좀더 말씀드려야겠습니다. 환자의 실명이 나가면 안 된다는 선생님의 입장에 비추어 볼 때 특히 그렇습니다. (…) 독자들에게 정보를 주려면 먼저 관심을 끌어야 합니다. (…) 기본적인 인간적 요소가 결여된 기사는 이목을 끌지 못합니다. 제가 아는 한 헬라 세포의 뒷얘기에는 관심을 끌 요소가 충분합니다. (…)

이야기의 핵심은 헨리에타 레이크스라는 여성에게서 채취한 세포들을 어떻게 배양해 인류를 이롭게 하는 데 쓰게 되었는지 기술하는 것입니다. (…) 이런 이야기에는 개인의 이름을 밝히는 것이 결정적입니다. 사실 제 계획은 실제 기사를 쓰려면 레이크스 여사의 친척들을 인터뷰해야 한다는 것입니다. 친척들의 적극적인 협조와 동의 없이는 기사를 내보내지 않을 작정입니다. 선생님께서는 아직 모르실 수도 있겠습니다만, 우연찮게 신문기사에 환자의 이름이 온전히 거명된 이상 그녀의 신원은 이제 누구나 알게 되었습니다. 《미니애폴리스 스타》 1953년 11월 2일자 기사

말입니다.

　환자의 이름을 비밀에 부쳐 프라이버시 침해 소지를 미연에 방지하자는 선생님의 뜻에 충분히 공감합니다. 하지만 제가 쓰려는 기사에서 개인의 모든 권리가 철저히 보호되리라는 점도 믿어 의심치 않습니다.

　버그의 편지는 헨리에타의 실명을 밝히면서 어떻게 가족의 프라이버시와 권리를 보호하겠다는 것인지 설명하지 않았다. 실명을 밝힌다면 헨리에타와 가족은 영원히 헬라 세포와 그 세포의 DNA 연구를 통해 알게 될 의학정보에서 벗어날 수 없을 것이다. 그러면 랙스 집안 사람들의 프라이버시 보호는 불가능해지고, 결국 가족의 삶도 바뀔 것이 분명했다. 또한 그들은 헨리에타의 세포가 여전히 살아 있으며, 헨리에타 자신이나 가족도 모르는 사이에 세포를 떼어내 사고 팔면서 연구에 쓰이고 있음을 알게 될 것이다.

　가이는 홉킨스의 테린드와 공보 담당자에게 편지를 보여주고 어떻게 대응해야 할지 의견을 구했다. "실명 없이 왜 재미있는 이야기가 될 수 없다는 건지 모르겠군요." 테린드의 반응이었다. "이걸 꼭 기사로 써야 할 이유가 없고, 괜히 이름을 공개해 문젯거리를 떠안을 필요는 더욱 없습니다."

　테린드는 헨리에타의 이름을 공개했을 때 생길 수 있는 '문젯거리'가 정확히 무엇인지는 밝히지 않았다. 환자의 신원을 공개하지 않는 것이 점차 관행으로 굳어지고 있었지만, 아직 법제화되지는 않은 때였다. 따라서 실명을 밝히는 것이 꼭 불가능한 일이라고 할 수는 없었다. 실제로 테린드는 가이에게 회신하면서 여지를 뒀다. "선생님께서 이 문제에 대해 저와 생각이 크게 다르시다면 다시 의논할 용의가 있습니다."

가이는 버그에게 회신했다. "가명을 써도 충분히 흥미로운 이야기가 될 수 있다고 봅니다." 하지만 실명을 공개하는 데 대해 딱 잘라 반대한다고도 하지 않았다. "여전히 선생님의 주장을 관철할 기회는 있다고 생각합니다. 이런 기사에서 근본적으로 인간적인 측면이 갖는 중요성을 충분히 인식합니다. 제안컨대 선생님께서 저와 테린드 박사의 연구실에 한번 들르시는 것도 좋을 듯합니다."

가이는 《미니애폴리스 스타》가 헨리에타의 이름을 잘못 썼다고 버그에게 알리지 않았다. 버그는 결국 이 이야기를 기사화하지 않았지만, 언론은 쉽게 물러나지 않았다. 몇 달 후 잡지 《콜리어스Collier's》의 빌 데이비드슨Bill Davidson이라는 기자가 연락했다. 버그가 구상했던 것과 똑같은 기사를 쓰겠다고 했다. 이번에는 가이가 아주 완강했다. 버그와 달리 데이비드슨은 가이의 연구를 후원하는 단체에 소속되지 않았기 때문이었을 것이다. 인터뷰에 응하기는 하되, 두 가지 조건이 충족되어야 한다고 했다. 하나는 가이 자신이 최종 기사를 읽고 승낙해야 한다는 것이었고, 다른 하나는 기사에 세포를 제공한 환자의 실명이나 개인사를 담아서는 안 된다는 것이었다.

그러자 지면을 담당한 편집자가 주춤했다. 버그가 그랬듯 그 역시 "대중에게는 세포 이면의 인간적인 이야기가 관심거리가 될 것"이라고 했다. 가이는 꿈쩍도 하지 않았다. 실명을 밝히지 않겠다고 약속해야만 자신이나 동료 연구원들이 인터뷰에 응할 것이라고 답했다. 편집자는 결국 조건을 받아들였다. 1954년 5월 14일자 《콜리어스》에는 '조직 배양의 잠재력과 향후 예상되는 혜택'에 대한 기사가 실렸다. 데이비드슨은 감탄했다. 스크린으로 헬라 세포의 분열을 지켜보는 것은 "꼭 영생을 엿보는 것 같았다." 기사는 세포 배양 덕분에 세계는 "희망찬 새 시대의 문턱에 서 있다. 이제 인류는 암, 정신질환, 그리고 불치로 알려진 거의 모든 질병에서 해방될 것"이라고 했다. 그리고 이 모두가 한 여성, "의학계의 한 이름 없는 여걸"에게서 떼어낸 세포 덕분에 가능했다고 밝혔다. 기사는 그 주인공이 "치료 불가능한 자궁경부암으로 존스 홉킨스에 입원했던 30대 젊은 여성" 헬렌 L.Helen L.이라고 소개했다. 또 가이 박사는 헬렌이 사망하기 전이 아니라 사후에 조직을 떼어내 세포를 배양했다고 전했다.

두 가지 잘못된 정보가 어디에서 왔는지에 대한 기록은 남아 있지 않지만, 홉킨스 병원에서 나왔다고 봐도 크게 틀리지 않을 것이다. 합의대로 《콜리어스》의 편집자는 출판 전 최종 기사를 가이에게 보내 감수를 받았다. 일주일 후 존스 홉킨스 공보 담당 조지프 켈리 Joseph Kelly는 《콜리어스》의 편집자에게 교정본을 발송했다. 켈리는 가이의 도움을 받아 기사를 다시 쓰면서 몇 가지 과학적인 오류를 바로잡았다. 하지만 세포를 처음 배양한 시점과 헬렌 L.이라는 두 가지 오류에는 손대지 않았다.

수십 년 후 《롤링 스톤》지 기자가 헬렌 레인Helen Lane이라는 이름은 어디서 왔는지 묻자, 마거릿은 대답했다. "어, 저도 모르겠어요. 미니애폴리스의 출판사에서 뭔가 혼동한 것 같아요. 이름 자체가 밖으로 나가면 안 되는 거잖아요. 아마 누군가 착각했겠지요."

가이의 동료에 따르면, 헨리에타의 신원을 보호하기 위해 가짜 이름을 만든 사람은 바로 가이였다. 그렇다면 소기의 성과를 거둔 셈이다. 《콜리어스》 기사가 나간 뒤 1970년대까지 헬라 세포를 제공한 주인공의 이름은 대부분 헬렌 레인으로 알려졌다. 때로는 헬렌 라슨이라고도 했지만, 누구도 헨리에타 랙스는 알지 못했다. 바로 이런 이유로 가족조차 헨리에타의 세포가 여전히 살아 있다는 사실을 까 맣게 몰랐던 것이다.

"기억하기엔
너무 어렸을 때"

장례가 끝나자 클로버와 터너스테이션에 흩어져 있던 친척들이 찾아와 요리도 하고 아이들도 보살피며 가족을 도왔다. 친척들은 자식과 손자손녀, 조카들까지 한꺼번에 수십 명씩 몰려왔다. 누구였는지 알 길이 없지만 그중 하나가 결핵균을 끌고 왔다. 헨리에타가 죽은 뒤 몇 주도 안 되어 네 살 난 소니와 몇 달 전에 돌이 지난 데보라, 그리고 아기 조가 결핵 검사에서 양성 반응을 나타냈다.

의사는 데보라에게 총알처럼 큼직한 결핵약을 처방해 집으로 돌려보냈다. 하지만 아직 돌도 안 지난 조는 결핵 때문에 거의 죽을 뻔했다. 두 살 때는 거의 1년 내내 병원 격리실에서 피를 토하며 지냈다. 퇴원한 뒤로는 몇 달간 이 집 저 집 돌아가며 사촌들에게 맡겨졌다.

데이가 직장 두 군데서 일을 했기 때문에 로런스는 학교를 그만두고 동생들을 돌보는 데 전념했다. 가끔 집을 빠져나와 당구장에도 갔다. 열여섯은 당구장에 들어가기에 아직 어린 나이라 거짓말로 둘러대 나이가 열여덟으로 찍힌 유권자 등록증을 만들었다. 로런스는 '아늑한 집' 마룻바닥에서 태어나 출생증명서나 사회보장카드가 없었다. 나이를 속여도 확인할 길이 없었던 것이다. 하지만 호된 뒤탈이

났다. 한국전쟁 와중에 의회가 군입대 최소 연령을 열여덟 살 반으로 낮춘 것이다. 로런스는 열여섯 살로 징집을 당해 버지니아주 포트벨보어 기지에서 2년간 의무병으로 복무했다. 로런스가 없는 동안 누군가 헨리에타의 자녀들을 보살펴야 했다.

아무도 소니, 데보라, 조에게 엄마에 대해 말해주지 않았다. 아이들은 겁이 나서 물어볼 엄두도 못 냈다. 그 시절엔 가내 불문율이 있었다. '어른들 말을 잘 들어야 한다. 그러지 않으면 꼭 사고가 난다.' 누가 물어보지 않는 이상 아이들은 말 없이 양손을 가지런히 모으고 얌전히 앉아 있어야 했다. 아이들이 아는 것이라곤 엄마가 있었는데 어느 날 사라져 버렸다는 것이 전부였다. 엄마는 다시 돌아오지 않았고, 에설이 엄마를 대신했다.

세이디와 헨리에타가 나이트클럽에서 피해 다녔던, 질투 때문에 헨리에타한테 못되게 굴었던 바로 그 에설이다. 세이디와 마거릿은 "저 가증스런 년"이라 불렀다. 에설과 그 남편 게일런이 아이들을 돌본다는 구실로 헨리에타의 집에 합쳤을 때, 세이디와 마거릿은 데이를 노리고 들어간 것이라 짐작했다. 얼마 못 가 에설이 게일런 대신 데이와 잔다는 소문이 퍼졌다. 아직도 사촌들은 에설이 그 집에 들어가 데이와 관계를 시작한 것은 순전히 아이들을 괴롭혀 헨리에타에게 품었던 증오심을 풀어볼 심산이었다고 생각한다.

헨리에타의 아이들은 굶주림 속에서 자랐다. 매일 아침 에설은 아이들에게 차가운 빵을 먹이고 저녁까지 아무것도 주지 않았다. 냉장고와 찬장에 빗장을 걸어 식사 때 외에는 접근하지 못하게 했다. 시끄럽다고 물에 얼음을 넣어 먹지도 못하게 했다. 얌전하게 굴면 가끔 볼로냐 소시지 조각이나 차가운 비엔나 소시지를 주기도 하고, 베이컨을 굽고 프라이팬에 남은 기름을 빵에 부어 주기도 했다. 디저트로 식초물이나 설탕물을 내놓기도 했다. 문제는 아이들이 얌전하게 군다고 생각한 적이 거의 없다는 것이다.

로런스는 1953년에 제대하고 돌아왔지만 따로 집을 구해 나갔다. 에설이 동생들에게 무슨 짓을 하는지 알 턱이 없었다. 아이들이 커 가자 그녀는 이른 새벽부터 깨워서 집 청소, 요리, 장보기, 빨래 같은 허드렛일을 시켰다. 여름철이면 클로버로 데려가 담배밭에 몰아넣고 맨손으로 담뱃잎에 붙은 벌레를 잡게 했다. 아이들의 손은 담배즙에 물들었고, 그 손을 입에 가져가면 어김없이 병이 났다. 하지만 아이들은 이런 일에 익숙해졌다. 랙스 집안 아이들은 동틀 때부터 해질 녘까지 일했다. 쉬는 시간은 없었고, 찌는 듯한 더위에도 밤까지 음식이나 물조차 먹지 못했다. 에설은 소파나 창가에서 아이들이 일하는 것을 지켜보다가 쉬라고 하지 않았는데도 일을 멈추면 피 터지게 매질을 했다. 한번은 전깃줄로 소니를 심하게 휘갈겨 병원 신세를 지게 했다. 하지만 뭐니뭐니해도 가장 심하게 당한 아이는 조였다.

에설은 저녁을 먹고 있거나 자려고 누운 조를 아무 이유 없이 두들겨 팼다. 주먹으로 때리거나, 신발이든 의자든 작대기든 손에 잡히는 대로 집어 들고 휘둘렀다. 어두운 지하실 구석 벽에 코를 박은 채 한 발로 서 있게 해 흙먼지를 뒤집어쓰게 했다. 가끔은 밧줄로 묶어 몇 시간씩 지하실에 감금하거나 밤새 방치했다. 어떻게 하고 있나 엿보다가 한 발을 들고 있지 않기라도 하면 허리띠로 등을 휘갈겼다. 울면 더 세게 때렸다. 소니나 데보라가 조를 도울 수 있는 길은 없었다. 한마디 하면 에설은 더 심하게 매질을 했다. 언제부턴가 조는 맞는 데 이골이 났다. 고통을 느끼지도 않았다. 오직 분노만 남았다.

경찰이 적어도 한 번 이상 집에 들러 데이나 에설에게 조를 지붕에서 끌어내리라고 주의를 줬다. 조는 지붕에 엎드려 행인들을 향해 BB탄총을 쏘고 있었다. 경찰이 뭘 하고 있었느냐고 묻자, 조는 커서 저격수가 되려고 연습 중이었다고 둘러댔다. 다들 농담으로 들었다. 조는 랙스 집안에서 일찍이 본 적 없는 분노로 똘똘 뭉친 문제아로 커갔다. 가족들은 헨리에타가 임신했을 때 암을 앓아 조의 뇌에 이상이 생겼다고 수군댔다.

1959년 로런스는 여자친구 바벳 쿠퍼Bobbette Cooper와 살림을 차려 다른 집으로 옮겼다. 5년 전 군복을 입고 지나가던 로런스를 본 쿠퍼는 바로 그에게 빠졌다. 쿠퍼의 할머니가 말렸다. "그 놈하고 어울리지 마라. 눈도 퍼렇고 군복도 퍼렇고 차도 퍼렇잖니. 그런 놈은 당최 믿을 수 없다니까." 바벳은 아랑곳하지 않았다. 둘은 결국 살림을 차렸다. 바벳의 나이 스물, 로런스는 스물넷이었다. 같은 해 첫아기가 태어났다. 로런스와 바벳은 결국 에설이 데보라와 형제들을 학대하고 있었음을 알아챘다. 바벳은 온 가족이 같이 살아야 한다고 고집했고 소니, 데보라, 조를 친자식처럼 돌보았다.

이때 데보라는 열 살이었다. 에설의 집에서 나왔을 때, 소니와 조는 학대에서 벗어났지만 데보라는 사정이 달랐다. 제일 큰 문제는 에설의 남편 게일런이었다. 그는 어딜 가든 쫓아왔다. 게일런이 음흉하게 몸을 만졌을 때는 데이에게 일렀지만 믿지 않았다. 에설은 여태껏 들어본 적도 없는 '갈보'나 '암캐' 같은 말로 데보라를 부르기 시작했다. 데이가 운전하고 에설이 조수석에 앉아 데보라를 뺀 모두가 술을 마시기라도 할 때면, 데보라는 뒷자리 차문 쪽으로 바짝 붙어 게일런에게서 멀리 떨어지려고 했다. 하지만 그는 미끄러지듯 옆으로 당겨 앉았다. 앞에서 데이가 한쪽 팔로 에설을 감싼 채 차를 모는 동안, 게일런은 뒷좌석에서 데보라를 붙들고 셔츠며 바지 속으로 손을 넣거나 사타구니를 헤집었다. 게일런이 데보라를 처음 만진 직후, 그녀는 다시는 똑딱단추가 달린 청바지를 입지 않겠다고 다짐했다. 그러나 지퍼 달린 바지를 입었다고 게일런을 저지할 수는 없었다. 허리띠를 졸라매도 아랑곳하지 않았다. 데보라는 창밖을 응시한 채, 게일런의 손을 밀어내고 뿌리치며 제발 데이가 빨리 운전하기를 기도할 뿐이었다.

하루는 게일런이 데보라에게 전화해 말했다. "데일, 와서 돈 좀 받아가렴. 에설이 너더러 음료수를 좀 사오라는구나." 데보라가 게일런의 집으로 가자, 그는 침대에 알몸으로 누워 있었다. 데보라는 한 번도 남자의 성기를 본 적이 없었고, 그게 발기된 것이 무슨 뜻인지 알리도 없었다. 그가 왜 그걸 문지르는지는 더욱 몰랐다. 그러나 뭔가 단단히 잘못된 것만은 분명했다. "에설이 여섯 개들이 소다를 사 오란다." 게일런은 침대 자기 옆자리를 톡톡 두드렸다. "돈은 여기 있어."

데보라는 돈을 잽싸게 낚아챈 다음, 눈을 바닥에 내리꽂고 냅다 달렸다. 게일런의 손아귀를 아슬아슬하게 피해 계단을 달려 내려갔다. 게일런이 알몸으로 쫓아오면서 소리쳤다. "볼일이 있으니 이리 돌아와, 데일! 이 쬐끄만 갈보년! 네 애비한테 이를 테니 두고 봐!" 데보라는 도망쳤고 게일런은 약이 바짝 올랐다.

매질과 성희롱에도 불구하고 데보라는 데이보다 게일런이 더 가깝게 느껴졌다. 때리지 않을 때는 관심도 기울이고 선물도 주었다. 예쁜 옷도 사주고 아이스크림 가게에도 데려갔다. 그럴 땐 게일런이 아버지처럼 느껴졌고, 자신은 그냥 보통 소녀가 된 것 같았다. 하지만 게일런이 알몸으로 쫓아온 다음부터는 다 거짓으로 느껴졌다. 결국 게일런에게 더는 선물을 원하지 않는다고 말했다. "신발 사줄게." 그가 말을 잠시 멈추더니 데보라의 팔을 쓰다듬었다. "아무 걱정 마. 고무를 낄 거니까 임신 걱정 안 해도 돼." 데보라는 콘돔에 대해 들어본 적이 없었고, 임신이 뭔지도 몰랐다. 벗어나고픈 마음뿐이었다.

데보라는 다른 집 마루를 닦고 다림질을 해주며 푼돈을 벌기 시작했다. 일이 끝나면 집까지 걸어가려고 했지만, 게일런은 늘 데보라를 차에 태우고 만지려고 했다. 열두 번째 생일이 막 지난 어느 날, 또 그가 차를 세우더니 타라고 했다. 그녀는 타지 않고 버텼다.

게일런이 길을 막고 소리쳤다. "제기랄, 이 년아, 타란 말이야!"

"왜 타야 하는데요? 난 아무 짓도 안 했어요. 아직 훤한 대낮이니, 난 걸어 갈래요."

"니 애비가 널 찾는다."

"그럼 직접 와서 날 태워 가라고 하세요. 아저씬 내 몸에 몹쓸 짓을 했잖아요! 혼자 있을 땐 아저씨랑 절대 같이 안 있을 거예요. 하나님께서 그 정도는 알게 해주셨으니."

데보라는 몸을 돌려 도망치려 했지만 게일런이 주먹을 날렸다. 이어 팔을 잡아 끌고 차로 던져 넣었다. 그러고는 곧바로 욕정을 풀었다. 몇 주 후에 일을 마치고 동네 친구 앨프리드 '치타' 카터Alfred "Cheetah" Carter와 함께 집으로 가는데, 게일런이 옆에 차를 세우더니 타라고 외쳤다. 그녀가 거절하자 타이어 소리가 요란하게 사라지더니 몇 분 만에 돌아왔다. 데이가 옆좌석에 앉아 있었다. 게일런이 차에서 뛰어나와 그녀에게 창녀라며 온갖 욕설을 퍼부었다. 데보라를 붙잡아 강제로 차에 태우고는 주먹으로 얼굴을 가격했다. 아버지인 데이는 아무 말 없이 정면만 바라보았다.

　바벳의 집까지 오는 동안 데보라는 쉬지 않고 울었다. 눈썹은 찢어져 피가 흘렀다. 집에 도착하자마자 차에서 뛰쳐나와 화가 났을 때으레 숨던 옷장으로 곧장 달려 들어갔다. 데보라는 문을 꼭 잠갔다. 얼굴에 피가 흥건한 채 울면서 옷장에 뛰어드는 모습을 본 바벳이 따라왔다. 옷장 안에서 우는 내내 바벳은 문을 두드리며 외쳤다. "데일, 도대체 무슨 일이니?"

　바벳도 랙스 가문 사람이 된 지 제법 되어 가끔 사촌 간에 벌어지는 못된 짓 정도는 눈치챘다. 하지만 게일런이 데보라에게 그런 짓을 하는 줄은 전혀 몰랐다. 데보라는 절대 얘기하지 않았다. 혼날까봐 겁이 났던 것이다. 바벳은 데보라를 옷장에서 끌어내 어깨를 감싸고 말했다. "데일, 아무 말도 안 하면 알 수가 없잖아. 난 니가 게일런을 아빠처럼 사랑한다고 생각했는데, 도대체 어떻게 된 거니?" 데보라는 바벳에게 게일런이 가끔 때렸으며, 차 안에서 입에 담지 못할 말을 하곤 했다고 일렀다. 그러나 자기를 추행한 것은 말하지 않았다. 그걸 알면 분명 바벳은 게일런을 죽일 것이었다. 그러면 살인죄로 감옥에 갈 테고, 결국 세상에서 자기를 가장 아껴준 두 사람을 잃게 될 것이었다. 바벳은 득달같이 게일런의 집으로 향했다. 문을 박차고 들어가 누구든 랙스 집안 아이들에게 다시 손댔다가는 꼭 자기 손으로 죽이고 말겠다고 소리쳤다.

　얼마 후 데보라는 바벳에게 임신이 뭐냐고 물었다. 바벳은 질문에 답해준 다음, 데보라의 어깨를 감쌌다. "네 엄마 아빠와 사촌들이 서로 뒤섞였다는 걸 잘 안다만, 데일, 넌 절대 그러면 안 돼. 사촌은 같이 자는 사이가 아니야. 그건 옳지 않아."

데보라가 고개를 끄덕였다.

"약속하렴. 만약 그 놈들이 너하고 자겠다고 덤비면, 무슨 수를 써서라도 저항해야 해. 다치게 해도 상관없어. 널 만지게 해선 절대 안 돼."

데보라는 약속했다.

"넌 학교에 가야 해. 사촌들하고 엮이지 마라. 어른이 되기 전에는 절대 임신하면 안 돼." 바벳이 엄숙히 말했다.

데보라는 머지않은 장래에 아이를 갖겠다는 생각은 없었다. 하지만 그녀는 열셋이었고, 동네에서 '치타'로 통하던 그 사내와의 결혼을 생각해본 적은 있었다. 남편이 있으면 더이상 게일런이 자기를 만지려 들지 못할 것 같았다. 또한 학교를 그만둘 생각을 했다. 오빠들이나 남동생처럼 그녀도 선생님 말씀이 잘 들리지 않아 학교생활이 엉망이었다. 랙스 집안 아이들은 가까이서 큰 소리로 천천히 말해주지 않으면 잘 듣지 못했다. 하지만 어른들 앞에서 얌전해야 한다고 배운 탓에 선생님께 들리지 않는다고 말하지 않았다. 아무도 청력이 얼마나 나쁜지 몰랐고, 나이 들 때까지 보청기를 하지 않았다.

데보라가 학교를 그만두고 싶다고 하자, 바벳이 단단히 타일렀다. "잘 안 들리거든 앞쪽에 앉으렴. 뭘 하든 상관없다만 교육은 꼭 받아야 해. 그게 유일한 희망이야."

그래서 데보라는 학교에 남았다. 여름은 클로버에서 보냈다. 몸이 성숙하자 사촌들이 어찌 해보려고 끌어안고 덤벼들었다. 들판으로, 뒤뜰로 잡아 끌었다. 데보라는 주먹으로 때리고 이빨로 물어뜯으며 저항했다. 얼마 못 가 사촌들은 더이상 집적거리지 않았다. 대신 데보라를 추하다고 놀렸다. "천한 년, 데일. 천하게 태어나 앞으로도 쭉

천할 기집애." 여전히 사촌 서넛이 결혼하겠다고 졸랐지만 그냥 웃어 넘겼다. "미친 놈. 불장난할 게 따로 있지! 사촌 간에 그러면 애들한테도 안 좋다는 것도 모르냐?" 데보라와 남매들이 청력이 나쁜 것은 부모가 사촌간이라 그런 것 같다고 바벳이 말한 적이 있었다. 난쟁이나 정신발달 장애가 있는 친척도 있었다. 엘시의 문제도 관련이 있을까?

데보라는 언니가 있는 줄도 모른 채 어린 시절의 대부분을 보냈다. 데이가 마침내 엘시에 대해 입을 열었지만, 귀머거리에 벙어리였고 열다섯에 요양원에서 죽었다고만 했다. 데보라에게는 엄청난 충격이었다. 누군가 언니에게 수화라도 가르치려고 해봤어요? 아무도 그런 사람은 없었다.

데보라는 로런스에게 엘시에 대해 말해달라고 졸랐다. 로런스는 엘시가 아름다웠고 자기가 가는 곳이면 어디든 데리고 다니면서 보호해줬다고만 했다. 데보라는 언니가 말을 못 한 탓에 자기처럼 사내들에게 안 된다고 거절하거나 나쁜 일을 당해도 알리지 못한 것이 아닐까 하는 생각을 떨칠 수가 없었다. 언니와 엄마에 대해 기억나는 것이 있으면 무엇이든 말해달라고 로런스를 물고 늘어졌다. 결국 로런스는 슬픔에 겨워 울부짖었고, 더이상 물어볼 수가 없었다.

고등학교 시절 데보라는 엄마와 언니가 당했을지도 모를 끔찍한 일을 생각하며 눈물로 밤을 지새우기도 했다. 그녀는 부모의 사촌들과 데이에게 묻곤 했다. "도대체 엘시 언니는 어떻게 된 거예요? 엄만 어떤 사람이었어요? 엄만 또 어떻게 된 거예요?" 데이는 똑같은 말만 되풀이했다. "네 엄마 이름은 헨리에타 랙스였다. 네가 기억하기엔 너무 어렸을 때 죽어 버렸고."

1999년

"한곳에서 영원히"

헨리에타의 사촌 쿠티를 처음으로 찾았을 때, 우리는 주스를 마시며 마주 앉았다. 그는 아무도 헨리에타 얘기는 하지 않았다고 했다. 그녀가 병을 앓던 당시는 물론이고 죽은 다음에도, 심지어 지금도 모두 입을 닫고 있다는 것이다. "우린 암이란 말조차 안 썼어. 또 죽은 사람 얘기는 안 해." 쿠티 말로는 가족들이 죽은 헨리에타에 대해 한동안 입도 뻥긋하지 않아서, 자녀들과 세포만 없었다면 도무지 실제 살았던 사람처럼 느껴지지 않을 정도였다고 했다.

"이상하게 들리겠지만 그녀의 세포가 헨리에타에 대한 기억보다도 오래 살고 있잖수."

그는 헨리에타에 대해 더 알고 싶다면 길 위쪽에 사는 사촌 클리프와 얘기해보라고 했다. 클리프는 헨리에타와 친남매처럼 자란 사이였다. 클리프의 집 앞에 차를 세우면서 나는 꼭 여호와의 증인이나 보험 외판원이 된 느낌이었다. 이 집을 찾는 백인이 있다면 둘 중 하나가 아닐까? 그는 웃으면서 손을 흔들어 인사했다. "안녕하슈?"

클리프는 칠십 줄에 들어섰지만 수십 년 전에 부친이 지은 농장 건물 뒤편에 있는 담배 창고를 아직도 관리했다. 하루에도 몇 번씩

화로를 점검해 온도를 항상 섭씨 49도로 유지했다. 집 안에 들어서니 하얗고 새파랬을 벽들이 기름때와 먼지로 시커멓게 변해 있었다. 따뜻한 공기가 위로 올라가 깨진 창문으로 빠져나가지 못하도록 2층으로 가는 계단을 두꺼운 마분지와 담요로 틀어막았다. 천장과 벽, 창문의 구멍은 신문지와 배관 테이프로 봉했다. 잠은 아래층의 냉장고와 장작 난로 맞은편, 커버도 씌우지 않은 1인용 침대에서 잤다. 침대 옆 접이식 식탁 위에는 온갖 처방약이 놓여 있었지만, 무슨 약인지 잊은 지 오래였다. *전립선암 약인지, 혈압약인지 잘 모르겠소.*

클리프는 현관의 안락의자에 앉아 지나가는 차들에 손을 흔들어주며 평생을 보냈다. 의자는 낡고 낡아 안쪽의 발포고무와 스프링이 비어져 나올 정도였다. 클리프는 약간 구부정하게 섰는데도 180센티미터가 넘을 만큼 장대했고, 건조하고 연한 갈색 피부는 악어 가죽처럼 거칠었다. 청록색 눈동자 주위로 짙푸른 홍채를 가졌다. 조선소와 담배농장에서 수십 년을 보낸 두 손은 올 굵은 삼베처럼 거칠었고, 누렇게 바랜 손톱은 깨지고 닳아 거의 남지 않았다. 말을 할 때는 바닥을 응시했고, 마치 행운을 비는 것처럼 관절염으로 구부러진 손가락을 연방 서로 꼬았다 폈다 했다.

헨리에타에 대한 책을 쓴다고 했더니, 그는 안락의자에서 벌떡 일어나 재킷을 입고는 내 차를 향해 앞장섰다. "얼른 일어나시오. 헨리에타가 묻힌 곳을 보여줄 테니까."

랙스타운로(路)를 1킬로미터가량 내려가자 클리프는 콘크리트 블록과 압축 합판으로 지은 집 앞에 차를 세우라고 했다. 실내가 30제곱미터도 안 될 것 같았다. 통나무와 철조망을 엮어 만든 대문을 획 밀어 열더니 들어가라고 손짓했다. 너머는 풀밭이었다. 풀밭이 끝나는 지점에 노예 시대에 지어진 통나무 오두막이 나무에 가려져 있었다. 집은 판자를 다닥다닥 붙였는데, 곳곳에 틈이 나 있어 안이 다 들여다보였다. 창은 유리 대신 얇은 나무조각과 1950년대의 녹슨 코카콜라 광고판으로 덮여 있었다. 네 귀퉁이가 각기 크기가 들쭉날쭉한 바위들 위에 자리잡은 탓에 집은 약간 기울어져 있었다. 이 바위들이 200년 이상 집을 지면 위로 떠받치고 있었을 것이다. 집 밑으로 어린아이 정도는 기어 지나갈 수 있을 것 같았다.

"저게 바로 헨리에타가 어릴 때 살던 '아늑한 집'이요!" 클리프가 손으로 가리키며 외쳤다. 우리는 붉은 진흙과 마른 나뭇잎 위를 걸었다. 바싹 마른 나뭇잎이 발 밑에서 부서졌다. 야생장미와 소나무, 젖소 냄새가 코끝을 맴돌았다.

"누님은 이 집을 진짜 아늑하게 가꿨는데, 지금은 언제 그랬나 싶소." 안으로 들어서니 바닥은 짚과 쇠똥으로 덮여 있었다. 집안을 휘젓고 다니는 소들 때문에 군데군데 바닥이 내려앉았다. 한때 헨리에타가 데이와 같이 지냈던 2층 방에는 사람이 살았던 흔적이 여기저기 흩어져 있었다. 금속 끈 구멍만 있을 뿐 끈은 간데없는 낡을 대로 낡은 작업화 한 짝, 붉은색과 흰색의 상표가 붙은 트루에이드^{TruAde} 음료수병, 앞코가 터진 작은 여성용 정장 구두 한 짝. *혹시 헨리에타가 신었던 구두가 아닐까?*

"그럴 수도 있지!" 클리프가 말했다. "정말 누님 구두처럼 보이네."

클리프는 뒤쪽으로 벽이 있던 자리를 가리켰다. 몇 해 전에 무너진 벽자리에는 기다란 창틀 두 개만 겨우 남아 있었다. "누님이 자던 데가 바로 여기요."

헨리에타는 여기 엎드려 창밖의 숲과 가족묘지를 내다보곤 했다.

1,000제곱미터 남짓 나무를 쳐내 조성한 묘지 주위로 철조망을 서너 줄 둘렀다. 철조망 안쪽에는 여기저기 묘비들이 흩어져 있었다. '아늑한 집'의 바닥을 뭉개 놨던 그 젖소들이 묘지 철조망도 군데군데 쓰러뜨렸다. 젖소들은 배설물과 발자국으로 묘지를 더럽히고, 무덤 앞에 놓인 꽃다발을 짓밟아 줄기며 리본, 스티로폼을 뒤죽박죽으로 만들었다. 소에 받혀 쓰러진 묘비도 적잖이 눈에 띄었다.

묘지 밖으로 나온 클리프는 고개를 절레절레 흔들며 부서진 표지 조각을 집어 들었다. 한 조각에는 '사랑해요', 다른 조각에는 '엄마'라고 새겨져 있었다. 일부 가족은 집에서 시멘트로 묘비를 만들었다고 한다. 대리석 묘비를 사는 가족도 있었다. "저런 거는 돈깨나 있는 사람들이구." 클리프가 대리석 묘비 하나를 가리켰다. 손바닥만 한 금속판에 이름과 날짜를 새겨 막대기로 세운 것이 많았고, 나머지 묘소는 아무 표식도 없었다.

"나중에 찾기 좋게 돌로 표시를 해 놨는데. 언젠가 정리한다고 불도저로 싹 밀어 버렸지 뭐야. 그때 표시해둔 돌도 거의 다 없어져 버렸지." 그에 따르면 랙스 집안 가족묘지는 묻힌 사람이 너무 많아서 이미 수십 년 전부터 포화 상태였다. 지금은 묘 위에다 묘를 쓰는 형국이라고 했다.

클리프가 움푹 파인 땅을 가리켰다. 옆에는 아무 표식도 없었다. "이쪽은 참말로 괜찮은 친구였는데." 그가 다시 팔을 돌려 여기저기 사람 몸체만큼 파인 묘지를 가리켰다. "바로 저기, 쑥 꺼진 데 보시오…… 또 저기…… 저기도. 표시는 없지만 다 무덤이라오. 관이 썩고 흙이 내려앉아서 저렇게 됐지." 여기저기 땅에 박힌 평범한 작은 돌을 가리키며 사촌 아니면 숙모라고 했다.

"저기 저게 헨리에타의 모친이구만." 그러면서 묘지 가장자리에 홀로 선 비석을 가리켰다. 높이 1미터가 채 안 되는 비석은 나무와 야생장미에 가려 있었다. 비석의 정면은 세월과 비바람에 마모되었고 갈색으로 바랬다.

엘리자

J. R. 플레전트의 처

1888. 7. 12

1924. 10. 28

떠났을지언정 잊히지는 않으리

비석에 새겨진 날짜로 나이를 계산해봤다. 헨리에타는 네 살이 못 되어 어머니를 여의었다. 헨리에타가 죽었을 때 둘째 아들 소니가 네 살이었다. "누님은 자기 엄마 무덤에 와서 조근조근 얘기도 잘 했소. 무덤을 참 잘 보살폈지. 어디 보자, 누님이 자기 엄마 근처에 누워 있을 텐데." 클리프가 엘리자의 묘비와 바로 근처 나무 사이에 있는 4~5미터 정도의 공터를 가리켰다. "표지가 없으니 꼭 어디라고 짚지는 못하겠구만. 아무튼 직계가족은 바로 옆에다 묻었으니까 아마도 여기 어딜 거요." 그가 가리킨 빈터에는 사람 몸체만 하게 꺼진 곳이 세 군데 있었다. "저 셋 중 하나겠구만."

서로 아무 말이 없는 가운데, 클리프가 발끝으로 흙을 툭툭 찼다. 마침내 그가 침묵을 깼다. "누님 몸에서 떼냈다는 그 세포들한테 뭔 일이 있었는지 도통 모르겠어. 여기선 아무도 그 얘기 안 해요. 누님 몸에 희한한 게 있었다는 것만 알지. 죽은 지 한참 됐는데도 그 세포는 아직 멀쩡하잖소. 참 신기한 일이지."

그가 땅을 찼다. "죽어라 연구들을 해서 그 세포로 딴 병 치료약을 많이 만들었다고 들었소. 기적이지, 기적. 내가 아는 건 그게 다요." 그러더니 갑자기 헨리에타에게 직접 얘기라도 하려는 듯, 땅에 대고 외쳤다. "그 놈들이 그걸 헬라라고 부른대요! 지금도 멀쩡히 살아 있구!" 그가 다시 땅을 찼다.

몇 분이 지났을까, 그가 불현듯 흙을 가리키며 말했다. "있잖아, 백인들하고 흑인들하고 여기서 서로 위아래로 묻혀 있다우. 늙다리 백인 할아버지랑 그 형제들도 여기 묻혔을지 몰라. 이 터에 누가 묻혔는지 확실하게 알 길은 없지만서도." 그는 확신에 차서 노예를 부렸던 랙스 집안 백인들이 자기들 흑인 친척 밑에 누웠다고 생각하니 참으로 멋지다고 말했다.

"영원히 한곳에 누운 거야." 그가 헛웃음을 지었다. "지금쯤은 저 속에서 화해했을 거구먼!"

HENRIETTA LACKS

헨리에타의 고조할머니는 모닝Mourning이라는 노예였다. 백인이었던 존 스미스 플레전츠John Smith Pleasants가 부친에게서 모닝과 남편 조지를 상속받았다. 플레전츠의 부친은 클로버 최초의 노예 소유주 중 하나로 퀘이커교 가정에서 자랐다. 먼 친척 중 하나가 처음으로 버지니아주 법원을 통해 자기 노예를 풀어주는 데 성공했지만, 플레전츠는 집안의 반노예제 전통을 계승하지 않았다.

모닝과 조지는 클로버에서 담배농장의 노예로 일했다. 둘의 아들,

그러니까 헨리에타의 증조부 에드먼드Edmund는 주인의 성을 따랐으나 끝의 s를 떼고 플레전트Pleasant로 했다. 에드먼드는 나이 마흔에 마침내 노예의 사슬을 벗지만, 결국 치매로 요양원 신세를 졌다. 그러나 노예 신분에서 해방되기 전에 많은 자녀를 낳는 바람에, 그 아이들은 모두 노예로 태어났다. 그중 헨리에타 플레전트란 딸이 헨리에타 랙스의 고모할머니였다.

헨리에타의 어머니 쪽을 보면, 앨버트 랙스란 백인이 외증조부였다. 그는 1885년 부친이 세 아들(윈스턴, 벤저민, 앨버트)에게 랙스 농장을 분할해줄 때 그 일부를 상속받았다. 턱수염을 배까지 기른 윈스턴 랙스는 억세고 무뚝뚝한 사람이었다. 잡화점 지하실에서 몰래 영업하던 술집에서 거의 매일 밤 술을 마셨다. 취한 윈스턴이 싸움질을 시작하면 그나마 술에 덜 취한 사람이 말을 달려 패니를 불러왔다. 패니에 대한 기록은 없지만 아마 랙스 집안의 노예였을 것이다. 다른 노예처럼 농장에서 담배를 땄고, 농장을 떠난 적이 없었다. 그녀는 가끔 마차에서 윈스턴 옆자리에 탔다. 윈스턴이 취했다는 기별을 받으면 술집문을 박차고 들이닥쳐 그의 수염을 낚아채 집으로 끌고 갔다.

벤저민과 앨버트는 조용하게 산 것 같다. 유언이나 땅문서 말고 개인사에 관한 자취가 거의 없다. 내가 접촉한 랙스 집안 흑인들은 대부분 벤저민 랙스를 '늙은 백인 할아버지' 정도로 기억했다. 물론 부모가 그랬듯 '벤 어르신'이라고 부르는 사람도 더러 있었다.

앨버트가 사망한 1889년 2월 26일은 노예제가 폐지된 지 오래였다. 하지만 자기 땅을 가진 흑인은 거의 없었다. 앨버트는 유서에서 다섯 명의 '흑인'에게 4만 제곱미터가 조금 넘는 땅을 남겼다. 헨리에타와 데이의 할아버지인 토미 랙스도 상속자 중 하나였다. 앨버트는 유서에 상속인들과 어떤 관계인지 언급하지 않았지만, 다들 그와 노예였던 마리아 사이에서 태어난 자식들이라고 여겼다.

앨버트가 죽은 후 형 벤저민은 흑인 상속자들의 땅을 빼앗으려고 소송을 걸었다. 원래 부친의 땅이므로 어디든 자신이 골라 가질 수 있다는 구실이었다. 법원은 소송을 받아들여 랙스 농장을 똑같은 가치로 둘로 나누게 했다. 강에 접한 아래쪽은 벤저민이 차지했고, 현재 랙스타운으로 알려진 위쪽이 랙스 집안 흑인들 몫으로 떨어졌다.

법원 판결이 난 뒤 16년쯤 지나 벤저민은 죽기 며칠 전에 유서를 대필시켜 작은 밭뙈기들을 누이들에게 나눠주고, 나머지 약 50만 제곱미터의 대지와 말들은 일곱 명의 '흑인'에게 상속했다. 일곱 명 가운데 벤저민의 조카 토미 랙스도 있었다. 벤저민이나 앨버트가 결혼을 했다거나 백인 자녀가 있었다는 기록은 없다. 앨버트와 마찬가지로 벤저민도 유서에 상속인들이 자기 자식인지는 밝히지 않았다. 하지만 그들을 '검둥이 아이들'이라고 불렀다. 랙스 집안 흑인들 사이에 구전하는 가족 내력에 따르면 한때 랙스 농장이었던 클로버에 살았던 사람치고 뿌리가 이들 백인 형제와 그들의 노예 겸 첩이었던 여인들에게 거슬러 올라가지 않는 이가 없다.

내가 클로버를 찾았을 때도 도처에 이 인종문제의 흔적이 남아 있었다. 로즈랜드는 '친절한 흑인 친구'로 로지네 레스토랑을 운영했다. 밥캣은 구멍가게를 운영한 '백인'이고, 헨리에타는 세인트 매튜스St. Matthew's라는 '흑인 교회'에 나갔다. 쿠터의 첫마디는 이랬다. "아가씨는 흑인이라고 나를 깔보지 않는구만. 딴 데서 온 게지."

내가 얘기해본 사람은 누구나 클로버에서 흑인과 백인 간의 관계가 결코 나쁘지 않았다고 했다. 하지만 랙스타운에서 20킬로미터도 안 되는 곳에 흑인을 매달고 두들겨 패던 나무가 있었고, 클로버의 메인가로부터 15킬로미터 정도 떨어진 학교 야구장에서는 1980년 대까지도 KKK단이 회합을 가졌다고 했다.

묘지에 선 채 클리프가 말을 이었다. "랙스 집안 백인들도 친척들이 여기에 우리하고 같이 누웠다는 걸 알아요. 다들 가족이었으니까. 그렇지만 인정은 안 할 거야. '성은 랙스일지 몰라도 그 놈들은 엄연히 흑인이야, 친척이라니 택도 없는 소리!' 이럴 거구먼."

HENRIETTA LACKS

클로버에서 랙스 성을 쓰는 백인 중 가장 연로한 칼턴과 루비 부부를 찾았다. 그들은 웃음과 환담으로 나를 맞아 거실로 안내했다. 쿠션을 잔뜩 넣은 파스텔 색조의 파란색 의자가 여러 개 놓여 있고, 어디서나 남부연맹 깃발이 눈에 띄었다. 재떨이마다 하나씩, 커피 테이블에 서너 개, 그리고 깃대에 꽂아 한쪽 구석에 세운 제법 큰 것 하나가 있었다. 칼턴과 루비도 부부가 되기 전에는 친사촌 간이었다. 두 사람 모두 혈통이 로빈 랙스까지 거슬러 올라가는데, 로빈이 바로 앨버트, 벤저민, 윈스턴 랙스의 부친이다. 그러니 그들은 헨리에타와 데이 부부와 먼 친척 간인 셈이다.

칼턴과 루비는 결혼한 지 수십 년이 지났고, 증손 대까지 내려간 후손이 셀 수 없을 정도다. 다 합쳐 100명이 넘는 것은 분명했다. 아흔을 목전에 둔 칼턴은 쇠약할 대로 쇠약했다. 피부는 생기를 잃어 거의 반투명에 가까웠다. 머리, 눈썹, 귀, 콧구멍에 웃자란 목화처럼 털이 삐죽삐죽 돋아 있었다. 그는 안락의자에 앉아 담배창고 회계를 보던 시절을 회상하며 혼잣말하듯 중얼거렸다.

"노상 수표 써주는 게 일이었지. 내가 바로 담배왕이었어."

루비도 80대 후반이었다. 몸은 노쇠했지만, 마음은 몇십 년 젊은 듯 정정했다. 그녀는 바로 칼턴의 말을 받아 랙스 농장을 경작하던 친척들, 자신들과 벤저민, 앨버트 형제와의 관계에 대해 얘기했다. 헨리에타가 랙스타운 출신이라고 했더니, 루비는 앉은 채 허리를 꼿 꼿이 세웠다.

"글쎄, 흑인이잖아요!" 그녀가 딱 자르듯 말했다. "아가씨가 도대 체 무슨 말을 하는지 모르겠네요. 흑인들 얘기를 꺼내려고 이러는 건 아니죠?" 나는 랙스 집안의 백인과 흑인 모두를 알고 싶다고 말했다.

"글쎄요, 우린 서로 알고 지낸 적이 없어요. 그땐 백인하고 흑인이 서로 섞이지 않았어요. 지금 같지 않았지. 정말 말이 안 돼요. 왜냐면 그건 최선이 아니니까요." 그녀는 잠시 말을 멈추더니 고개를 저었다. "흑백이 그렇게 섞이는 건, 학교든 교회든 어디서든, 백인이 흑인하고 어울리고 결혼도 한다는 건…… 도대체 분별이라곤 없는 거잖아요."

그녀와 칼턴이 랙스 집안 흑인들과 어떻게 얽혀 있는지 물었더니, 부부는 화성에서 태어났느냐고 묻기라도 한 것처럼 커피 테이블을 사이에 두고 서로 멍하니 쳐다보았다. "작은 할아버지 댁에서 랙스 성을 쓰는 흑인 여럿이 노예로 일했어요." 루비가 말했다. "그래서 랙 스 성을 받았겠지요. 그 치들이 농장을 떠나면서 성을 갖고 나온 게 분명해요. 그렇게 밖엔 생각이 안 되네요."

나중에 헨리에타의 언니 글래디스에게 칼턴과 루비 부부의 논리 를 어떻게 생각하느냐고 물었다. 그녀는 구십 평생을 1.5킬로미터밖에 안 되는 거리에 살았지만, 그들에 대해 들어본 적이 없다고 했다. "랙스 성을 쓰는 흑인과 백인은 친족이야." 글래디스가 말했다. "그런데 서로 어울리지는 않았어." 그녀는 내가 앉은 소파 밑을 가리키며 아들 개리에게 말했다. "릴리언한테서 온 편지 가져와봐라."

글래디스가 알기로 헨리에타의 다른 언니 오빠는 모두 사망했다. 다만 막내 릴리언이 아마 살아 있을 것이라고 했다. 1980년대에 보낸 편지가 마지막이었는데, 내가 앉았던 소파 밑 구두상자에 보관하고 있었다. 편지에서 릴리언은 "불이 나서 아버지가 돌아가셨다고 들었다"면서 정말이냐고 물었다. 사실이었다. 1969년, 그러니까 그 편지를 쓰기 20년 전 일이었다. 하지만 릴리언이 정말로 알고 싶었던 것은 자기에 대해 떠들고 다니는 사람이 누구냐는 것이었다. 그녀는 복권에 당첨됐는데 누군가 자기를 죽이려 한다고 썼다. 백인들이 자꾸 찾아와 클로버에서 어떻게 살았는지, 가족들은 어떤 사람인지, 특히 헨리에타에 대해 꼬치꼬치 묻는다고 했다. "그 작자들이 내가 모르는 것까지 알고 있더라니까. 누구든 간에 다른 사람에 대해 떠들면 안 되지." 그 뒤로는 어느 누구도 릴리언에게서 소식을 듣지 못했다.

"릴리언은 푸에르토리코 사람이 돼 버렸지." 편지를 가슴에 끌어안으며 글래디스가 말했다. 나는 글래디스 옆에 앉은 개리를 바라보았다.

"릴리언 이모는 피부가 정말 하얬지요. 엄마보다도 훨씬 더." 개리가 설명했다. "이모는 뉴욕 어딘가에서 푸에르토리코 사람이랑 결혼했어요. 아주 까맣지 않으니 흑인 딱지는 영원히 떼고 푸에르토리코 사람이 된 거죠. 더는 흑인이고 싶지 않아서."

불법적이고
부도덕하며 개탄스러운

헬라 세포가 세계 곳곳의 실험실에서 맹렬하게 자라자 바이러스학자 체스터 사우섬Chester Southam은 끔찍한 가능성에 생각이 미쳤다. 만약 헬라 세포로 연구하는 과학자들이 암에 감염된다면? 가이를 비롯한 과학자들은 헬라 세포를 주입한 쥐에서 종양이 자란다는 사실을 이미 밝혀낸 바 있었다. 사람이라고 다르리란 법이 있겠는가?

연구원들은 헬라 세포 곁에서 숨쉬었고, 세포를 이리 만지고 저리 만지며 이 병에서 저 병으로 옮겨 담았다. 헬라 세포 옆에 앉아 점심도 먹었다. 한 과학자는 헬라 세포를 이용해 만든 감기 바이러스 백신을 헬라 세포와 섞어 400명의 환자에게 주입하기까지 했다. 하지만 실제로 헬라 세포나 다른 암세포에 감염되어 암에 걸릴 수 있는지는 아무도 몰랐다. 사우섬은 주장했다. "실험 중 부주의한 접촉에 의해 혹은 바이러스 백신처럼 암세포를 이용해 제조한 의약품이나 암세포 자체의 주입으로 인해 종양성 질환이 생길 위험이 있다."

사우섬은 저명한 암 연구자이자 바이러스학자로 슬론-케터링 암 연구소Sloan-Kettering Institute for Cancer Research에서 바이러스 실험실을 이끌고 있었다. 그를 비롯한 많은 과학자가 면역계의 결함이나 바이러스로 인해 암이 생길 수 있다고 보았다. 사우섬은 헬라 세포를 이용해 실제로 이를 증명해보고자 했다.

1954년 2월 사우섬은 식염수와 헬라 세포를 섞은 주사액을 준비했다. 백혈병으로 입원한 여성의 팔에 바늘을 꽂아 약 5백만 개의 헬라 세포를 주입했다. 그리고 헬라 세포를 주사한 자리에 생긴 조그마한 융기 바로 옆에 바늘과 인디아 잉크로 작은 반점을 새겨 넣었다. 이 부위에서 며칠, 몇 주, 몇 달 후에 암세포가 자라는지 확인하려는 것이었다. 사우섬은 12명 정도의 다른 암환자에게도 이런 식으로 암세포를 주입했다. 환자들에게는 면역계 검사라고 했다. 물론 다른 사람의 암세포를 주입한다고는 입도 뻥긋하지 않았다.

몇 시간 안 되어 환자들의 팔이 뻘겋게 부어 올랐다. 닷새에서 열흘 사이에 헬라 세포를 주사한 자리에 딱딱한 혹이 자라났다. 사우섬은 몇 개를 잘라내서 암세포인지 확인하고, 다른 것들은 그대로 두고 환자의 면역계가 이들을 막아내는지 아니면 암이 퍼지는지 관찰했다. 채 2주가 안 되어 몇 개는 2센티미터까지 자랐다. 그 정도면 헨리에타가 라듐 치료를 위해 병원을 찾았을 때의 종양 크기와 비슷하다.

결국 사우섬은 환자들의 몸에서 대부분의 헬라 세포 종양을 제거했다. 그냥 내버려둔 것들도 몇 달 안 가서 저절로 사라졌다. 하지만 네 명에서는 혹이 검은색으로 변했다. 잘라냈지만 다시 생기기를 반복했다. 한 환자는 암세포가 림프절까지 전이했다.

이 환자들은 애초에 암을 앓고 있었기 때문에 사우섬은 비교 차원에서 건강한 사람들은 암세포를 주사했을 때 어떻게 반응하는지 알고 싶었다. 그는 1956년 5월 오하이오 주립교도소 소식지에 광고를 냈다. "암 연구를 위해 지원자 25명을 모집함." 며칠 만에 96명의 자원자가 나섰고, 얼마 안 가 150명으로 불어났다.

오하이오 교도소를 선택한 것은 이전에도 수감자들이 별 저항 없이 몇몇 연구에 협력한 적이 있었기 때문이었다. 치명적일 수 있는 야생토끼병을 죄수들에게 감염시켜보는 연구도 있었다. 죄수들은 위험 요인을 충분히 인지한 상태에서 실험에 동의한다고 보기 어려운 취약집단으로 간주되므로, 이들을 대상으로 하는 연구는 면밀한 감독과 엄격한 규제를 받는다. 하지만 그건 약 15년 후의 일이다. 당시만 해도 미 전역의 수감자들은 화학무기 실험에서 고환에 대한 방사선 조사가 정자 생성에 미치는 영향에 대한 연구에 이르기까지 온갖 종류의 실험에 이용되었다.

1956년 6월, 사우섬은 동료의사 앨리스 무어Alice Moore가 핸드백에 담아 뉴욕에서 오하이오로 들고 온 헬라 세포를 수감자들에게 주사했다. 강도, 살인범, 횡령범, 위조범 등 65명이 나무 벤치 위에 줄지어 앉아 주사를 맞았다. 어떤 이는 흰 환자복 차림이었고, 다른 이는 푸른 죄수복을 입고 노역을 하다 나온 참이었다.

암환자들처럼 죄수들의 팔에서도 곧 종양이 자라났다. 언론은 오하이오 주립교도소의 용감무쌍한 죄수들을 칭송하는 기사를 쏟아냈다. "그토록 엄중한 암 연구에 참여하기로 결정한 최초의 건강인"이라고 치켜세웠다. 신문기사는 한 수감자의 말을 인용했다. "겁먹지 않았다면 사기죠. 팔에 암이 걸린 줄 알면서 침상에 누웠다고 생각해보슈. 어휴, 죽을 맛이지!"

기자들은 집요하게 물었다. "왜 이 실험에 지원했나요?"

죄수들은 노래의 후렴구처럼 대답했다.

"한 여자에게 못된 짓을 했거든요. 이게 조그만 보상이 되지 않을까 해서요."

"내가 저지른 짓이 틀렸다는 걸 압니다. 사회의 눈으로 보자면요. 이걸로 못된 짓 좀 만회하지 않겠나 싶은데요."

사우섬은 각 수감자에게 여러 번 암세포를 주사했지만 말기 암환자와 달리 이들은 완전히 암을 극복했다. 주사가 거듭될수록 암세포를 이겨내는 속도도 더욱 빨라지는 것으로 보아 주사한 암세포가 면역력을 강화하는 것 같았다. 사우섬이 결과를 보고하자 언론은 훗날 종양백신의 개발로 이어질 수 있는 획기적인 진전이라고 격찬했다.

그후 몇 년간 사우섬은 헬라 세포를 비롯해 살아 있는 암세포를 600명 이상의 환자에게 주입했다. 절반가량이 암환자였다. 슬론-케터링 연구소 부설 메모리얼 병원Memorial Hospital이나 제임스 유잉 병원James Ewing Hospital에서 부인과 수술을 받은 모든 환자에게도 암세포를 주사했다. 환자들에게는 '암 검사를 한다'고만 했다. 사우섬 자신도 그렇게 믿었다. 암환자는 주입된 암세포를 제거하는 데 건강인보다 긴 시간이 걸린다는 데 착안해 사우섬은 암세포 제거에 걸리는 시간을 측정하면 미진단 암환자를 찾아낼 수 있다고 생각했다.

후일 연구에 대한 심리에 제출한 진술서에서 사우섬은 이런 주장을 되풀이했다. "물론 이것이 암세포인가 아닌가는 별 의미가 없습니다. 왜냐하면 이들 세포는 실험 대상자에게 이질적인 것으로 면역계에 의해 곧 제거되기 때문입니다. 암세포를 연구에 이용하는 데 단점이 있다면, 단지 암이라는 말이 주는 공포감과 무지뿐입니다."

'공포감과 무지' 때문에 불필요한 두려움을 자극하고 싶지 않아서 환자들에게 암세포를 주입한다고 알리지 않았다는 것이다. 사우섬은 진술했다. "시술할 때 '암'처럼 소름 끼치는 말을 사용하면 환자에게 나쁜 영향을 줄 수 있습니다. 사실이든 아니든 환자에게 암에 걸렸다거나 예후가 나쁠지 모른다는 암시를 줄 수 있기 때문입니다. (⋯) 의학적으로는 별 상관도 없는데 괜히 감정적인 혼란만 야기할 수 있는 지엽적인 내용을 환자에게 숨기는 것은 (⋯) 맡은 바 책임을 다하는 진료 현장의 탁월한 전통입니다."

하지만 사우섬은 피험자들의 담당 의사가 아니었고, 환자를 염려해 사실을 감춘 것도 아니었다. 내용을 알면 연구에 참여하지 않을 가능성이 있어서 알려주지 않았던 것뿐이다. 자신의 이익만을 위한 기만행위였다. 브루클린 소재 유태인 만성질환 병원Jewish Chronic Disease Hospital, JCDH 환자들을 연구에 이용하려고 진료부장인 이매뉴얼 맨델Emanuel Mandel과 약정을 체결하지 않았다면, 아마 그는 이런 연구를 수년간 계속했을 것이다.

약정의 골자는 사우섬의 연구를 돕기 위해 맨델이 자기 휘하의 의사들을 시켜 스물두 명의 병원 환자에게 암세포를 접종한다는 것이었다. 하지만 젊은 유태인 의사 세 명이 환자에게 사실을 알리지 말고 암세포를 주사하라는 지시를 거부했다. 동의 없이 환자를 연구 대상으로 삼지 않겠다는 의지였다. 세 명 모두 나치가 유태인 수감자들에게 자행한 실험은 물론, 그 유명한 뉘른베르크 전범 재판에 대해서도 잘 알고 있었던 것이다.

HENRIETTA LACKS

그로부터 16년 전인 1947년 8월 20일, 독일의 뉘른베르크. 미국 주도로 열린 전범재판소에서 나치 의사 일곱 명에게 교수형이 선고

되었다. 죄목은 유태인의 사전 동의 없이 차마 상상할 수 없는 끔찍한 실험을 자행한 것이었다. 이들은 샴쌍둥이를 만든다고 형제자매를 산 채로 서로 꿰매거나, 장기의 기능을 조사한다고 산 사람을 해부했다.

재판부는 '뉘른베르크 강령'으로 알려진 10개 항의 윤리 강령을 내놓고 전 세계적으로 인간 대상 실험을 규제하도록 했다. 강령의 첫 줄은 이렇게 밝혔다. "인간 피험자의 자발적인 동의가 절대적이고도 본질적이다." 혁명적인 발상이었다. 기원전 4세기에 나온 히포크라테스 선서는 환자의 동의를 필수불가결하다고 규정하지 않았다. 1910년 미국 의학협회가 실험동물 보호규정을 제정했지만 뉘른베르크 재판 시까지 인간에 대한 규정은 존재하지 않았다.

모든 강령이 그렇듯 뉘른베르크 강령도 법은 아니다. 본질적으로 권고안일 뿐이었다. 의과대학에서 정식으로 가르치는 것도 아니었다. 미국의 과학자들은 사우섬처럼 그런 강령이 있는 줄도 몰랐다고 주장했다. 설령 알았다 해도 '나치 강령' 정도로 보았다. 즉, 야만인이나 독재자에게 적용되는 것이지 미국 의사들과는 아무 상관 없다고 여겼다.

사우섬이 환자들에게 헬라 세포를 주입하던 1954년 무렵, 미국에는 학술 연구에 대한 공식적인 감독 체계가 갖춰져 있지 않았다. 20세기 들어 정치인들은 인간 대상 실험을 규제할 목적으로 각종 법안을 주정부와 연방정부에 제출했지만, 의사나 과학자들의 저항이 만만치 않았다. 과학의 발전을 저해할 것이라는 이유로 법안은 매번 부결되었다. 역설적으로 나치 독일의 전신인 프러시아를 포함해 몇몇 나라들은 인간 대상 연구를 규제하는 법률을 이르게는 1891년부터 제정했다.

　미국에서 연구 윤리를 강제할 수 있는 유일한 방법은 민사소송을 제기하는 것이었다. 소송에서 변호사들은 과학자가 윤리적 경계를 존중했는지 다투는 데 뉘른베르크 강령을 준용했다. 하지만 과학자를 법정에 세우자면 자금, 노하우, 그리고 무엇보다 자신이 부당하게 연구 대상이 되었음을 인지할 만한 지식이 필요했다.

　'사전에 위험 요인을 충분히 인지한 상태에서의 동의informed consent(이하 사전 동의)'라는 표현이 법정에 처음 등장한 것은 1957년이다. 마틴 샐고Martin Salgo라는 환자가 제기한 민사소송 판결에서였다. 샐고는 단지 일상적인 처치라고 알고 마취를 받았는데 깨어나보니 하반신이 영구 마비되어 있었다. 의사는 마취가 어떤 위험을 수반하는지 전혀 설명하지 않았다. 판사는 피고 패소로 판결하면서 지적했다. "의사가 향후 실행할 치료 방법과 관련해 환자가 제대로 알고 동의할 수 있도록 판단 근거가 되는 필수적인 사실을 올바로 알리지 않았다면, 이는 환자에 대한 의무를 위반한 것일 뿐 아니라 처치 후 발생할 수 있는 사고에 대해서도 귀책 사유가 된다." 판사는 또한 "사전 동의에 필수적인 사실의 완전한 공개"가 필요하다고 판시했다.

　사전 동의는 의사가 환자에게 꼭 알려야 하는 사항에 초점을 맞추었다. 따라서 사우섬의 사례처럼 피험자가 연구자의 환자가 아닌 경우에 이 원칙을 어떻게 적용해야 할지에 대해서는 별다른 언급이 없었다. 헨리에타의 사례처럼 더이상 인간의 몸에 붙어 있지 않은 조직을 연구 대상으로 삼는 경우에도 사전 동의 원칙을 적용해야 하는지가 이슈가 된 것은 다시 수십 년이 지난 후의 일이다.

　사우섬의 연구를 돕지 않겠다고 한 유태인 의사들은 피험자의 동

의 없이 암세포를 주입하는 것은 기본적인 인권에 명백히 반할 뿐
아니라 뉘른베르크 강령에도 위배된다고 보았다. 맨델의 입장은 달
랐다. 그는 결국 전공의를 시켜 암세포를 주사했다. 그리고 1963년 8
월 27일, 세 명의 의사는 비윤리적인 연구 관행에 저항해 사직서를
제출했다. 이들은 사직서를 맨델뿐 아니라 한 명 이상의 기자에게 보
냈다. 사직서를 받자 맨델은 그들 중 한 명과 따로 만나 얘기하면서
유태인이라 과민하게 반응한다고 비난했다.

병원 이사회 임원이자 변호사인 윌리엄 하이먼William Hyman은 의
사들이 지나치게 민감하게 반응한 것은 아니라고 보았다. 의사들이
사직서를 냈다는 소식을 접하고, 하이먼은 연구 대상 환자들의 진료
기록을 열람하고자 했지만 거절당했다. 한편 의사들이 사직하고 며
칠 뒤 뉴욕 타임스는 어디 붙었는지 찾기도 어려운 한쪽 구석에 '스
웨덴, 암 전문의를 처벌하다'란 제목의 기사를 실었다. 베르틸 비에
르크룬드Bertil Bjorklund는 헬라 세포로 백신을 만들어 자기 자신과
환자들에게 정맥주사로 투여했다. 세포는 조지 가이의 실험실에서
받았는데, 양이 실로 엄청나서 사람들은 세포를 주사하는 대신 수영
장이나 호수에 채워 그 속에서 수영하는 것도 면역력 강화에 좋을
것이라고 농담할 정도였다. 비에르크룬드는 이 사건으로 실험실에
서 쫓겨났다. 하이먼은 사우섬도 그렇게 만들고 싶었다. 1963년 12월
하이먼은 사우섬의 연구와 관련된 진료 기록을 열람하게 해달라며
병원을 상대로 소송을 제기했다.

하이먼은 사우섬의 연구를 나치의 실험에 비유하며 사직한 세 의
사들의 진술서를 받았다. 의사들은 진술서에서 사우섬의 연구는 "불
법적이고 부도덕하며 개탄스럽다"고 묘사했다. 하이먼은 또 다른 의

사의 진술서도 받았는데, 이에 따르면 사우섬이 설령 사전 동의를 받고 싶었다고 해도 대상 환자들은 그럴 능력이 없었다. 한 환자는 파킨슨병이 상당히 진행되어 말을 못했고, 다른 환자는 다발경화증에 우울증을 앓았다. 나머지 환자는 영어를 못 하고 이디시어Yiddish만 썼다. 하이먼은 주장했다. "동의가 필수 사항은 아니었다고 하지만……유태인 환자들이 암세포 주사를 맞는 데 동의했을 리 만무하다."

언론의 관심이 쏠렸다. 병원 측은 소송이 "불합리할뿐더러 오해까지 낳고 있다"고 우려했다. 그러나 신문과 잡지는 이런 헤드라인을 내보냈다.

환자들, 암세포인 줄도 모르고 주사를 맞다!
과학계 전문가들이 암세포 주사로 의료윤리를 내팽개치다!

언론은 뉘른베르크 강령이 미국에서는 적용되지 않는 것 같다고 쓰면서, 연구 대상을 보호하는 법률의 부재를 지적했다. 《사이언스》는 언론보도를 언급하며, "뉘른베르크 재판 이후 의학계 윤리 문제에 관한 가장 뜨거운 대중적 토론"이라고 지적했다. "현 상황은 모두에게 위험한 것 같다." 《사이언스》 기자는 사우섬을 인터뷰하면서 그가 맹세하듯 이 주사가 정말 안전하다면 왜 사우섬 자신은 맞지 않느냐고 따졌다.

"현실을 직시합시다. 유능한 암전문가가 거의 없는 상황에서 제가 작은 위험이라도 감수하는 것은 어리석은 짓이 아닐까요?"

영문도 모른 채 암세포 주사를 맞은 환자들이 신문기사를 읽고 기자들에게 연락하기 시작했다. 언론보도를 통해 사우섬의 연구를 알게 된 뉴욕주 검찰총장 루이스 레프코위츠Louis Lefkowitz는 즉각 수사에 착수했다. 감탄사가 수없이 등장하는 다섯 장짜리 공소장에서 레프코위츠는 전문가답지 못한 행실과 사기 혐의로 사우섬과 맨델을 신랄하게 비난하는 한편, 뉴욕 주립대 평의회에 이들의 의사면허를 취소하라고 요구했다. 레프코위츠는 공소장에 주장했다. "모든 인간은 자신의 신체에 대해 양도할 수 없는 권리를 갖는다. 환자들은 주사기에 든 내용물이 무엇인지 알 권리가 있었다. 그것이 무엇인지 앎으로 인해 두렵고 걱정스럽고 경악한다고 해도, 환자들은 그렇게 두려워하고 경악할 권리가 있으며, 그에 따라 실험에 대해 '노No'라고 말할 권리가 있는 것이다."

많은 의사들이 뉴욕 주립대 평의회와 언론에 사우섬을 변호하는 증언을 했다. 자신들도 수십 년간 비슷한 방식으로 연구해왔다는 것이었다. 그들은 피험자에게 모든 정보를 공개하거나 모든 경우에 대해 동의를 받는 것은 불필요하다고 주장했다. 사우섬의 행위를 관련 학계에서는 윤리적이라고 여겼던 것이다. 사우섬의 변호사들은 항변했다. "이 분야 전체가 그렇게 하고 있다면, 어떻게 '비전문적 행위'라고 할 수 있는가?"

대학평의회는 격앙되었다. 1965년 6월 10일 평의회 산하 의료민원위원회는 '사기 또는 기만 및 의료에 있어 비전문적 행위'와 관련해 사우섬과 맨델에게 혐의가 있다고 판단하고, 의사면허를 1년간 정지하도록 권고했다. 평의회는 결정문에 썼다. "심사에 제출된 기록에 따르면, 일부 의사는 하고자 하는 일은 무엇이든 할 수 있고 (…) 환자의 동의는 공허한 요식행위에 불과하다는 듯한 태도를 명백히 드러냈다. 우리는 이런 태도에 동의할 수 없다." 평의회는 더 구체적인 임상시험 지침이 필요하다고 지적했다. "우리는 이번 제재 조치가 연구에 대한 열정이 앞선 나머지 기본적인 인권을 침해하는 수준에 이르러서는 안 된다는 경고로 읽히기 바란다."

사우섬과 맨델의 면허를 1년간 정지하라는 권고는 보류되었다. 대신 이들은 같은 기간 동안 근신에 처해졌다. 이 사건은 사우섬의 전문가적 권위에 아무런 영향도 미치지 못한 것 같다. 근신 기간이 끝나기 무섭게 사우섬은 미국암연구협회American Association for Cancer Research, AACR 회장에 선출되었다. 하지만 이 사례는 인간 대상 연구를 감독하는 데 가장 큰 변화를 불러왔다.

뉴욕 주립대 평의회가 조사 결과를 발표하기 전, 국립보건원이 부정적인 언론보도에 주목했다. 국립보건원은 사우섬의 연구에 보조금을 지원했고, 이런 경우 피험자의 동의를 받는 것이 필수 요건이었다. 국립보건원은 사우섬의 사례에 대한 대응으로 연구비를 지원하는 52개 대학 및 연구소를 조사했다. 아홉 곳만 피험자 권리보호 지침을 갖추었고, 열여섯 곳만 '동의서'를 사용했다. 국립보건원은 결론에 도달했다. "환자가 연구에 관련된 상황에서 연구자의 판단은 연구자-피험자라는 특수 관계에 내재한 윤리적, 도덕적 질문에 대답할 근거가 되기에 충분하지 않다." 국립보건원은 조사 결과를 바탕으로 인간 대상 연구계획서로 연구보조금을 지원받으려면 반드시 심의위원회의 사전승인을 거치도록 규정했다. 독립기구로 설립될 심의위원회는 전문가는 물론 인종, 계급, 사회적 배경이 다양한 일반인을 참여시켜 상세한 사전 동의를 비롯한 국립보건원의 윤리 요건을 충족하게 했다.

의학 연구는 전성기를 맞고 있었다. 한 과학자는 《사이언스》편집자에게 보낸 편지에서 경고했다. "별 부작용이 없는데도 인간을 대상으로 하는 암 행태 연구가 불가능해진다면, (…) 아마 1966년은 모든 의학적 발전이 종적을 감춘 해로 기록될 것입니다."

그해 말 하버드 대학의 마취학자 헨리 비처Henry Beecher는 《뉴잉글랜드 의학 저널New England Journal of Medicine》에 발표한 논문에서 사우섬의 연구는 수많은 비윤리적 연구 관행의 한 예에 불과하다고 주장했다. 비처는 스물두 가지 가장 악질적인 연구 윤리 위반 유형을 적시했다. 어린이에게 간염 바이러스를 주입하거나, 마취 중인 환자를 이산화탄소로 중독시킨 사례도 있었다. 사례 번호 17번은 사우섬의 연구였다.

과학자들의 염려에도 불구하고, 윤리규정 강화로 인해 과학의 진보가 주춤하지는 않았다. 반대로 연구 활동이 활짝 꽃피었다. 많은 연구가 헬라 세포와 관련되어 있었다.

"정말 해괴한 잡종"

1960년대 들어 과학자들은 헬라 세포가 놀라운 생존력 때문에 싱크대 하수구나 문고리에서도 살아남을 거라고 농담을 했다. 헬라 세포는 어디에나 있었다.《사이언티픽 아메리칸Scientific American》의 '스스로 해보기' 코너에 실린 설명서만 있으면 얼마든지 집에서 헬라 세포를 기를 수 있을 정도였다. 러시아와 미국 과학자들은 심지어 우주에서 헬라 세포를 기르기도 했다.

헨리에타의 세포는 1960년 러시아의 우주개발 프로그램에 따라 인류 역사상 두 번째로 정상 궤도 진입에 성공한 위성에 실려 우주로 나갔다. 곧바로 미항공우주국NASA은 정찰위성 디스커버러 18호를 발사하면서 유리병에 담은 헬라 세포를 실어 보냈다. 동물을 이용한 가상 무중력 연구 결과, 우주여행은 심혈관계 변화, 뼈와 근육 감소, 적혈구 손실을 유발할 수 있다. 또한 오존층을 넘어가면 방사선이 크게 증가한다. 그러나 이런 변화가 실제로 인체에 어떤 영향을 미치는지는 알 수 없었다. 세포의 변화 정도일까, 아니면 세포의 죽음까지 초래할까?

인간이 최초로 우주궤도에 진입하는 순간에도 헨리에타의 세포는 우주선에 타고 있었다. 과학자들은 우주여행이 세포에 미치는 영향은 물론, 우주에서는 세포에 필요한 영양소가 어떻게 달라지는지, 암세포와 정상 세포가 무중력 상태에서 어떻게 다르게 반응하는지 연구했다. 연구 결과는 혼란스러웠다. 정상 세포는 비행이 거듭돼도 기존 증식 속도를 유지했지만, 헬라 세포는 우주여행이 거듭될 때마다 더 빠르고 왕성하게 분열했다.

헬라 세포만 이상하게 행동하는 것은 아니었다. 1960년대 초 과학자들은 배양 세포에 관해 두 가지 새로운 사실을 파악했다. 첫째, 모든 정상 세포는 배양 과정에서 결국 죽거나 자발변형을 거쳐 암세포가 된다. 이런 현상은 암의 발생기전을 밝히려는 연구자들을 흥분시켰다. 정상 세포가 암세포로 변형되는 순간을 관찰할 수 있으리라 생각했기 때문이다. 그러나 세포 배양을 이용해 치료법을 개발하려던 과학자들에게는 당혹스러운 일이었다.

해군 군의관 조지 하이엇George Hyatt은 국립암연구소National Cancer Institute와 공동 연구를 수행하던 중 이런 현상을 처음으로 관찰했다. 그는 심한 화상을 입은 군인들을 치료하기 위해 인간 피부 세포를 배양했다. 연구에 자원한 젊은 장교의 팔에 상처를 내고 배양한 세포를 도포한 다음, 피부층이 새로 재생되는지 관찰했다. 그렇게 된다면 배양한 피부 세포를 이식해 전투에서 입은 상처를 치료할 수 있을 것이었다. 세포들은 상처 위에서 잘 자랐다. 그러나 몇 주 후 조직검사를 해봤더니 모두 암세포로 변해 있었다. 하이엇은 깜짝 놀라 얼른 세포를 제거했고, 다시는 피부 세포 이식을 시도하지 않았다.

과학자들이 세포를 배양하면서 알게 된 또 다른 특이 현상은 배양 세포가 암세포로 변형되면 모두 똑같이 행동한다는 것이었다. 서로 다른 단백질과 효소를 만들던 세포들이 일단 암세포로 바뀌자 모두 똑같은 방식으로 분열하면서 동일한 단백질과 효소를 생성했다. 유명한 세포 배양 전문가 루이스 코리엘Lewis Coriell이 그럴듯한 이유를 제시했다. 그는 '변형된' 세포들이 똑같이 행동하는 것은 암세포가 되었기 때문이 아니라, 바이러스나 세균 같은 미생물에 오염되었기 때문일 것이라는 논문을 발표했다. 그리고 다른 연구자들이 전혀 생각지 않았던 가능성을 함께 제시했다. 모든 변형 세포가 헬라 세포처럼 행동하는 것으로 미뤄 헬라 세포에 오염되었을지도 모른다는 것이었다.

논문이 출판되기 무섭게 코리엘을 비롯한 주요 조직 배양가들은 긴급 모임을 갖고 조직 배양 분야에 재앙이 될지도 모를 문제를 논의했다. 모두 세포 배양의 달인들이었다. 뿐만 아니라 한 연구자가 지적했듯, 그들은 "생판 아마추어도 몇 가지 세포는 기를 수 있을 정도"로 세포 배양 기법을 단순화해 놓았다.

헬라 세포 이후 과학자들은 자기 자신이나 가족, 환자에게서 채취한 조직을 이용해 전립선암, 충수돌기, 음경포피, 각막에 이르기까지 거의 모든 종류의 세포를 배양하는 데 성공했다. 연구자들은 그런 배양 세포를 이용해 속속 역사적 발견을 일궈냈다. 담배가 폐암을 유발한다는 사실을 증명했으며, 엑스선이나 특정 화학품이 정상 세포를 암세포로 변형시키는 기전을 규명했다. 또한 일정 시점에 성장을 멈추는 정상 세포와 달리 암세포가 증식을 계속하는 이유를 밝혀냈다. 국립암연구소는 헬라 세포를 비롯한 다양한 세포를 이용해 3,000가지 이상의 화학물질과 식물 추출물을 조사해 빈크리스틴vincristine과 택솔taxol 등 오늘날 가장 널리 사용되는 항암제를 발견했다.

이런 연구의 중요성에도 불구하고 많은 과학자가 정작 자신이 배양하는 세포에 관해서는 너무 안일했던 것 같다. 배양 중인 세포가 누구한테서 온 어떤 세포인지 정확히 기록하는 경우는 별로 없었다. 설사 라벨링을 해도 잘못된 경우가 허다했다. DNA에 대한 방사선의 영향을 조사하는 실험처럼 세포 비특이적 연구라면 어떤 세포인지 몰라도 연구 결과에는 큰 영향이 없을 것이다. 그러나 세포를 이용한 대부분의 실험은 세포 특이적 연구였다. 이때는 세포가 오염되거나 라벨링이 잘못되면 결과가 무용지물이 되고 만다. 긴급 회의를 소집했던 조직 배양가들도 강조했듯 정확성은 과학에서 필수적인 요소다. 연구자들은 무슨 세포를 이용하는지, 세포가 오염되었는지 정확히 알고 있어야 했다.

회의에 참석했던 로버트 스티븐슨Robert Stevenson에 따르면 조직 배양 분야가 "엄청난 소용돌이에 빠져드는 것"을 막는 것이 급선무였다. 그들은 반드시 공기와 잠재적인 오염원을 빨아들이는 흡인여과장치를 갖춘 후드 아래서 작업하는 등 예방 조치를 철저히 하라고 독려했다. 국립보건원에는 모든 배양 세포의 기준주를 정해 관리하라고 권고했다. 이를 위해 배양 세포들을 검사해 목록화하고, 최신 멸균기법을 이용해 가장 안전한 상태로 저장하는 중앙세포은행을 설립할 필요가 있다고 역설했다. 국립보건원은 이에 호응해 조직 배양가들로 구성된 세포주관리위원회Cell Culture Collection Committee를 발족했다. 윌리엄 셔러, 루이스 코리엘, 로버트 스티븐슨 등도 이름을 올렸다. 그들의 임무는 미국형 기준주관리원American Type Culture Collection, ATCC 산하에 '비영리 연방세포은행'을 설립하는 것이었다.

기준주관리원에서는 1925년부터 세균과 곰팡이, 효모, 바이러스 등을 분류하고 순도를 평가했지만, 아직 배양 세포는 관리 항목에 포함되지 않았다.

세포주관리위원회의 과학자들은 오염되지 않은 순수한 세포주들의 철옹성을 만드는 데 착수했다. 배양 세포는 잠금장치가 달린 여행 가방에 넣어 운반했으며, 세포은행에 저장하기 전에 반드시 충족해야 할 기준도 개발했다. 기준에 따르면 세포주는 원조직에서 직접 유래한 것이어야 했고, 모든 오염 가능성 검사를 통과해야 했다.

기준주관리원에 첫 번째로 등록된 L-세포는 윌턴 얼Wilton Earle이 수립한 불멸의 원조 쥐 세포주였다. 관리위원회는 두 번째로 헬라 세포를 등록하려고 조지 가이에게 원조 헬라 세포 표본을 요청했다. 그러나 가이는 처음에 너무 흥분한 나머지 원조 헬라 세포를 다른 연구자들에게 모두 나눠주고 정작 자기 수중에는 하나도 남기지 않았다. 결국 가이는 윌리엄 셔러의 실험실에서 일부를 돌려받았다. 셔러는 가이에게서 받았던 원조 헬라 세포의 일부를 소아마비 연구에 사용하고 나머지는 보관하고 있었다.

세포주관리위원회도 처음에는 바이러스나 세균 오염 여부만 검사할 수 있었다. 그러나 곧 일부 위원이 종간 오염검사법을 개발해 특정 동물종으로 표시된 세포가 실제로는 다른 종의 동물에서 유래했는지 검사할 수 있게 되었다. 개, 돼지, 오리 등 9종의 동물에서 유래했다고 믿었던 10개의 세포주가 알고 보니 하나만 빼고 모두 영장류의 것이었다. 그들은 지체 없이 세포주 라벨을 수정했다. 관리위원회는 특별히 따가운 이목을 끌지 않으면서 사태를 잘 수습하고 있는 것 같았다.

한편 언론은 이런 전문적인 내용보다 알렉시 카렐의 '불멸의 닭 심장'처럼 선정적인 헬라 관련 소식에 훨씬 큰 관심이 있었음이 드러났다. 모든 것은 세포 짝짓기에서 시작되었다.

HENRIETTA LACKS

1960년 프랑스 과학자들은 배양 중인 세포가 어떤 바이러스에 감염되면 서로 들러붙거나 심지어 완전히 융합한다는 것을 발견했다. 두 개의 세포가 융합하면 정자가 난자와 만날 때처럼 유전 물질이 서로 결합한다. 전문용어로 '체세포 융합somatic cell fusion'이라고 하지만, 어떤 연구자들은 그냥 '세포 짝짓기cell sex'라고 부른다. 체세포 융합은 몇 가지 중요한 측면에서 정자와 난자 간의 결합과 다르다. 체세포란 피부 세포처럼 몸을 구성하는 세포를 일컫는다. 체세포끼리 융합하면 몇 시간마다 자식세포가 만들어진다. 가장 중요한 점은 전적으로 연구자가 조절할 수 있다는 것이다.

유전학적인 관점에서 인간은 매우 끔찍한 연구 대상이다. 우선 과학자들 마음대로 결혼 상대자를 정해줄 수 없다. 실험동물과 달리 스스로 배우자를 선택하므로 유전적으로 뒤죽박죽 섞여 있다고 할 수 있다. 게다가 쥐나 식물과 달리 의미 있는 정보를 얻을 수 있을 정도로 자손을 낳으려면 수십 년이 걸린다. 19세기 중반 이후 과학자들은 식물이나 동물을 특이한 방법으로 교배해 유전자를 연구했다. 주름진 완두콩을 매끄러운 완두콩과 교배하거나, 갈색쥐를 흰쥐와 교배한 후, 자손들끼리 다시 교배해 유전형질이 한 세대에서 다음 세대로 어떻게 전달되는지 관찰했다. 인간의 유전자는 그런 식으로 연구할 수 없었다. 그런데 세포 짝짓기가 그 문제를 해결해주었다. 특정 유전형질이 어떻게 유전되는지 보려면 그 유전형질을 가진 세포끼리 융합하면 되는 것이다.

1965년 영국 출신 과학자 헨리 해리스Henry Harris와 존 왓킨스 John Watkins가 세포 짝짓기를 한 차원 끌어올렸다. 그들은 헬라 세포를 생쥐 세포와 융합해 최초의 인간-동물 잡종세포hybrid cell를 만들었다. 잡종세포에는 헨리에타의 유전자와 생쥐의 유전자가 반씩 섞여 있었다. 이제 과학자들은 유전자가 무슨 역할을 하는지, 어떻게 작용하는지 연구할 수 있게 되었다.

해리스는 헬라-생쥐 잡종세포 외에도 증식 능력을 상실한 닭 세포와 헬라 세포를 융합해보았다. 활성을 상실한 닭 세포를 헬라 세포와 융합하면 헬라 세포의 어떤 물질이 닭 세포의 증식력을 되살리지 않을까? 예감은 적중했다. 어떻게 그렇게 되는지는 아직 몰랐지만, 세포 안의 어떤 물질이 유전자 발현을 조절하는 것이 분명했다. 질병 유전자의 발현을 멈추는 방법을 알아낸다면 유전자 치료법도 개발할 수 있을 것 같았다.

해리스의 헬라-닭 세포 융합 연구 직후, 뉴욕 대학교 연구팀은 시간이 지나면 인간-생쥐 잡종세포에서 인간 염색체는 사라지고 생쥐 염색체만 남는다는 사실을 발견했다. 이제 유전형질이 사라지는 순서를 추적하면 인간의 특정 유전자가 어느 염색체에 위치하는지 알아내 유전자 지도를 그릴 수 있게 되었다. 어떤 염색체가 소실되면서 특정 효소의 생성이 중단되었다면 그 효소의 유전자가 소실된 염색체에 위치한다고 추정할 수 있었다.

북미와 유럽 전역에서 세포융합 기술을 이용해 특정 유전형질이 어느 염색체에 위치하는지 밝히는 연구가 시작되었다. 이것이 오늘날 인간 게놈 지도의 시초다. 또한 잡종세포를 이용해 최초로 단클론항체를 만들고, 혈액형을 파악해 수혈의 안전성을 크게 높였다. 단클론항체 제조 기법은 오늘날 허셉틴Herceptin 같은 표적항암제의 개발로 이어졌다. 장기이식에서 면역의 역할을 연구하는 데도 잡종세포를 이용했다. 잡종세포는 서로 혈연관계가 아닌 두 개체, 심지어 다른 두 생물종의 DNA가 거부반응을 일으키지 않고 한 세포 내에 공존할 수 있음을 입증했다. 이식 장기 거부 기전은 세포 밖에 있다는 의미였다.

과학자들은 잡종세포에 열광했다. 그러나 언론은 앞다투어 선정적인 보도를 쏟아냈고, 미국과 영국의 대중은 엄청난 충격에 휩싸였다.

인간-동물 잡종세포가 실험실에서 자라고 있다

다음엔 나무 인간이 나올 수도……

과학자들, 괴물을 창조하다!

런던의 《타임스》는 헬라-생쥐 잡종세포를 "실험실 안팎에서 일찍이 본 적 없는 가장 해괴한 잡종 생명체"라고 했다. 워싱턴 포스트는 "인위적으로 만든 어떤 생쥐-인간도 거부한다"는 논설을 실었다. 이들은 잡종세포 연구를 '끔찍한' 짓이라고 단정하며, 과학자들이 인간은 건드리지 말고 "효모와 곰팡이로 돌아가야 한다"고 주장했다. 한 신문은 반은 인간, 반은 생쥐 형상을 하고 비늘로 뒤덮인 긴 꼬리를 달고 있는 동물의 그림을 실었다. 다른 신문은 하마-여성이 버스 정류장에서 신문을 읽고 있는 시사 만화를 실었다. 영국 언론은 헬라 잡종세포를 '생명에 대한 폭거'로 규정하고, 해리스를 미친 과학자로 묘사했다. 해리스는 BBC 다큐멘터리에 출연해 상황을 더 악화시켰다. 인간man의 정자와 원숭이ape의 난자를 결합해 '인숭이mape'를 만들 수도 있다고 말했던 것이다. 사람들은 대혼란에 빠졌다.

해리스와 왓킨스는 편집자에게 보낸 편지에서 언론이 맥락을 따지지 않고 입맛대로 자신들의 말을 인용하고 있으며, 선정적인 기사로 사실을 "왜곡하거나 잘못 전달하고, 독자들을 위협한다"고 불평했다. 그들은 '켄타우로스를 만들려는 것'이 아니라 단지 잡종세포를 만들 뿐이라며 대중을 안심시키려 했다. 아무 소용 없었다. 여론조사는 압도적이었다. 그들의 연구는 일고의 가치도 없는 위험한 것으로 '신이 되려고 애쓰는 인간'의 일례일 뿐이라는 부정적 의견이 쏟아졌다. 세포 배양에 대한 대중 홍보는 거기서부터 꼬이기 시작해 악화일로로 치달았다.

1966~1973년

"이 세상에서
가장 결정적인 순간"

데보라는 열여섯 살이던 고등학교 1학년 때 첫 임신을 했다. 바벳은 눈물을 터뜨렸다. 그리고 학교를 그만두려는 데보라에게 말했다. "어떻게든 졸업하게 될 테니 너무 좋아하지 마라." 데보라는 임신해 뚱뚱한 몸으로 어떻게 학교를 가느냐고 바로 맞받았다. "문제 없어. 다들 임신해서 꼭 너 같은 배를 하고 다니는 특수 여학교를 다닐 거니까."

바벳은 입학원서를 냈고, 안 가겠다고 버티는 데보라를 끌고 가 첫 수업을 받게 했다. 1966년 11월 10일 데보라는 첫째 앨프리드를 출산했다. 아버지인 앨프리드 '치타' 카터에게서 따온 이름이었다. 게일런이 질투했던 바로 그 사내다. 바벳은 매일 아침 도시락까지 싸 데보라를 학교에 데려다주었다. 바벳이 밤낮없이 앨프리드를 보살핀 덕에 데보라는 착실히 학교에 다닐 수 있었다. 바벳은 학교를 졸업한 데보라에게 첫 직장을 알아봐주었다. 데보라가 어떻게 생각하든 그들 모자를 돕고자 했다.

데보라의 두 오빠는 나름 잘 살아갔다. 로런스는 낡은 연립주택 지하에 편의점을 차려 사업을 시작했다. 소니는 고등학교를 마치고 공군에 입대해 여자들이 끊이지 않는 매력남으로 성장했다. 이리저리 어울려 다니며 놀았지만 결코 말썽거리를 만들지 않았다. 그러나 막내 조는 달랐다.

조는 권위를 못 견뎠다. 선생님께 대들고 다른 학생과 다투기 일쑤였다. 중학교 1학년 때 학교를 중퇴하고, 열일곱이 되자마자 '폭행' 혐의로 재판까지 받았다. 이듬해 군에 입대했지만 분노로 똘똘 뭉친 사나운 성질 때문에 더 큰 곤경에 빠졌다. 동료는 물론 상관과도 싸우면서 병원 신세를 지곤 했다. 심심찮게 사방이 흙벽으로 둘러쳐진 어두운 독방에 구금되었다. 어릴 적 에설이 가두곤 했던 지하실과 소스라칠 정도로 비슷한 방이었다. 조는 차라리 독방이 좋았다. 아무도 건드리지 않기 때문이었다. 풀려나자마자 다른 병사와 싸우거나 상관에게 대들었고, 곧장 또 독방행이었다. 아홉 달 군생활을 대부분 독방에서 보내며 속으로 화가 쌓이고 쌓였다. 몇 차례 정신과 진단과 치료를 거친 조는 군생활에 감정적으로 적응하지 못한다는 이유로 쫓겨났다.

가족은 조가 군생활을 통해 권위에 대한 존중과 자기 규율을 익히고 분노도 조절하게 될 것으로 기대했다. 그러나 군에서 쫓겨난 조는 어느 때보다 분노로 가득 차 있었다. 집에 돌아온 지 일주일가량 지났을 무렵, 아이비라는 키 크고 깡마른 동네 아이가 칼을 들고 조에게 접근해 뭘 새로 시작하겠느냐고 빈정거렸다. 보통 사람 같으면 조에게 그런 식으로 덤비지 않았을 것이다. 조는 싸움을 즐기는 것 같았다. 열아홉 살에 아이비보다 10센티미터 이상 키가 작고 몸무게도 70킬로그램밖에 안 됐지만, 동네에서는 다들 '미치광이 조'라 불렀다. 아이비는 괘념치 않았다. 오랫동안 폭음과 헤로인에 찌들었고, 온몸이 싸우다 생긴 흉터투성이였다. 아이비는 조를 죽여버리겠다고 협박했다.

처음에 조는 그냥 무시했다. 석 달 후인 1970년 9월 12일, 친구 준과 함께 이스트 볼티모어의 길거리를 걷고 있을 때였다. 토요일 밤이었고, 둘 다 술을 마신 상태였다. 막 여자들에게 말을 붙이기 시작하는데, 사내 셋이 다가왔다. 아이비도 그중 하나였다. 아이비는 여자 중 하나가 자기 사촌이니 껄떡대지 말라고 소리쳤다.

"네 개소리엔 이제 질렸어." 준이 받아 쳤다.

둘은 다투기 시작했다. 아이비가 준의 얼굴에 주먹을 날리려는 순간, 조가 둘 사이에 끼어들었다. 그리고 아이비에게 그만하라고 조용히 타일렀다. 아이비가 조의 목을 움켜잡고 조르자, 다른 두 친구가 뜯어말렸다. 순간 조가 발로 걷어차며 외쳤다. "이 씨발놈, 죽을 줄 알아!" 하지만 조는 아이비에게 흠뻑 두들겨 맞았고, 지켜보던 준은 새파랗게 질렸다.

그날 밤 조는 피범벅이 되어 데보라를 찾아갔다. 데보라는 이글거리는 분노로 앞만 응시하는 조의 얼굴을 닦고 소파에 앉혀 얼음찜질을 해주었다. 조는 밤새 벽만 쳐다봤다. 지금껏 데보라가 본 그 누구보다도 더 섬뜩한 얼굴이었다.

날이 밝자 조는 데보라네 부엌에서 검은 나무손잡이가 달린 식칼을 들고 나갔다. 이틀 후인 1970년 9월 15일, 조는 운전수로 일하던 지역 트럭회사로 출근했다. 오후 5시 무렵 그는 동료 한 명과 올드 그랜드대드Old Granddad 위스키 한 병을 거의 다 비웠다. 퇴근한 조가 이스트 볼티모어의 랜베일가와 몬트퍼드가가 만나는 모퉁이에 들어섰을 때는 아직 벌건 대낮이었다. 아이비는 바로 모퉁이에 위치한 자기 집 현관 앞에서 친구들과 떠들고 있었다. 조는 길을 건너 "어이, 아이비"하고 부르더니 곧바로 심장을 찔렀다. 아이비는 비틀거리며 옆집으로 도망쳤고 조가 뒤쫓았다. 아이비는 피가 흥건히 고인 바닥에 얼굴을 처박고 쓰러졌다. "맙소사, 내가 죽다니, 구급차를 불러줘!" 너무 늦었다. 몇 분 지나지 않아 소방관이 도착했지만, 이미 숨이 끊어진 뒤였다.

조는 현장을 빠져나와 근처 오솔길에 칼을 버렸다. 그리고 아버지에게 전화하려고 공중전화로 향했다. 하지만 경찰이 더 빨랐다. 경찰은 데이에게 아들이 사람을 죽였다고 알렸다. 소니와 로런스는 조를 클로버의 담배농장으로 보내자고 했다. 거기라면 경찰을 피해 안전하게 숨을 수 있을 것 같았다. 하지만 데보라는 미친 짓이라고 했다.

"자수해야 해. 경찰이 체포영장을 받았으니까 죽으나 사나 조는 수배될 거야."

남자들은 말을 듣지 않았다. 데이는 조에게 20달러를 쥐여주고 클로버행 버스에 태웠다.

랙스타운에서 조는 온종일 술을 마시고 사촌들에게 싸움을 걸었다. 쿠티를 비롯한 몇몇은 살해 위협도 받았다. 조가 랙스타운에 숨어든 지 일주일 후, 쿠티는 데이에게 전화해 조를 데려가는 것이 좋겠다고 했다. 그냥 두면 누구를 죽이든 자살을 하든, 언제 사람이 죽어 나갈지 모른다는 것이었다. 소니가 데이의 차에 조를 태우고 워싱턴 D.C.에 사는 친구에게 데려다주었다. 조는 이 친구와도 잘 지내지 못했다. 이튿날 아침 조는 소니에게 전화를 걸었다. "내려와서 나 좀 데려가요. 자수할래요."

1970년 9월 29일 아침, 조는 볼티모어 경찰서에 걸어 들어가 태연히 말했다. "조 랙스입니다. 아이비를 죽인 것 땜에 수배를 받았죠."

그리고 조서를 작성했다.

- 피의자는 직업이 있습니까? 아니요
- 소지하거나 예금한 현금은? 0
- 부모의 성명? 데이비드 랙스
- 부모가 면회를 왔습니까? 아니요
- 변호사를 고용해줄 만한 친구나
  가족이 있습니까? 아니요. 그럴 돈 없음

조는 기다렸다. 순순히 유죄를 인정하리라. 빨리 끝났으면 하는 마음뿐이었다. 다섯 달 동안 구치소에서 재판을 기다리다 못해 조는 형사법원 판사에게 편지를 썼다.

친애하는 판사님,

이 세상에서 가장 결정적인 순간인 지금 오늘이 순전히 내 실수에 달렸고 내가 저지른 행위에 대해 그것이 잘못 이해한 거라고 말하지 아니할 거십니다. 진짜로 으도적으로 그럴라고 하지는 안은 아주 어리서근 문제. 내 속에서도 자신이 미워 죽겠는 것이 절망이 느끼고, 신소칸 재판을 요청해 미래에 무슨 일이 벌어질지 알려주시길, 내가 한 잘못 땜에 학실히 응징이나 엄벌을 받을 것가치 느껴집니다, 그러니 이제 그것을 달게 받을 준비가되어 있습니다.

조 랙스

(신소칸 재판)

(감사합니다)

(존경하는 판사님)

아이비가 죽은 지 일곱 달 만인 1971년 4월 6일, 조는 법정에서 소니가 지켜보는 가운데 2급 살인혐의에 대해 유죄를 인정했다. 판사는 유죄를 인정하면 배심 재판을 받을 권리, 증언할 권리, 항소할 권리를 모두 포기하는 것이라고 거듭 경고했다. 조는 "예, 판사님." "아닙니다, 판사님"이라고 대답해 가며, 술 때문에 그랬고 죽일 의도는 없었다고 진술했다.

"어깨를 찌르려고 했는데 그 사람이 놀라서 돌아서는 바람에 그만 가슴을 찔렀습니다. 부상을 입혀서 날 해치지 못하게 하려고 그랬습니다. 토요일 밤에 시비가 붙었는데 절 죽이겠다고 했거든요. 그저 제 생명을 지키려고 했다는 것만 알아주시면 고맙겠습니다. 솔직히 누구한테도 사고 치기 싫었습니다."

하지만 현장을 목격한 열네 살짜리 이웃집 아이는 조가 똑바로 걸어와 가슴을 찔렀고, 아이비가 비틀거리며 물러설 때 뒤에서 또 찌르려 했다고 증언했다. 조가 증언대에서 내려오자 관선 변호인은 판사에게 최종 진술했다.

판사님, 다만 제가 덧붙이고 싶은 말은, 이 젊은이의 형과 얘기를 해봤는데 아마 군 시절의 문제가 그를 오늘 이 법정에까지 오게 했다는 것입니다. 살면서 언젠가 생긴 어떤 이유 때문에 피고는 열등감 콤플렉스를 갖고 있습니다. 누구와 대면할 때마다 피고는 일반인들보다 더 공격적으로 받아들이는 것 같습니다. (…) 굳이 말씀드리자면 피고는 군에 있을 때 정신과적 도움을 받은 바 있지만, 병원을 찾은 적은 결코 없었습니다.

조의 삶이나 어린 시절 받은 학대에 대해 알지 못했지만 변호사는 그를 감쌌다. "피고는 일반인보다 더 강렬하게 스스로를 보호해야 한다고 느끼고 있습니다. 아마 그 때문에 보통 사람과 다르게 흥분한 것 같습니다."

"사람들이 피고를 '미치광이 조'라고 부릅니까?" 판사가 물었다.

"그렇게 부르는 친구들이 몇 명 있긴 합니다." 조가 대답했다.

"그들이 왜 그렇게 부르는지 아십니까?"

"아뇨, 판사님."

판사는 조의 유죄 인정을 받아들이면서 선고 전에 진료 기록과 정신감정서를 제출하라고 요청했다. 이 기록은 현재까지 비공개 대상으로 남아 있다. 내용이 무엇이든 판사는 최고 형량이 30년까지 가능했지만 15년형을 선고했다. 조는 볼티모어에서 서쪽으로 120킬로미터 떨어진 헤이거스타운Hagerstown의 중급 보안 감옥인 메릴랜드 교도소에 수감되었다.

처음엔 군대에 있을 때처럼 태도 불량과 싸움질로 독방에 수감되어 세월을 보내던 조는 마침내 싸움을 접고 내면으로 에너지를 쏟기 시작했다. 이슬람교에 심취해 감방에 틀어박혀 코란 공부에 몰두했다. 곧 이름도 제카리아 바리 압둘 라만Zakariyya Bari Abdul Rahman으로 바꿨다.

한편 바깥에 있는 랙스 형제들은 한창 좋은 시절을 보냈다. 소니는 공군에서 막 명예제대했고, 로런스는 근사한 직장인 철도회사에 나갔다. 데보라는 사정이 여의치 않았다. 그녀는 열여덟 살에 바벳의 거실에서 푸른 시폰 드레스를 입고 치타와 결혼식을 올렸다. 제카리아가 감옥에 갈 무렵에는 근근이 결혼생활을 이어갔다. 데보라의 집 앞에서 처음 만났을 때 치타는 그녀에게 볼링공을 집어 던졌다. 데보라는 그냥 장난이라고 생각했다. 하지만 결혼하고 나니 사정이 나빠졌다. 둘째 라토냐LaTonya가 태어난 직후 치타는 마약에 빠졌다. 약에 취했을 땐 데보라에게 폭력을 휘둘렀다. 치타는 거리를 휘젓고 다니기 시작했다. 다른 여자들과 어울려 며칠씩 사라졌다 돌아와 집 앞에서 마약을 팔았다. 데보라의 아이들은 쪼그리고 앉아 그 꼴을 지켜보았다.

하루는 치타가 소리를 지르며 부엌으로 뛰어들어 손에 거품을 잔뜩 묻힌 채 설거지를 하던 데보라를 가격했다. 왜 자기 옆에서 잠을 자느냐는 것이 이유였다.

"다신 이따위 짓 하지 마." 데보라가 손을 싱크대에 담근 채 침착하게 말했다. 치타는 식기 건조대에서 접시를 빼내 데보라의 얼굴 옆으로 집어 던졌다. 접시가 산산조각 났다.

"내 몸에 또 손대기만 해봐!" 개숫물에서 얼른 스테이크용 칼을 꺼내 들며 데보라가 외쳤다. 치타는 데보라를 치려고 다시 팔을 올렸지만 술과 마약에 취해 동작이 어설펐다. 데보라는 다른 손으로 치타를 막은 다음 벽으로 몰아세웠다. 그리고 가슴에 피부를 파고들 만큼 칼을 들이대고 배꼽까지 내리그었다. 치타는 비명을 지르며 데보라가 미쳤다고 소리쳤다.

며칠은 잠잠했다. 그러나 치타는 또 술과 마약에 취한 채 집에 들어와 데보라에게 폭력을 휘둘렀다. 어느 날 밤에는 거실에 있는 데보라를 걷어찼다. 그녀는 울부짖었다. "도대체 왜 맨날 싸우지 못해 지랄인데?" 대답이 없자 데보라는 순간적으로 치타가 죽어버렸으면 좋겠다고 생각했다. 치타는 뒤돌아 아파트 계단 쪽으로 비틀비틀 걸어가며 계속 뭐라고 지껄였다. 데보라는 있는 힘껏 그를 밀었다. 치타가 계단 밑으로 고꾸라져 피를 흘렸다. 그녀는 계단 위에 서서 치타를 노려보았다. 두려움도 서러움도, 아무것도 느껴지지 않았다. 치타가 꿈틀거리자 그녀는 치타를 끌고 계단을 내려가 아파트 지하실을 지나 거리로 나왔다. 한겨울이었고 눈이 내렸다. 데보라는 외투도 입지 않은 치타를 집 앞에 내동댕이쳤다. 문을 쾅 닫고 2층으로 올라가 잠자리에 들었다.

다음날 아침, 얼어 죽었으려니 했지만 치타는 멍들고 바짝 언 채 현관 앞에 앉아 있었다.

"어떤 놈들한테 얻어맞은 것 같아."

데보라는 치타를 안으로 들여 씻게 하고 아침을 먹었다. 속으로는 이런 머저리가 있나 했다. 치타가 잠들자 데보라는 바벳에게 전화했다.

"더이상은 안 되겠어요. 저 인간을 오늘 밤에 죽여버릴 거예요."

"무슨 소리야?"

"지금 망치 들고 있어요. 저 인간 골통을 부숴 버릴라고요. 이젠 정말 신물이 나요."

"그러면 안 돼, 데일. 제카리아가 지금 어디 있지? 감옥이야. 그 놈 죽이면 애들은 어쩔 건데? 이제 그만 망치 내려 놔."

이튿날 치타가 일하러 나간 사이에 이삿짐 트럭이 왔다. 데보라는 아이들과 가재도구를 챙겨 아버지 집으로 숨었다. 그리고 아파트를 구할 때까지 머물렀다. 그녀는 직장 두 곳에서 일하면서 싱글맘이라는 새로운 삶에 맞서느라 몸부림쳤다. 치타가 한 짓과는 비교도 안 될, 감당 못 할 소식이 닥쳐오리라고는 상상도 못 한 채.

헬라 폭탄

1966년 9월 스탠리 가틀러Stanley Gartler라는 유전학자가 펜실베이니아주 베드퍼드Bedford에 있는 호텔 회의장 연단에 올랐다. 조지 가이를 비롯한 세포 배양의 대가들이 모인 자리에서 그는 조직 배양 분야에 '기술적인 문제'가 있다고 선언했다.

가틀러는 '제2차 조직 및 기관 배양에 관한 10년 주기 리뷰 학회'에 참석 중이었다. 뉴욕, 영국, 네덜란드, 알래스카, 일본 등지에서 모인 700명이 넘는 참석자들은 대학이나 연구소, 생명공학회사 소속 과학자로 세포 배양의 미래에 대해 토론했다. 저마다 세포복제, 잡종 세포, 인간 유전자지도 제작, 배양 세포를 이용한 암치료 등에 관한 경험과 의견을 쏟아내 회의장은 흥분과 활기가 넘쳤다.

가틀러를 아는 사람은 거의 없었다. 그러나 모두가 그를 알게 될 참이었다. 가틀러는 마이크 쪽으로 몸을 살짝 숙이고 새로운 유전자 표지genetic marker를 찾던 중, 가장 흔히 사용하는 열여덟 가지 배양 세포의 공통점을 발견했다고 발표했다. 모두 희귀한 유전자 표지인 포도당-6-인산탈수소효소-Aglucose-6-phosphate dehydrogenase-A, G6PD-A를 갖고 있었던 것이다. G6PD-A는 거의 흑인에게만, 그것도 극히 일부에서만 존재한다.

"열여덟 가지 세포주가 각각 어떤 인종에서 유래했는지 다 알지는 못합니다. 그러나 몇 개는 백인에게서 왔고, 적어도 하나, 즉 헬라 세포는 흑인에게서 왔습니다." 그는 몇 달 전 가이와 편지를 주고받아 헬라 세포가 흑인에게서 유래했음을 알고 있었다.

박사님께서 수립하신 헬라 세포주가 어떤 인종에 속하는 환자에게서 유래했는지 알고 싶습니다. 헬라 세포의 수립 과정을 설명한 초기 논문들을 살펴보았지만, 공여자의 인종에 관한 정보는 찾을 수 없었습니다.

가이는 헬라 세포가 '흑인 여성'에서 유래했다고 회신했다. 가틀러는 문제의 원인을 바로 알았다. "제가 보기에 답은 아주 간단한 것 같습니다. 모두 헬라 세포에 오염된 겁니다."

과학자들은 배양 세포가 세균이나 바이러스에 오염되지 않도록 해야 한다는 점을 잘 알았다. 세포 역시 배양 과정에 섞여 들면 다른 세포를 오염시킬 수 있었다. 그러나 막상 헬라 세포 얘기가 나왔을 때, 자신들이 무슨 일에 맞닥뜨렸는지 알아챈 과학자는 아무도 없었다. 헨리에타의 세포가 작은 먼지에 실려 공기 속을 떠다닐 수 있다는 사실은 이미 알려져 있었다. 또한 헬라 세포는 제대로 씻지 않은 손이나 사용한 피펫을 통해 얼마든지 다른 세포 배양접시로 옮겨갈 수 있었다. 연구원의 가운이나 신발에 묻어, 심지어 환기시스템을 통해 실험실 사이를 옮겨 다닐 수도 있었다. 무엇보다 헬라 세포는 강했다. 단 한 개만 다른 세포의 배양접시에 떨어져도 금세 배양액을 다 소모하며 온 접시를 뒤덮었다.

청중이 가틀러의 발견에 환호할 리 만무했다. 조지 가이가 헬라 세포를 처음 배양한 후 15년간 세포 배양을 주제로 발표된 논문은 매년 세 배씩 증가했다. 과학자들은 배양 세포 연구를 통해 다양한 조직의 행태를 관찰해 비교하고, 특정 약물과 화학물질과 환경에 대한 각 세포의 반응이 어떻게 다른지 밝히기 위해 수백만 달러를 쏟아부었다. 그 세포들이 사실은 모두 헬라였다면 그 수백만 달러는 헛되이 낭비되었다는 의미였으며, 다양한 세포가 배양 상태에서 각기 다른 행태를 보인다고 발표한 연구자들은 어떤 식으로든 해명해야 했다. 몇 년 후 기준주관리원 원장이 된 로버트 스티븐슨은 당시 가틀러의 발표를 이렇게 설명했다. "세포 배양에 대한 아무런 배경이나 경력도 없이 학회장에 나타나 음료수통에다 똥을 떨어뜨린 격이었지요."

가틀러가 헬라 세포에 오염된 18개 세포주를 나열한 도표를 가리키며 그 세포들을 어디서 누구에게 받았는지 밝히자, 청중석에 앉아 있던 스티븐슨과 세포주관리위원회 위원들은 입을 딱 벌렸다. 지목된 세포주 중 적어도 여섯 개는 기준주관리원에서 제공한 것이었다. 헬라가 철옹성을 뚫은 것이다. 당시 기준주관리원은 서로 다른 세포주 수십 종을 소장하고 있었다. 모든 세포주는 바이러스나 세균에 오염되지 않았으며, 다른 생물종의 세포가 섞이지 않았는지 검사를 받았다. 그러나 인간에서 유래한 세포가 다른 인간 세포에 의해 오염되었는지 검사할 방법은 없었다. 그리고 맨눈으로 보면 배양 중인 세포는 대부분 똑같아 보였다.

가틀러는 그간 인체 조직도서관을 만든다고 철석같이 믿어온 과학자들의 면전에서 당신들은 사실 헬라를 기르고 또 길렀을 뿐이라고 밝힌 것이다. 그는 몇 년 전 종간 오염 방지책으로 멸균장치를 갖춘 후드를 도입한 뒤로 갑자기 새로운 세포주를 기르기가 훨씬 어려워졌다고 지적했다. 사실 "그 뒤로 새로 보고된 인간 세포주"는 거의 없었다. 그뿐이 아니었다. "소위 (암세포로) 자발변형된 인간 세포주"도 새롭게 보고되지 않았다.

청중석에 앉아 있던 모든 사람은 그것이 무슨 뜻인지 알았다. 가틀러는 과학자들이 지난 십여 년의 시간과 수백만 달러의 연구비를 헛되이 날린 것은 물론, 암 치료법의 발견과 관련해 가장 큰 기대를 모았던 '자발변형'도 사실은 존재하지 않을지 모른다고 주장하고 있었다. 정상 세포가 자발적으로 암세포가 된 것이 아니라 그저 헬라에 점령당했다는 것이었다. 가틀러는 이런 말로 발표를 마쳤다. "세포주가 특정 조직, 가령 간이나 골수에서 유래했다고 가정하고 연구를 수행하면 심각한 문제에 봉착할 수 있습니다. 제 생각에 그런 연구는 그만 접는 것이 최선일 듯합니다."

참석자들은 말문이 막혔다. 회의장은 쥐 죽은 듯 조용했다. 세션의 좌장을 맡았던 텍사스 대학의 T. C. 수^{T. C. Hsu}가 침묵을 깼다. 일찍이 실수로 헬라 세포를 다른 세포와 섞는 바람에 인간의 염색체가 정확히 몇 개인지 알아내게 한 유전학자가 바로 수였다. "몇 년 전 저는 세포주 오염에 관한 의심을 제기한 바 있습니다. 그래서 가틀러 박사의 오늘 발표가 더욱 반갑습니다. 그렇지만 많은 분들이 불편해할 듯합니다."

그 말은 사실이었다. 그제야 참석자들은 질문을 쏟아내기 시작했다. "세포들이 얼마나 오랫동안 선생님의 실험실에 있었습니까?" 한 과학자가 가틀러의 실험실에서 세포가 오염됐을 가능성이 있다며 물었다.

"저희 실험실에서 배양을 시작하기 전에 검사했습니다."

"동결 상태로 세포를 받지 않았나요?" 세포를 해동시킬 때 오염됐을 수 있다는 뜻이었다.

가틀러는 세포를 녹이지 않고 바로 검사했기 때문에 그럴 가능성이 없다고 대답했다. 다른 과학자는 세포주가 모두 비슷해 보인 이유가 자발변형 때문에 모든 세포가 똑같이 행동한 것은 아닌지 의문을 제기했다. 결국 세포주관리위원회의 로버트 스티븐슨이 목소리를 높였다. "새로운 인간 세포주를 수립하기 위해 전부 다시 시작해야 하는 것인지…… 더 철저한 검사가 필요할 것 같습니다."

좌장인 수가 질문을 중단시켰다. "가틀러 박사가 오염되었다고 주장한 세포주를 처음 수립한 분들께 특별히 발언권을 드리고 싶습니다. 반론이 있다면 말씀해주십시오."

하버드 대학의 로버트 창Robert Chang이 청중석에서 노려보았다. 그가 수립해 널리 이용된 '창 간세포주Chang Liver Cell line'도 가틀러의 헬라 오염 세포주 목록에 있었던 것이다. 창은 간세포에 특이적인 효소와 유전자를 찾기 위해 그 세포를 이용했다. 가틀러의 주장대로 그 세포가 실제로는 헨리에타의 자궁경부에서 유래했다면 창의 연구는 휴지 조각이었다.

레너드 헤이플릭이 수립한 세포주 WISH도 가틀러의 오염 세포주 목록에 있었다. 헤이플릭은 WISH에 각별한 사연이 있었다. 아직 태어나지도 않은 친딸이 헤엄치던 양수에서 뽑은 세포로 배양했던 것이다. 그는 가틀러에게 백인의 조직에서도 G6PD-A가 검출되는지 물었다. "백인종에서 G6PD-A를 발견했다는 보고는 아직 없습니다."

같은 날 조지 가이가 좌장을 맡은 세션에서 헤이플릭이 '배양 중인 세포의 자발변형에 관한 사실과 학설'이란 제목의 논문을 발표했다. 헤이플릭은 연단에 서서 본격적인 발표를 시작하기 전에 WISH에 대한 여담을 먼저 꺼냈다. WISH가 흑인에게서만 발견되는 유전자 표지에 양성 반응을 보였기 때문에, 휴식 시간에 부인에게 전화해자신이 딸의 친아버지가 맞는지 물어봤다는 얘기였다. "아내는 말도안 되는 소리 하지 말라며 저를 안심시켰습니다." 폭소가 터졌고, 아무도 가틀러의 발견에 대해 더 이상 발언하지 않았다.

그러나 몇몇 과학자는 가틀러의 발견을 심각하게 받아들였다. 학회장을 떠나기 전에 스티븐슨은 명망 있는 세포 배양가들과 점심식사를 하며 그 문제를 논의했다. 그는 학회가 끝나고 실험실로 돌아가면 각자 보유한 세포의 G6PD-A 유전자 표지를 검사해 오염 문제가얼마나 심각한지 확인해보자고 제안했다. 상당수가 G6PD-A 양성이었다. 몇 해 전 조지 하이엇이 한 군인의 팔에 이식했던 피부 세포도 양성이었다. 당시 하이엇의 실험실에는 헬라 세포가 없었기 때문에, 세포는 그의 실험실에 오기 전에 오염된 것이 분명했다. 실감하는 사람은 별로 없었지만, 세계 전역의 실험실에서 똑같은 일이 벌어지고 있었다.

여전히 헬라 세포 오염 문제가 실재한다는 사실을 믿으려 들지 않는 과학자가 많았다. 가틀러가 학회에서 소위 '헬라 폭탄'을 떨어뜨린 후에도, 대부분의 연구자는 그가 헬라에 오염되었다고 했던 세포들을 계속 연구에 이용했다. 그러나 스티븐슨과 일부 과학자들은 광범위한 헬라 세포 오염 가능성을 인식하고, G6PD-A 검사에서 더나아가 배양 세포가 헬라인지 명확히 확인할 수 있는 유전자 검사법을 개발하기 시작했다. 과학자들은 이렇게 개발된 유전자 검사법을 통해 결국 헨리에타 가족에게 눈을 돌리게 되었다.

2000년

심야 의사

소니한테 바람맞은 지 두 달 만에 볼티모어 홀리데이인 로비에 앉아 다시 그를 기다렸다. 새해 첫날이었다. 약속 시간은 벌써 두 시간이 지났다. 또 마음이 바뀌었나 싶어 그만 일어서려던 참에 한 남자의 고함 소리가 들렸다. "그러니까, 아가씨가 리베카 양이지요!"

어느새 소니가 내 옆에 서 있었다. 빠진 이빨 사이로 상냥하면서도 수줍게 웃는 것이 꼭 쉰 살 먹은 10대 소년 같았다. 그는 웃으면서 내 등을 두드렸다. "당최 포기할 줄 모르는구만, 그렇죠? 이거 하나는 알아두시오. 아가씨보다 더 고집불통이 있는데 바로 내 동생 데일이요." 그는 싱긋 웃더니 까만 운전 모자를 빳빳하게 폈다. "같이 오자고 해봤는데 씨알도 안 먹힙디다."

웃음소리가 아주 컸다. 웃으면 장난기 넘치는 두 눈이 거의 감길 지경이었다. 콧수염을 잘 다듬은 잘생긴 얼굴은 외향적이면서도 따뜻해 보였다. 170센티미터가 좀 넘는 키에 많이 말랐다. 그가 손을 뻗어 내 가방을 집어 들며 말했다. "자 그럼, 이제 잘해봅시다."

그를 따라 호텔 옆 주차장에 시동을 켜 놓은 볼보로 걸어갔다. 차는 그가 딸한테서 빌린 것이었다. "내 밴은 워낙 썩어서 아무도 타려고 안 하니 말이우." 그가 기어를 넣으며 말했다. "왕초 만날 준비 됐죠?"

"왕초요?"

"넵." 그가 싱긋 웃었다. "딴 사람들하고 얘기하기 전에 먼저 로런스 형님하고 얘기해야 한답디다, 데보라가요. 형님이 아가씰 요기조기 뜯어볼 거요. 어떤 사람인지 알아야 하니까. 형님이 오케이해야 딴 사람들도 아가씨랑 얘기할 수 있어요."

몇 블록을 가는 동안 서로 아무 말이 없었다.

"자식들 중에 엄마를 기억하는 사람은 로런스 형님뿐이요." 마침내 소니가 입을 열었다. "데보라나 나는 엄마에 대해 아는 게 별로 없수." 그는 시선을 도로에 고정한 채 어머니에 대해 아는 것을 전부 들려주었다.

"사람들 말로는 엄마가 진짜 상냥하고 요리도 잘했다고 해요. 얼굴도 예뻤다네요. 엄마 세포가 핵폭탄하고 같이 터지기도 했다더구만. 엄마 세포로 온갖 걸 다 만들었고. 소아마비 백신 같은 의학 기적이나 암 치료법, 심지어 에이즈 치료법 같은 것도 말이요. 엄마는 사람들한테 지극정성이었대요. 그러니 죽어서도 자기 세포로 그런 걸 한 건 당연한 거지요. 사람들이 항시 그러는데 엄마는 정말 친절 그 자체였대요. 뭐든지 근사하게 만들고, 누가 찾아오면 편하게 지내도록 잘 해줬대요. 아침 일찍부터 일일이 밥 차려 먹이고. 스무 명이 넘게 와도 한결같았단 말이지." 붉은 벽돌 연립주택 뒤로 난 좁은 길에 차를 세우고 나서야, 소니는 차에 탄 뒤로 처음 내게 고개를 돌렸다.

"엄마에 대해서 뭘 알려고 하는 과학자나 기자가 찾아오면 데려오는 데가 바로 여기요. 여기서 그 양반들을 단체로 맞아주지요." 그가 웃으면서 말했다. "아가씨는 착해 뵈니까 특별히 봐드리지. 막내 제카리아는 이번엔 안 부르는 걸로 말이야." 내가 차에서 내리자 그는 멀어져가며 외쳤다. "잘해봐요!"

소니의 두 형제가 잔뜩 화가 나 있고, 한 명은 살인을 한 적도 있다는 것이 내가 아는 전부였다. 둘 중에서 누가, 왜 그랬는지는 아직 몰랐다. 데보라는 몇 달 전에 로런스의 전화번호를 주면서도 나와 직접 얘기하는 일은 다시 없을 거라고 맹세했었다. "백인들이 엄마 일을 캐내려고 찾아오면 형제들이 엄청 싫어해요."

뒷골목에서 로런스의 집으로 향하는 좁은 공터는 반쯤 시멘트 포장이 되어 있었다. 공터를 따라 걷는데, 로런스네 부엌 격자문 틈으로 가느다란 연기가 피어 올랐다. 부엌의 접이식 식탁에 올려놓은 소형 텔레비전에서 시끄러운 소리가 울려 퍼졌다. 노크를 하고 기다렸다. 무소식. 고개를 빼고 부엌을 들여다봤더니 두툼한 돼지고기 덩어리가 난로 위에서 지글거렸다. "여보세요!" 외쳤지만 여전히 아무 대꾸도 없었다.

숨을 깊이 들이쉬고 안으로 들어섰다. 문을 닫으려는데, 덩치가 내 두 배는 될 듯한 로런스가 나타났다. 125킬로그램에 180센티미터의 거구가 부엌에 꽉 찼다. 한 손은 조리대에 올려 놓고 다른 손은 맞은편 벽을 짚었다. 그가 힐끗 훑어보면서 말했다.

"안녕하시오, 리베카 양? 고기 한 점 드시겠소?"

돼지고기를 먹어본 지 10년은 된 것 같았다. 하지만 갑자기 그런 사실은 전혀 중요하지 않았다. "거절할 수 있겠어요?"

감미롭고 싱그러운 웃음이 로런스의 얼굴에 번졌다. 예순넷이었지만 희끗희끗한 곱슬머리만 아니라면 수십 년은 더 젊어 보였다. 헤이즐넛 톤의 피부가 부드러웠고, 푸른 눈엔 젊음이 가득했다. 헐렁한 청바지를 추스르더니 돼지기름이 튄 티셔츠에 두 손을 닦고 손뼉을 쳤다.

"좋소, 그럼. 거 좋소. 정말 좋구만. 달걀 후라이도 좀 하리다. 아가 씨가 너무 말랐구만."

요리를 하면서 로런스는 시골 살던 얘기를 했다. "읍내로 담배 팔러 간 어른들이 볼로냐 소시지를 사 오곤 했었지. 말 잘 들으면 베이컨 기름에 빵도 찍어 먹게 해주고." 그렇게 세세한 것까지 기억하다니 인상적이었다. 데이가 각목으로 만들었다는 마차도 생생하게 묘사했다. 어린 시절 어떻게 담뱃단을 묶었는지도 끈과 냅킨을 써가며 설명해주었다.

어머니에 대해 얘기해달라고 했더니 갑자기 조용해졌다. 한참 후에 "이뻤지"라고 한마디 하고는 다시 담배 얘기로 되돌아갔다. 다시 헨리에타에 대해 물었다. "아버지하고 친구들이 랙스타운 거리를 왔다갔다하면서 승마경주를 했다더군." 이런 동문서답을 몇 번이고 계속하다가, 마침내 그는 어머니에 대한 기억이 없다며 한숨을 내쉬었다. 사실 10대 시절의 기억이 거의 없다고 했다. "죄다 슬픔과 상처투성이여서 싹 지워내 버렸어." 당시의 기억을 불러내고 싶지 않다고 했다.

"엄마에 대한 유일한 기억은 엄격했다는 거요." 어머니가 세면대에서 기저귀를 손빨래하라고 시킨 기억이 있다고 했다. 기저귀를 말리려고 널어놓으면, 어머니는 아직 더럽다며 다시 걷어다 물에 던져 넣었다. 그래도 어머니에게 맞은 것은 터너스테이션 부두에서 수영했을 때뿐이었다. "엄마가 가서 몽둥이 갖고 오라고 하셨지. 하나 갖고 갔더니 더 큰 거 갖고 오라고 다시 내보내. 또 가져가면 더 큰 거 갖고 오라고 하시구. 나중에는 그걸 몽땅 들고 내 궁뎅이를 때리셨구먼."

얘기하는 동안 부엌은 다시 연기로 자욱해졌다. 둘 다 요리 중임을 깜빡 잊었다. 로런스는 나를 부엌에서 밀어내 거실의 식탁에 앉혔다. 식탁 위에는 크리스마스 분위기의 플라스틱 깔개가 놓여 있었다. 곧바로 그을린 돼지고기와 달걀 프라이를 내왔다. 돼지고기는 내 손바닥만 하고, 손보다 훨씬 두꺼웠다. 그는 내 옆 나무 의자에 털썩 주저앉았다. 내가 식사하는 동안 팔꿈치를 무릎에 괴고 바닥을 내려다봤다.

"엄마 얘기를 책으로 쓴다고 들었소만." 나는 고기를 씹으면서 고개를 끄덕였다. "엄마 세포들이 이 세상만큼 크게 자라고 있다지. 이 지구를 다 덮을 정도로." 그가 지구를 그리려고 팔을 허공에 내뻗는데 눈물이 글썽거렸다. "좀 괴상한 것 같소…… 세포가 자라고 또 자란다지 뭐요. 뭐든 덤비는 게 있으면 끈질기게 싸워가면서 말이요."

그가 몸을 기울여 얼굴을 내 쪽으로 바싹 붙이더니 속삭였다. "내가 무슨 소릴 들었는지 아우? 2050년이 되면 갓난애들이 우리 엄마 세포로 만든 혈청주사를 맞을 거라는구만. 그러면 800살까지 산다는 거요." 그는 마치 '장담컨대 아가씨의 어머니도 그보다 대단하진 않을 거요' 하는 표정으로 웃고 있었다. "엄마 세포들이 병의 뿌리를 뽑을 거구만. 엄마 세포는 기적이야."

로런스는 자세를 바로잡고 무릎을 뚫어져라 응시했다. 웃음기는 싹 가셔 있었다. 한참 그러고 있더니 고개를 들어 내 눈을 똑바로 바라보았다. 그가 속삭였다.

"우리 엄마 세포가 진짜로 뭘 했는지 얘기 좀 해주겠소? 뭔가 중요한 걸 했다는 거는 알겠는데, 아무도 말을 안 해준단 말이야."

세포가 뭔지 아느냐고 물었다. 그는 숙제를 안 했는데 딱 걸린 학생처럼 발끝만 빤히 내려다보았다. "알 듯도 하구, 모를 듯도 하구."

나는 공책에서 종이 한 장을 찢어 큰 원을 그리고 그 안에 작은 점을 그려 넣었다. 먼저 세포가 무엇인지 설명한 다음, 그의 어머니 세포가 과학에 어떤 기여를 했는지 일러주었다. "과학자들은 이제 각막도 기를 수 있어요." 나는 신문에서 오린 기사를 가방에서 찾았다. 그걸 로런스에게 건네면서 헬라 세포 덕분에 세포 배양 기술이 발전했으며, 그 기술을 이용해 다른 사람의 각막에서 채취한 조직을 배양해 이식하는 방법으로 맹인들에게 시력을 되찾아줄 수 있게 되었다고 했다.

"상상해봐요." 로런스가 고개를 끄덕이며 말했다. "그건 기적이라니까!"

그때 갑자기 소니가 격자문을 열면서 외쳤다. "리베카 양이 아직도 살아 있어?" 그는 부엌과 거실 사이의 문간에 기대어 섰다. "시험을 통과했나 봐?" 반쯤 비운 접시를 가리키며 소니가 말했다.

"리베카 양이 지금 엄마 세포에 대해 얘기해주고 있단 말이야. 아주 신기한 얘기를 하는 중이지. 엄마 세포가 스티비 원더 눈도 뜨게 할 수 있다는 거 알고 있었냐?"

"어, 그게, 실제로 다른 사람 눈에 들어가는 게 정확히 그분의 세포는 아니에요." 내가 더듬거렸다. "어머님 세포 덕분에 개발한 기술로 과학자들이 다른 사람의 각막을 기르고 있다는 얘긴데요."

"암튼 기적이오." 소니가 말했다. "그거는 몰랐소. 얼마 전에 클린턴 대통령이 소아마비 백신이 20세기 가장 중요한 업적에 든다고 하던데. 엄마 세포는 그거하고도 관련이 있구만."

"그건 기적이야." 로런스가 말했다.

"여기 기적이 하나 더 있소." 소니가 말을 받았다. 그리고 천천히 두 팔을 벌리면서 옆으로 비켜섰다. 그 뒤로 여든네 살의 데이가 노쇠한 다리를 끌고 모습을 드러냈다.

데이는 코피가 멎지 않아 지난 일주일 동안 외출을 못 했다. 그런 그가 지금 색 바랜 청바지를 입고 문 옆에 서 있었다. 아직 1월인데도 플란넬 셔츠에 파란색 슬리퍼 차림이었다. 똑바로 서 있기도 힘들 정도로 마르고 쇠약했다. 그러나 연한 갈색 얼굴에서 긴 세월을 견뎌 온 강인함이 느껴졌다. 피부는 군데군데 갈라졌지만 여전히 부드러웠다. 꼭 닳고 닳은 작업화 같았다. 소니가 쓴 것과 똑같은 검은색 운전 모자 밑으로 하얗게 센 머리칼이 삐져 나와 있었다.

"아버진 발에 괴저가 있소." 소니가 데이의 발가락을 가리키며 말했다. 발가락은 검고, 군데군데 헐어 있었다. "보통 신발을 신으면 너무 아파 하셔서." 괴저는 발가락에서 무릎으로 퍼지고 있었다. 의사들은 발가락을 잘라내자고 했지만 데이는 거부했다. 의사들이 헨리에타에게 그랬던 것처럼 자기 몸에 칼을 대는 것이 싫다고 했다. 쉰두 살인 소니도 아버지와 생각이 같았다. 의사들은 혈관성형술을 받아야 한다고 했지만 데이는 결단코 거부했다. 데이가 내 옆에 앉았다. 갈색 플라스틱 선글라스 너머로 젖은 두 눈망울이 보였다.

"아버지, 엄마 세포가 스티비 원더도 볼 수 있게 할 거라는 거 알고 계셨소?" 로런스가 외쳤다.

데이는 슬로모션처럼 천천히 고개를 가로저으며 웅얼거렸다. "아니. 이제 금방 알았다. 그런데 이젠 놀랄 일도 못 되는구만."

그때 천장에서 쿵쾅거리는 소리가 들렸다. 누군가 위에서 걸어 다니고 있었다. 로런스가 벌떡 일어나더니 부엌으로 내달렸다. "모닝 커피를 안 마시면 마누란 불 뿜는 용이 된단 말이야. 커피 좀 내려야겠소." 오후 2시였다.

몇 분 후, 바벳 랙스가 2층에서 내려와 거실로 천천히 들어왔다. 푸른색이 약간 바랜 테리 직물 외투를 입고 있었다. 바벳이 아무 말 없이, 누굴 쳐다보지도 않고 거실을 지나 부엌으로 들어가는 동안 모두 말을 멈추었다.

본성은 괄괄한데 조용히 참고 있는 사람 같았다. 일순간 엄청난 웃음소리와 천성이 폭발할 것 같은 풍모였다. '어디 덤비기만 해봐라' 하는 듯한 분위기가 철철 넘쳤다. 앞만 쳐다보는 표정은 아주 굳셌다. 바벳은 내가 왜 왔는지 알았고, 할 말도 많았다. 하지만 가족에 대해 또 뭔가 캐내려고 온 백인과 말을 섞는다는 생각에 진저리가 난 것 같았다.

바벳이 부엌으로 사라지자, 소니는 구겨진 종이 한 장을 데이의 손에 들려주었다. 양손을 허리에 올린 헨리에타의 사진을 출력한 것이었다. 소니는 식탁에서 내 녹음기를 집어 데이에게 전했다. "자, 리베카 양이 아버지한테 질문이 있대요. 아는 거 다 말해주세요."

데이는 녹음기를 받아 쥐고 아무 말도 하지 않았다. "이 아가씨가 데일이 맨날 물어보던 것을 다 알고 싶다고 하잖아요."

소니에게 데보라한테 전화해서 올 수 없는지 물어봐달라고 부탁했다. 남자들은 고개를 저으면서 웃었다. "걔도 신물이 나서 그러지." 데이가 퉁명스럽게 말했다. "이놈 저놈이 이거 물어보고 저거 알려달라 그러니까. 줄 거 다 주고 아무것도 못 받았잖아. 그 놈들은 엽서 한 장도 안 보내줬다니까."

"그래요." 소니가 말했다. "바로 그거예요. 그 놈들은 그저 캐내려고만 한다니까. 리베카 양이 원하는 것도 그거예요. 그러니까 아버지, 말해줘 버리세요. 얼른 끝내 버리자구요." 하지만 데이는 헨리에타의 삶에 대해 말하고 싶어하지 않았다.

"내가 처음 들었던 거는 그 사람이 암에 걸렸다는 거야." 데이는 그간 기자 수십 명에게 했던 얘기를 거의 토씨 하나 안 바꾸고 다시 읊었다. "홉킨스가 전화해서 그 사람 죽었으니 오라고 하더군. 마누라 시신을 갖겠대서 안 된다 그랬지. '당신들이 뭘 하려는지 모르겠소만, 당신들이 죽였잖소. 자꾸 칼질하지 마시오.' 그랬어. 그런데 좀 있으니까 같이 간 사촌이 아무도 다치게 안 할 거라는 거야. 그래서 그냥 좋다 그랬지."

데이는 마지막 남은 이 세 개를 악물었다. "아무 종이에도 사인 안 했어. 브검인가를 해도 된다 그랬어. 딴말은 안 했어. 의사 놈들이 시험관에다 그 사람 살려 놓고, 세포 기르고 있다는 얘기는 안 해줬다니까. 그 놈들이 한 얘기라곤 브검해서 나중에 애들한테 도움이 될지 보겠단 게 전부였다고. 내가 아는 거는 그게 다야. 그 놈들이 의사니까 하라는 대로 해야지 않겠어. 나야 그 놈들만큼은 모르니까. 의사들이 그러는데, 마누랄 넘기면 암 연구에 쓸 거구 그러면 자식들, 손주들한테 도움이 될 수도 있다 그랬다니까."

"맞어요!" 소니가 소리쳤다. "그 놈들이 자식들이 암에 걸리면 그게 도움이 될 거라 그랬다잖소. 아버진 아이들이 다섯이나 있었으니까 어땠겠어요?"

"그 사람 죽어서 내가 갔을 때, 그 놈들은 세포가 크고 있는 줄을 진즉 알고 있었던 거야." 데이가 고개를 저으며 말했다. "그런데 한

놈도 그거에 대해서 아무 말도 안 했소. 그냥 배를 갈라서 암이 어떻게 생겼는지 보고 싶다고만 하더라고."

"그럼 홉킨스한테 뭘 기대하시는데요?" 바벳이 부엌에서 드라마를 보고 앉아 있다 외쳤다. "난 발톱 깎으러도 거긴 안 갈 거예요."

"음…… 음……" 데이가 지팡이로 바닥을 탁탁 치는 것이 꼭 느낌표를 찍는 것 같았다.

"그 당시엔 그 놈들 못된 짓 많이 했지." 소니가 말했다. "특히 흑인들한테. 존홉킨스는 흑인들한테 실험한다고 아주 유명했어. 길거리에서 그냥 잡아가기도 했다더군."

"그래 맞아요!" 바벳이 커피잔을 들고 부엌에서 들어오면서 말했다. "누구나 아는 사실이에요."

"거리에서 그냥 낚아채 갔다니까." 소니가 말했다.

"사람들을 낚아채 갔다구!" 바벳의 목소리가 한층 높아졌다.

"그 사람들 갖고 실험도 했구!" 소니가 외쳤다.

"내 어릴 적에 이스트 볼티모어에서 얼마나 많은 사람이 사라졌는지 알면 놀랄 거예요." 바벳이 고개를 절레절레 흔들며 말했다. "특별히 얘기해주는 건데, 그 놈들이 헨리에타를 데려갔던 그 50년대에 내가 이 동네 살았더랬어요. 어른들은 우릴 홉킨스 근처에도 못 가게 했어요. 날이 어두워지면 집안에만 있어야 했구요. 안 그럼 홉킨스에서 업어 갈지도 모르니까."

HENRIETTA LACKS

어린 시절 홉킨스나 다른 병원에서 흑인들을 납치한다는 얘기를 듣고 자란 것은 랙스 집안 사람들만이 아니었다. 적어도 19세기부터 흑인들 사이에 전해오는 구전 역사에는 연구 목적으로 흑인을 납치한다는 '심야 의사night doctor' 얘기가 수두룩하다. 이런 이야기의 이면에는 당혹스러운 진실이 숨어 있다. 개중에는 귀신이 병이나 죽음을 부른다는 오래된 아프리카 신앙을 악용하려고 백인 농장주들이 날조한 것도 있었다. 농장주들은 노예들이 회합을 갖거나 도망갈 엄두를 못 내게 하려고 의사들이 흑인을 납치해 무자비한 실험을 한다고 겁을 주었다. 그리고 밤이면 하얀 침대보를 쓰고 돌아다니며 병을 옮기려는 귀신이나 연구용으로 흑인을 납치하려는 의사 흉내를 냈다. 하얀 침대보는 나중에 KKK단의 후드 달린 망토로 진화했다.

그러나 '심야 의사'는 겁주려고 지어낸 이야기만은 아니었다. 실제로 많은 의사가 노예에게 의약품을 시험했고, 새로운 수술기법을 개발할 때도 그들을 이용했다. 심지어 마취를 하지 않고 수술하는 경우도 허다했다. 심야 의사 공포증은 20세기 들어 더욱 기승을 부렸다. 많은 흑인들이 워싱턴 D.C.나 볼티모어 등 북부로 이주하면서 이들 지역 의대에서 돈을 주고 시체를 산다는 얘기가 퍼졌다. 흑인의 사체는 연구 목적으로 도굴되는 일이 다반사였다. 남부의 흑인 사체를 북부의 의대 해부학 수업에 공급하는 산업이 암암리에 번창했다. 시체는 '송진'이라고 적힌 나무통에 담겨 배달되기도 했는데, 한 번에 10구 이상인 경우도 있었다.

이런 이야기 때문에 존스 홉킨스 근처에 사는 흑인들은 오랫동안 병원이 흑인 지역에 들어선 것은 과학자들의 편의 때문이었다고 믿었다. 잠재적 연구 대상에 쉽게 접근할 수 있다는 것이었다. 그러나 사실 존스 홉킨스 병원은 볼티모어 지역의 가난한 사람들을 위해 건립되었다.

존스 홉킨스는 메릴랜드주의 담배농장에서 태어났다. 아버지는 노예해방선언 60년 전에 이미 노예들을 풀어주었다. 홉킨스는 은행업, 식료품점, 자체 브랜드의 위스키 사업 등으로 거부가 되었다. 하지만 결혼하지 않았고 자녀도 없었다. 사망하기 얼마 전인 1873년, 의대와 병원을 설립하는 데 써달라며 700만 달러를 기부했다. 직접 선정한 12명의 자산관리위원에게 일일이 편지로 자신의 소망을 알렸다. 편지에서 홉킨스는 의료서비스를 받지 못하는 사람을 돕기 위해 홉킨스 병원을 설립하고 싶다고 밝혔다.

이 도시와 근방에서 수술이나 진료가 필요한 가난한 병자들과 사고로 심하게 다친 빈민들은 다른 환자들에게 피해가 되지 않는다면, 성별, 연령, 피부색에 관계없이 이 병원에 무료로 입원할 수 있어야 합니다.

홉킨스는 병원비를 낼 능력이 있는 사람에게만 치료비를 받아야 하며, 병원의 모든 수익은 돈 없는 환자를 치료하는 데 써야 한다고 명시했다. 또한 흑인 아동을 돕는 데 쓰도록 추가로 200만 달러 상당의 부동산과 매년 2만 달러의 현금을 따로 지정했다.

흑인 고아들을 맡아 기르고 교육할 수 있는 적절한 시설을 마련하는 것이 향후 여러분의 소임입니다. 나는 여러분에게 3~400명의 흑인 고아를 보살필 수 있는 시설을 갖출 것을 요청합니다. 부모 중 한 사람만 여의었거나 이례적으로 부모가 모두 살아 있을지라도 자선의 손길이 간절히 필요하다면 여러분의 재량에 따라 그 아동을 이 구호소에 받아줄 것을 당부합니다.

홉킨스는 편지를 쓰고 얼마 후 사망했다. 친구나 가족이 대거 참여한 자산관리위원회는 미국 최고로 꼽히는 의대와 부속병원을 설립하고, 거액을 지원해 일반 병동에서 가난한 사람, 특히 흑인을 무료로 치료했다.

하지만 흑인 환자에 관한 존스 홉킨스의 역사가 완전히 떳떳하다고 볼 수는 없다. 1969년 홉킨스의 한 연구원은 인근 가난한 흑인 가정 어린이 7,000명의 혈액을 이용해 유전적 범죄 성향을 조사했다. 사전 동의는 받지 않았다. 미국시민자유연맹American Civil Liberties Union, ACLU은 이 연구가 소년들의 인권을 침해했을 뿐 아니라, 연구 결과를 주정부와 소년법원에 제공해 의사-환자 간 비밀준수 의무를 위반했다며 소송을 제기했다. 연구는 중단되었지만, 몇 달 후 사전 동의서를 사용해 재개되었다.

1990년대 말 두 여성이 존스 홉킨스를 고소했다. 존스 홉킨스 연구원들이 여성들의 자녀를 고의로 납에 노출시켰으며, 혈액검사 결과 납 수치가 높게 나오고 심지어 한 어린이가 납 중독 증상을 보였는데도 신속히 알리지 않았다는 것이었다. 연구는 납 노출을 줄이는 방법에 대한 조사의 일환이었는데, 연구 대상은 전부 흑인 가정이었다. 연구원들은 여러 채의 주택을 각기 다른 수준의 납에 노출시킨 후, 집주인들에게 자녀를 둔 가정에 임대하라고 권했다. 그 후 아동들의 혈중 납 수치를 조사했다. 처음에 소송은 기각되었다. 그러나 항소심 판사는 이 연구를 사우섬의 헬라 세포 주사와 터스키기 연구, 나치의 실험에 비유했고, 결국 판결 전에 양측이 합의했다. 미 보건복지부는 자체 조사에서 이 연구의 사전 동의서가 주택의 다양한 납노출 수준을 "적절히 기술하지 못했다"고 결론지었다.

하지만 홉킨스와 흑인 사회의 오랜 관계에서 오늘날 사람들의 입에 오르내리는 최악의 사건은 역시 헨리에타 랙스다. 그들에 따르면 헨리에타는 백인 과학자들에게 몸을 유린당한 흑인 여성이다.

HENRIETTA LACKS

로런스네 거실에 앉아 소니와 바벳은 서로 맞장구를 쳐가며 홉킨스가 흑인들을 낚아채 갔다는 얘기를 한 시간 가까이 늘어놓았다. 마침내 소니가 의자 등받이에 기대더니 말했다. "존홉킨은 우리에게 아무 정보도 안 줬어. 그것이 나쁘다는 거야. 슬프기보다 나빠. 왜냐면 세포로 돈벌이를 해서 쉬쉬한 건지, 아니면 그냥 우릴 엿 먹이려고 그런 건지 도통 모르겠거든. 세포로 돈을 번 거는 같아. 온 세상에 어머니 세포를 팔고 부쳐주면서 돈을 받고 있으니까."

"홉킨스는 세포를 그냥 나눠줬다고 하지." 로런스가 외쳤다. "그런데 수억 벌었다니까! 공평하지 않아! 어머닌 세상에서 제일 중요한 사람이라는데, 가족들은 가난에 허덕이고 있잖아. 엄마가 과학에 그렇게 중요하면 왜 우린 의료보험도 없냐구?"

데이는 전립선암을 앓았고, 폐엔 석면이 가득 쌓여 있었다. 소니는 심장이 안 좋았다. 데보라는 관절염, 골다공증, 신경 손상에 의한 난청, 불안증, 우울증을 앓고 있었다. 그것도 모자라 가족 전체가 고혈압과 당뇨로 고생하고 있었으니, 랙스 집안 사람들은 자기들이 제약업계와 일부 의사를 먹여 살리다시피 한다고 생각했다. 하지만 의료보험은 되다 안 되다 했다. 몇몇은 노인의료보험Medicare의 혜택을 보았고, 몇몇은 배우자 덕분에 보험이 될 때도 있었지만 꾸준하지는 않았다. 랙스 가족 모두 의료보험이나 치료비 없이 근근이 버텼다.

바벳은 랙스 집안 남자들이 홉킨스와 의료보험 얘기를 꺼내자 역겨운 듯 콧방귀를 뀌고 거실 안락의자로 건너가 앉았다. "내가 아무리 혈압이 올라도 이 일로는 안 죽을 거야, 알겠소?" 그녀는 열 올려봐야 아무 소용 없다고 했다. 하지만 분을 참지 못하고 다시 소리쳤다. "홉킨스가 흑인들한테 실험을 했기 때문에 사람들이 사라졌다는 거는 알 만한 사람은 다 안다구! 대부분 틀림없다니까."

"아마 그럴 거야." 소니가 말을 받았다. "물론 꾸며낸 얘기도 많겠지. 우리가 어찌 다 알겠어. 그런데 우리가 분명히 아는 거는, 어머니 세포만큼은 꾸며낸 얘기가 아니라는 거야." 데이가 다시 지팡이로 바닥을 쳤다.

"뭐가 꾸며낸 얘긴지 알아요?" 바벳이 안락의자에서 말을 가로챘다. "다들 항상 헨리에타 랙스가 그 세포를 기증했다고 하죠. 아무 것도 기증 안 했다고요. 그냥 잘라가 놓곤 물어보지도 않았다니까." 바벳은 좀 진정하려는 듯 깊은 숨을 들이쉬었다. "헨리에타를 정말 열 불나게 하는 건 그 잘난 가이 박사가 가족한테 아무 얘기도 안 했다는 거예요. 우린 세포에 대해 아무것도 몰랐고, 그 양반은 나 몰라라 했단 얘기죠. 그게 우릴 아주 열받게 하는 거예요. 난 사람들한테 계속 물어봤어요. '어째서 가족한테 아무 말도 안 했을까요?' 그 사람들, 우리가 어디 사는지도 알았다구요. 가이 박사가 아직 살아 있다면, 아마 내 손으로 쳐죽여도 시원찮을 거예요."

1970~1973년

"그녀는 명성을 얻을 자격이 충분합니다"

1970년 어느 늦은 봄날 오후, 조지 가이는 제일 좋아하는 장화를 신고 포토맥 강변에 서 있었다. 여러 해 동안 매주 수요일마다 존스 홉킨스의 동료들과 낚시를 하던 곳이었다. 갑자기 맥이 풀리며 잡고 있던 낚싯대를 놓치고 말았다. 친구들이 그를 부축해 강둑을 기어 올라가 흰색 지프에 태웠다. 가이가 암 연구 학술상의 상금으로 구입한 자동차였다.

낚시를 다녀온 직후, 71세의 가이는 자신이 평생 싸워왔던 질병에 걸렸음을 알게 되었다. 가장 고약한 암 중 하나인 췌장암이었다. 수술을 받지 않으면 몇 달 안에 죽을 것이었다. 수술을 받으면 얼마간 시간을 벌 수 있겠지만, 항상 그런 것은 아니었다.

1970년 8월 8일 오전 6시경, 마거릿은 실험실의 모든 직원에게 전화를 돌렸다. 유럽에서 야간 비행기를 타고 막 도착한 박사 후 과정 연구원도 예외가 아니었다. "가능한 빨리 실험실로 와주세요. 오늘 아침에 응급 시술이 있을 거예요." 구체적으로 무슨 시술인지는 말하지 않았다.

수술실로 들어가기 전, 조지는 집도의에게 20년 전 와튼 박사가 헨리에타의 종양에 그랬던 것처럼 자기 종양에서도 조직을 채취해 달라고 부탁했다. 실험실 직원들에게는 자신의 췌장에서 채취한 조직으로 수립할 암세포주인 '지지GeGe'의 배양법을 상세히 일렀다. 가이는 자신의 세포도 헨리에타의 세포처럼 영원히 죽지 않기를 바랐다. "필요하다면 밤낮을 가리지 말고 지키세요." 그는 박사 후 과정 연구원들과 보조원들에게 신신당부했다. "꼭 성공해야 해요!"

곧바로 의사들은 수술 테이블 위에 누운 가이를 마취하고 배를 열었다. 이미 암세포가 위와 비장, 간, 장으로 파고들어 수술이 불가능했다. 암 덩어리에서 조직 일부를 떼 내는 것조차 위험해 보였다. 가이의 소망에도 불구하고 의사들은 결국 조직을 채취하지 못하고 배를 봉합했다. 가이는 마취에서 깨어나 자신의 세포주를 수립할 수 없게 된 것을 알고 격노했다. 어차피 암으로 죽을 거라면 조금이라도 과학 발전에 밑거름이 되고 싶었던 것이다.

수술에서 회복되어 여행을 할 수 있을 정도가 되자마자 가이는 미 전역의 암 연구자들과 접촉해 췌장암 연구 대상이 필요한 과학자가 누구인지 수소문했다. 많은 연구자들이 답신을 보냈다. 알고 지냈던 친구나 동료도 있었고, 전혀 모르는 과학자도 있었다. 이렇게 해서 가이는 수술 후 사망할 때까지 약 3개월간 몇 가지 임상연구에 참여했다. 미네소타주 메이요 클리닉에서 일주일간 일본에서 개발한 실험 약물을 투여받았지만 상태는 급격히 악화되었다. 의대를 갓 졸업한 아들 조지가 내내 아버지 곁을 지키며 하루도 거르지 않고 반듯하게 다림질한 양복을 준비했다. 메이요 클리닉을 떠난 후에는 다른 임상연구를 위해 뉴욕의 슬론-케터링 암연구소에 며칠 머물렀다. 존스 홉킨스에서 아직 인체 사용 허가가 나지 않은 신약을 이용해 항암화학치료를 받기도 했다.

암 진단 당시 가이는 198센티미터의 키에 체중은 100킬로그램에 육박했지만, 급격히 쇠약해졌다. 극심한 복통이 반복되어 몸을 웅크리기 일쑤였으며, 구토가 끊이지 않았다. 병세가 악화되어 휠체어 신세를 지면서도 날마다 실험실에 들르고 동료들에게 편지를 보냈다. 사망하기 얼마 전에는 실험 보조원이었던 메리에게 오랜 시간이 지났으니 누군가 요청하면 헨리에타의 이름을 밝혀도 좋다고 일렀다. 그러나 메리는 아무에게도 말하지 않았다. 조지 가이는 1970년 11월 8일 사망했다.

HENRIETTA LACKS

가이가 사망하고 몇 달 후, 하워드 존스와 유전학 분야의 선도자였던 빅터 매쿠식Victor McKusick을 비롯한 홉킨스 동료들은 헬라 세포주의 역사에 관한 논문을 써서 평생에 걸친 그의 업적을 기리기로 했다. 논문을 쓰기 전에 존스는 헨리에타의 병을 자세히 알고자 진료 기록을 열람했다. 조직검사 사진을 보자마자 진단이 잘못되었음을 알았다. 확실히 하기 위해 그는 1951년 이후 선반에 보관했던 원본 조직을 다시 꺼냈다.

1971년 12월 존스와 동료들은 의학 저널《산부인과학Obstetrics and Gynecology》에 가이의 업적을 기리는 논문을 실었다. 논문에서 그들은 당시 병리의사가 헨리에타의 암을 '잘못 판독'하고 '잘못 분류'했다고 밝혔다. 헨리에타의 종양은 애초에 진단했던 상피양암이 아니라 침윤성 암이었다. 더 정확히 말해 자궁경부의 상피조직이 아니라 분

비샘조직에서 발생한 매우 공격적인 선암腺癌이었다.

당시에는 이런 유형의 오진이 꽤 흔했다. 존스 자신이 헨리에타의 종양에서 조직검사를 했던 1951년에도 컬럼비아 대학 연구자들이 그 두 가지 암이 종종 혼동된다고 보고한 바 있다. 내가 만났던 하워드 존스와 다른 부인암 전문가들은 진단이 옳았다 해도 치료 방법이 달라지지는 않았을 것이라 했다. 1951년까지 적어도 열두 편의 논문이 자궁경부 선암과 상피양암이 방사선에 똑같이 잘 반응한다고 보고했다. 따라서 두 암종 모두 방사선 치료가 우선적인 치료 방법이었다.

치료 방법이 바뀌지 않았더라도 새로운 진단은 왜 그녀의 암이 의사들의 예상보다 훨씬 빨리 퍼졌는지 설명해줄 수 있다. 자궁경부 선암은 종종 상피양암보다 공격적이다. 매독은 면역을 억제해 암이 더 빨리 퍼지게 할 수 있으므로 헨리에타의 매독도 한 가지 요인이 될 수 있다.

존스와 동료들은 썼다. "새로운 진단명은 조지 가이의 영원한 천재성에 비하면 각주에 불과하다. (…) 과학적 발견은 적절한 때, 적절한 장소에서 적절한 인재를 만나야 비로소 가능하다." 그들이 보기에는 가이야말로 적절한 인재였다. 헬라 세포는 그런 행운의 결과였다. 그들은 "적당한 배양 환경에서 방해받지 않고 자랐다면 헬라 세포는 지금쯤 전 세계를 덮었을 것이다."라고 썼다. "조직검사는 (…) 헨리에타 랙스라는 환자를 지금까지 20년간 헬라라는 불멸의 세포로 붙잡아 두었다. 미래에도 과학자들의 손에 의해 계속 길러진다면 그녀는 영원히 살 수 있지 않겠는가? 벌써 헨리에타 랙스는 헨리에타의 나이와 헬라의 나이를 합쳐 51세다."

이때 비로소 헨리에타의 실제 이름이 출판물에 처음으로 등장했다. 오늘날 도처에 널려 있는 헨리에타가 양손을 허리에 얹고 있는 사진도 처음으로 논문에 함께 실렸다. 사진 밑에는 'Henrietta Lacks HeLa'라고 설명을 넣었다. 헨리에타의 의사와 그의 동료들이 쓴 논문으로 인해 헨리에타와 로런스, 소니, 데보라, 제카리아, 그리고 그들의 모든 자녀들과 후손들까지도 헬라 세포와 그 안에 든 DNA에서 영원히 벗어날 수 없게 된 것이다. 이제 헨리에타의 신원은 그녀의 세포만큼이나 빨리 전 세계 실험실로 퍼져 나갔다.

HENRIETTA LACKS

헨리에타의 실명이 처음으로 공개되고 3주 만에 리처드 닉슨 대통령은 향후 3년간 암 연구에 총 15억 달러를 지원하는 '암정복법 National Cancer Act'에 서명하고, 암과의 전쟁을 선포했다. 닉슨은 과학자들이 5년 내에, 미국 독립선언 200주년이 되는 1976년에 맞춰 암을 정복할 것이라고 큰소리쳤다. 그러나 대중은 베트남전쟁에서 딴곳으로 관심을 돌릴 의도라고 믿었다.

새로운 연구기금을 받긴 했지만 과학자들은 대통령이 정한 기한을 지켜야 한다는 엄청난 정치적 압박을 느꼈다. 그들은 잡힐 듯 말듯 어른거리는 암바이러스를 찾으려고 치열한 경쟁을 벌였다. 바이러스를 찾기만 하면 암 예방 백신을 개발할 수 있으리라. 1972년 5월 닉슨은 미국과 러시아의 과학자들이 생의학 교환프로그램을 통해 암바이러스를 찾는 연구에서 협력하도록 하겠다고 천명했다.

암과의 전쟁은 성패가 세포 배양을 이용한 연구에 달려 있었지만,

배양 세포들이 헬라에 오염되었음을 아는 과학자는 거의 없었다. 가틀러가 헬라 오염 문제를 제기했던 학회에는 워싱턴 포스트 기자도 있었지만 문제를 기사화하지 않았다. 대부분 문제가 존재한다는 사실조차 부정했다. 심지어 가틀러의 발견이 잘못되었음을 입증하기 위한 연구를 시작한 과학자도 있었다.

그러나 문제는 간단히 수그러들 것 같지 않았다. 1972년 말 러시아 과학자들은 자국 암환자들의 세포에서 암바이러스를 찾아냈다고 주장했다. 미국 정부는 세포 표본을 캘리포니아 해군생의학 연구소Naval Biomedical Research Laboratory로 직접 공수해 검사했다. 세포들은 러시아 암환자들에게서 유래한 것이 아니었다. 하나같이 헨리에타 랙스에게서 나온 것이었다.

그 사실을 발견한 사람은 해군생의학 연구소 세포 배양 책임자였던 염색체 전문가 월터 넬슨-리스Walter Nelson-Rees였다. 넬슨-리스는 가틀러가 악명 높은 연구 결과를 발표할 때 그 자리에 있었으며, 그의 주장을 믿은 몇 안 되는 과학자 중 하나였다. 이후 그는 국립암연구소로 자리를 옮겨 헬라 오염 문제를 해결하는 일을 맡았다. 넬슨-리스는《사이언스》에 '헬라 히트 차트HeLa Hit Lists'를 싣는 바람에 '자경단원'으로 알려졌다. 헬라에 오염된 것으로 확인된 세포주와 그 세포를 제공한 과학자의 이름을 함께 실었던 것이다. 그는 세포가 헬라에 오염되었음을 확인하면 제공한 과학자에게 먼저 알리지 않고, 그들의 이름을 곧바로《사이언스》에 실었다. 하루아침에 실험실 문에 H라는 주홍글씨가 붙는 격이었다.

모든 증거에도 여전히 대부분의 연구자는 문제가 있음을 믿지 않았다. 언론도 눈치채지 못했던 것 같다. 러시아인의 세포가 미국인의 세포에 의해 오염되었다는 뉴스가 터지고 나서야 런던, 애리조나주, 뉴욕주, 워싱턴주 신문들이 '오래전에 사망한 여성의 암세포가 다른 배양 세포에 침입' 같은 제목을 달아 기사를 내보냈다. 신문들은 '심각한 혼란'과 '잘못 진행된 연구'와 사라진 수백만 달러를 다뤘다.

1950년대 《콜리어스》에 실린 기사 이후 처음으로 언론은 갑자기 헬라 세포 이면에 숨은 여성에게 깊은 관심을 보였다. 그녀의 '범상치 않은 불멸'에 관한 기사가 잇따랐다. 존스나 매쿠식은 헨리에타의 이름을 대중이 보지 않는 전문 과학 저널에 실었기 때문에, 언론은 아직도 그녀의 이름을 '헬렌 라슨'이나 '헬렌 레인'으로 적었다. 정체불명의 헬렌 L.이라는 여성의 신원에 관한 소문이 퍼졌다. 어떤 사람은 가이의 비서였거나 첩이었다고 했다. 다른 사람은 홉킨스 근처의 매춘부였거나, 가이가 신원을 숨기기 위해 만들어낸 가상의 인물이라고 했다.

서로 다른 성을 지닌 헬렌이라는 이름이 거듭 기사에 등장하자 몇몇 과학자는 사태를 바로잡아야 한다고 느꼈다. 1973년 3월 9일 《네이처》는 브루넬 대학의 생물학자 J. 더글러스의 서신을 실었다.

조지 가이가 그 유명한 헬라 세포주를 수립한 지도 21년이 지났습니다. 오늘날 지구상에 퍼진 헬라 세포의 전체 무게는 애초에 이 세포가 유래한 자궁경부암을 앓았던 흑인negro의 몸무게를 훌쩍 넘으리라 생각합니다. 그 여성은 시험관 속에서, 전 세계 과학자의 가슴과 뇌리에서, 실로 영생을 얻었습니다. 연구와 진단, 기타 분야에서 헬라 세포의 가치는 가늠할 수 없을 정도입니다. 그러나 우리는 그녀의 이름을 모릅니다! He와 La가 이름의 앞 글자임은 잘 알려졌습니다. 하지만 어떤 교과서는 헬렌 레인이라 하고, 다른 책은 헨리에타 랙스라 합니다. 가이의 논문을 발표한 병원과 저자들에게 편지를 보내 문의했지만 아직 답장이 없습니다. 누구 확실히 아는 분 있나요? 헬라 세포가 성년을 맞는 해에 진짜 이름을 밝혀 He⋯ La⋯가 명성을 누리는 것이 의학윤리에 배치되나요? 그녀는 명성을 얻을 자격이 충분합니다.

회신이 밀려들었다. 그러나 의학윤리에 관한 그의 질문에 관심을 갖는 편지는 없었다. 모두 문법적 오류를 정정하고, '흑인 남성negro' 대신 '흑인 여성negress'으로 써야 한다고 지적할 뿐이었다. 많은 답신이 헬라 세포 이면에 숨은 여성에 대해 그저 자신이 믿는 이름을 제시했다. 헬가 라슨Helga Larsen, 헤더 랭트리Heather Langtree, 심지어 여배우 헤디 라마Hedy Lamarr라고 하는 사람도 있었다. 더글러스는 1973년 4월 20일자 《네이처》에 후속 서신을 실어 하워드 존스 박사가 "헨리에타 랙스라는 여성의 이름을 따서 헬라라는 세포 이름을 지었다는 데 추호도 의심의 여지가 없다"는 편지를 보냈으므로 다른 여성은 "최대한 품위 있게 물러나야 한다"고 발표했다.

헨리에타의 이름에 대한 기록을 정정한 사람은 존스만이 아니었다. 존스의 공동저자 중 하나였던 빅터 매쿠식도 《사이언스》 보도 기자에게 비슷한 내용의 편지를 보내 헬렌 레인이라는 이름은 잘못되었다고 알렸다. 기자는 《사이언스》에 '헬라는 헨리에타 랙스에서 따온 것HeLa for Henrietta Lacks'이라는 짧은 정정 기사를 실었다. 그녀는 기사에서 부지불식간에 "헬라 세포의 기원에 관한 구전 지식을 되풀이했다"고 인정했다. 지구촌에서 가장 널리 읽히는 과학 저널 중 하나가 실수를 인정한 것이다. "헬렌 레인은 실존 인물이 아닌 것 같다.

그러나 실존 인물인 헨리에타 랙스는 헬렌 레인이라는 익명에 의해 오랫동안 보호받을 수 있었다." 또한 그녀는 처음에 헨리에타의 종양이 잘못 진단되었다는 사실도 보도했다.

"이런 사실이 그간 헬라 세포를 통해 이루어진 업적을 훼손시키지는 않을 것이다. 하지만 기록을 바로잡는다는 면에서 의미가 있을 것이다."

제3부

불멸

1973~1974년

"그게 아직 살아 있대요"

실안개가 낀 1973년 어느 날, 바벳은 자기 집에서 다섯 집 건너 있는 갈색 벽돌집 식탁에 앉아 있었다. 친구 가드니아네서 막 점심식사를 마친 참이었다. 워싱턴 D.C.에서 온 그녀의 형부도 같이 있었다. 가드니아가 설거지를 하는 동안 형부가 직업이 뭐냐고 물었다. 볼티모어 시립병원에서 간호보조원으로 일한다고 대답했더니 그가 말했다. "그래요? 저는 국립암연구소에서 일합니다."

둘은 의학에 대해, 가드니아가 가꾸는 식물에 대해 얘기했다. 식물들이 창문은 물론 부엌의 조리대까지 덮고 있었다.

"저희 집에 있었다면 다 죽었을 거예요." 바벳이 말하자 둘은 함께 웃었다.

"그런데 고향이 어디예요?"

"노스 볼티모어요."

"설마요! 저도 거기예요. 근데 성이 뭐예요?"

"쿠퍼였지만, 결혼해서 랙스가 됐지요."

"성이 랙스라고요?"

"예, 왜요?"

"재밌네요. 제가 실험실에서 몇 년째 그 세포로 일하고 있거든요. 방금 전에 읽은 기사를 보니 그 세포가 헨리에타 랙스라는 여자에게서 왔다는데요. 딴 데서는 그런 이름을 들은 적이 없거든요."

바벳은 웃었다. "시어머니가 헨리에타 랙스예요. 하지만 우리 시어머니 얘긴 아닐 거예요. 거의 25년 전에 돌아가셨거든요."

"헨리에타 랙스가 시어머니라고요?" 그가 흥분했다. "자궁경부암으로 돌아가셨고요?"

"그걸 어떻게 아셨죠?" 바벳이 웃음기 가신 얼굴로 재빨리 물었다.

"제 실험실의 세포는 그분 것이 분명해요. 50년대에 홉킨스에서 자궁경부암으로 사망한 헨리에타 랙스라는 흑인한테서 유래했거든요."

"뭐라구요?!" 바벳이 의자에서 벌떡 일어났다. "실험실에 시어머니의 세포가 있다는 게 무슨 말이에요?"

그가 '우와, 잠깐만요' 하듯 두 손을 앞으로 들었다. "다들 그러는 것처럼 주문했지요."

"다들 그런다니, 그게 무슨 말이냐구요?!" 바벳이 얼른 되받았다. "무슨 회사요? 누가 시어머니한테서 세포를 받았는데요?"

악몽 같았다. 바벳은 무려 40년이나 실험이 진행된 다음에야 정부가 중단시킨 터스키기 매독 연구에 대해 신문에서 읽은 적이 있었다. 그런데 바로 눈앞에서 가드니아의 형부가, 홉킨스가 헨리에타의 일부를 살려 놓고 도처에서 과학자들이 그녀를 연구하고 있었는데도 가족은 까맣게 몰랐다고 말한 것이다. 평생 홉킨스에 대해 들었던 소름 돋는 이야기가 갑자기 모두 사실로 다가왔다. 자신에게도 그런 일이 벌어질 것 같았다. 그들이 헨리에타를 그렇게 연구한다면 자식들, *자식의 자식들도 잡으러 올 것은 시간문제겠구나.*

가드니아의 형부는 헨리에타의 세포가 다른 배양 세포를 오염시켜 요즘 큰 뉴스거리가 됐다고 했다. 바벳은 그저 고개를 저을 뿐이었다. "어떻게 아직 살아 있단 얘길 아무도 가족한테 하지 않을 수 있죠?"

"저도 내막을 알았으면 좋겠군요." 다른 연구자들처럼 그도 헬라 세포의 주인공이 세포를 자발적으로 공여했는지는 한 번도 생각해본 적이 없었다.

바벳은 양해를 구하고 얼른 집으로 내달렸다. 부엌으로 통하는 격자문으로 들이닥쳐 로런스에게 외쳤다. "어머님의 몸 일부가요, 그게 아직 살아 있대요!"

로런스는 아버지에게 전화해서 바벳이 들은 내용을 전했다. 데이는 뭐가 뭔지 알 수 없었다. 헨리에타가 살아 있다고? 도저히 이치에 닿지 않았다. 클로버 장례식에서 시신을 직접 확인했다. 그들이 가서 파냈다는 말인가? 아니면 부검 때 뭔 짓을 했다는 건가?

로런스는 홉킨스에 전화했다. "저희 어머니 헨리에타 랙스 때문에 전화했는데요. 어머니 일부를 홉킨스에다 살려놨다면서요?" 교환원이 환자 명단에서 헨리에타 랙스를 찾지 못하자, 로런스는 전화를 끊어버렸다. 누구에게 더 전화해야 할지 알 수 없었다.

HENRIETTA LACKS

로런스가 홉킨스에 전화한 날로부터 얼마 지나지 않은 1973년 6월, 예일 대학에서 제1회 인간유전자지도 국제워크숍First International Workshop on Human Gene Mapping이 열렸다. 인간게놈프로젝트를 향한 첫발을 내딛는 자리였다. 많은 과학자가 헬라 세포 오염 문제를 해결할 방법을 토론하던 중, 누군가 제안했다. 헨리에타에게만 있는 고유한 유전자 표지를 찾아내 헬라 세포에 오염된 것과 그렇지 않은 것을 구분하면 어떨까요? 그러려면 직계 가족의 유전자 표본이 필요했다. 헨리에타의 유전자지도를 작성하려면 남편과 자녀들의 DNA를 헬라 세포의 DNA와 비교하는 것이 가장 이상적이었다.

헨리에타의 이름을 제일 먼저 공개한 과학자 중 하나인 빅터 매쿠식도 우연찮게 이 모임에 참석했다. 그가 돕겠다고 나섰다. 헨리에타의 남편과 아이들이 아직 홉킨스에서 치료를 받고 있으므로 찾기가 그리 어렵지 않을 것이라고 했다. 병원 소속 의사로서 매쿠식은 가족의 진료 기록과 연락처 정보를 열람할 수 있었다.

학회에 모인 유전학자들은 솔깃했다. 자녀들의 DNA를 얻을 수 있다면 오염 문제를 해결할 수 있을 뿐 아니라, 전혀 새로운 방식으로 헨리에타의 세포를 연구할 수도 있을 터였다. 의견을 같이한 매쿠식은 동행한 박사 후 과정 연구원 수전 수Susan Hsu에게 지시했다. "볼티모어로 돌아가는 즉시 이 일을 처리하세요."

매쿠식은 차후 진행할 연구에 대해 랙스 가족에게 어떻게 설명하라는 지침을 주지는 않았다. 수는 그저 랙스 가족에게 전화해보라는 지시 정도로만 이해했다. 수년 후에 수는 회상했다. "그는 마치 신 같았어요. 유명하고도 유명한 사람이었지요. 전 세계 유명하다는 의학 유전학자들 대부분이 그분께 배웠으니까요. '볼티모어에 돌아가 피를 뽑으세요' 하시길래 전 그렇게 했죠."

학회에서 돌아온 수는 데이에게 전화해 가족의 채혈을 할 수 있는지 물었다. 데이는 수년 후 내게 이렇게 말했다. "그 놈들이 마누라를 데리고 있는데, 한 부분이 여태 살아 있다는 거예요. 마누라한테 실험을 하고 있는데, 지 어미를 죽인 암에 걸렸는지 보려고 애들도 검사하고 싶다고 합디다."

하지만 수는 자녀들의 암 검사에 관해서는 아무 얘기도 하지 않았다. 당시에는 '암 검사' 같은 건 있지도 않았고, 설사 있다손 쳐도 매쿠식은 암 연구자가 아니었기에 그의 실험실에서 시행할 리 없었다. 그는 저명한 유전학자로 홉킨스에 세계 최초로 인간유전학과를 개설하고, 직접 아미시파Amish에서 발견한 유전자를 비롯해 수백 가지 인간 유전자 목록을 작성해 학과에 보관했다. 지금까지도 알려진 유전자 정보와 관련 연구 성과를 '인간의 멘델 유전Mendelian Inheritance in Man'이라는 데이터베이스로 보관한다. 이 데이터베이스는 인간유전학 분야의 바이블로 현재 2만 항목 이상의 정보 목록을 갖추고 계속 늘어나고 있다.

매쿠식과 수는 체세포잡종화법somatic-cell hybridization을 이용해 랙스 집안 자녀들이 HLA 표지HLA marker 단백질을 비롯해 몇 가지 특이 유전자 표지를 갖고 있는지 조사하고자 했다. 자녀들을 검사해 헨리에타의 HLA 표지를 알아내면, 그것을 이용해 헬라에 오염된 세포들을 골라낼 수 있을 것으로 기대했던 것이다. 수는 중국 출신으로 영어가 모국어는 아니었다. 수에 따르면 그녀는 1973년 데이에게 전화해 이렇게 말했다. "우리는 HLA 항원을 얻으려고 피를 뽑으러 가요. 자녀들과 남편을 검사하면 헨리에타 랙스의 많은 유전자형을 추론할 수 있기 때문에 유전자 표지 프로파일을 검사합니다."

데이가 이해하는 것 같더냐고 물었더니 그녀는 이렇게 대답했다. "내가 전화했을 때 그들은 우리를 아주 잘 받아들여요. 그들은 꽤 지적이에요. 내 생각에 랙스 씨는 자기 부인이 공헌했다는 걸 이미 꽤 많이 알았고, 헬라 세포의 가치를 아주 잘 알고 있어요. 아마도 사람들이 그 세포주가 아주 중요하다고 말하는 걸 들었겠지요. 당시엔 모두 헬라에 대해 얘기했거든요. 그들은 아주 좋은 가족이어서 친절하게도 우리가 피를 뽑도록 허락했어요."

수는 억양이 강했고, 데이도 마찬가지였다. 데이는 남부 시골 특유의 느린 말투가 심해서 가끔 자녀들조차 무슨 말인지 알아듣지 못할 정도였다. 언어 말고도 장벽은 더 있었다. 데이는 누구한테 들었든, 말하는 사람의 억양이 어떻든 '불멸의 세포'니 'HLA 표지'니 하는 말을 이해하지 못했을 것이다. 평생 학교라고는 4년밖에 다니지 않았고, 과학은 배운 적이 없다. 데이가 '셀^{cell}(세포)'이라는 말을 들어봤다면 헤이거스타운에서 제카리아가 들락거렸던 그 '셀(감방)'뿐이었다. 의사의 말을 이해하지 못하자 데이는 늘 하던 대로 했다. 그저 고개를 끄덕이며 "예"라고 했던 것이다.

오랜 세월이 지난 후, 랙스 가족에게 사전 동의를 받으려고 했는지 물어보자 매쿠식은 이렇게 대답했다. "제 생각에 누구도 자세히 설명하려고 한 것 같지는 않습니다. 하지만 암 검사를 한다고 말한 사람은 없을 겁니다. 실제로 암 검사를 하려고 한 게 아니니까요. 아마 이런 식으로 얘기하지 않았을까 싶어요. '어머님께서 암을 앓으셨고요, 그 암에서 나온 세포가 여기저기서 자라고 있고 자세히 연구도 됐습니다. 그 암을 더 잘 이해하려고 가족한테서 피를 좀 뽑았으면 하는데요'"

같은 질문을 수전 수에게도 해보았다. "아니요. 그냥 피를 뽑으러 가기 때문에 우린 동의서를 주지 않았어요. 우린 의학 연구를 하는 게 아니고, 아시다시피 긴 기간도 아니고요. 우리가 원했던 건 피를 몇 튜브 뽑아 유전자 표지 검사를 하는 거예요. 그건 인간연구위원회나 그딴 거랑 상관 없으니까요."

이런 태도가 당시에는 그렇게 드물지 않았다고 해도 국립보건원 지침에 따르면 매쿠식의 연구처럼 국립보건원 연구비를 지원받는 인간 대상 연구는 모두 사전 동의는 물론 홉킨스 심사위원회의 승인을 받아야 했다. 이 지침은 사우섬 재판의 여파로 1966년부터 시행되었고, 1971년 사전 동의에 대한 구체적인 정의를 담아 확대되었다. 수가 데이에게 전화했을 무렵, 국립보건원 지침은 법제화 단계를 밟고 있었다.

매쿠식이 랙스 가족을 연구하기 시작한 때는 연구 감독 체계에 엄청난 변화가 일던 시기였다. 바로 1년 전, 미 보건교육후생부는 터스키기 연구와 기타 몇몇 비윤리적인 연구에 대한 대응 조치로 인간 대상 연구의 감독 체계에 관한 실태조사를 벌였다. 인간 연구 대상을 보호하기에는 감독 체계가 미흡하다는 결론이 나왔다. 정부 보고서가 평가한 것처럼 감독 체계에 '협력하기를 거부하는 연구자'뿐 아니라 '각 대학이나 연구소에서 연구를 관리하고 규정을 적용할 책임자들의 무관심'과 '위험을 어떻게 평가할지에 대한 혼란'이 만연했다. 터스키기 연구를 중단시킨 후, 보건교육후생부가 새롭게 제시한 '인간 연구 대상의 보호에 관한 규정'에는 사전 동의가 필수 요건으로 포함되었다. 새로운 법안에 대해 국민들의 의견을 구하는 안내문이 1973년 10월 공지되었다. 수가 데이에게 전화한 지 몇 달 안 된 시점이었다.

수와 통화하자마자 데이는 로런스, 소니, 데보라에게 전화를 돌렸다. "아무래도 내일 좀 건너와야겠다. 너희 에미가 걸렸다던 암에 우리도 걸렸는지 보려고 홉킨스에서 의사들이 나와서 피검사를 해본다고 하더라."

헨리에타가 사망했을 때, 데이는 훗날 자식들에게 도움이 될지도 모른다는 말에 부검에 동의했다. *진짜 그랬구나!* 그는 생각했다. 제카리아는 헨리에타가 암에 걸렸을 때 아직 뱃속에 있었고, 그후로 줄곧 가슴속에 분노를 담고 살았다. 이제 데보라는 스물넷이었고, 헨리에타가 사망했을 때보다 그다지 젊은 것도 아니었다. 병원에서 전화를 걸어 검사를 받아봐야 한다고 얘기하는 것도 그런대로 이치에 닿았다.

데보라는 기겁했다. 어머니가 서른 살에 병들었음을 알았기 때문에, 오랫동안 서른 살이 되는 것을 내심 두려워하고 있었다. 어머니에게 일어났던 일이 자신에게도 일어날 것만 같았다. 아이들도 엄마 없이 자라게 될까봐 견딜 수가 없었다. 당시 라토냐는 두 살, 앨프리드는 여섯 살이었지만 치타는 양육비를 전혀 보태지 않았다. 석 달간 일하지 않고 정부의 복지 지원에 의지해봤지만 감당할 수 없었다. 그래서 낮에는 버스를 세 번씩 갈아타면서 한 시간 넘게 걸리는 변두리의 장난감점 '토이저러스Toys"R"Us'에서, 밤에는 아파트 뒤 '지노스Gino's'라는 햄버거 가게에서 일했다.

보모를 쓸 형편이 안 됐으므로 지노스의 지배인은 데보라가 일하는 동안 앨프리드와 라토냐가 식당 구석에 앉아 있게 해주었다. 저녁

8시 30분경 잠깐 쉬는 시간에 아이들을 다시 아파트로 데려가 재웠다. 아이들은 엄마만의 비밀 노크 소리가 아니고는 절대 문을 열지 않았고, 등유 등불을 커튼이나 이불 가까이 가져가지 않았다. 데보라는 일하는 동안 혹시 화재가 날 경우에 대비해 대피 훈련도 시켰다. 불이 나면 창문까지 기어가 침대에 묶어 놓은 밧줄을 밖으로 던지고 안전하게 타고 내려오라고 가르쳤다. 가진 것이라고는 아이들밖에 없기에 어떤 사고도 일어나서는 안 될 일이었다. 홉킨스에서 엄마처럼 암에 걸렸는지 검사하려 한다고 아버지가 전화하자 데보라는 흐느껴 울었다. "하나님, 저를 데려가시면 안 돼요. 지금은 진짜 안 돼요. 이 고생을 하면서 견디는데, 절대 안 됩니다!"

수전 수가 전화하고 며칠 후 데이, 소니, 로런스, 데보라는 로런스네 식탁에 둘러앉았다. 매쿠식의 실험실에서 나온 의사 한 명과 수가 이들의 피를 뽑아 각각 튜브에 담았다. 그 뒤로 며칠간 데보라는 매일 홉킨스에 전화했다. "암 검사 결과를 알고 싶은데요." 하지만 어느 교환원도 무슨 검사를 말하는지, 누굴 바꿔줘야 하는지 알지 못했다.

한편 수는 간호사를 헤이거스타운으로 보내 수감 중인 제카리아의 샘플을 받을 수 있을지 편지로 로런스에게 문의했다. 혹시 어머니의 세포에 관한 글을 읽고 싶어할지도 모른다는 생각에 매쿠식과 존스가 쓴 조지 가이를 위한 추모 논문도 동봉했다. 랙스 가족 중 누구도 이 글을 읽은 기억은 없다. 그들은 로런스가 그냥 서랍 속에 넣어 놓고 잊어버린 것이 아닌가 생각한다. 랙스 형제들은 어머니 세포나 암 검사 따위를 대수롭지 않게 생각했다. 로런스는 철도회사 일에 몰두해 있었고, 집에는 아이들이 북적거렸다. 제카리아는 감옥에 있었고, 마약장사로 바빴던 소니도 시절이 좋지 못했다.

하지만 데보라는 걱정을 멈출 수 없었다. 암에 걸렸을지 모른다는 걱정이 태산 같았다. 연구자들이 어머니에게 끔찍한 짓을 했고, 여전히 그럴지 모른다는 생각에 짓눌렸다. 홉킨스가 흑인들을 연구용으로 잡아간다는 이야기를 들은 적이 있었다. 의사들이 연구 목적으로 흑인들에게 매독균을 주입했을지 모른다는 터스키기 연구에 관한 기사도 《제트》란 잡지에서 읽었다. 기사에는 이런 내용도 있었다. "인간 피험자에게 알리지 않은 채 병원체를 주입하는 실험은 미국 의료 역사상 이전에도 있었다. 8년 전 뉴욕에서 암 전문가인 체스터 사우섬 박사가 살아 있는 암세포를 만성질환 노인들에게 주입했다."

데보라는 매쿠식이나 수가 암 검사를 하는 것이 아니라 어머니를 죽인 그 암세포를 주입하는 것이 아닌가 의심하기 시작했다. 그녀는 데이에게 엄마에 관한 질문을 쏟아냈다. *엄마가 어떻게 병에 걸렸어요? 돌아가셨을 땐 무슨 일이 있었고요? 의사들이 엄마한테 무슨 짓을 한 거예요?* 대답은 두려움을 확인해주는 것 같았다. 데이는 헨리에타가 전혀 아픈 것 같지 않았다고 했다. 홉킨스에 데려갔더니 그들이 치료를 시작했고, 그러자 배가 숯처럼 검게 변하더니 곧 죽었다고 했다. 세이디를 비롯한 사촌들도 같은 대답이었다. 하지만 무슨 암이었고, 어떤 치료를 받았는지, 어떤 신체 부위가 아직도 살아 있는지 물었을 때, 가족들은 아는 것이 전혀 없었다.

매쿠식의 보조원이 피가 더 필요하니 홉킨스로 나와 달라는 전화를 하자, 데보라는 가족들이 대답하지 못하는 것을 과학자들은 알고 있을지 모른다는 생각에 병원으로 달려갔다. 헬라 세포를 연구하는 캘리포니아의 한 과학자가 자기 피를 요청했음을 데보라가 알 턱이 없었다. 보조원이 왜 오빠들이 아니라 자기에게 전화했는지도 알지 못했다. 다만 어머니가 갖고 있던 문제가 남자들은 침범하지 않기 때문이라고 믿었다. 여전히 암 검사를 받는 것으로 생각했던 것이다.

HENRIETTA LACKS

데보라가 채혈에 응하기 위해 매쿠식의 사무실에 들른 것은 1974년 6월 26일이다. 바로 나흘 후에 연방정부의 지원을 받는 모든 연구에 대해 연구윤리위원회Institutional Review Board, IRB의 승인과 사전 동의를 의무화하는 연방법이 발효되었다. 한 달 전 공보에 발표되었던 이 새 법은 '위험에 노출된 피험자', 즉 '피험자로서 연구에 참여한 결과 신체적, 심리적, 사회적 상해를 입을 가능성이 있는 모든 개인'에게 적용되었다. 하지만 '상해'나 '위험'이 정확히 무엇을 의미하는지에 대해서는 의견이 분분했다. 수많은 연구자가 혈액 및 조직 채취는 법 적용의 예외로 해달라고 보건교육후생부에 건의했다. 실제로 의사들은 진단을 위해 수백 년간 채혈을 해왔고, 바늘에 찔려 좀 따끔한 것을 빼면 위험한 것 같지도 않았다. 하지만 보건교육후생부는 예외를 인정하지 않았다. 그러기는커녕 나중에 이 법이 특히 진단 목적의 채혈에도 적용됨을 명확히 했다.

랙스 가족에 대한 매쿠식의 연구는 새로운 유전학 시대의 출발점이었다. 이제 '환자의 위험'이라는 개념도 완전히 바뀔 판이었다. 혈액 검체는 물론 세포 하나만 갖고도 유전자를 확인할 수 있게 됨에 따라, 채혈에 따른 위험은 이제 대수롭지 않은 감염이나 주삿바늘에 찔리는 통증 정도에 그치는 것이 아니었다. 진짜 위험은 누군가 자신의 유전 정보를 들여다볼 수 있다는 것이었다. 프라이버시 침해 문제가 된 것이다.

데보라는 매쿠식을 단 한 차례, 채혈을 위해 내원했을 때 만났다. 매쿠식은 데보라와 악수를 하고 헨리에타의 세포가 과학에 중요한 공헌을 하고 있다고 했다. 그녀는 질문공세를 퍼부었다. 엄마는 왜 병에 걸렸나요? 어떻게 엄마의 일부가 아직 살아 있나요? 엄마의 일부가 살아 있다는 것이 무슨 말인가요? 엄마가 과학에 무슨 일을 했는데요? 이렇게 피검사를 하는 것은 저도 엄마처럼 죽게 된다는 말인가요?

매쿠식은 왜 데보라의 혈액을 채취하려고 하는지 설명하지 않았다. 대신 헨리에타의 세포가 소아마비 백신이나 유전자 연구에 쓰인다고 했다. 초창기 우주탐사나 핵무기 실험에서도 사용되었다고 알려주었다. 이런 얘기를 들으며 데보라는 어머니의 세포가 달에 가 있거나 핵폭탄과 함께 터지는 모습을 상상했다. 끔찍했다. 연구에 사용된 어머니의 일부가 과학자들이 하는 짓을 느끼는 것은 아닌지 염려되어 견딜 수 없었다.

더 자세히 설명해달라고 하자 매쿠식은 자신이 편집한 책을 건넸다. 《의학유전학Medical Genetics》은 유전학 분야에서 가장 중요한 교과서의 하나로 통한다. 그는 책이 데보라가 궁금해하는 것을 모두 대답해줄 거라며, 표지 안쪽에 친필 서명까지 해주었다. 그리고 서명 아래 전화번호를 적고 혈액을 더 제공하고 싶다면 그 번호로 전화해 약속을 잡으라고 일렀다.

매쿠식은 서문의 두 번째 페이지를 펼쳤다. '질병에 의한 영아 사망률'이라는 그래프와 '개로드Garrod가 밝혀낸 선천성 대사이상의 대립유전자 동형접합 상태'에 대해 기술한 부분 사이에 양손을 허리에 올린 헨리에타의 사진이 실려 있었다. 매쿠식은 헨리에타를 언급한 단락을 가리켰다.

환자 자체가 아닌 세포를 연구에 활용하는 의학유전학자들은 세포생물학에서 축적된 형태학적, 생화학적 지식의 보고에 '크게 의존'한다. 여기 사진이 실린 헨리에타 랙스라는 환자로부터 배양된 유명한 세포주에 대한 연구가 이 지식의 보고에 기여한 바는 결코 적지 않다.

책에는 "암세포의 특이한 악성 행태는 비전형적인 조직학적 소견과 관련이 있을지도 모른다"라거나 "종양의 특이성 관련 요인" 등 헨리에타의 세포를 설명하는 복잡한 문장이 가득했다.

데보라는 종종 단어를 찾느라 사전을 뒤져야 했기 때문에 잡지를 읽는 데도 시간이 많이 걸렸다. 그런데 매쿠식의 책을 붙잡고 병원에 앉아 있자니 읽으려는 시도조차 할 수 없었다. 생각나는 것이라고는 엄마의 그 사진을 한 번도 본 적이 없다는 사실이었다. *도대체 엄마에게 무슨 일이 있었기에 사진이 여기 붙은 걸까? 어떻게 그가 사진을 손에 넣었지?* 그녀는 궁금했다. 데이는 맹세코 매쿠식이나 다른 의사에게 그 사진을 준 적이 없다고 했다. 오빠들도 마찬가지였다. 데이는 하워드 존스가 헨리에타에게 사진을 달라고 해서 진료 기록 사이에 끼워 놓았을 거라고 생각했다. 하지만 데이가 아는 한, 그 사진을 어디에 싣겠다고 허락을 받아간 사람은 아무도 없었다.

매쿠식은 2008년에 사망했다. 그 몇 년 전 79세 때 인터뷰할 때까지도 연구를 계속하며 젊은 과학자들을 길러내고 있었다. 어디서 사진을 구했는지 기억하지는 못했지만, 가족 중 누군가가 하워드 존스나 홉킨스의 다른 의사에게 건넸을 것으로 추측했다. 랙스 가족에 대해 연구한 것은 기억했지만, 데보라를 만나고 책을 준 것은 기억하지 못했다. 그는 가족을 직접 만난 적은 없으며, 그 일은 수에게 맡겼다고 했다.

지금은 미 적십자사 의학유전학 과장이 된 수전 수는 인터뷰에서 매쿠식과 함께 헬라 세포를 연구하던 시절이 경력의 절정이었다고 말했다. "아주 자랑스럽습니다. 아무래도 이 논문들을 복사해 우리 애들한테 중요하다고 얘기해 줄까봐요." 랙스 가족은 암 검사를 받는다고 생각했고, 자신들도 모르게 과학자들이 세포를 이용한 데 대해 분노하고 있다고 했더니 그녀는 적잖이 놀랐다.

"기분이 무척 안 좋네요. 사람들은 가족에게 얘기했어야 해요. 아시다시피 우리는 당시에 그들이 몰랐다고는 정말 생각도 못했어요."

수는 내가 다음에 가족들과 얘기할 때 꼭 전했으면 하는 말이 있다고 했다. "그냥 제가 무척 감사한다고 전해주세요." 그리고 덧붙였다. "그들은 어머니 혹은 부인을 자랑스러워 해야 해요. 가족이 화가 나 있다면 아마 그 세포가 지금 얼마나 유명한지 실감하지 못했기 때문이라고 생각해요. 이미 일어난 일은 불행한 거지만, 그래도 여전히 자랑스러워 해야 해요. 의학이 존재하는 한 그들의 어머니는 결코 죽지 않을 거예요. 항상 그렇게 유명할 거예요."

인터뷰가 끝날 무렵, 수는 1970년대 이후 DNA 관련 기술이 엄청나게 발전했기 때문에 가족의 혈액을 다시 검사한다면 훨씬 많은 정보를 얻을 수 있다고 했다. 그리고 랙스 가족에게 한 가지 더 얘기해 달라고 부탁했다. "그들만 괜찮다면, 기꺼이 다시 가서 피를 더 뽑았으면 한다고 전해주세요."

1975년

"그들이 할 수 있는 최소한"

장발에 로큰롤풍 옷차림을 한《롤링 스톤》의 젊은 기자 마이클 로저스Michael Rogers가 집에 찾아왔을 때에야 랙스 가족은 매쿠식과 수가 연락한 이유를 알았다. 헬라 세포 오염 문제였다.

로저스는 저널리즘의 기린아였다. 열아홉의 나이에 문예 창작 및 물리학으로 학위를 받고《에스콰이어》에 첫 기사까지 실었다. 20대 초반에 두 권의 저서를 냈으며,《롤링 스톤》에 들어가 헬라 세포 이야기를 뒤지기 시작했다. 훗날 그는《뉴스위크》와《워싱턴 포스트》의 편집장을 지냈다.

로저스는 한 의대 화장실에서 "헬렌 레인이 살아 있다!"라는 낙서를 보고 처음 헬라 세포를 알게 되었다. 헬라 세포와 오염 문제에 대한 기사를 찾아 읽고 과학과 인간적 관심의 완벽한 조합으로《롤링 스톤》에 굉장한 기삿거리가 될 것이라 확신했다. 그는 신비에 싸인 헬렌 레인을 찾아 나섰다.

처음에 마거릿 가이는 친절하고 말도 많았다. 하지만 헬렌 레인에 대해 묻자 만나서 얘기하는 것은 좋은 생각이 아니라며 전화를 끊어 버렸다. 결국 월터 넬슨-리스를 찾아냈고, 그는 여담 삼아 헬라 세포의 이면에 숨은 여성의 실명을 일러줬다. 로저스는 곧 B-R-O-M- O-S-E-L-T-Z-E-R 시계가 내다보이는 볼티모어 호텔 객실 전화 번호부에서 로런스 랙스라는 이름을 발견했다.

1975년 겨울의 거리는 빙판이었다. 로런스의 집으로 향하는 택시 가 교차로 한가운데에서 교통사고를 당했다. 거대한 손이 술병을 돌 리기라도 하듯 다섯 바퀴, 여섯 바퀴를 빙글빙글 돌았다. 위험을 무 릅쓰고 세계 곳곳을 다니며 취재한 적도 많았지만, 이제 로저스는 택 시 뒷좌석에 앉아 안전 손잡이를 꼭 붙잡았다. '이런 젠장! 다른 일은 다 제쳐 두고 이런 취재를 하다가 볼티모어에서 죽으면 진짜 황당하 겠군. 이건 위험한 기사도 아니잖아!'

수십 년 후 브루클린의 아파트에서 인터뷰하면서 로저스와 나는 농담 반 진담 반으로 그 뱅글뱅글 돌던 택시가 단순한 사고만은 아 니었을 것이라고 입을 모았다. 훗날 데보라도 그 사고는 자신들을 가 만 놔두라는 헨리에타의 경고였다고 했다. 당시 로저스가 랙스 가족 을 분노하게 만들 소식을 알리려고 했기 때문이었다는 것이다. 그녀 는 캘리포니아주 오클랜드에서 있었던 유명한 화재도 헨리에타의 작품이라고 했다. 그때 로저스의 집과 함께 헬라 세포와 랙스 가족에 관해 수집한 노트와 자료들이 소실되었다.

헨리에타에 관해 가족을 인터뷰하리라 기대하고 로런스의 집에 도착한 로저스는 질문 공세를 받아야 했다. "가족에 대한 대우가 소 홀했던 게 분명해요. 그들은 어떻게 된 일인지 아무것도 몰랐고, 간 절하게 알고 싶어했지요. 하지만 의사들은 아무 설명도 없이 그저 피 만 빼 가니, 그들로선 계속 걱정할 수밖에 없었던 거예요."

로런스가 물었다. "궁금한 건 그 세포요…… 세포가 엄청 쎄서 뭐든 집어삼킨다는데, 한마디로 그게 좋은 거요, 나쁜 거요? 그리고 만약 우리가 아프게 돼도 남들보다 더 오래 살 거라는 말인가요?"

로저스는 세포가 불멸이라는 말이 랙스 가족이 불멸이라는 뜻은 아니며, 그들이 암으로 죽는다는 뜻도 아니라고 말했다. 랙스 가족이 자기 말을 그대로 믿는지 확신할 수 없었지만, 세포가 무엇인지 최선을 다해 설명했고, 헬라 세포에 관한 언론 기사를 언급하면서 나중에 보내주겠다고 약속했다. 이때만 해도 데보라 말고는 직계가족 중에 헨리에타에 관한 기사나 그 세포의 존재에 대해 특별히 화가 난 사람은 없었다.

"세포가 살아 있단 걸 처음 알았을 때, 뭐 특별한 느낌은 없었소." 수십 년 후에 소니가 내게 말했다. "지금도 누군가를 돕는다니, 정말 오랫동안 그러는구만, 그런 생각만 듭디다." 하지만 랙스 형제들이 로저스의 기사를 보자 사정이 달라졌다.

세계 도처의 연구 기관들이 헬라 세포주를 교환하고, 거래하고, 넘겨주고, 빌리고, 빌려준다. (…) 세포를 이용하는 곳은 넬슨-리스의 연구소처럼 정부 지원을 받는 기관에서 국번 800의 수신자부담 전화를 쓰는 기업까지 다양하다. 이런 회사에 25달러만 내면 작은 갈색병에 담긴 헬라 세포를 전화로 주문할 수 있다.

바로 이 단락에서 형제들은 갑자기 호기심이 생겼다. 그들은 조지 가이와 존스 홉킨스가 어머니 세포를 훔쳐다 팔아 수백만 달러를 벌었으리라 확신했다. 하지만 조지 가이의 이력을 보면 과학에 심취했을 뿐, 특별히 돈을 벌고자 하지는 않았다. 1940년대 초 가이는 최초의 상업적 세포 배양 실험실 설립 제안을 거절했다. 세포주로 특허를 내는 것이 오늘날에는 일반화되었지만, 1950년대에는 상상도 못 할 일이었다. 어쨌든 가이가 헬라 세포로 특허를 냈을 리는 없다. 심지어 그는 아직까지 널리 사용되는 시험관 회전통도 특허를 내지 않았다. 물론 특허를 취득했으면 엄청난 돈을 벌었을 것이다.

결론적으로 가이는 홉킨스에서 넉넉한 월급을 받기는 했지만 부자는 아니었다. 가이와 마거릿은 계약금으로 1달러를 내고 친구에게서 구입한 평범한 집에서 살았다. 오랜 세월 동안 여기저기 고쳐가면서 집값을 치렀다. 마거릿은 10년 이상 급여도 받지 않고 가이의 실험실을 운영했다. 가이가 감당 못 할 실험 기자재를 구입하느라 은행 잔고를 바닥내는 바람에 집값은 고사하고 먹을거리도 못 살 형편에 처하기도 했다. 결국 마거릿은 실험실 전용 은행 계좌를 따로 만들고, 부부의 개인 예금에는 얼씬도 못 하게 했다. 결혼 30주년 기념으로 가이는 마거릿에게 100달러짜리 수표와 함께 알루미늄 포장지 뒷면에 몇 자 휘갈겨 쓴 쪽지를 건넸다. "향후 30년은 이렇게 험난하지는 않을 거요. 사랑하오, 조지." 마거릿은 수표를 현금으로 바꾸지 않았다. 그리고 형편이 썩 좋아지지도 않았다.

전임 대학총장을 포함해 존스 홉킨스를 대변하는 사람들은 수년간 나를 비롯한 언론에 홉킨스는 헬라 세포를 이용해 단 1센트도 벌지 않았으며, 조지 가이는 세포들을 무료로 나눠주었다는 성명을 발표했다.

홉킨스나 가이가 헬라 세포로 돈을 벌었다는 기록은 없다. 하지만 상업적 세포은행과 생명과학회사들은 달랐다. 마이크로바이올로지컬 어소시에이츠는 헬라 세포를 팔기 위해 설립되어 나중에 세계 최대의 생명공학회사인 인비트로젠Invitrogen과 바이오휘터커 BioWhittaker에 합병된다. 당시 회사는 개인 기업으로 다른 생물학 관련 제품도 판매했기 때문에 수입의 어느 정도가 헬라 세포에서 왔는지 알 길은 없다. 다른 회사들도 비슷하다. 분명한 것은 인비트로젠이 오늘날 헬라 세포 한 병을 지역에 따라 100달러에서 1만 달러에 판매한다는 사실이다. 미 특허청 데이터베이스를 검색해보면 헬라 세포 관련 특허는 1만 7,000건이 넘는다. 과학자들이 헬라 세포의 도움으로 이룬 수많은 업적은 돈으로 환산하는 것이 불가능하다.

과학 발전을 위해 순수한 배양 세포를 유지, 관리하고 공급하는데 대부분의 재원을 투입했던 비영리기구 미국형 기준주관리원은 1960년대부터 헬라 세포를 판매했다. 이 책 인쇄 시점에 한 병에 256달러다. 매년 헬라 세포 판매로 얼마를 버는지 밝히지 않지만, 세계적으로 가장 인기 있는 세포주에 속하므로 액수가 상당할 것은 분명하다.

로런스와 소니는 이런 사정을 전혀 몰랐다. 아는 것은 가이가 홉킨스에서 어머니의 세포를 길렀고, 어디서 누군가는 그 세포를 이용해 돈을 벌었다는 것, 그 누군가는 헨리에타 랙스와 아무 관련도 없다는 것이 전부였다. 형제는 홉킨스가 헬라 세포로 남긴 이윤에서 자신들의 몫을 돌려받기 위해 '랙스 가족이 돌려받을 빚이 있다'는 내용의 전단을 만들어 로런스의 가게에 들르는 손님들에게 나눠주었다.

데보라는 아이들을 키우면서 어머니의 세포에 대해 공부하느라 홉킨스와 싸울 겨를이 없었다. 기초 과학 교과서 몇 권, 괜찮은 사전, 생물학 교과서에서 이 구절 저 구절 옮겨 적을 공책을 마련했다. "세포는 생명체의 미세한 일부다." 그녀는 공책에 적었다. "세포는 우리

몸의 모든 부분을 만들고 재생한다." 하지만 대부분 지금 벌어지고 있는 상황을 일기 형식으로 기록한 내용이었다.

　고통이 여전해.

　(…) 엄마 세포를 갖고 있는 사람 모두한테서 세포에 무슨 일이 있는지 알아내야 해. 왜 이 뉴스가 이렇게 오래 계속되는지 물어봐야겠다. 몇 해 동안 신문, 책, 잡지, 라디오, TV, 세상 곳곳에서 이 뉴스가 불거졌다 들어가곤 했잖아. (…) 정말 충격이었어. 한번 물어보라고. 아무도 대답 안 해. 난, 얌전히 있으라고 배우며 자랐다. 말하지 말고 그냥 듣기만 하라고. (…) 하지만 이제 말하고 싶은 것이 있어. 헨리에타 랙스에게 무엇이 잘못됐는지, 어떻게 어머니가 그 냉혈 의사들 곁에서 혼자 온갖 고통을 당했는지. 아, 아버지는 어떻게, 왜 저들이 방사선 치료를 하면서 엄마를 산 채로 구워버렸다고 하는 걸까. 그 짧은 몇 달 동안 엄만 마음속으로 무슨 생각을 했을까. 낫지는 않고, 가족하고는 생이별이고. 당신은 내가 그날을 마음속에서 다시 살려내려고 한다는 걸 알겠지요. 한 병원에는 결핵에 걸린 제일 어린 아기가, 다른 병원에는 맏딸이, 다른 셋은 집에 있고, 남편은, 듣고 계세요, 아기들 입에 풀칠이라도 하려고 그 힘든 일을 다 해내야 했고. 부인은 홀로 죽어가고 (…) 그녀는 존홉킨병원의 차갑기만 한 흑인 전용 병동에, 오 그래, 난 알아. 그날이 오고, 내 엄마가 죽었을 때, 엄마는 자기 세포를 강탈당했고 존홉킨스 병원은 그 세포를 저희끼리만 알고, 세포를 원하는 사람한테 주면서 이름도 헬라라고 바꿔버리곤 우리한테는 20년도 넘게 숨겨온 거다. 그들은 기증받았다고 한다. 천만에, 천만에, 천만에, 강탈당한 거야!

　아버진 아무 종이에도 서명 안 했어. (…) 난 그들에게서 증거를 원한다. 그들은 어디 있나.

어머니의 세포에 대해 이해하려고 애를 쓸수록 데보라는 헬라 세포 연구가 더 끔찍했다. '사람–식물PEOPLE-PLANTS'이라는 《뉴스위크》기사에서 과학자들이 담배 세포와 헨리에타의 세포를 접합했다는 내용을 읽었을 때는 과학자들이 반은 어머니이고 반은 담배인 인간–식물 괴물을 창조해낸 것이 아닌가 생각했다. 헬라 세포를 이용해 에이즈나 에볼라 같은 바이러스를 연구한다고 읽었을 때는 어머니가 그런 병의 증상, 즉 뼈가 으스러지는 통증, 피가 철철 흐르는 눈, 질식 같은 고통을 영원히 겪고 있지는 않을까 상상했다. 영적인 치유가 암을 치료할 수 있는지 연구한다며 안수 기도로 헬라 세포를 죽이려 한 어떤 '심령치료사'의 글을 읽고는 그저 경악할 뿐이었다.

납작한 병을 집어 들고 나는 마음속으로 그린 세포의 형상에 온 신경을 집중했다. 세포들 여기저기서 분란이 일어나고 결국 터져 없어지는 모습을 마음속에 그렸다. (…) 그 동안 세포들의 강한 흡착력과 내 손 사이에서 줄다리기가 벌어지고 있음을 생생하게 느낄 수 있었다. (…) 내가 돌파해 들어가자 세포 진영이 무너져 내리는 것이 느껴졌다. (…) 누군가 조그만 수류탄을 던져 넣은 것처럼 세포 무더기 전체가 폭발해 흩어지는 것 같았다! 죽어서 떠다니는 세포 수가 스무 배나 증가했다!

데보라에게 이것은 어머니에 대한 무자비한 공격과 다를 바 없었다. 하지만 무엇보다 괴로운 것은 전 세계 과학자와 언론인이 여전히 어머니를 헬렌 레인이라고 부른다는 점이었다. 아무 말도 없이 *세포*

를 떼 가고, 그 세포가 그렇게 과학에 중요하다면 적어도 엄마를 인정은 해줘야 할 것 아니야?*

1976년 3월 25일, 가판대에 오른 마이클 로저스의 《롤링 스톤》 기사는 최초로 헨리에타 랙스와 가족의 실제 이야기를 다뤘으며, 주류 언론으로서는 처음으로 헬라 세포의 주인공이 흑인 여성이라고 보도했다. 민감한 시점이었다. 터스키기 연구의 충격이 채 가라앉지 않은 데다, 미국의 전투적 흑인해방조직인 흑표범단Black Panthers이 기존 의료체계가 인종차별적이라고 항의하며 각지의 공원에 흑인을 위한 무료 진료소를 세우고 있었다. 더욱이 헬라 세포 이면에 숨겨진 인종에 얽힌 이야기 자체가 결코 무시할 만한 것이 아니었다. 헨리에타 랙스는 노예의 후손으로 태어나 소작농으로 일하다가 잘살아보겠다고 북부로 탈출했지만, 결국 백인 과학자들에게 동의도 없이 세포를 빼앗긴 흑인 여성이었다. 백인이 흑인을 팔아먹었다는 이야기이자, 검은 피가 '한 방울'이라도 섞인 사람이 백인과 결혼할 수 있는 권리를 막 획득한 시점에 단 하나의 흑인 세포가 여러 백인 세포를 '오염시킨다'는 이야기였다. 또한 이름조차 인정받지 못한 흑인 여성이 의학에서 가장 중요한 연구 재료가 된 이야기였다. 한마디로 대박 뉴스였다.

로저스의 기사는 기자들의 관심을 끌었다. 이들도 랙스 가족에게 연락했다. 《롤링 스톤》 기사가 난 지 석 달도 안 돼 《제트》, 《에보니》, 《스미스소니언Smithsonian》과 여러 신문사에서 헨리에타를 '암과의 성전聖戰에서 중추적인 인물'로 평가하는 기사를 냈다.

그 와중에 빅터 매쿠식과 수전 수는 《사이언스》에 랙스 가족에 대한 연구 결과를 발표했다. 한 페이지의 절반을 차지한 표에는 '남편' '자녀 1' '자녀 2' 'H. 랙스' '헬라'라고 표기한 항목 밑에 데이와 두 자녀의 DNA 속 마흔세 가지 상이한 유전자 표지를 그렸다. 그리고 이를 바탕으로 헨리에타의 DNA 지도를 작성해 과학자들이 배양 세포가 헬라에 오염되었는지 판별하는 데 이용하도록 했다.

오늘날 개인의 유전자 정보를 실명과 함께 발표하는 것은 꿈도 꾸지 못할 일이다. 향후 특정 질병에 걸릴 위험을 비롯해 엄청난 정보를 추론할 수 있기 때문이다. 이런 개인 의학정보를 공개하는 것은 1996년 통과된 '의료보험의 이동성 및 책임성에 관한 법률Health Insurance Portability and Accountability Act, HIPAA'에 따라 최고 25만 달러의 벌금에 10년형을 선고받을 수 있다. 유전적 요인에 의한 차별로 의료보험이나 직장을 잃는 일을 막기 위해 2008년 제정된 '유전정보에 의한 차별 금지에 관한 법률Genetic Information Nondiscrimination Act'에도 반할 수 있다.

변호사는 프라이버시 침해나 사전 동의 부재를 이유로 소송을 걸 만하다고 조언했을지 모른다. 하지만 랙스 가족은 변호사에게 연락하지 않았다. 누군가 자신들의 DNA를 연구해 그 결과를 출판했다는 사실조차 몰랐다. 데보라는 여전히 '암 검사' 결과가 나오기만을 학수고대했고, 소니와 로런스는 어떻게 하면 홉킨스에서 돈을 받아낼 수 있을까 궁리하느라 경황이 없었다. 그러니 미국 반대쪽에서 존 무어John Moore라는 사람이 똑같은 싸움을 막 시작했다는 사실도 알리 없었다. 무어는 랙스 가족과 달리 누가 자신의 세포로 무엇을 했는지, 얼마나 많은 돈을 벌었는지 알고 있었다. 물론 변호사를 고용할 재력도 있었다.

"누가 내 비장을
팔아도 좋다고 했습니까?"

　1976년 마이클 로저스가 《롤링 스톤》에 헨리에타에 대한 기사를 실고 사람들이 헨리에타의 세포를 사고팔고 있음을 랙스 가족이 알게 된 바로 그해, 서른한 살의 존 무어는 알래스카 송유관 측량사로 일하고 있었다. 주 7일 하루 12시간씩 일하다 보니 이러다 죽을지도 모르겠다는 생각이 들었다. 잇몸에서 피가 났고, 배는 부풀어올랐으며, 온몸이 멍투성이로 변했다. 과로가 아니라 털세포백혈병hairy-cell leukemia에 걸린 것이었다. 비장이 악성 혈액 세포로 침윤되어 바람을 잔뜩 넣은 고무 튜브처럼 부풀어오르는 매우 희귀하고 위중한 혈액암이다.

　동네의사는 무어를 캘리포니아 주립대학 로스앤젤레스 캠퍼스UCLA의 저명한 암 연구학자 데이비드 골드David Golde에게 의뢰했다. 골드는 비장을 제거하는 것이 유일한 방법이라고 했다. 무어는 수술동의서에 서명했다. "잘라낸 조직이나 장기를 병원 측에서 소각 처리할 수 있다"는 내용이 들어 있었다. 골드가 비장을 들어냈다. 정상 비장의 무게는 보통 500그램 미만이지만, 무어의 비장은 10킬로그램에 육박했다.

수술 후 무어는 시애틀로 이주해 굴 장사로 생계를 유지했다. 서너 달마다 추적검사를 받기 위해 골드가 있는 L.A.로 가야 했다. 몇 년간 비행기로 시애틀에서 L.A.까지 날아가 검사를 받았다. 골드는 무어의 골수와 혈액, 정액 등을 채취했다. 처음에는 대수롭지 않게 여겼지만 어느 날 이런 생각이 들었다. '시애틀에 있는 의사는 검사를 할 수 없나?' 무어가 집에서 가까운 병원에서 진료를 받고 싶다고 하자, 골드는 항공권을 제공하고 비벌리 윌셔Beverly Wilshire에 있는 고급 호텔에 묵게 해주었다. 뭔가 이상했지만, 큰 의구심을 갖지는 않았다. 그런데 수술 후 7년이 지난 1983년 어느 날, 간호사가 새로운 동의서를 내밀면서 사정이 바뀌었다.

본인은 본인에게서 채취한 혈액이나 골수에서 세포주나 기타 연구 재료가 개발되더라도 본인 또는 상속인이 갖게 될 모든 권리를 자발적으로 캘리포니아 주립대학교 측에 양도(합니다, 하지 않습니다).

처음에 무어는 '합니다'에 체크했다. 몇 년 후 《디스커버》와의 인터뷰에서 그는 말했다. "보트를 흔들고 싶지는 않았어요. 의사가 나를 버리면 어쩌나 걱정됐거든요. 제 생명이 달려 있잖아요." 그러나 골드가 솔직하지 않다는 의심이 들었다. 다시 병원에 갔을 때, 간호사가 똑같은 동의서를 내밀자 골드에게 추적검사가 상업적인 가치가 있는지 물어보았다. 무어에 따르면 골드는 아니라고 대답했다. 그러나 무어는 혹시 몰라 '하지 않습니다'에 체크했다.

진료 후 무어는 근처에 있는 부모의 집에 들렀다. 집에 도착하자 전화벨이 울렸다. 골드였다. 그는 무어가 병원을 나간 후에 이미 두 번이나 전화를 했었다. 실수로 틀린 곳에 체크한 것 같으니 병원으로 돌아와 고쳐 달라는 것이었다. 몇 년 후 무어는 한 기자에게 말했다. "의사에게 맞서려니 아무래도 맘이 편치 않았지요. 그래서 이렇게 말했지요. '아이구, 박사님, 어떻게 그런 어처구니없는 실수를 했는지 모르겠네요.' 하지만 시애틀로 가는 비행기를 타야 해서 병원으로 돌아가기는 어렵다고 했어요."

곧바로 동의서가 집으로 배달되었다. "'합니다'에 체크해주세요"라는 메모가 붙어 있었다. 무어는 그렇게 하지 않았다. 몇 주 후 골드가 직접 편지를 보냈다. "그만 성가시게 하고 동의서에 서명해주세요." 무어는 동의서를 변호사에게 보냈다. 변호사는 골드가 무어를 수술한 후 무려 7년 동안 Mo라는 세포주를 개발해 상업화하는 데 매달리고 있었음을 알아냈다. 무어는 다른 기자에게 말했다. "나를 그저 Mo 세포로 여기고, 진료 기록에도 Mo로 기록하는 건 너무 비인간적입니다. 오늘 차트에 Mo라고 적힌 걸 봤거든요. 갑자기 골드 박사가 나를 동등한 사람으로 여기지 않는다는 생각이 들더군요. 나는 Mo였고, 그저 살점에 불과한 세포였던 거예요."

무어에게 새로운 동의서를 건네기 몇 주 전, 골드는 무어의 세포와 그 세포가 생성하는 몇 가지 매우 귀중한 단백질에 대해 특허를 신청했다. 아직 특허권을 팔지 않았지만, 무어의 고소장에 따르면 골드는 Mo 세포주를 '과학적으로 연구하고', '상업적으로 개발하는' 대가로 주식과 현금을 합쳐 350만 달러 상당을 받기로 생명공학회사와 계약을 맺었다. 당시 Mo 세포의 시장가치는 무려 30억 달러로 추정되었다.

무어가 소송을 제기하기 몇 년 전만 해도 생물학적 발명품은 특허 대상으로 간주되지 않았다. 1980년 대법원이 제너럴 일렉트릭 소속 과학자 아난다 모한 차크라바티Ananda Mohan Chakrabarty가 제기한 '기름 먹는 세균'에 대한 특허권 소송에 원고 승소 판결을 내린 것이 시초였다. 차크라바티는 유전공학기법을 이용해 유출된 기름을 먹어 치우는 세균을 개발해 특허를 신청했지만, 살아 있는 생명체는 발명품으로 간주할 수 없다는 이유로 거부되었다. 하지만 정상 세균은 기름을 섭취하지 않으므로 기름 먹는 세균은 자연적으로 생성된 것이 아니라 '인간의 재능'을 이용해 변형시켰기 때문에 존재하는 것이라고 주장하며 소송을 제기했다.

차크라바티의 승소는 체외에서 자연적으로 생성되지 않는 세포주나 유전적으로 변형된 동물 따위의 생명체에 대해 특허를 취득할 수 있는 길을 열었다. 그런데 세포주 특허를 받기 위해 '세포 공여자'에게 미리 알리거나 허락을 받을 필요는 없었다.

특허를 낼 만큼 가치 있는 세포는 사실 거의 없지만, 존 무어의 세포는 특별했다는 데 대해 과학자들은 별 이견이 없다. 무어의 세포는 감염이나 암 치료제를 개발하는 데 요긴하게 쓸 수 있는 희귀한 단백질을 만들어냈다. 또한 이 세포는 인간면역결핍 바이러스human immunodeficiency virus, HIV의 먼 친척뻘인 인간 T-세포림프종 바이러스human T-cell lymphoma virus, HTLV라는 희귀한 바이러스를 갖고 있었다. 과학자들은 이 바이러스를 연구해 에이즈의 유행을 멈출 백신을 개발할 수 있을 것이라 생각했다. 제약회사들은 거금을 들여 무어의 세포를 선점하고 싶어했다. 골드가 특허를 받기 전에 무어가 이 사실을 알았다면 제약회사와 직접 접촉해 자기 세포를 두고 협상을 벌일 수도 있었을 것이다.

1970년대 초 테드 슬래빈Ted Slavin은 자신의 혈액에서 추출한 항체를 놓고 제약회사와 정확히 그런 판매 협상을 벌였다. 슬래빈은 1950년대에 혈우병을 갖고 태어났다. 당시 유일한 치료법은 건강한 공여자의 혈액에서 추출한 응고인자를 수혈하는 것이었다. 잦은 수혈 때문에 그는 자신도 모르는 새에 B형간염 바이러스에 반복 노출되었다. 그런데 20여 년 후 슬래빈은 자신의 혈액 속에 B형간염 항체가 고농도로 존재함을 알게 되었다. 무어의 경우와 달리 슬래빈의 의사는 혈액검사 결과를 보고 그의 몸이 엄청나게 값진 것을 만들고 있다고 말해주었다.

당시 전 세계 연구자들은 B형간염 백신을 개발하려고 애쓰고 있었다. 그러자면 우선 슬래빈의 것과 같은 B형간염 항체를 계속 공급받아야 했다. 따라서 제약회사들은 거금을 주고 슬래빈의 혈액 속에 있는 항체를 사고 싶어했다. 슬래빈은 마침 돈이 필요했으므로 아귀가 딱 맞았다. 식당 종업원이든 건설 노동자든 닥치는 대로 일을 했지만, 혈우병 때문에 매번 얼마 못 가 그만둬야 했던 것이다. 그는 실험실이나 제약회사에 접촉해 자신의 항체를 살 의향이 있는지 물어보았다. 대답은 하나같았다. '물론이죠!'

슬래빈은 혈청을 원하는 사람에게 밀리리터당 10달러, 한 번에 최대 500밀리리터를 팔기 시작했다. 단지 돈만 벌려고 한 것은 아니었다. 누군가 B형간염 퇴치법을 찾아내기를 희망했다. 그는 노벨상 수상자인 바이러스학자 바루크 블럼버그Baruch Blumberg에게 편지를 썼다. B형간염 바이러스 항원을 발견하고, 슬래빈의 항체를 검출한 혈액검사법을 개발한 사람이 바로 블럼버그였다. 슬래빈은 연구를 위해 혈액과 조직을 무제한 무료로 제공하겠다고 제안했다. 돈독한 동반자 관계가 시작되었다. 슬래빈의 혈청 덕에 블럼버그는 B형간염 바이러스와 간암의 연관성을 밝혀냈고, 최초로 B형간염 백신을 개발해 수백만 명의 목숨을 구했다.

슬래빈은 자신이 가치 있는 혈액을 소유한 유일한 사람이 아님을 알고, 비슷한 특성을 지닌 사람을 모아 이센셜 바이올로지컬스 Essential Biologicals 라는 회사를 세웠다. 이 회사는 나중에 더 큰 생물학제품 생산회사와 합병했다. 슬래빈은 자신의 몸속에 사업체를 세운 많은 사람의 선구자였다. 오늘날 자신의 혈청을 파는 미국인은 200만 명에 달하며, 상당수가 정기적으로 그렇게 한다.

그러나 무어는 Mo 세포를 팔 수 없었다. 골드가 이미 특허를 받았기 때문이었다. 1984년, 무어는 골드와 UCLA를 상대로 자신을 기만하고 동의 없이 자기 몸을 연구에 사용했다며 소송을 제기했다. 그는 또한 자신의 조직에 대한 재산권을 주장했고, 그것을 훔쳤다며 골드를 고소했다. 무어는 자신의 조직에 대한 법적 권리를 주장하며 금전적 이해관계에 대해 최초로 소송을 제기한 사람으로 기록되었다.

〈국민법정The People's Court〉이라는 TV쇼로 유명해진 조셉 와프너 Joseph Wapner 판사가 참고인 증언을 듣겠다고 했을 때, 무어는 이 소송을 진지하게 여길 사람은 아무도 없을 것이라고 생각했다. 그러나 전 세계 과학자들은 충격에 빠졌다. 혈액 세포를 포함한 조직이 환자의 고유 자산이라면 동의 없이 조직을 채취한 연구자들은 재산권을 침해한 절도범으로 고발될 처지였다. 법률가와 과학자들은 무어가

승소하면 '연구자에게 막대한 혼란을 초래할' 것이며, '대학의 의학
자들에게는 사망선고나 다름없을 것'이라며 불만을 토로했다. 언론
은 경쟁적으로 이들의 발언을 인용하며 소송에 큰 관심을 보였다. 과
학자들은 무어의 소송을 '연구 목적의 조직 공유에 대한 위협'으로
받아들였다. 심지어 무어의 세포처럼 수백만 달러의 가치가 있지도
않은 세포에 대해서도 환자들이 과도한 금전적 요구를 해 과학의 발
전을 가로막을 수 있다고 우려했다.

그러나 연구자, 대학, 생명공학회사들은 다양한 세포주에 대한 소
유권을 주장하며 서로 소송을 제기하고 있었기 때문에, 과학은 이미
많은 분야에서 발목이 잡혀 있었다. 이 소송들 중 단 두 건만 세포가
유래한 환자의 실명을 언급했다. 첫 번째는 1976년에 벌어진 인간
태아 세포주 소유권 분쟁이었다. 이 세포를 최초로 배양한 레너드 헤
이플릭은 배양된 특정 세포에 정당한 권리를 지닌 당사자는 배양한
과학자, 해당 연구의 재정 후원자, 원조 조직의 '기증자' 등 무수히 많
다고 주장했다. 누구 하나만 빠져도 배양 세포는 세상에 존재할 수
없었을 것이며, 당연히 그것을 팔아 돈을 벌 수도 없었을 것이라고
했다. 이 건은 판결 전에 소송에 참여한 당사자끼리 세포에 대한 권
리를 나눠 갖기로 합의해 판례를 남기지 않았다. 그러나 정작 세포의
'기증자'는 그 당사자에 포함되지 않았다. 이어진 소송에서도 기증자
가 소외되기는 마찬가지였다. 한 젊은 과학자는 미국에 있는 동안 개
발에 참여한 세포주의 소유권을 주장하며 모국인 일본으로 갖고 가
버렸다. 세포주가 자기 어머니에서 유래했다는 이유였다.

대중은 무어의 소송 건에 대한 뉴스가 관심을 끌기 전까지 세포주
가 그렇게 큰돈이 될 수 있는지 전혀 몰랐다. 미 전역의 신문들은 이

런 헤드라인을 뽑았다.

세포 소유권 분쟁이 복잡한 논쟁을 일으키다
누가 환자의 세포에 대한 권리를 가져야 하는가?
누가 당신한테 내 비장을 팔아도 좋다고 했습니까?

과학자와 법률가, 윤리학자, 정책결정자들이 논쟁에 참여했다. 한쪽에서는 사전 동의나 잠재적 수익에 대한 설명도 없이 의사가 환자의 세포를 채취해 상품화하는 것을 법률로 금지해야 한다고 주장했다. 다른 쪽에서는 그런 황당한 법을 지키자면 엄청난 혼란이 초래되어 결국 의학 발전에 종말을 고하는 것이나 다름없다고 비판했다.

결국 판사는 무어의 주장에 정당한 근거가 없다며 소송을 기각했다. 역설적으로 결정문에서 Mo 세포주의 소유권 주장에 대한 기각 결정의 근거로 헬라 세포주를 인용했다. 그는 아무도 헬라 세포의 배양이나 소유권에 이의를 제기하지 않았다는 사실 자체가, 의사가 세포를 채취해 상업용으로 개발해도 환자들이 크게 개의치 않는다는 방증이라고 보았다. 무어의 이의 제기가 뜬금없다고 여긴 것이다. 그러나 사실 무어는 이의를 제기할 만한 뭔가가 있음을 처음 인식한 사람이었다.

무어는 항소했다. 1988년 캘리포니아주 상급법원은 무어의 손을 들어주었다. 인간 대상 연구는 '신체에 대한 개인의 결정권'을 존중해야 한다고 명시한 1978년 캘리포니아주 법령 '의학실험에서 인간 피험자 보호에 관한 법Protection of Human Subjects in Medical Experimentation Act'을 적용한 결과였다. 판사들은 판결문에 썼다. "환자는 자신의 조직이 어떻게 될지 결정할 최종적 권한을 가져야 한다. 그렇지 않으면 의학의 발전이라는 미명하에 인간의 사적인 자유와 존엄성이 크게 침해당할 것이다."

골드는 상고했다. 이번에는 그가 승소했다. 판결이 뒤집힐 때마다 기사 제목도 덩달아 춤을 췄다.

법원, 세포는 환자의 고유재산이라고 판결

법원, 환자의 조직을 이용하는 것은 의사의 권리라고 판결

무어가 소송을 제기한 지 거의 7년 후, 캘리포니아주 대법원은 최종적으로 무어의 패소를 결정했다. 판사의 최종 입장은 이랬다. "동의했든 안 했든 일단 조직이 원고의 신체에서 제거되면, 그것에 대한 원고의 소유권도 함께 사라지는 것이다. 진료실이나 실험실에 자신의 조직을 남겨둘 때, 원고는 그것을 쓰레기로 버린 것이기 때문에 누구든 가져갈 수도 있고 팔 수도 있다." 무어가 자기 세포를 버렸기 때문에 그것은 더이상 그 신체의 생산물이 아니란 것이었다. 세포들은 '변형을 거쳐' 이미 하나의 발명품이 되었고, 따라서 골드의 '인간적 재능'과 '창조적 노력'의 산물이었다.

결국 무어는 자신의 세포로 창출되는 이윤을 한 푼도 받을 수 없었다. 그러나 판사는 두 가지 사항에 대해 무어의 주장을 인정했다. 첫째는 사전 동의를 받지 않았다는 것이다. 게다가 골드는 금전적 이익에 대해서도 정직하게 밝히지 않았다. 둘째는 골드가 수탁자의 의무를 위반했다는 것이다. 다시 말해 의사라는 우월적 지위를 이용해 환자의 신뢰를 저버렸다. 법원은 법적인 강제 조항은 아닐지라도 연구자는 금전적인 이익에 관해서 솔직히 밝혀야 한다고 명시했다. 또한 조직을 이용하는 연구에서 환자를 보호할 법률이 미흡하다고 지적하며 입법기관에 이런 상황을 개선하라고 촉구했다. 그러나 무어에게 유리하게 판결하는 것은 "중요한 의학 연구의 수행에 필요한 경제적인 동기를 말살할 수 있다"고 밝혔다. 아울러 조직에 대한 환자의 재산권을 인정하면 "세포 표본을 사용하는 연구자가 느닷없이 소송에 휘말릴" 수 있고, "필요한 실험 재료에 대한 접근을 제한해 연구가 크게 위축될 수 있다"고 지적했다.

과학자들은 의기양양했다. 심지어 우쭐거리기까지 했다. 스탠퍼드 의과대학의 학과장은 기자에게 연구자들이 금전적인 이익에 대해 솔직히 밝히는 한 환자는 자기 조직을 연구에 이용하는 것을 반대해서는 안 된다고 했다. "만약 환자가 조직 이용에 반대한다면, 터진 맹장을 놓고 앉아 협상을 해야 할지도 모르지요!"

언론에서 무어의 소송을 비중 있게 다루었지만, 랙스 집안 사람들은 까맣게 몰랐다. 인간 조직에 대한 소유권 논쟁이 미 전역으로 퍼질 때, 랙스 형제들은 만나는 사람마다 존스 홉킨스가 어머니의 세포를 훔쳤고 자신들에게 수백만 달러를 빚졌다고 말하고 다녔다. 데보라는 어머니와 헬라 세포에 관한 전단을 돌리기 시작했다. "여러분 모두 여기 적힌 것 좀 봐주세요! 다른 사람들에게도 얘기 좀 해주시고요! 돌려 보셔도 좋아요. 우리는 세상 모든 사람이 우리 엄마에 대해 좀 알았으면 좋겠어요."

프라이버시 침해

그토록 두려워했던 서른 살이 되었지만 데보라는 죽지 않았다. 이발사, 공중 보조원, 시멘트 공장 화학약품 혼합공, 식료품점 종업원, 리무진 운전사 등 닥치는 대로 일하며 아이들을 길렀다.

치타와 갈라선 지 4년이 되던 1980년, 데보라는 제임스 풀럼이라는 정비공에게 차를 맡겼다. 그는 지역 철강공장에서도 일했다. 이듬해 풀럼이 전도사 일도 겸하라는 하나님의 부름을 받은 직후, 둘은 결혼했다. 데보라는 서른하나, 풀럼은 마흔여섯이었다. 풀럼은 믿음으로 구원받기 전에는 여러 차례 감옥을 들락거렸지만, 데보라는 그와 함께 있으면 안정감을 느꼈다. 풀럼은 할리 오토바이로 볼티모어를 누빌 때도 호주머니에 칼을 넣고 다녔고, 항상 권총을 손이 닿는 곳에 두었다. 장모는 어떻게 돌아가셨느냐고 묻자 데보라는《롤링스톤》기사를 침대 위에 펼쳤다. 기사를 읽은 그는 변호사를 사야 한다고 했고, 데보라는 상관하지 말라고 했다. 마침내 두 사람은 길 옆에 조그만 교회를 열었다. 데보라는 어머니의 세포에 대한 걱정을 잠시나마 잊을 수 있었다.

제카리아는 15년형을 받았지만 7년 만에 출소했다. 에어컨 수리

자격증에 트럭 운전면허까지 취득했지만 여전히 분노와 음주 문제로 씨름했다. 어렵게 구한 직장도 금세 쫓겨나곤 했다. 집세 낼 돈이 없어서 거의 매일 밤 볼티모어 중심가 페더럴 힐Federal Hill의 벤치나 아버지 집 건너편 교회 계단에서 잤다. 데이는 침실 창으로 아들이 콘크리트 바닥에서 자는 모습을 보고 불러들이려고 했지만, 그는 딱딱거리며 땅바닥이 낫다고 버텼다. 제카리아는 어머니의 죽음이 아버지 탓이라고 믿었고, 묘비도 없이 묻은 아버지를 증오했다. 자식들을 에설에게 맡긴 아버지를 결코 용서할 수 없었다. 결국 데이는 아들이 길에서 자는 모습을 보아도 불러들이기를 포기했다.

언젠가 제카리아는 홉킨스에서 의학 연구 자원자 모집 광고를 보았다. 연구 대상이 되면 따뜻한 식사에 푼돈도 받고 가끔 침대에서 잘 수도 있었다. 안경이 필요하자 그는 홉킨스의 신약 연구에 자원해 말라리아에 감염돼주었다. 직업훈련 비용을 마련하기 위해 알코올 중독 연구에 자원했고, 일주일 내내 침대에서 잠만 자야 하는 에이즈 연구에도 자원했다. 하지만 연구원들이 뭔가를 주사한다고 하자 그만두고 말았다. 자신에게 에이즈를 감염시키려 한다고 생각했던 것이다. 이름을 바꾼 탓에 홉킨스의 의사 누구도 헨리에타의 아들을 연구 대상으로 삼았음을 알지 못했다. 제카리아와 데보라는 홉킨스가 그런 사실을 알았다면 의사들이 절대로 제카리아를 그냥 보내지 않았을 거라고 생각한다.

랙스 집안 자녀들이 그나마 목돈을 만진 것은 베들레헴 철강회사 시절 석면에 노출되어 입은 폐 손상에 대해 데이와 다른 동료들이 제기한 민사소송이 매듭지어졌을 때였다. 데이는 자기 몫으로 1만 2,000달러를 받아 자식들에게 2,000달러씩 나눠주었다. 데보라는 그

돈으로 클로버에 자투리 땅을 샀다. 언젠가는 시골로 내려가 어머니 옆에서 지내고 싶었다.

시절이 좋지 못했던 소니는 일이 점점 꼬였다. 로런스의 가게를 끼고 식료품 배급표food stamp를 암거래해 근근이 입에 풀칠을 했지만, 얼마 못 가 마약 거래로 감옥 신세를 지게 되었다. 데보라의 아들 앨프리드는 삼촌들의 길을 그대로 따르는 것 같았다. 열여덟 살에 벌써 무단침입 따위의 범죄 행위로 여러 차례 체포되었다. 몇 번 구치소에서 꺼내준 후 데보라는 아들을 교도소에 내버려두어 뭔가 깨닫게 하는 편이 낫겠다고 생각했다. "네 힘으로 감당할 수 있을 만큼 보석금이 내려갈 때까지 거기 있어라." 나중에 해병대에 지원하자마자 탈영해 사라져버린 앨프리드를 데보라는 기어코 찾아내 헌병대에 자수시켰다. 개방형 교도소에 좀 들어가 있으면 다시는 감옥에 가지 않겠다고 마음먹지 않을까? 하지만 상황은 나빠지기만 했다. 앨프리드는 도둑질에 더해 마약에 취해 집에 들어오곤 했다. 도리가 없었다. "망할 놈, 완전히 악마한테 홀렸구나. 이 놈아, 그거 먹으면 미친다고 했잖아. 난 이제 너 모른다. 앞으로 집에 기어들어올 생각일랑 아예 하지도 마!"

그 와중에 누군가 데보라에게 헨리에타의 친족으로서 홉킨스에 진료 기록 사본을 요청할 수 있다고 알려주었다. 그러면 어머니가 어떻게 죽었는지 알 수 있을 것이라 했다. 하지만 뭘 알게 될지, 그것 때문에 얼마나 괴로울지 두려워한 데보라는 신청하지 않았다.

1985년《사이언스 85》라는 잡지의 기자 마이클 골드Michael Gold가 한 대학 출판부를 통해 헬라 세포 오염 문제를 해결하기 위한 월터 넬슨-리스의 노력을 다룬 책을 출간했다. 제목은《세포의 음모—

한 여성이 남긴 불멸의 유산과 의학계의 추문A Conspiracy of Cells: One Woman's Immortal Legacy and the Medical Scandal It Caused》이었다. 랙스 가족 누구도 어떻게 골드의 책에 대해 알았는지 기억하지 못했다. 하지만 데보라는 책을 구하자마자 급히 훑어보며 어머니의 이름을 찾았다. '양손 허리 사진'이 앞표지를 장식했고, 첫 장 마지막에 헨리에타라는 이름이 나왔다. 그 단락을 소리 내어 크게 읽으며 그녀의 가슴은 흥분으로 떨렸다.

그것은 모두 평생 메릴랜드주 볼티모어의 집에서 몇 마일 이상 나가보지 않았을 한 미국인의 세포였다. (⋯) 그녀의 이름은 헨리에타 랙스다.

그는 제2장에서 속옷의 혈흔, 매독, 질병의 급격한 악화 등 헨리에타의 진료 기록을 10쪽에 걸쳐 상세히 인용했다. 가족 중 어느 누구도 진료 기록을 본 적이 없음은 물론, 홉킨스의 어느 누구에게도 진료 기록을 기자에게 제공해 전 세계 사람이 볼 수 있는 책으로 출판하도록 허락하지 않았다. 이제 데보라는 아무런 마음의 준비도 없이 골드의 책 속으로 빨려 들어가 어머니가 어떻게 죽어갔는지 생생하게 알게 되었다. 까무러칠 듯한 고통과 고열, 구토, 피 속에 쌓여가는 독소, "진통제를 제외한 모든 약과 처치를 중단할 것"이라는 의사의 메모, 부검 중 처참하게 파헤쳐진 헨리에타의 시신 등 진료 기록의 내용이 상세히 인용되어 있었다.

부검의가 가슴에 칼을 대기 쉽게 죽은 여자의 팔을 위아래로 움직였다. (⋯) 시신의 가운데를 갈라 넓게 열어젖혔다. (⋯) 희끄무레한 알갱이

같은 종양 병소들이 (…) 시신을 가득 채우고 있었다. 몸속에 진주를 빼곡히 박아 놓은 것 같았다. 진주 알갱이는 간, 횡격막, 창자, 맹장, 직장, 심장에 더덕더덕 들러붙어 있었다. 난소와 나팔관 위에도 암 덩어리가 쌓여 있었다. 방광 부위는 딱딱한 암 조직 덩어리로 뒤덮여 가장 처참했다.

이 단락을 읽고 데보라는 넋이 나가버렸다. 어머니가 겪었을 고통을 상상하며 며칠 밤낮을 울부짖었다. 눈을 감으면 갈라져 활짝 열린 가슴에 비스듬한 팔, 암 덩어리로 가득 찬 어머니의 시신이 떠올랐다. 잠을 잘 수 없었다. 곧 오빠들 못지않게 홉킨스를 향한 분노가 치밀었다. '누가 진료 기록을 기자에게 넘겼을까?' 매일 밤을 뜬눈으로 지새웠다. 로런스와 제카리아는 골드가 틀림없이 조지 가이나 다른 홉킨스 의사와 친분이 있다고 생각했다. 그렇지 않고서야 어떻게 진료 기록을 손에 넣었겠는가?

오랜 세월이 흐른 후 내 전화를 받은 마이클 골드는 누가 진료 기록을 넘겨줬는지 기억하지 못했다. 빅터 매쿠식과 하워드 존스와 아주 '길고도 유익한 대화'를 나눴다고 했고, 존스에게서 헨리에타의 사진을 얻었다고 확신했다. 하지만 진료 기록에 관해서는 기억이 확실하지 않았다. "누군가의 서랍 안에 있었어요. 빅터 매쿠식이었는지 하워드 존스였는지는 기억이 안 나요." 존스와 인터뷰했지만 책은 물론 골드도 기억하지 못했다. 다만 자기나 매쿠식은 헨리에타의 진료 기록을 누구에게도 준 적이 없다고 단언했다.

기자가 정보원에게서 얻은 의학정보를 출판하는 것이 불법은 아니었다. 그러나 질문을 통해 기록 내용을 확인하고, 사적인 정보가 책으로 출판된다는 언질을 주기 위해서라도 가족에게 연락할 필요는 있다. 골드는 그렇게 하지 않았다. 잘못된 판단이 아닐까? 랙스 가족에게 연락하려고 했는지 물었다. "편지도 쓰고 전화도 해봤어요. 주소나 전화번호가 바뀐 것 같더라구요. 솔직히 그들은 제 진짜 관심사가 아니었어요…… 가족들은 과학 이야기에 좀더 흥미로운 색을 덧칠하는 정도라고 생각했지요."

의사가 기자에게 환자의 진료 기록을 넘기는 것이 일상적인 관행은 아니다. 환자의 비밀을 보장하는 것은 까마득히 오랜 윤리적 신조다. 의대를 졸업할 때 외우는 히포크라테스 선서는 비밀보장의 약속을 준수하는 것이 의업의 필수요건이라고 규정한다. 비밀을 보장하지 않는다면 환자는 의학적 진단에 필요한 내밀한 정보를 솔직히 말하지 않을 것이다. 그러나 의사가 환자의 정보를 비밀에 부쳐야 한다고 명시한 뉘른베르크 강령이나 미의학협회 윤리강령과 마찬가지로, 히포크라테스 선서도 법은 아니다.

오늘날 허락 없이 진료 기록을 출판하는 것은 연방법에 저촉될 수 있다. 하지만 누군가 헨리에타의 진료 기록을 골드에게 넘겼던 1980년대 초반에는 그런 법이 존재하지 않았다. 사실 그때도 30개 이상의 주에 진료 기록의 비밀을 보장하는 법률이 있었지만, 메릴랜드주는 아니었다.

몇몇 환자가 프라이버시 침해를 이유로 의사에게 소송을 제기해 승소했다. 한 건에서는 의사가 동의 없이 진료 기록을 공개했고, 다른 건에서는 동의 없이 환자의 사진을 출판하거나 비디오를 공개적으로 상영했다. 그들은 헨리에타에게 없는 한 가지 공통점이 있었다. 그들은 살아 있었다. 죽은 사람은 프라이버시에 대한 권리가 없다. 몸의 일부가 여전히 살아 있어도.

불멸의 비밀

헨리에타가 사망하고 30년도 더 지나 마침내 헨리에타의 암이 어떻게 발생했으며 왜 그 세포가 죽지 않는지가 밝혀졌다. 역시 헬라 세포 연구를 통해 올린 개가였다. 1984년 독일의 바이러스학자 하랄트 추어 하우젠Harald zur Hausen은 인간유두종바이러스 18Human Papilloma Virus 18, HPV-18이라는 신종 성매개감염성 바이러스를 발견했다. 그는 자신이 한 해 앞서 발견한 HPV-16과 HPV-18이 자궁경부암의 원인이라고 확신했다. 그의 실험실에 있던 헬라 세포가 HPV-18에 양성 반응을 보였던 것이다. 추어 하우젠은 헬라 세포가 배양 과정에서 바이러스에 오염되지 않았음을 확인하기 위해 홉킨스에 헨리에타의 원본 조직을 요청했다. 원본 자궁경부 조직은 그저 HPV-18 검사에 양성 반응을 보인 것이 아니었다. 여러 가지 HPV-18 복제본에 동시 감염되어 있었다. 그 복제본들은 HPV-18 균주 strain 중에서도 병원성이 가장 강한 것들임이 밝혀졌다.

현재까지 100가지 이상의 HPV 균주가 발견되었다. 그중 열세 종은 자궁경부, 항문, 구강, 성기에 암을 유발할 수 있다. 성적으로 활발한 성인의 약 90퍼센트는 평생 한 가지 이상의 균주에 감염된다.

1980년대 내내 과학자들은 헬라 세포를 비롯한 여러 가지 배양 세포를 이용해 HPV 감염과 이 바이러스에 의한 암 발생기전을 연구했다. HPV는 DNA를 숙주 세포의 DNA에 삽입해 암 유발 단백질을 생성한다는 사실이 밝혀졌다. HPV의 DNA를 차단하면 자궁경부 세포가 암 세포로 진행하는 것을 막을 수 있었다. 이런 발견은 HPV 백신 개발로 이어졌으며, 추어 하우젠은 노벨상을 수상했다.

HPV 연구를 통해 헨리에타의 암이 어떻게 시작되었는지도 밝혀졌다. HPV는 DNA를 헨리에타의 11번 염색체 장완에 삽입해 종양 억제유전자인 p53을 차단함으로써 암을 유발했다. 그러나 자궁경부 암 세포는 배양하기가 매우 어렵다. 헨리에타의 세포는 어떻게 몸 안팎에서 그토록 맹렬하게 자랄 수 있었을까?

하워드 존스가 헨리에타의 자궁경부에서 종양을 발견한 지 50년쯤 지났을 무렵, 그를 인터뷰했다. 90대 초반인 그는 평생 수천 건의 자궁경부암 증례를 경험했다. 헨리에타를 기억하느냐고 묻자 웃으며 대답했다. "그 종양은 결코 잊을 수 없습니다. 전에 봤던 것들과 확연히 달랐거든요."

헬라 세포에 대해 많은 과학자들에게 물어보았지만, 다른 세포들은 모두 죽는 조건에서 왜 유독 헬라 세포만 그토록 왕성하게 자라는지 아무도 설명하지 못했다. 오늘날에는 세포를 특정 바이러스나 화약약품에 노출시켜 계속 살려 놓을 수 있지만, 헨리에타의 세포처럼 스스로 불멸하는 세포는 극히 드물다.

랙스 가족은 헬라 세포가 왜 그렇게 왕성하게 자라는지에 대해 나름의 학설을 갖고 있다. 언니 글래디스는 헨리에타가 늙어가는 아버지를 떠넘기고 볼티모어로 이사간 것을 결코 용서하지 않았다. 글래디스가 보기에 헨리에타의 암은 집을 떠난 데 대한 하나님의 벌이었다. 글래디스의 아들 개리는 아담이 이브의 사과를 받아먹은 데 대한 하나님의 노여움에서 모든 병이 비롯된다고 믿었다. 쿠티는 병을 일으키는 귀신의 소행이라고 했다. 헨리에타의 사촌 세이디는 도대체 영문을 모르겠다고 했다.

"오, 주여." 세이디가 언젠가 나에게 말했다. "그 세폰지 뭔지에 대해 처음 들었을 때, 살아 있는 뭔가가 헤니 몸속에 들러붙어 있다는 생각이 들더구만. 덜컥 겁이 나데요. 우린 맨날 붙어 다녔으니까. 그렇지만 터너스테이션의 더러운 물에는 절대 안 들어갔어. 해변 같은 데도 얼씬도 안 했고, 속옷을 안 입고 돌아다닌 적도 없었지. 어떻게 그것이 헤니 몸속으로 들어갔는지 당최 알 수가 없어. 그런데 거시기가 헤니 몸 안에 있다잖아. 뭔가 몸속에 들러붙어 살고 있었다니까. 헤니는 죽었는데 그건 계속 살아 있다는 거고. 이런 생각이 들어요. 그니까 공중에서 뭐가 땅에 떨어졌는데 하필 헤니가 그때 거기를 지나가는 바람에 그리 되었다고 말이야." 세이디는 웃었다. 말도 안 되는 소리인 줄 자기도 안다고 했다.

"그래도 정말 그런 생각이 들더라니까. 거짓말 아냐. 그냥 그런 생각이 들었어. 그러지 않고서야 도대체 그 세폰지 뭔지가 어떻게 그렇게 미친 듯 자랄 수 있겠어?"

HENRIETTA LACKS

헬라 세포 연구는 10년 단위로 획기적인 순간이 있었다. HPV와 자궁경부암의 연관성을 밝힌 것은 1980년대에 있었던 역사적인 사건 중 하나에 불과하다. 에이즈 유행이 시작될 무렵, 훗날 노벨상을 수상한 분자생물학자 리처드 액설Richard Axel을 비롯한 몇몇 연구자가 헬라 세포를 HIV에 감염시켜 보았다. HIV는 보통 혈액 세포만 감염시킨다. 그러나 액설은 혈액 세포에서 추출한 특정 DNA 염기서열을 직접 헬라 세포에 주입하는 실험을 통해 HIV를 헬라 세포에 감염시킬 수 있음을 밝혔다. 이 연구 덕분에 HIV가 세포를 감염시킬 때 필요한 것이 무엇인지 알 수 있었다. HIV를 더 깊이 이해하고 궁극적으로 정복하는 데 한걸음 다가간 것이다.

작가이자 활동가인 제러미 리프킨Jeremy Rifkin은 액설의 연구에 주목했다. 그는 과학자들이 DNA를 변형시켜야만 하는가에 대해 점점 커가는 대중적 논쟁에 깊이 관여하고 있었다. 많은 사람이 아무리 잘 통제된 실험실 환경에서도 DNA를 조작하는 것은 결국 위험하다고 믿는다. DNA 조작은 유전자 돌연변이를 유발할 수 있고, '맞춤형 아기'를 만드는 데도 이용될 수 있다는 것이다. 유전공학을 제한하는 법은 없었지만, 리프킨은 유전자 조작에 제동을 걸기 위해 조금이라도 적용 가능성이 있는 법 조항을 내세워 꾸준히 소송을 제기했다.

1987년 그는 액설의 연구를 중단시킬 목적으로 연방법원에 소송을 제기했다. 연구가 환경에 안전하다는 증거가 없기 때문에 1975년에 개정된 '국가환경정책법National Environmental Policy Act'을 위반했다는 이유였다. 리프킨은 헬라 세포가 다른 배양 세포를 모두 오염시킬 만큼 '특별히 전염성이 강한 감염성 세포주'라고 지적했다. 게다가 액설이 HIV를 헬라 세포에 감염시키는 데 성공했으므로, HIV에 감염된 헬라 세포가 다른 배양 세포를 감염시키면 '바이러스의 숙주 범위가 넓어지고, 잠재적으로 에이즈 바이러스 유전체가 더욱 위태

롭게 퍼져' 전 세계 연구자가 HIV에 노출될 수 있다고 주장했다.

액설은 세포가 배양실 밖에서는 자랄 수 없고, 배양 세포의 오염과 HIV 감염은 천양지차라고 반박했다. 《사이언스》도 소송에 대한 기사를 실었다. "리프킨조차 이런 일련의 사건을 함께 묶어 놓으면 생의학 실험실의 정상적인 연구 활동이라기보다 B급 공포영화의 줄거리 같다고 인정할 정도다." 결국 소송은 기각되었고, 액설은 헬라 세포를 계속 HIV 연구에 사용할 수 있었다. 리프킨의 공포영화 시나리오는 실현되지 못했다.

그 사이에 다른 두 명의 과학자가 헬라 세포에 관해 리프킨보다 훨씬 더 공상과학처럼 들리는 학설을 제기했다. 헬라는 더이상 인간 세포가 아니라는 것이었다.

세포는 인간의 몸속에서와 마찬가지로 배양 상태에서도 변한다. 세포가 화학물질이나 태양광선, 기타 조건에 노출되면 DNA에 변화가 생길 수 있다. 이런 변화는 다음 세대의 세포에 전달된다. 따라서 세포분열이 반복될수록 더 많은 DNA 변화가 축적된다. 인간처럼 세포도 진화하는 것이다. DNA 변화는 초기에 배양된 헨리에타의 세포에서도 발생했다. 헬라 세포는 이런 DNA 변화를 자손 세포에 전달해 서로 조금씩 다른 헬라 세포 가족이 새로 만들어졌다. 한 조상에서 사촌, 팔촌, 십육촌 친척들이 생겨나듯.

1990년대 초반까지 가이의 실험실에서 메리가 처음 배양했던 헨리에타의 조그만 자궁경부 조직에서 헤아릴 수 없이 많은 세포가 생성되었다. 세포들은 서로 조금씩 다르고, 당연히 애초의 헨리에타 자궁경부 세포와도 달랐지만, 모두 헬라 세포로 통했다. 시카고 대학의 진화생물학자 리 밴 밸런Leigh Van Valen은 한 논문에 썼다. "우리는 '헬라 세포'가 하나의 독자적인 종으로 탈바꿈했다고 매우 신중하게 제안하는 바이다."

수년 후 밴 밸런은 이렇게 설명했다. "헬라 세포는 인간에서 분리되어 진화하고 있어요. 독립적으로 진화한다는 것은 독자적인 종이라는 의미지요." 종으로서의 헬라는 이미 다른 종과 섞였기 때문에, 과학자들은 헬라라는 종을 헬라사이톤 가틀러리Helacyton gartleri라는 새로운 학명으로 부르자고 제안했다. 헬라사이톤은 헬라HeLa에 희랍어로 '세포'를 뜻하는 사이톤cyton을 결합한 것이고, 가틀러리는 25년 전에 '헬라 폭탄'을 터뜨렸던 스탠리 가틀러의 성에서 따온 것이다.

이 제안에 반대하는 사람은 없었지만, 실제 행동에 옮긴 사람도 없었다. 헨리에타의 세포는 계속 '인간'으로 남았다. 그러나 오늘날까지도 헬라 세포를 헨리에타와 연관 짓는 것은 옳지 않다고 주장하는 과학자들이 있다. 헬라 세포의 DNA가 더이상 헨리에타의 DNA와 동일하지 않다는 것이다. 헬라 세포 오염 문제를 해결하는 데 헌신했던 로버트 스티븐슨은 이런 주장을 전해 듣고 껄껄 웃었다. "그거 황당한데요. 과학자들은 헬라 세포를 헨리에타에게서 떼어낸 작은 조각으로 생각하고 싶지 않은 겁니다. 연구 재료와 그것이 유래한 사람을 분리해 생각하면 과학을 하기가 훨씬 쉽거든요. 하지만 만약 지금 헨리에타의 검체를 채취해 DNA 지문분석을 한다면 헬라 세포의 DNA와 정확히 일치할 겁니다."

HENRIETTA LACKS

밴 밸런이 헬라가 더이상 인간이 아니라고 주장할 무렵, 과학자들은 헨리에타의 세포가 수명 연장, 심지어는 영생의 열쇠를 쥐고 있을지도 모른다며 탐색적 연구에 착수했다. 언론은 과학자들이 '청춘의 샘'을 발견했다고 다시 흥분했다.

1900년대 초 카렐의 닭 심장 세포가 등장하자 과학자들은 모든 세포가 불멸의 잠재력을 가지고 있다고 생각했다. 그러나 배양 상태에서든 체내에서든 정상적인 인간 세포는 암세포처럼 무한정 자랄 수 없다. 한정된 횟수만 분열하고, 어느 순간이 되면 성장을 멈추고 죽음에 이른다. 세포가 분열할 수 있는 횟수를 '헤이플릭의 한계점 Hayflick Limit'이라고 한다. 1961년에 정상 세포는 대략 50회 정도 분열하면 한계점에 도달한다는 논문을 발표한 레너드 헤이플릭의 이름에서 따온 것이다.

여러 해 동안 불신과 비판을 받았지만, 세포분열 한계점에 관한 헤이플릭의 논문은 이 분야에서 가장 자주 인용되는 축에 든다. 이 논문은 과학자들에게 해탈과 같았다. 수십 년간 암세포가 아닌 정상 세포로 불멸 세포주를 수립하려고 갖은 애를 썼지만 성공하지 못했던 것이다. 과학자들은 기술이 부족하다고 생각했다. 사실은 정상 세포의 수명이 미리 정해져 있었던 것이다. 세포는 단지 바이러스나 돌연변이에 의해 변형될 때만 불멸의 존재가 될 가능성이 있다.

헬라 세포를 연구해 과학자들은 암세포가 무한히 분열할 수 있음을 알아냈다. 그리고 세포가 헤이플릭의 한계점에 도달하면 사멸하는 기전에 어떤 이상이 생겨 암이 발생하는 것이 아닌가 추측했다. 모든 염색체의 끝에는 텔로미어 telomere라는 DNA 가닥이 있다. 시곗바늘이 째깍째깍 움직이면서 시간이 가듯, 정상 세포는 분열할 때마다 텔로미어가 조금씩 짧아진다. 텔로미어가 거의 없어지면 세포는 분열을 멈추고 죽는다. 이런 과정은 노화와도 관련이 있다. 우리가 나이를 먹을수록 텔로미어는 점점 짧아지고, 세포들이 사멸할 때까지 분열할 수 있는 횟수도 점점 줄어든다.

1990년대 초반, 예일 대학교의 한 과학자가 헬라 세포를 이용해 암세포에는 텔로미어를 재건하는 텔로머라제라는 효소가 있음을 밝혀냈다. 텔로미어를 무한정 재생한다는 뜻이다. 이로써 사멸하지 않는 헬라 세포의 비밀이 풀렸다. 헬라 세포가 결코 늙지 않고, 죽지도 않는 것은 텔로머라제가 헨리에타의 염색체 끝에 붙어 있는 똑딱시계의 태엽을 계속 되감기 때문이다. 강력한 증식력으로 그렇게 많은 배양 세포를 잠식할 수 있었던 것도 이런 불멸성 때문이다. 헬라 세포는 어떤 세포와 맞닥뜨리든 그들보다 더 빨리 증식하고 더 오래 살았던 것이다.

런던 이후

마침내 런던 BBC 방송국 프로듀서 애덤 커티스Adam Curtis가 헨리에타 이야기에 주목했다. 1996년에 그는 헨리에타에 관한 다큐멘터리를 제작했다. 내가 코트니 스피드의 미용실에서 봤던 필름이다. 커티스와 촬영 팀이 카메라와 마이크를 들고 볼티모어에 나타나자 데보라는 이제 모든 것이 달라질 것이라 생각했다. 세상 사람 모두 헨리에타 랙스와 헬라 세포의 진짜 이야기를 알게 되고, 그러면 결국 자신도 이 문제를 털어낼 수 있을 것이라 생각했다. 그녀는 삶을 '런던 이전'과 '런던 이후'로 구분하기 시작했다.

제작진은 랙스 가족의 이야기를 그 누구보다 깊이 있게 취재했다. 데보라와의 인터뷰를 촬영하는 데만 수십 시간이 걸렸다. 스태프들은 카메라 앞에 선 데보라에게 주제에서 벗어나지 말고, 끝맺음이 완전한 문장으로 말해달라고 주문했다.

"결혼한 뒤부터 혼자 구석에서 울곤 했어요. 남편은 나에 대해 아무것도 몰랐어요. 그러니까, 내 자신이 그저 서글프고 불쌍했어요…… 그때마다 마음속에서 계속 원망이 생깁디다…… 하나님, 왜 하필 엄마가 제일 필요할 때 데리고 가셨나요?"

진행자가 질문했다. "암이 무엇인지 아세요?"

BBC는 클로버의 '아늑한 집' 앞에서 데보라를 인터뷰했다. 데이와 소니가 헨리에타의 어머니 무덤에 기대어 선 모습도 화면에 담았다. 그들은 헨리에타가 요리를 아주 잘했으며, 연구자들이 피가 필요하다고 전화할 때까지 가족은 세포에 대해서 아무것도 몰랐다고 했다. BBC 촬영 팀은 롤런드 패틸로 교수가 마련한 헨리에타 추모 컨퍼런스에 참석하는 랙스 가족을 따라 애틀랜타까지 갔다. 얼마 후 나를 데보라에게 연결해준 바로 그 패틸로다.

패틸로는 1930년대에 인종차별이 심했던 루이지애나주의 조그만 읍에서 대장장이 경력을 지닌 철도 노동자의 아들로 태어났다. 그는 집안에서 처음으로 학교에 다녔다. 가이의 실험실에서 박사 후 과정 연구원으로 있을 때 헨리에타에 대해 알고, 곧바로 빠져들었다. 그후 줄곧 과학에 대한 헨리에타의 공헌을 기리고 싶어했다. 마침내 1996년 10월 11일 모어하우스 의대에서 '제1회 연례 헬라 암 통제 심포지엄'을 개최했다. 전 세계 연구자들을 초청해 소수집단의 암에 대한 연구 논문을 발표하는 학회를 연 것이다. 애틀랜타 시에는 학회가 열리는 10월 11일을 '헨리에타 랙스의 날'로 지정해달라고 요청했다. 시에서도 동의해 시장의 공식 성명서를 보냈다. 하워드 존스에게는 헨리에타의 진단 당시 상황을 기록한 논문을 기고해달라고 요청했다. 존스는 이렇게 썼다.

임상적인 측면에서 보자면 랙스 여사는 예후가 좋지 않았습니다. (⋯) 소설가 찰스 디킨스가 《두 도시 이야기》의 첫 문장에 쓴 것처럼 '최고의 시절이자 최악의 시절'이었습니다. 매우 독특한 이 종양이 헬라 세포주를 낳았다는 점에서 과학에는 최고의 시절이었습니다. (…) 그러나 랙스 여사와 남겨진 가족에겐 최악의 시절이었습니다. 과학적 진보, 그리고 실로 모든 종류의 진보는 종종 헨리에타 랙스의 희생과 같은 엄청난 대가를 치르면서 이루어졌습니다.

패틸로는 홉킨스에 있던 의사 친구를 통해 전화번호를 알아내어 데보라에게 연락했다. 학회 계획과 '헨리에타 랙스의 날'이 공식 지정되었다는 소식을 전하자 데보라는 마침내 한 과학자가 어머니를 인정해주었다며 뛸 듯이 기뻐했다. 데이, 소니, 로런스, 데보라, 바벳, 제카리아, 데보라의 손자 데이번까지 랙스 가족은 곧바로 패틸로가 보내준 레저용 자동차에 올라타 애틀랜타로 내달렸다. BBC 방송팀도 뒤따랐다. 애틀랜타로 가는 도중, 데보라는 한 주유소에서 카메라를 향해 활짝 웃으며 모어하우스로 가는 이유를 설명했다.

"거기서 많은 의사들이 과학의 다양한 분야와 여러 주제에 대해 발표한다네요. 그리고 오빠와 아버지, 나한테 엄마를 기리는 감사패를 준대요. 굉장한 일이 될 것 같아요."

정말 그랬다. 난생처음 랙스 가족은 유명 인사 대접을 받았다. 호텔에 묵었고, 사람들이 친필 사인을 부탁했다. 그러나 몇 가지 매끄럽지 못한 일도 있었다. 감사패 수여식이 다가오자 소니는 너무 흥분한 나머지 혈압이 위험 수준까지 올라가 병원신세를 졌다. 그는 하마터면 수여식을 전부 놓칠 뻔했다. 제카리아는 자기 방은 물론, 데이와 데보라 방의 미니바까지 몽땅 비워버렸다. 그리고 자기 이름을 '조지프 랙스Joseph Lacks'로, 헨리에타를 헬라 세포를 '기증한' 여성으로 설명한 프로그램 안내장을 보자 소리를 지르며 그것들을 집어 던졌다.

데보라는 모든 것을 용케 잘 참았다. 무대 위에서는 너무 긴장한 나머지 손을 짚은 연단이 흔들릴 정도였다. 몇 주 동안 데보라는 청중 속에 저격수가 있을지 모른다고 걱정했다. 그녀의 몸을 연구에 쓰려고, 또는 가족이 분란을 일으키지 못하도록 자기를 죽이려는 과학자가 있을지도 모른다고 생각한 것이다. 패틸로는 그녀를 안심시켰다.

"말이 좀 헛나와도 이해 부탁드려요." 데보라가 청중에게 말하기 시작했다. "저한테 문제가 좀 있어요. 학교 다닐 때 제대로 배울 수가 없었답니다. 다 클 때까지 보청기도 못 달았으니까요. 그래도 그게 창피하지는 않아요." 옆에 서 있는 패틸로의 격려를 받으며 데보라는 목청을 가다듬고 연설을 시작했다.

패틸로 박사님께서 전화했을 때, 모든 것이 현실이 되었어요. 여러 해 동안이 꿈만 같아요. 그동안에 무슨 일이 있었는지는 몰라요. 거기에 대해 어떻게 말해야 하는지도 몰랐고요. 우리 엄마에 관한 게 다 사실일 수 있을까? 물어보고 싶어도 누구한테 가야 할지 몰랐어요. 의학계에서 아무도 시간을 내주지 않았으니까요.

그녀는 아주 잠깐 숨을 고르는 듯하더니 어머니를 향해 말하기 시작했다.

엄마, 우린 엄마가 그리워요. (…) 늘 엄마 생각을 해요. 엄마를 두 팔로 꼭 안을 수만 있다면 얼마나 좋을까. 엄마가 날 보듬어준 것처럼 말이에요. 아버지는 엄마가 병상에서 죽어가면서도 데보라를 잘 보살피라고 했대요. 고마워요, 엄마. 언젠가 다시 만나겠지요. 우린 읽을 수 있는 걸 읽으면서 엄말 이해하려 애쓰고 있어요. 종종 하나님께서 엄마를 여기 내 곁에 있게 해주셨다면 어땠을까 궁금해요. (…) 엄마에 대해 아는 모든 걸 제 영혼 깊이 간직할 거예요. 왜냐면 저는 엄마의 일부이고, 엄만 바로 저니까요. 우린 엄마를 사랑해요, 엄마.

데보라가 소원했던 대로 마침내 헨리에타가 인정받기 시작하면서 가족의 사정도 좋아지는 것 같았다. BBC가 터너스테이션 주민들에게 1940~50년대 그곳의 삶에 대해 묻고 다녔다. 그들의 방문 소식은 터너스테이션에서 일어나는 모든 뉴스가 그렇듯 곧바로 스피드의 식료품점에 전해졌다. 코트니 스피드가 헨리에타 랙스의 이야기를 알게 된 것이다. 뜻밖의 좋은 소식 같았다. 마침 스피드는 몇몇 다른 부인들과 함께 터너스테이션 유산위원회Turner Station Heritage Committee를 설립하고 세상에 공헌한 터너스테이션 출신 흑인들을 조명하는 행사를 기획하고 있었다. 전직 하원의원이었던 전미 흑인 지위향상협회National Association for the Advancement of Colored People, NAACP 회장, 우주비행사, 어린이 프로그램 〈세서미 스트리트〉에서 엘모Elmo 목소리를 연기해 에미 상을 수차례 수상한 남자가 그들이었다.

헨리에타와 헬라 세포에 대해 알게 된 후 모건 주립대학의 사회학자 바버라 위치Barbara Wyche와 스피드는 행사 준비에 박차를 가했다. 그들은 미의회와 볼티모어 시장 앞으로 편지를 보내 과학에 대한 헨리에타의 공헌을 공식적으로 인정해야 한다고 역설했다. 스미스소니언 미국사박물관의 큐레이터 테리 섀러Terry Sharrer와도 접촉했다.

그녀는 박물관의 작은 행사에 랙스 가족을 초청했다. 데이는 그곳에 전시된 옛 농기구에 감탄했다. 그러고는 아내의 세포를 보게 해달라고 고집을 부렸다. (박물관 어딘가 헬라 세포가 들어 있는 플라스크와 먹물처럼 시커먼 배양액을 보관하고 있었지만, 일반인에게 전시하지는 않았다.) 어떤 사람은 눈물을 글썽이며 데보라에게 다가와 그녀의 어머니 세포가 암을 극복하는 데 도움이 되었다고 했다. 데보라는 전율했다. 그녀는 한 연구자가 복제에 관해 발표하는 것을 듣고 섀러에게 헬라 세포에서 추출한 DNA를 자신의 난자에 주입하는 방법으로 어머니를 되살릴 수 없는지 물었다. 섀러는 불가능하다고 대답했다.

　행사 후 섀러는 위치에게 보낸 편지에서 스피드와 함께 터너스테이션에 아프리카계 미국 흑인 보건박물관을 열어 헨리에타를 기리자고 제안했다. 그들은 곧바로 헨리에타 랙스 보건역사박물관 재단 Henrietta Lacks Health History Museum Foundation, Inc.을 설립하고, 스피드가 이사장을 맡았다. '헨리에타 랙스 닮은 사람 찾기' 행사도 열었다. 서너 명의 터너스테이션 여성이 헨리에타의 머리 모양을 하고 '양손 허리 사진'과 똑같은 정장을 입고 나타났다. 스피드는 헨리에타의 공헌을 널리 알리고자 사비를 들여 헨리에타 랙스 티셔츠를 제작해 나눠주었다. 어떤 사람은 헨리에타 랙스 볼펜을 만들어 돌렸다. 지역 신문들은 700만 달러의 예산이 필요한 박물관 건립 계획 기사를 내보냈다. 스피드와 위치는 은행에 헨리에타 랙스 재단 계좌를 개설하고 납세자 고유번호를 신청했다. 그들은 박물관 건립을 위해서 가능한 한 많은 돈과 정보를 모으려고 동분서주했다. 첫 번째 목표는 실물 크기의 헨리에타 밀랍상을 세우는 것이었다.

　데보라는 재단 직원이나 정식 회원이 아니었지만, 스피드와 위치는 가끔 그녀에게 전화해 각종 추모 행사에서 연설해달라고 요청했다. 행사라야 한 번은 스피드네 식료품점 근처 조그만 천막에서, 나머지는 근처 교회에서 열렸다. 누군가 데보라가 고이 간직하고 있던 헨리에타의 성경책, 헨리에타와 엘시의 머리카락을 기증해달라고 부탁했다. 사람들은 집에 불이 날 수도 있으니 그렇게 하는 것이 안전하겠다고 거들었다. 데보라는 그 말을 듣자마자 집으로 달려가 어머니의 성경책을 감추며 남편에게 말했다. "엄마 거라고는 이게 전부란 말이에요. 지금 사람들이 가져가려고 해요!"

데보라는 스피드와 위치가 어머니 이름으로 재단을 설립하고 은행 계좌도 열었다는 데 몹시 분개했다. "가족들은 박물관이 필요한 게 아니에요. 밀랍 헨리에타 따윈 말할 것도 없고요. 누가 뭘 하겠다고 돈을 걸으려면 당장 의사한테 가야 할 처지인 헨리에타의 자식들이 걸어야 한다고요."

데보라는 스피드와 위치가 어머니에 대한 새로운 정보를 찾아낼 것처럼 보이자, 그제야 박물관 프로젝트를 돕겠다고 나섰다. 그들 셋은 직접 손으로 써서 만든 전단을 스피드네 식료품점과 터너스테이션 여기저기에 붙였다. 전단에는 질문들이 적혀 있었다. "그녀가 제일 좋아한 찬송가가 뭐였는지 아시는 분 없나요? 그녀가 제일 좋아한 성경 구절을 아시는 분 없나요? 그녀가 무슨 색을 제일 좋아했는지 아시는 분 없나요? 그녀가 제일 좋아한 게임이 뭐였는지 아시는 분 없나요?" 처음 두 질문은 스피드가, 나머지 두 개는 데보라가 생각해냈다.

스피드와 위치는 헬라 세포를 어떻게 배양했는지 이야기해달라며 가이의 보조원이었던 메리 쿠비체크를 터너스테이션의 뉴샤일로 침례교회 지하 행사장에 초청했다. 메리는 스카프를 두른 채 조그만 연단에 올랐지만, 너무 긴장한 나머지 앞이 캄캄했다. 청중석에서 랙스 집안의 먼 친척들, 헨리에타와 일면식도 없는 지역 주민들이 누가 세포를 팔아 돈을 챙겼는지, 가이가 특허를 내지 않았는지 밝히라며 고함을 질렀던 것이다. "오, 천만에요." 메리가 뒷걸음질치며 말했다. "아닙니다, 아녜요, 절대로 아니에요…… 당시엔 세포로 특허를 받을 수 없었어요." 그녀는 1950년대엔 그런 일이 가능해지리라고 생각한 사람조차 없었다고, 가이는 과학의 발전을 위해 세포를 공짜로 나눠주었다고 했다.

사람들은 믿지 않았다. 행사장에 팽팽한 긴장감이 감돌았다. 그때 한 여자가 일어섰다. "그 세포들이 제 암을 치료해주었어요. 그녀의 세포가 절 살린 것처럼, 저한테 누군가를 도울 수 있는 세포가 있다면 기꺼이 가져가라고 할 거예요!" 다른 여자는 여전히 가이가 특허를 냈다고 믿는다며 외쳤다. "언젠가는 바로잡혔으면 좋겠어요!" 데보라는 자기 어머니가 암을 치료했다고, 제발 진정들 하라고 외치며 행사장을 돌았다. 그리고 부검할 때 보았다는 어머니의 빨간 발톱에 대해 얘기해달라고 부탁했다. 데보라는 골드의 책에서 그 내용을 읽었다. 메리가 이야기를 시작하자 청중은 조용해졌다.

스피드와 터너스테이션 주민들이 헨리에타에 대한 기억을 모을 동안 위치는 헨리에타를 널리 알리고, 박물관 건립에 기부할 사람들을 끌어모으기 위해 여기저기 편지를 보냈다. 성과가 있었다. 메릴랜드주 상원은 아주 근사한 종이에 이런 결의안을 인쇄해 보내왔다. "이로써 메릴랜드주 상원은 헨리에타 랙스에게 진심 어린 축하를 보내는 바입니다." 1997년 6월 4일, 연방 하원의원 로버트 에를리히 주니어Robert Ehrlich Jr.는 하원에서 연설을 시작했다. "존경하는 의장님, 저는 오늘 헨리에타 랙스에게 경의를 표하기 위해 이 자리에 섰습니다. (…) 랙스 여사는 세포 기증자로 제대로 인정받지 못하고 있습니다." 그는 이제 달라져야 한다고 역설했다. 누가 보아도 이제는 홉킨스가 나설 차례였다.

위치도 공을 들였다. 그녀는 존스 홉킨스 병원장인 윌리엄 브로디 William Brody에게 세 쪽에 걸쳐 행간 여백도 없이 꼼꼼하고 상세하게 편지를 써 보냈다. 헨리에타를 '지역사회의 이름 없는 여걸'이라고 부르며 헬라 세포의 중요성을 역설하면서, 헬라 세포 이야기가 "존스 홉킨스 병원 연구 역사상 가장 극적이고 중요한 사건의 하나"라고 했던 한 역사학자의 말을 인용했다.

랙스 가족이 받은 고통은 이만저만이 아닙니다. (…) 가족은 현재 다른 많은 사람들과 마찬가지로 랙스 여사의 '사망'과 헬라의 '탄생'을 둘러싼 도덕적, 윤리적 논쟁을 비롯한 많은 의문점과 맞서 싸우고 있습니다. (…) 주요 의문점은 (1) 헬라의 전 세계적 '사용'에 대해 또는 랙스 여사의 세포를 '대량' 생산해 상업적으로 유통시키는 데 대해 '기증자'나 가족의 사전 동의를 받았는지, (…) (2) 과학자들과 대학, 정부 인사나 다른 사람들이 이 두 가지 영역에서 또는 가족과 접촉했을 때 윤리적으로 적절히 행동했는지입니다. (…) 랙스 여사가 아프리카계 흑인 여성이었기 때문에 제기되는 사회적 논쟁도 있습니다.

한 달 후, 홉킨스 병원장의 비서인 로스 존스Ross Jones가 회신을 보냈다. "홉킨스가 랙스 여사의 삶을 기리는 계획에서 무슨 역할을 해야 할지 확실히 모르겠습니다." 그러나 존스는 다음과 같은 내용을 위치와 공유하고 싶다고 밝혔다.

저는 홉킨스가 결단코 헬라 세포를 상업적인 사업에 사용하지 않았음을 강조하고 싶습니다. 홉킨스는 헬라 배양 세포의 개발과 분배 및 사용 과정에서 금전적 이익을 일절 추구하지도, 얻지도 않았습니다. 당시 널리 인정되던 관행대로, 홉킨스 및 다른 기관의 의사와 과학자들은 진단 및 치료 중 떼어낸 조직을 사용하는 데 따로 동의를 받지는 않았습니다. 또한 배양 세포가 필요한 전 세계 과학자들에게 아무런 대가를 받지 않고 선의로 아낌없이 나눠준 것은 당시 학술 연구의 전통이었습니다. 실제로 헬라 세포를 사용해 막대한 연구 성과를 얻을 수 있었던 주된 이유는 배양 세포를 기꺼이 나눠준 홉킨스 과학자들 덕분일 것입니다.

선생님과 제가 잘 알고 있듯, 한때 의학계의 표준으로 여겨졌던 많은 관행이 최근 수년간 급격히 바뀌었습니다. 저는 진료를 받거나 연구에 참여하는 환자의 요구와 금전적 이해에 대해 연구자들이 좀더 민감하고 적극적으로 고려하기를 희망하며, 그렇게 되리라 믿습니다. 그것은 우리가 치료하는 환자들뿐만 아니라 의학계를 위해서도 정녕 바람직한 일입니다.

존스는 또한 "의견과 자문을 구하기 위해 홉킨스에 있는 다른 분들"에게 그녀의 편지를 회람했다고 위치에게 밝혔다. 곧바로 홉킨스의 몇몇 인사가 위치나 스피드에게 알리지 않은 채 비공식적인 모임을 갖고 대학이 헨리에타와 랙스 가족의 명예를 위해 무엇을 할 수 있을지 토론하기 시작했다. 그들이 코필드에 대해 들은 것은 그 무렵이었다.

키넌 케스터 코필드Sir Lord Keenan Kester Cofield 경은 데보라 남편
의 전 의붓딸의 사촌쯤 되는 사람이었다. 랙스 가족 중에 확실히 기
억하는 사람은 없다. 그가 언제, 어떻게 헨리에타의 세포에 대해 알
게 되었는지도 전혀 모른다. 어느 날 코필드가 데보라에게 전화를 걸
어 자신은 변호사이며, 데보라와 어머니를 보호하려면 헨리에타 랙
스라는 이름의 저작권을 등록해야 한다고 말한 것만 기억할 뿐이다.
그는 홉킨스가 의학적 과오를 범한 것이 분명하므로, 1950년대 이후
헨리에타의 세포로 벌어들인 모든 돈에서 가족의 몫을 받아내기 위
해 소송을 제기할 때라고 했다. 착수금은 받지 않고, 수임료는 가족
몫의 1퍼센트이지만, 소송에서 지더라도 랙스 집안에서 수임료를
낼 필요는 없다고 덧붙였다.

데보라는 뭔가에 대해 저작권을 걸어 놓을 필요가 있다는 얘기는
들어본 적이 없었다. 그러나 가족은 세포에 관해 변호사와 상의해야
한다고 항상 생각했었고, 코필드는 그들 형편에 딱 맞는 것 같았다.
오빠들은 흥분했다. 데보라는 곧바로 스피드와 위치에게 코필드를
가족 변호사로 소개했다.

코필드는 온종일 홉킨스에 눌러앉아 의과대학 기록보관소를 뒤
지면서 메모를 하기 시작했다. 지난 몇 년간 랙스 집안을 찾아와 세
포에 대해 말했던 사람 중 홉킨스에서 헨리에타에게 무슨 일이 있었
는지 구체적으로 알려준 사람은 그가 처음이었다. 코필드가 찾아낸
내용은 가족이 가장 염려했던 것이 기우가 아니었음을 확인해주었
다. 그는 헨리에타를 치료했던 의사 중 한 명은 면허가 없는 돌팔이

였으며, 다른 한 명은 미의학협회에서 제명된 상태였다고 일렀다. 게다가 암을 오진해 방사선을 과량 투여하는 바람에 그녀가 죽었을지 모른다고 말했다.

코필드는 데보라에게 의사들이 어떻게 치료했는지 면밀히 조사하고, 과실이 있었는지 확인하기 위해 진료 기록을 봐야 한다고 했다. 직계 가족만이 진료 기록을 요구할 수 있었기에, 데보라는 그와 함께 홉킨스로 가서 진료 기록 사본 요청서를 작성했다. 마침 복사기가 고장 나는 바람에 창구 여직원은 기계가 고쳐지면 다시 오라고 했다.

코필드 혼자 다시 찾아가자 직원은 의사나 환자의 친족이 아니므로 진료 기록을 내줄 수 없다고 거절했다. 자신이 바로 서 로드 키넌 케스터 코필드 박사라고 하자, 진료 기록실 직원은 홉킨스의 법률대리인 리처드 키드웰Richard Kidwell에게 연락했다. 키드웰은 누군가 서 로드 박사라는 호칭을 쓰며 홉킨스 주변을 들쑤시고 다닌다는 말을 듣자마자 뭔가 미심쩍다고 생각해 재빨리 뒷조사를 했었다.

키넌 케스터 코필드는 의사도, 변호사도 아니었다. 사실 그는 주로 부도수표에 얽힌 사기죄로 수년간 감옥을 전전했다. 감옥에서 법률 강좌를 들은 다음부터는 소송을 남발하며 시간을 보냈다. 어느 판사는 '경박한' 소송이라고 나무랐다. 코필드는 자신이 수감되어 있던 감옥의 간수와 담당 주정부 공무원들을 고소했다. 감옥에서 앨라배마 주지사에게 전화를 걸어 죽이겠다고 협박한 혐의로 고소당하기도 했다. 코필드는 돼지기름으로 감자를 튀겨 자기 몸을 오염시켰다며 맥도날드와 버거킹을 상대로 소송을 제기했다. 식중독을 이유로 뉴욕의 포시즌스Four Seasons를 비롯한 몇몇 음식점을 고소하겠다고 협박했다. 수감되어 있었기 때문에 그중 어디서도 식사를 할 수 없었지만 아랑곳하지 않았다. 감옥에서는 알루미늄 캔에 든 펩시만 제공했는데도, 자신이 산 콜라병에 유리가루가 가득 들어 있었다며 코카콜라를 상대로 소송을 제기했다. 신문에 자신의 허위 부음을 낸 후, 명예훼손과 손해에 대해 1억 달러를 배상하라며 신문사를 고소했다가 사기죄 선고를 받기도 했다. 코필드는 150건 이상의 유사한 소송을 제기했다고 미연방 수사국^{FBI}에 진술했다.

다양한 법원 문서에서 판사들은 그를 '사기꾼,' '사법제도를 악용하는 쇠파리 같은 인간,' '소송병에 걸린 죄수' 등으로 묘사했다. 홉킨스를 고소하자며 랙스 가족에게 연락할 때까지 코필드는 두 개 이상의 카운티에서 '소송제기 금지령'을 받았다. 데보라가 이런 사정을 알 턱이 없었다. 코필드는 의사나 변호사를 사칭했고, 랙스 가족이 지금껏 얻어낸 것보다 훨씬 많은 정보를 홉킨스에서 빼내고, 그것들을 이해하는 것 같았다. 품행도 불쾌하지 않았다. 몇 년 후 코트니 스피드조차 내게 "카리스마! 매력 덩어리! 부드러움의 대명사! 모든 것에 조예가 깊고 모르는 게 없는 사람"이라고 묘사할 정도였다.

코필드의 실체를 알고 나서 키드웰이 제일 먼저 한 일은 데보라를 보호하는 것이었다. 랙스 가족이 홉킨스의 어느 누구에게도 기대하지 못했던 일이었다. 키드웰은 데보라에게 코필드가 사기꾼이라고 알리고, 랙스 가족의 진료 기록에 접근하지 못하게 하는 서류에 서명을 받았다. 내가 만나본 홉킨스 직원들의 기억에 따르면, 코필드는 랙스 가족이 진료 기록 열람을 금지했다는 것을 알고 사본을 내놓으라며 고함을 질렀다. 결국 안전요원이 그를 끌어낸 후, 경찰을 부르겠다고 겁을 줘 쫓아냈다.

코필드는 데보라, 로런스, 코트니 스피드, 헨리에타 랙스 보건역사박물관재단, 그리고 병원장, 진료 기록실장, 기록보관원, 리처드 키드웰, 부검 책임자 그로버 허친스Grover Hutchins 등 홉킨스의 여러 직원들을 고소했다. 피고가 10명이나 되었다. 피고인 명단에 오른 일부 직원은 소환장을 받을 때까지 코필드나 헨리에타에 대해 들어본 적도 없었다.

코필드는 헨리에타의 진료 기록을 열람하게 해주겠다고 합의하고도 접근을 막았다며, 계약 위반을 이유로 데보라와 스피드, 박물관재단을 고소했다. 자신이 헨리에타 랙스 보건역사박물관재단을 조사하는 것을 데보라가 법적으로 막을 수 없다고도 주장했다. 데보라는 박물관재단 이사도 아니며, 어떤 식으로든 재단과 공식적인 관련이 없다는 것이었다. 그는 또한 인종차별을 당했다고 주장했다. "존스 홉킨스의 흑인 안전요원과 기록보관실 직원에게 학대를 당했으며, 모든 피고와 직원의 행동이 인종차별적 의도가 다분했고 흑인에게 매우 적대적이었다." 그는 헨리에타 랙스와 데보라의 언니 엘시의 진료 기록과 부검 보고서 열람을 요구하면서, 피고당 1만 5,000달러의 손해배상금에 이자를 더한 금액을 지급하라고 주장했다.

소송에서 가장 황당한 부분은 헨리에타 랙스가 태어날 때 이름이 로레타 플레전트였기 때문에 랙스 가족은 그녀에 관한 어떤 정보도 알 권리가 없다는 주장이었다. 코필드는 나아가 공식적인 개명 기록이 없으므로 헨리에타 플레전트뿐 아니라 헨리에타 랙스도 실제 인물이 아니라고 주장했다. 그녀가 누구였든, 랙스 가족은 법적으로 아무런 관련이 없다는 것이었다. 문법적 오류투성이라 이해하기 쉽지 않은 진술서에서 코필드는 이를 "명백한 사기이자 음모"라고 규정했다. 소송은 "궁극적으로 헨리에타 랙스 부인, 작지만 엄청난 사기

행각의 희생자가 된 원고만을 위한 정의의 종말로 귀결될 것이다."

소환장과 탄원서, 소식지, 재정신청서 따위의 법률 문서 뭉치가 거의 매일 집으로 배달되자 데보라는 겁에 질렸다. 터너스테이션으로 달려가 스피드네 식료품점을 박차고 들어갔다. 스피드에게 헨리에타에 관해 그러모은 것을 몽땅 내놓으라고 소리쳤다. 스피드가 슈퍼히어로 베갯잇에 보관해 둔 서류, 헨리에타 랙스 티셔츠와 볼펜, 위치가 스피드네 미용실에서 데이를 인터뷰하는 장면을 촬영한 비디오테이프가 쏟아져 나왔다. 데보라는 코필드와 공모했다며 스피드에게 고함을 질렀다. 스피드가 박물관재단의 문을 닫고 헨리에타 관련 활동을 일절 중단하지 않는다면, O. J. 심슨의 변호사였던 조니 코크런Johnnie Cochran을 고용해 그녀의 재산을 전부 빼앗아버리겠다고 했다.

스피드는 아무것도 가진 게 없었다. 그저 데보라만큼 겁에 질려 있을 뿐이었다. 스피드는 여섯 아들을 키우는 과부였으며, 머리카락을 자르고 감자칩이나 캔디, 담배 따위를 팔아 아이들을 모두 대학에 보낼 계획이었다. 가게엔 정기적으로 강도가 들었고, 데보라처럼 그녀도 코필드에게서 소송 관련 우편물을 무수히 받고 있었다. 스피드는 편지를 열어보지도 않고 가게 뒷방에다 쌓아 두었다. 얼마 못 가 30통도 더 되는 우편물이 쌓이자, 옆에 또 쌓았다. 하나님께 우편물이 그만 오게 해달라고 기도했다. 남편이 살아 있어 코필드를 어떻게든 해 주면 얼마나 좋을까 생각했다.

이 무렵 BBC 다큐멘터리가 전파를 탔다. 기자들이 데보라에게 전화를 걸어 헨리에타와 가족의 사진을 요청하면서, 어떻게 사망했는지를 비롯해 어머니에 대한 질문을 쏟아냈다. 데보라도 골드의 책에서 읽은 것 이상 알지 못했다. 진료 기록에 뭐라고 쓰여 있는지 확인해볼 때라고 생각했다. 홉킨스에 어머니와 언니 엘시의 진료 기록 사본을 요청했다.

데보라는 키드웰도 만났다. 그는 걱정하지 말라며 홉킨스가 코필드에 맞서 싸울 것을 약속했다. 홉킨스는 그렇게 했다. 마침내 소송이 기각되었다. 그러나 관련된 모든 사람이 불편해했다. 헨리에타 추모 계획을 세우고 있던 홉킨스 인사들은 코필드의 소송에 관해 듣고 슬그머니 생각을 접었다. 물론 가족에게 그런 계획을 검토했다고 말하지도 않았다.

몇 년 후 코필드의 소송 명단에 있었던 병리학자 그로버 허친스는 고개를 절레절레 흔들며 내게 말했다. "모든 게 그저 슬펐답니다. 그들은 헨리에타가 어떻게든 인정받게 하고 싶어했거든요. 그런데 코필드가 등장하고, 랙스 가족이 홉킨스에 대해 얼토당토않은 생각을 갖고 있다는 걸 알게 되면서 일이 꼬였어요. 결국 잠자는 개는 건드리지 않는 게 최선이라며, 랙스 가족하고 얽히는 일에는 일절 관여하지 않기로 했지요."

존스 홉킨스의 대변인 조앤 로저스JoAnn Rodgers는 홉킨스에서 헨리에타의 공식 추모 행사는 열린 적이 없다고 했다. "한두 사람의 개인적인 시도였지요. 그분들이 마음을 접으면서 흐지부지되었고요. 병원 차원의 활동이 아니었어요."

소환장은 더이상 날아오지 않았지만, 데보라는 소송이 정말로 끝났다고 믿지 않았다. 코필드가 사람을 보내 어머니의 성경책과 그 안에 꼭꼭 숨겨둔 머리카락을 훔쳐갈지도 모른다는 생각을 떨칠 수 없었다. 자신의 세포도 어머니의 세포만큼 가치 있다고 믿고 훔치려 들수도 있다고 생각했다.

데보라는 더이상 우편물을 확인하지 않았다. 장애 어린이를 위한 스쿨버스를 운전하러 나갈 때를 빼곤 집을 비우는 일도 없었다. 그런데 어처구니없는 사고가 생겼다. 버스에 타고 있던 10대 남학생이 몸을 날려 데보라를 덮친 것이다. 그 학생은 남자 둘이 버스에 뛰어올라 끌어내릴 때까지 그녀를 깨물고 할퀴었다. 며칠 후 소년은 데보라를 또 공격했고, 이번에는 척추디스크 몇 개가 영구 손상을 입었다.

데보라는 남편을 시켜 모든 창문에 검은색 커튼을 달고 전화도 받지 않았다. 소송이 종결된 지 1년 반이 지나서야, 어두운 거실에 앉아 어머니의 진료 기록에서 사망 관련 부분을 읽고 또 읽었다. 그리고 처음으로 언니가 크라운스빌이라는 정신병원에 입원했다는 사실을 알았다. 데보라는 언니가 병원에서 뭔가 나쁜 일을 당했다고 걱정하기 시작했다. 엄마처럼 어떤 연구에 이용되었을지도 몰랐다. 데보라는 크라운스빌에 전화를 걸어 엘시의 진료 기록을 요청했다. 행정담당자는 엘시가 사망한 1955년 이전의 진료 기록은 대부분 폐기되었다고 했다. 홉킨스가 여전히 헨리에타에 관한 정보를 숨긴다고 믿었듯, 데보라는 곧바로 크라운스빌도 의심하기 시작했다.

크라운스빌에 전화를 건 뒤 몇 시간 지나지 않아 데보라는 호흡곤란을 일으키며 의식이 혼미해졌다. 전신에 두드러기가 돋았다. 얼굴이며 목, 몸통, 심지어 발바닥까지 붉게 부풀었다. 병원에 입원했을 때, 그녀는 말했다. "엄마와 언니 일 땜에 신경쇠약에 걸렸나 봐요." 의사는 데보라가 혈압이 너무 높아 뇌졸중이 생길 뻔했다고 했다.

퇴원하고 몇 주가 지나 롤런드 패틸로가 자동응답기에 메시지를 남겼다. 헨리에타와 세포에 관한 책을 쓰고 싶어하는 어떤 기자와 얘기를 하고 있는데, 만나보는 것이 좋겠다고 했다. 바로 나였다.

2000년

헨리에타 마을

　우리가 처음으로 대화한 지 1년이 다 되도록 데보라는 나를 피했다. 나는 부지런히 클로버를 드나들었다. 현관에도 앉아보고 클리프, 쿠티, 그리고 글래디스의 아들 개리와 담배밭도 거닐었다. 고문서며 교회 지하실, 헨리에타가 다녔던 다 쓰러져가는 학교 건물도 뒤졌다. 며칠에 한 번씩 오가는 길에 데보라에게 메시지를 남겼다. 나와 얘기하면서 헨리에타에 대해 같이 알아가자고 설득하고 싶었다.

　"안녕하시죠? 전 지금 '아늑한 집' 옆 어머님의 담배밭에 와 있어요." "사촌 클리프랑 현관에 앉아 있어요. 클리프가 안부 전해달래요." "오늘은 어머님의 침례 기록을 찾았지 뭐예요." "글래디스 이모는 쓰러진 후에 많이 호전되었어요. 어머니에 대해 굉장한 얘길 해주던 걸요." 데보라가 자동응답기에 귀를 바짝 대고 내가 뭘 알아냈는지 알고 싶어 안달하는 모습을 상상했다.

　하지만 그녀는 수화기를 들지 않았다.

　하루는 전화벨이 딱 두 번 울리자 그녀의 남편 제임스 풀럼 목사가 수화기를 들더니 인사도 없이 그냥 쏘아댔다. "가족들은 **금전적인 만족**을 얻게 되리란 확신을 원해요. **약정**을 맺거나 **문서**로 분명히 하지 않으면 **아무하고도** 얘기하지 **않을** 거요. 이 사람들만 빼고 모두 보상받지 않았소. 그리고 그분은 이 사람들의 **어머니**요. 그게 잘못됐단 거예요. 아내는 오랜 세월 끔찍한 시간을 보냈지. 발 한번 크게 헛디뎠소. 존홉킨이 자기 어머니 이름만이라도 인정해주고, 어머니에게 무슨 일이 있었는지 이해할 수 있게 그 세폰지 뭔지 설명해주기만 바랐던 건데. 하지만 저들은 우릴 무시했소. 그래서 우린 부아통이 터지는 거요." 그러더니 그냥 전화를 끊어버렸다.

며칠 후, 그러니까 처음 대화하고 열 달쯤 지났을 때 데보라가 전화를 걸어왔다. 수화기를 들었더니 다짜고짜 소리쳤다. "알았다니까. 얘기하면 될 거 아니야!" 누구라고 밝히지도 않았고, 그럴 필요도 없었다. "그런데 이걸 하자면 먼저 뭘 좀 약속해줘야겠소. 먼저 우리 엄마가 과학 역사에서 그렇게 유명하다면 말이야, 아가씬 사람들한테 엄마 이름부터 제대로 알려야 해. 엄만 헬렌 레인이 아니야. 그리고 둘째, 다들 헨리에타 랙스 집안 자식이 넷이었다고 하는데 사실이 아니야, 다섯이라고. 언니가 죽었다고 책에서 **빼면** 안 되지. 아가씨가 랙스 집안 얘길 죄다 말할 걸 아는데, 오빠들 땜에 좋은 것도 있고, 나쁜 것도 있어. 그런 거 다 알게 될 건데, 뭐 난 상관없어. 나한테 중요한 건 말이야, 엄마하고 언니한테 뭔 일이 있었는지 알아내달라는 거야. 왜냐면 알 필요가 있으니까." 그녀는 숨을 깊이 들이쉬더니 이내 웃었다.

"준비하시우, 아가씨. 무슨 일에 덤비는지 알 턱이 있을까마는."

2000년 7월 9일 데보라와 나는 다시 만났다. 볼티모어 항 인근 펠스 포인트라는 동네의 자갈밭길 모퉁이에 들어선 허름한 여인숙에서였다. 로비에서 기다리고 선 나를 보더니, 그녀는 자기 머리를 가리키며 말했다. "이거 보이우? 엄마 걱정을 달고 살다보니 허옇게 셌지 뭐야. 그래서 작년에 아가씨하고 얘길 안 할라고 한 거야. 엄마 얘긴 정말 아무한테도 안 할라고 맹세까지 했는데." 긴 한숨. "하지만 여기 이렇게 왔어…… 후회나 안 했으면 좋겠네."

데보라는 155센티미터가량 되는 키에 몸무게는 거의 90킬로그램에 육박했다. 3센티도 안 되게 자른 곱슬머리는 대부분 흑단처럼 검었지만, 얼굴 주변으로는 흰머리가 머리띠처럼 가늘게 감싸고 있었다. 쉰 살이었지만 10년쯤 늙어 보이는 것 같기도 하고, 어떻게 보면 10년쯤 더 젊어 보이기도 했다. 부드러운 갈색 피부 군데군데 큼지막한 기미와 움푹 파인 자국이 있었다. 눈빛은 경쾌하면서도 장난기가 넘쳤다. 단이 홀쭉한 캐주얼 바지에 운동화를 신었다. 체중의 대부분을 알루미늄 지팡이에 의지해가며 느릿느릿 움직였다.

데보라를 객실로 안내했다. 침대 위에 밝은 꽃무늬 포장지로 싼 납작하고 큼직한 꾸러미를 놓아두었다. 홉킨스의 젊은 암 연구자 크리스토프 렌가워Christoph Lengauer가 보낸 선물이라고 알려주었다. 그는 내가 랙스 집안 남자들을 만난 후 《존스 홉킨스 매거진》에 몇 달 전 발표한 기사를 보고 이메일을 보내왔다. "랙스 가족한테 좀 미안한 마음이 듭니다. 좀더 나은 대접을 받아야 했어요."

렌가워는 헨리에타와 가족의 이야기를 마음에서 털어낼 수 없었다. 과학의 길로 들어선 후 그는 매일 헬라 세포로 연구했다. 박사 과정 중에는 제자리형광잡종화법fluorescence in situ hybridization을 개발하기 위해 헬라 세포를 이용했다. 보통 FISH라고 하는 이 기법은 자외선을 비추면 밝게 빛나는 형광 염료를 이용해 염색체를 다양한 빛깔로 염색한다. 일반인에게는 그저 아름답게 채색된 염색체의 모자이크에 불과하지만, 제대로 훈련받은 사람은 이를 통해 인간 유전자에 관한 세세한 정보를 밝혀낼 수 있다.

렌가워는 FISH 기법으로 '염색한' 헨리에타의 염색체를 35×50 센티미터 크기 액자에 넣었다. 빨강, 파랑, 노랑, 초록, 보라, 청록으로 반짝이는 반딧불로 가득 찬 밤하늘 같았다. 그는 메일에 썼다. "젊은 암 연구자인 제게 헬라 세포가 어떤 의미인지, 오래 전에 혈액을 기증해주신 데 대해 얼마나 감사하고 있는지 알리고 싶어요. 제가 홉킨스를 대변하는 것은 아니지만 그곳에서 일하는 사람으로서 어떤 면에서는 사과까지 하고 싶은 심정입니다."

데보라는 큼지막한 검은색 캔버스 토트백을 바닥에 내던지고 액자의 포장지를 뜯었다. 그리고 팔을 쭉 뻗어 액자를 쳐들었다. 이내 아무 말도 없이 프렌치 도어 밖으로 달려 나가 테라스로 나섰다. 햇빛 아래서 사진을 보고 싶었던 것이다.

"아름다워요!" 그녀가 테라스에서 외쳤다. "그게 이렇게 예쁠 줄 몰랐네요." 사진을 꼭 잡아들고 다시 안으로 들어오는 두 볼이 상기되어 있었다. "진짜 희한한 게 뭔지 아시우? 세상엔 엄마 사진보다 세포 사진이 더 많다는 거야. 그래서 엄마가 누군지 아무도 모르는 거 같아요. 엄마 꺼 남은 거라고는 그 세포들뿐이니까."

데보라는 침대에 앉았다. "연구실이나 세미나에도 가서 엄마 세포가 뭘 했는지 배우고 싶어. 암을 아주 고친 사람들하고 얘기도 하고 싶구." 그녀는 흥분한 소녀처럼 침대 위에서 펄쩍펄쩍 뛰었다. "그냥 그런 생각만 해도 바깥으로 다시 나가고 싶어요. 그런데 그럴 때마다 뭔 일이 벌어지고, 그러면 다시 집구석에 숨게 된다니까."

렌가워가 실험실로 한번 방문했으면 하더라고 일렀다. "감사하다는 인사도 하고, 어머니의 세포도 직접 보여주고 싶대요." 데보라는 손가락으로 사진 속 어머니의 염색체를 더듬었다. "세포를 보러 가고 싶긴 한데, 아직 준비가 안 됐어요. 갈려면 아버지와 오빠들도 같이 가야지. 그런데 내가 여기 내려온다니까 그 양반들 아주 난리를 치드만. '우린 아무것도 못 받았는데 백인들은 엄마 세포로 떼돈 벌었다'며 버럭버럭 소릴 질러대니까." 데보라는 한숨을 내쉬었다. "우린 엄마 세포에 든 어떤 걸로 부자가 되려고 하진 않아요. 엄마가 의학에서 사람들을 돕고 있는 거면 돼. 난 역사가 드러나서 사람들이 내 엄마가, 헬라가, 헨리에타 랙스라는 것만 알게 되면 그만이야. 엄마에 관한 걸 좀 찾았으면 좋겠구. 엄마가 나 젖 먹여 키웠다고 확신하지만, 확실히는 몰랐어요. 사람들이 엄마나 언니 얘긴 하질 않으니까. 둘 다 처음부터 없었던 사람 같단 말이야."

데보라는 바닥에서 토트백을 집어 들더니 안에 든 것을 침대 위에 쏟았다. 그리고 수북이 쌓인 더미를 가리켰다. "이게 다 엄마에 대해 모은 거에요." 편집되지 않은 몇 시간짜리 BBC 다큐멘터리 비디오테이프, 너덜너덜한 영어사전, 일기장, 유전학 교과서, 수많은 과학 논문, 특허 기록이 있었다. 보낼 수는 없었지만 헨리에타를 위해 준비한 생일 카드나 어머니날 카드도 있었다. 그녀는 어머니날 카드를 집었다.

"이걸 한동안 핸드백에 넣고 다녔어." 그녀가 카드를 건넸다. 흰색 배경에 분홍색 꽃들. 안에는 유려한 필체로 이렇게 인쇄되어 있었다. "가족과 소중한 이들에게 베푸신 모든 사랑으로 영예로운 오늘, 주님이자 구원자이신 하나님의 성령이 당신과 함께하기를. 기도와 사랑으로. 어머니날을 축하합니다." 밑에 서명이 있었다. "사랑해요, 데보라."

나머지는 대부분 신문과 잡지에서 오린 구깃구깃한 기사들이었다. 데보라는 위클리 월드뉴스Weekly World News라는 타블로이드 신문에 실린 헨리에타의 기사를 집었다. '불멸의 여인!'이라는 제목의 기사는 텔레파시 능력이 있는 개와 반인간, 반악어 어린이에 관한 기사 사이에 배치되어 있었다. "식료품 가게에서 이걸 처음 봤을 때, 놀라 자빠지는 줄 알았어. 엄마한테 도대체 무슨 황당한 일이 생겼다는 거야? 다들 홉킨스에서 흑인들 잡아다 지하실에서 실험을 한다고 떠들어대. 그래도 증거가 없으니까 믿지는 않았지. 그런데 엄마 세포에 대해 알고 나니 뭐가 뭔지 더 헷갈리는구만. 그 놈들이 사람 갖고 실험한다는 얘기가 어쩌면 진짠지도 모르겠어."

몇 주 전 데보라는 데이의 새 부인 마거릿이 진료를 받으러 홉킨스에 갔다가 지하실에서 뭘 보고 경악해서 돌아왔다고 했다. "엘리베이터 단추를 잘못 누르는 바람에 어두운 지하실까지 내려갔다지 뭐야. 문이 열리고 보니 안에 짐승 우리가 엄청 많더래. 집에 돌아와서 소리를 지르더라는군. '데일, 아마 못 믿을 거야. 우리 안에 사람만 한 토끼가 가득하더라니까!'" 데보라는 웃었다. "그런데, 난 그거 안 믿었어. '사람만 한 토끼?! 말도 안 돼!' 누가 사람만 한 토끼 얘길 들어봤겠어? 근데 마거릿은 나한테 항상 솔직하단 말이야. 뭔가 무시

무시한 걸 본 건 맞을 거야. 그게 뭐가 됐든."

그러고 나서 데보라는 '내일 비가 온대요'라고 하듯 대수롭지 않게 다른 얘기를 꺼냈다. "과학자들이 온갖 실험을 해대니 당최 무슨 짓을 하는지 우리는 모르잖아. 런던에 사람 꼭 엄마처럼 생긴 사람이 몇이나 돌아다니고 있을지 아직도 궁금하다니까."

"뭐라고요? 런던에 어머니하고 비슷한 사람이 있을 거라니요?"

"그 놈들이 거기서 우리 엄마를 복제했다잖아." 자료 조사를 하면서 아직 그런 사실도 모른다는 데 놀랐다는 말투였다. "영국에서 온 어떤 기자가 거기 사람들이 양을 복제했다더구만. 이제 기자들이 우리 엄마를 복제한다고 여기저기 쓰고 있다니까."

그녀는 런던의《인디펜던트》지에서 발췌한 기사를 들고 동그라미 친 곳을 가리켰다. "헨리에타 랙스의 세포가 무성하게 자라났다. 무게로 따지면 세포들은 애초에 유래한 사람보다 더 무겁고, 어쩌면 헨리에타 마을을 만들고도 남을 것이다." 기자는 헨리에타가 1951년 은행에 10달러를 예치했으면 좋았을 거라고 농담도 했다. 그랬다면 지금 그녀의 복제 생물들이 부자가 되었을 것이라면서. 데보라는 눈썹을 치켜 올렸다. 이렇게 말하려는 것 같았다. *거 봐, 내 말이 맞잖아!*

나는 과학자들이 복제한 것은 단지 헨리에타의 **세포**라고 설명하기 시작했다. 하지만 데보라는 무슨 뚱딴지 같은 소리냐는 듯 면전에서 손을 가로저어 입을 막았다. 그리고 침대에 쌓인 잡동사니에서 비디오테이프 하나를 골라 내밀었다. 테이프 옆면에 제목이 적혀 있었다.〈쥐라기 공원*Jurassic Park*〉

"나 이 영화를 수도 없이 봤어. 유전자 있잖어, 그걸 세포에서 빼내 갖고 공룡을 다시 살려낸다는 얘기야. 볼 때마다 이런 생각이 들어. '오 저런, 신문에서 보니까 저 놈들이 엄마 세포로 똑같이 했다던데!' 다른 비디오테이프도 집어 들었다. 이번엔 〈더 클론The Clone〉이라는 TV 영화였다. 아기를 갖지 못하는 어떤 의사가 사고로 어린 아들을 잃은 환자에게서 몰래 채취한 여분의 배아로 그녀의 아들을 여럿 복제한다는 줄거리였다.

"의사가 그 여자 세포를 떼다가 그 여자 아들하고 똑같이 생긴 꼬마들을 만들었지 뭐야. 그 가여운 여자는 복제된 아들이 어떤 가게에서 나오는 걸 보고서야 아들이 여럿 복제됐단 걸 알았지. 우리 엄마 복제인간들이 어딘가에서 돌아다니는 걸 보면 어떻게 해야 할지 막막하다니까."

데보라는 영화들이 허구임을 이해했다. 하지만 몇 년 전 아버지가 헨리에타의 세포가 아직 살아 있다는 전화를 처음 받은 때부터 공상과학과 현실의 경계가 흐릿해졌다. 그녀는 어머니의 세포가 영화 〈우주생명체 블롭The Blob〉의 괴물처럼 자라나 지구를 여러 겹 덮고도 남을 정도라고 알고 있었다. 황당하게 들렸지만 정말 그렇게 믿었다.

"아가씬 절대 모를 거야." 데보라가 수북이 쌓인 더미에서 기사 두 개를 골라 건네면서 말했다. 제목은 '인간, 식물세포와 융합 – 다음엔 걸어 다니는 당근?Human, Plant Cells Fused: Walking Carrots Next?'과 '실험실에서 자라는 인간–동물 세포Man-Animal Cells Bred in Lab'였다. 모두 헨리에타의 세포에 관한 내용으로 공상과학은 아니었다.

"난 그 자들이 뭘 한 건지 아직도 모르겠어. 그냥 다 쥬라기 공원 같다니까."

그후 사흘간 데보라는 아침마다 객실로 찾아왔다. 침대에 앉아 마음속에 쌓아 둔 것들을 풀어내다가, 분위기를 좀 바꾸고 싶을 땐 함께 수상택시도 타고 볼티모어 항구를 따라 걷기도 했다. 게, 햄버거, 감자튀김을 먹고 시내를 운전해 돌아다녔다. 데보라가 어릴 적에 살았던 집들을 찾아가 보기도 했다. 대부분 빗장을 지른 폐가였다. 정면에는 '수용' 딱지가 붙어 있었다. 우리는 밤낮을 같이 보냈고, 나는 그녀의 이야기에 몰입해 최대한 많이 기록했다. 그녀가 마음을 바꾸고 입을 닫아버릴까봐 항상 걱정스러웠다. 사실 입을 열기 시작한 데보라가 다시 멈출 것 같지는 않았다.

데보라의 세상에 고요라고는 없었다. 그녀는 소리도 잘 질렀고, 항상 가늘고 높은 웃음으로 말끝을 맺었다. 주변의 모든 것이 나름의 감상을 내놓았다. "와, 저 나무 진짜 크네!" "저 차, 녹색이 아주 멋지지?" "오, 세상에. 이렇게 예쁜 꽃은 정말 처음 보는군." 거리를 걸을 때면 관광객, 청소부, 부랑자들에게 말을 걸고, 지나치는 사람마다 지팡이를 흔들면서 일일이 인사했다. "이봐요, 다들 안녕들 하셔?"

데보라는 이상하리만치 매력적인 기벽奇癖이 많았다. 소독액 병을 차에 싣고 다니다 반 장난 삼아 여기저기 뿌려댔다. 내가 재채기를 할 때 코앞에 몇 번 뿌리기도 했지만, 대개 불결해 보이는 곳에 정차했을 때 창밖에 뿌렸다. 말할 때 지팡이로 제스처를 취하기도 했다. 주의해서 들으라고 지팡이로 내 어깨를 두드리거나, 요점을 강조하기 위해 내 다리를 탁 치기도 했다.

데보라가 지팡이로 나를 처음 쳤을 때, 우린 객실에 나란히 앉아 있었다. 그녀는 빅터 매쿠식이 쓴《의학유전학》교과서를 건네며 말했다. "암 검사에 쓴다고, 내 피가 필요하대서 이 양반을 만났지." 나는 헨리에타의 세포를 연구하는 데 쓰려고 한 것이지, 그녀나 오빠들의 암 검사를 하려고 피를 뽑은 것은 아니라고 말해주었다. 바로 그때 그녀가 지팡이로 내 다리를 쳤다.

"염병할! 이제야 아가씨가 말해주네! 내가 그 양반한테 피검사랑 엄마 세포에 대해 물었더니 이 책 한 권 달랑 주더구만. 그러고 얼른 집에 가라고 내 등을 두드리더라니까." 그녀는 팔을 뻗어 앞표지를 넘겨 보여주었다. "사인까지 해주더라고." 그녀가 눈을 부라렸다. "그 지랄맞은 게 뭔 말인지도 같이 얘기해줬으면 좀 좋았겠어?"

데보라와 나는 몇 시간 동안 침대에 가로 누워, 그녀가 가져온 서류를 읽고 그녀의 삶에 대해 이야기했다. 셋째 날 만남이 거의 끝나갈 무렵, 나는 베개 위에 놓인 짙은 황갈색 서류 폴더를 발견했다.

"저게 어머님 진료 기록인가요?" 나는 그쪽으로 손을 뻗었다.

"안 돼!" 데보라가 눈이 휘둥그레지면서 소리쳤다. 그리고 손에서 놓친 럭비공을 잡기라도 하듯 몸을 날려 폴더를 덮치더니 가슴에 끌어안고 온몸으로 감쌌다.

나는 여전히 봉투가 있던 베개 쪽으로 손을 뻗은 채, 너무 놀라서 꼼짝도 못 하고 앉아 있었다. "저…… 전 말이에요…… 전 그게 아니라……" 내가 더듬거렸다.

"그려, 아가씬 당연히 아니겠지!" 그녀가 말을 끊었다. "지금 우리 엄마 진료 기록에다 무슨 짓을 하려는 거야?"

"저 보라고 거기 놓아두신 줄 알았어요…… 죄송해요…… 그거 지금 보지 않아도 돼요…… 괜찮아요."

"우린 아직 준비가 안 됐다니까!" 데보라가 말을 낚아챘다. 두 눈에 당황한 기색이 역력했다. 가방을 움켜쥐더니 꺼냈던 것들을 전부 도로 집어넣고, 문 쪽으로 내달렸다.

어안이 벙벙했다. 며칠 동안 옆에 누워 웃고, 툭툭 치고, 위로도 했던 그녀가 이제 내가 자신을 잡으러 오기라도 했다는 듯 도망치고 있었다.

"데보라!" 뒤에서 그녀를 불렀다. "전 나쁜 짓을 하려는 게 아니에요. 전 그저 당신처럼 어머님에 대해 알고 싶은 거라구요."

데보라가 휙 돌아섰다. 두 눈은 여전히 겁에 질려 있었다. "도대체 나는 누굴 믿어야 할지 모르겠어." 그녀가 쏘아붙였다. 그리고 얼른 밖으로 나가 세차게 문을 닫아 버렸다.

2000년

제카리아

다음날, 데보라는 아무 일도 없었다는 듯 프런트에서 전화했다. "좀 내려와봐. 제카리아를 만나볼 때가 됐구만. 그 놈이 자꾸 아가씨에 대해서 물어본단 말이야."

드디어 제카리아를 만나게 됐다고 들뜨지는 않았다. 어머니에게 일어난 일에 대해 가장 분노하고, 누구든 걸리면 본때를 보이겠다며 벼른다는 소리를 여러 차례 들었다. 서른인 내 나이가 그나마 도움이 되기를 바랐다. 내가 어머니에 대한 궁금증을 갖고 그의 아파트를 찾는 첫 백인이라는 점이 화풀이 계획을 좀 누그러뜨릴 것도 같았다.

밖으로 나와 데보라를 따라 차까지 걸었다. "깜방에서 나온 뒤로 그 놈은 뭐 하나 되는 일이 없어. 하지만 걱정하진 말구. 이제 그 놈도 엄마에 대해 말할 준비가 됐다는 확신이 꽤 드니까."

"확신이 꽤 드신다고요?"

"그러니까, 엄마에 대한 정보를 복사해서 그 녀석한테 가끔 줬는데 하루는 아주 날 잡아먹으려 하더라고. '엄마 얘기는 정말 더 듣고 싶지 않아. 엄마 세포를 강간질한 그 염병할 의사 새끼들 얘기는 하지도 말아!' 하고 아주 고래고래 악을 쓰면서 달려드는 거야. 그 담부터는 절대 안 했지 뭐." 그녀는 대수롭지 않다는 듯 어깨를 으쓱했다. "그런데 오늘은 아가씨가 뭘 물어봐도 괜찮대. 그 자식 술 마시기 전에 얼른 가야 해."

데보라의 차에서는 두 손자 데이번과 앨프리드가 뒷좌석에 앉아 서로 소리를 지르고 있었다. 각각 여덟 살, 네 살 정도 되었다. "고 녀석들, 금쪽같은 내 새끼들!" 둘 다 해맑은 미소에 검고 큰 눈망울이 숨 막히게 예뻤다. 앨프리드는 칠흑같이 까만 플라스틱 선글라스 두 개를 겹쳐 쓰고 있었다. 두 개 모두 얼굴보다 세 배는 더 커 보였다.

"리베카 양!" 차에 오르는데 앨프리드가 외쳤다. "리베카 양!"

나는 고개를 돌렸다. "응?"

"사랑해요."

"고맙기도 해라."

다시 데보라에게 고개를 돌렸다. 그녀는 제카리아에게 해선 안 되는 말들을 일러주었다.

"리베카 양! 리베카 양!" 앨프리드가 선글라스를 코끝으로 끌어내리고 두 눈썹을 오므리면서 다시 외쳤다. "아가씬 내 거야!"

"저런, 입 닥치지 못해!" 운전석에 앉은 데보라가 뒤돌아서 아이를 찰싹 때렸다. "아이고 하나님, 저 놈은 꼭 지 애비 닮아서 여자들 꽁무니라니까." 그녀가 고개를 절레절레 흔들었다. "아들 녀석도 허구한 날 싸돌아다니기만 해. 술 처먹고 마약하구. 딱 지 애비 판박이야. 그러다 사고라도 칠까봐 조마조마해 죽겠어. 앨프리드에게도 뭔 일이 생길지 모르겠고. 너무 일찍 까져서 큰 걱정이야."

앨프리드는 데이번이 나이도 많고 덩치도 더 큰데도 곧잘 형을 주먹으로 때리곤 했다. 하지만 데이번은 데보라의 허락 없이는 절대 되받아 치지 않았다. 아이들에게 제카리아 아저씨 얘기를 해달라고 했더니, 데이번은 가슴을 앞으로 쑥 내밀고 콧구멍이 사라질 정도로 코를 들이마신 다음 외쳤다. "당장 꺼져!" 여덟 살짜리 답지 않게 목소리가 아주 굵고 깊었다. 데이번과 앨프리드는 웃겨 죽겠다며 얼싸안고 난리였다. "테레비에 나오는 레슬링 선수 같아요!" 데이번이 숨넘어갈 듯 웃으며 말했다.

앨프리드는 괴성을 지르며, 제자리에서 들썩거렸다. "레슬링!! 레슬링!!"

데보라가 날 보며 씩 웃었다. "걱정 말아. 내가 그 놈을 어떻게 다룰지 아니까. 아가씨는 그 패거리가 아니라고 계속 얘기했어. '리베카는 연구하는 놈들도 아니고, 존홉킨에서 일하지도 않는다. 자기 혼자 일한다.' 녀석이 이러더라고. '난 괜찮아. 미친 짓 절대 안 한다니까.' 그래도 낌새가 좀 이상하다 싶으면 후딱 밖으로 튀자고."

폐업한 상점, 패스트푸드 식당과 술집이 늘어선 거리를 몇 블록 지나는 동안 우리는 아무 말도 하지 않았다. 어딘가에서 데이번이 자기 학교를 가리키면서 금속탐지기 얘기를 했다. 학교에서 수업시간에 어떻게 학생들을 교실에 붙잡아 두는지도 말했다. 데보라가 내 쪽으로 몸을 숙이더니 속삭였다. "동생 녀석은 항상 인생에서 뭔가 억울하게 당했다고 생각해. 엄마가 걔를 가진 지 넉 달 만에 병이 덮쳤거든. 이래저래 맺힌 게 많지. 그니까 아가씬 꼭 그 녀석 이름을 안 틀리게 불러줘야 해."

데보라는 내 발음이 틀렸다고 했다. 제카리아의 면전에서 그렇게 부르면 안 된다는 것이었다. 그는 자기 이름을 '잭-아-뤼-어Zacka-RYE-uh'가 아니라 '저-칼-이-어Zuh-CAR-ee-uh'로 발음했다. 바벳과 소니는 그 발음을 제대로 기억하지 못해 중간 이름인 '압둘'로 불렀다. 물론 옆에 없을 때만 말이다.

"무슨 일이 있어도, '조'라고 부르면 안 돼." 데보라가 당부했다. "언젠가 추수감사절에 로런스 오빠 친구가 조라고 불렀는데 바로 감자으깬 데다가 처박아 버렸다니까!"

HENRIETTA LACKS

제카리아는 쉰 살이 다 되었고, 생활보조시설에서 지냈다. 거리를 전전할 때 데보라가 그곳을 알선했다. 귀가 잘 안 들렸고, 안경 없이는 거의 장님이나 마찬가지여서 입주 자격을 충족했다. 여기서도 그리 오래 지낸 것은 아닌데, 다른 입주자들에게 너무 시끄럽고 공격적이어서 벌써 근신 중이었다.

모두 차에서 내려 현관까지 걸어가는데, 데보라가 큰 소리로 목청을 가다듬으며 아파트 건물에서 뒤뚱뒤뚱 걸어 나오는 카키색 바지차림의 덩치 큰 남자에게 고개를 끄덕였다. 175센티미터 정도의 키에 몸무게는 거의 180킬로그램에 육박했다. 하늘색 발 변형 교정용 샌들을 신고, 밥 말리Bob Marley가 새겨진 색 바랜 티셔츠를 입었다. 머리엔 '햄, 베이컨, 소시지'라고 적힌 흰색 야구모자를 썼다. "어이, 제카리아!" 데보라가 손을 머리 위로 흔들면서 외쳤다.

제카리아는 걸음을 멈추고 우리를 바라보았다. 검은 머리를 아주 짧게 깎았고, 얼굴은 데보라와 마찬가지로 부드러우면서도 젊은 기운이 넘쳤다. 다른 점이 있다면 오랜 세월 찌푸린 탓인지 이마에 주름이 선명했다. 두꺼운 플라스틱 안경 아래 두 눈은 충혈된 채 부어고, 눈 주위에는 다크 서클이 짙게 둘러 있었다. 한 손에는 데보라 것과 똑같은 금속 지팡이를 짚었고, 다른 손엔 아이스크림이 듬뿍 담긴 커다란 일회용 접시를 들었다. 한 통, 아니 그보다 많아 보였다. 겨드랑이에는 신문 광고면 여러 장을 접어서 끼고 있었다.

"한 시간 안에 온다더니." 그가 딱딱거렸다.

"어…… 그러게…… 미안." 데보라가 웅얼거렸다. "오늘은 어째 차도 안 막히드라."

"난 아직 준비가 덜 됐는데." 그는 이렇게 말하고는 겨드랑이의 신문지 뭉치를 쥐더니 데이번의 얼굴을 후려쳤다. "이것들은 왜 데리고 왔어?" 그가 고함을 질렀다. "애들 얼쩡대는 거 싫어하는 줄 알면서."

데보라는 데이번의 머리를 감싸 안고 볼을 쓰다듬으며, 부모가 모두 일하고 있어서 돌볼 사람이 없다고 중얼거렸다. "니들 시끄럽게 안 할 거지?" 하면서 조용히 시키겠다고 맹세까지 했다. 제카리아는 아무 말 없이 휙 돌아서 아파트 건물 앞 벤치로 걸어갔다.

데보라는 내 어깨를 툭 치더니 건물 입구 반대쪽의 벤치를 가리켰다. 제카리아가 앉은 벤치에서 족히 5미터는 떨어져 있었다. "우리는 저기 앉자구." 그녀는 속삭이더니 아이들을 향해 외쳤다. "애들아, 이리 와봐, 리베카 이모한테 달리기 얼마나 잘하는지 좀 보여줘라!" 앨프리드와 데이번은 건물 앞쪽 막다른 시멘트 길을 달리면서 외쳤다. "나 좀 봐요! 나 좀 보라구요! 사진 찍어주세요!"

제카리아는 우리가 그 자리에 없다는 듯 신문 광고를 훑으며 아이스크림을 먹었다. 데보라는 몇 초에 한 번씩 힐끔힐끔 눈길을 던졌다. 내게로, 아이들에게로, 다시 제카리아에게로 시선을 부지런히 옮겼다. 한번은 눈을 질끈 감더니 제카리아 쪽으로 혀를 내밀었지만,

그는 보지 못했다.

마침내 제카리아가 입을 열었다. "잡지 갖고 왔소?" 바닥을 내려다보며 그가 물었다. 제카리아는 나와 얘기하기 전에 내가 《존스 홉킨스 매거진》에 썼던 헨리에타에 관한 기사를 먼저 읽어봐야겠다고, 또 기사를 읽는 동안 내가 옆에 있어야 한다고 데보라에게 말했었다. 데보라는 나를 쿡 찔러 그의 벤치 쪽으로 슬슬 밀더니, 갑자기 벌떡 일어섰다. 그리고 좁은 방보다 날씨 좋은 바깥에서 둘이 얘기하는 것이 좋겠다며, 자신과 아이들은 위층에서 기다리겠다고 했다. 밖은 섭씨 30도가 넘는 데다 숨이 막힐 정도로 습했지만, 데보라도 나도 내가 제카리아와 단둘이 방에 들어가는 것을 원치 않았다.

"난 저기 창문으로 보고 있을게." 데보라가 몇 층 위쪽을 가리키며 속삭였다. "안 되겠다 싶으면 손을 흔들어요. 그럼 바로 내려올게."

데보라와 아이들은 건물 안으로 걸음을 옮겼다. 나는 제카리아 쪽으로 옮겨 앉아 왜 왔는지 얘기했다. 그는 한마디 말도 없이, 심지어 나를 보지도 않고 내 손에서 잡지를 가져가더니 읽기 시작했다. 그는 종종 한숨지었다. 그때마다 내 가슴은 콩닥거렸다.

"엠병할!" 그가 갑자기 외쳤다. 헨리에타의 막내 아들이 소니라고 쓴 사진 설명을 가리키고 있었다. "형이 막내가 아니야! 나라구!" 제카리아가 잡지를 바닥에 팽개쳤다. 당연히 그가 막내라는 것을 알고 있으며, 사진 설명을 단 것은 잡지사지 내가 아니라고 했다. 그는 바닥에 떨어진 잡지를 뚫어지게 바라보았다.

"내가 태어난 거 자체가 기적이요. 엄마는 날 무사히 낳으려고 태어날 때까지 기다렸다가 병원에 간 게 확실해요. 그렇게 암 덩어리로 가득 차서 아픈 엄마한테서 태어난 애새끼가 바로 나다, 이 말이요.

그런데 난 아무 육체적 고통도 안 겪었다? 이게 다 하나님의 섭리겠지." 그는 내가 옆에 앉은 후 처음으로 나를 바라보고는 손을 들어 보청기를 켰다.

"저 멍청한 애새끼들 떠드는 소리 듣기 싫어 꺼 뒀소." 그가 찍찍거리는 잡음이 안 나게 볼륨을 조절하면서 말했다. "그 의사들이 한 짓거리는 틀렸다고 나는 믿소. 우리한테 25년 동안 거짓말하고, 그 세포를 우리한테서 감추고, 그리고 엄마가 세포를 기증했다고 떠들어 댄 거요. 훔쳐간 거라니까! 그 바보들이 검사한다고 피 뽑으러 왔을 때도 그 오랜 세월 동안 엄마를 이용해서 돈벌이한 건 우리한테 입도 뻥긋 안 했다? 그건 '난 머저리야. 엉덩짝을 걷어차줘'라고 우리 등짝에 써 붙여준 꼴이 아니요? 사람들은 우리가 찢어지게 가난한 줄을 잘 몰라. 엄마 세포 덕에 잘 산다고 생각할지도 모르지. 조지 그레이가 지옥불에 타버렸음 좋겠어. 진작에 안 죽었다면, 내 시커먼 쇠스랑으로 똥구멍을 콱 쑤셔버렸을 거야."

나는 생각할 겨를도 없이 반사적으로 대답했다. "조지 가이예요, 그레이가 아니고."

제카리아는 바로 맞받아쳤다. "이름이 뭐 대수요? 정작 우리 엄마를 헬렌 레인이라 떠든 게 그 놈이라고!" 그는 벌떡 일어서더니 나를 위압적으로 내려다보며 외쳤다. "그 놈이 한 짓거리는 틀려 먹었어! 틀려도 한참 틀렸지. 하나님한테 한번 물어보라고. 그 놈들이 엄마 세포를 훔쳐 영원히 살려 놓고 약을 만든 게 하나님의 뜻이라고들 떠드는데, 난 그렇게 생각 안 해. 하나님이 치료법을 주고 싶으면 그분의 치료법을 주셨을 거야. 인간이 수작부리는 게 아니야. 뒷구녕으로 거짓말 쳐가며 사람 복제하는 것도 아니고. 그게 틀려먹었다, 이 거야. 뭣보다 그런 짓거리들이 제일 열불나는 거야. 아가씨가 빤스 내리고 있는데 내가 변소간 열고 들어가는 거나 마찬가지야. 모욕도 그런 모욕이 없어. 그게 바로 그 놈이 지옥불에 탔으면 좋겠다는 이유야. 여기 있었으면, 내가 그 놈을 죽여버릴 거야."

갑자기 데보라가 물 한 컵을 들고 나타났다. "그냥 목마를 거 같아서." 제카리아가 내 앞에 서서 소리를 질러 대는 것을 보고 내려온 것이었다. 그녀는 '대체 뭐가 어찌 돼가는 거야?'라고 묻듯 엄숙한 목소리로 말했다. "여기 다 괜찮은 거지? 아직도 취재하는 거야?"

"응." 제카리아가 대답했다. 하지만 데보라는 한 손을 그의 어깨에 올리면서 아무래도 모두 안으로 들어가는 것이 좋겠다고 했다.

우리가 아파트 현관 쪽으로 걸어가는데 제카리아가 나를 향해 돌아섰다. "의사들이 그러는데 말이야, 엄마 세포가 엄청 중요하고, 사람들을 도우라고 이것저것 했다더구만. 그런데 정작 우리 엄마한테는 좋은 일 하나 한 게 없어. 우리한테도 마찬가지구. 누님이나 나나 뭐가 필요해도 할 수가 없어. 정작 우린 돈이 없어서 의사한테도 못 간단 말이야. 엄마 세포 덕을 보는 인간은 돈 있는 것들뿐이야. 어느 놈인지 몰라도 엄마 세포 팔아먹은 놈들만 부자 되고 우린 아무것도 얻는 게 없었다고." 그는 고개를 가로저었다. "그 염병할 인간들은 요만큼도 엄마 도움 받을 가치가 없는 놈들이야."

HENRIETTA LACKS

제카리아의 아파트는 작은 원룸이었다. 길쭉한 부엌이 딸렸는데, 데보라와 아이들은 그곳 창을 통해 우리를 내려다보았다. 가재도구

라야 픽업 트럭에 실을 정도밖에 되지 않았다. 작은 플라스틱 탁자 하나, 나무의자 둘, 매트리스만 있는 1인용 침대 하나, 플라스틱 침대 깔개에 짙은 감색 침대보가 전부였다. 이불이나 베개도 없었다. 침대 맞은편에 작은 텔레비전이 있고, 그 위에 비디오테이프 재생기가 간신히 자리잡고 있었다.

벽면에는 사진 몇 장을 한 줄로 붙여 놓았다. 헨리에타의 '양손 허리춤' 사진이 그녀의 유일한 다른 사진 하나와 나란히 붙어 있었다. 1940년대의 어느 날 한 사진관에서 찍은 사진 속에서 헨리에타와 데이는 등을 꼿꼿이 세운 채 눈을 크게 뜨고 앞을 응시하고 있다. 두 사람의 입은 웃음기 없이 어색하게 굳어 있다. 누군가 사진을 다시 손봤는지 헨리에타의 얼굴을 부자연스러운 노란색으로 칠해 놓았다. 그 옆에는 숨이 멎을 듯 예쁜 엘시의 사진이 있었다. 현관의 하얀 난간을 배경으로 마른 꽃바구니 옆에 서 있는 그녀는 여섯 살 정도이고, 격자무늬 원피스에 하얀 티셔츠, 짧은 양말에 구두 차림이다. 땋았던 머리가 느슨하게 풀렸고, 가슴 쪽으로 당긴 오른손에 뭔가를 쥐고 있다. 입은 살짝 열려 있고 주름 잡힌 눈썹엔 근심기가 흐른다. 두 눈은 멀리 오른쪽 어딘가를 보고 있다. 데보라는 거기에 엄마가 서 있었을 것으로 생각한다.

제카리아는 사진들 옆에 걸려 있는 용접, 냉동, 디젤 관련 자격증들을 가리켰다. "염병할 자격증이 저리 많은데 아무 짝에도 쓸모가 없어. 전과 땜에 받아주질 않아. 그러니 아직까지 문제투성이 아니겠소." 그는 출소 후에도 줄곧 폭행, 주사, 경범죄 등 다양한 이유로 고발되어 온갖 법적인 징계를 당했다.

"그 놈의 세포 땜에 내가 요 모양 요 꼴이오. 사람도 되기 전에 쌈

박질부터 했으니까. 아, 엄마 뱃속에서 그 놈의 암세포들한테 안 질려면 싸우는 수밖에 더 있었겠소? 요만한 애기 때부터 쌈만 했으니까, 딴 건 아무것도 몰라."

데보라는 그보다 더 나쁜 영향을 끼친 것이 있다고 생각했다. "사악한 에설년이 재한테 증오를 가르친 거야. 증오의 마지막 한 방울까지 그 작은 몸에다 짜 넣었어. 살인마의 증오를 심어준 거지."

에설이란 이름을 듣자 제카리아는 콧방귀를 뀌었다. "그 사나운 미친년하고 사는 것보다 감옥이 훨씬 나았다구!" 그가 실눈을 뜨고 외쳤다. "그년이 나한테 한 짓은 이루 말로 다 못해. 그걸 생각하면 그냥 쫓아가서 그년이고 아버지고 다 죽여버리고 싶어. 아버지 땜에 엄마를 어디다 묻었는지도 모른단 말이야. 그 머저리가 죽으면 나도 똑같이 할 거야. 뭐, 그 양반이 병원에 갈 만치 아프다고? 택시 타라 그래! 엄마를 파묻은 그 가족 같지 않은 것들도 다 똑같아. 깜둥이 새끼들, 아주 꼴도 보기 싫다니까."

데보라가 움찔했다. "거 봐. 저러니까 아무도 재하고 말을 안 할라고 하지. 지 멋대로니까. 재 말에 화날 줄 알면서도, 그냥 얘기하게 놔뒀구만. 열 받았으니까 풀어야지 않겠수? 안 그러면 계속 저러고 있을 테니까. 그러다 폭발해버릴지도 모르고."

"미안해요." 제카리아가 말했다. "엄마 세포가 딴 사람들한테 좋은 일 많이 했다는 거 알아요. 하지만 나는 엄마가 있었으면 더 좋았을 거요. 엄마가 살아 있었다면 나도 지금보다는 훨씬 나은 사람이 되었을 테니."

데보라는 손자들을 무릎에 눕힌 채 침대 위에 앉아 있다 일어섰다. 그리고 제카리아에게 다가가 팔로 그의 허리를 감쌌다. "자, 나랑 차까지 같이 가자. 너한테 줄 것이 있다."

밖으로 나온 데보라는 지프차의 문을 열어젖히고 담요, 옷, 종이더미를 뒤져 크리스토프 렌가워가 보낸 헨리에타의 염색체 사진을 찾아냈다. 그리고 손가락으로 유리를 살며시 쓰다듬더니 제카리아에게 건넸다. "뭐야, 이게? 혹시 엄마 세포야?" 그가 물었다.

데보라가 고개를 끄덕였다. "밝게 염색한 데 보이지? 거기에 다 엄마 DNA가 있대."

제카리아는 사진을 눈높이로 들더니 조용히 들여다보았다. 데보라가 그의 등을 쓰다듬으며 속삭였다. "이걸 가질 사람은 바로 너야, 제카리아." 제카리아는 사진을 이리저리 돌리며 한참 동안 들여다보았다. "나보고 가지라고?" 마침내 그가 입을 열었다.

"그래, 니가 갖고 있으면 좋겠다. 벽에다 걸어 둬두 좋구."

제카리아의 눈에 눈물이 고였다. 잠깐 동안 눈 주위의 다크서클이 사라지는 것 같았다. 몸도 한결 편안해졌다. "그래." 그가 부드럽게 대답했다. 그날 줄곧 들었던 목소리와는 전혀 딴판이었다. 그는 데보라의 어깨 위에 팔을 걸쳤다. "누나, 고마워."

데보라는 두 팔을 길게 뻗어 제카리아의 허리를 감싸고 꼭 껴안았다. "이걸 준 의사가 그랬대. 엄마 세포를 갖고 일하면서도 어디서 왔는지 생판 몰랐다고. 그래서 미안하다고."

제카리아가 나를 쳐다보았다. "그 양반 이름이 뭐요?"

나는 이름을 알려주었다. "그분이 자녀분들을 만나 세포를 보여주고 싶어해요."

제카리아는 여전히 데보라의 어깨를 감싼 채 고개를 끄덕였다. "알았소." 그가 말했다. "그거 좋은 생각이네. 보러 갑시다." 그리고 아파트 건물을 향해 천천히 발걸음을 옮겼다. 액자를 눈높이까지 들고, 앞은 전혀 보지 않은 채 어머니 세포 속의 DNA만 들여다보면서.

죽음의 여신, 헬라

내가 마라톤에 가까운 방문을 마치고 집으로 돌아온 이튿날, 전혀 모르는 남자가 데보라에게 전화해 '헬라'라는 꽃마차가 등장하다니 흑인 로데오 퍼레이드라도 벌이는 거냐며 빈정거렸다. 그는 헨리에 타의 무덤이 어디 있는지 찾아내려는 사람들을 조심하라고 일렀다. 헨리에타의 몸이 과학에 매우 유용하기 때문에 사람들이 유골을 훔 칠지 모른다는 것이었다. 데보라가 책 때문에 나를 만난다고 하자, 그는 백인에게는 아무 말도 하지 말라고 경고했다. 그녀는 당황해서 오빠에게 전화를 걸었고, 로런스는 그 남자 말이 옳다고 했다. 데보 라는 더이상 나와 얘기할 수 없다는 메시지를 남겼다. 그러나 내가 메시지를 확인하고 전화를 걸었을 때는 다시 마음을 돌린 뒤였다.

"사람들이 맨날 부르짖잖아. '인종차별! 인종차별! 저 백인 남자가 저 흑인 여자 세포를 훔쳤다! 저 백인 남자가 저 흑인 여잘 죽였다!' 그건 미친 소리야." 그녀가 말을 이었다. "우린 모두 까맣기도 하고 허옇기도 하잖아. 아니면 또 다른 색이거나. 이건 인종문제가 아니 야. 이 얘기엔 양면이 있어. 그게 바로 우리가 꺼내고 싶은 문제고. 그 냥 과학자들 엿 먹일라는 거면, 엄마에 관한 진실을 밝혀서 뭐 해? 의사들 벌 주거나 병원 골탕 먹이려고 그러는 게 아니야. 그런 거 원치도 않아."

데보라와 나는 1년 넘도록 이렇게 죽이 잘 맞았다. 그녀를 찾을 때마다 함께 볼티모어 항구를 걷고, 보트를 타고, 과학에 관한 책을 읽고, 어머니의 세포에 대해 얘기했다. 데이번과 앨프리드를 데리고 메릴랜드 과학센터에도 갔다. 형광 녹색으로 염색된 세포의 현미경 확대 사진이 6미터 높이의 벽 전체에 도배되어 있었다. 데이번이 내 손을 잡아 끌고 세포 사진 앞으로 다가가서 소리쳤다. "리베카 양! 리베카 양! 헨리에타 노할머니 맞죠?" "응, 그럴지도 모르지" 하고 대답하자 사람들이 우리를 쳐다보았다. 데이번은 신이 나서 노래를 부르며 뛰어다녔다. "헨리에타 할머니 유명해! 헨리에타 할머니 유명해!"

한번은 밤늦게 펠스 포인트의 자갈길을 걷다가 그녀가 내게 돌아서서 진지하게 말했다. "때가 되면 말이야, 진료 기록을 가지고 올게." 지난번에 진료 기록을 낚아채 집으로 내달린 것은 내가 훔칠지도 모른다는 생각이 들어서였다고 했다. "난 그저 믿을 만한 사람이 필요했어. 아무것도 안 감추고 솔직하게 다 말해줄 사람 말이야." 그녀는 아무것도 숨기지 않겠노라 약속해달라고 했다. 나는 절대로 숨기지 않겠다고 맹세했다.

데보라와 만나는 사이사이에도 매주 몇 시간씩 그녀와 통화했다. 이따금 누군가 백인을 믿고 어머니 이야기를 해주면 안 된다고 하면, 그녀는 겁을 잔뜩 집어먹고 내게 전화를 걸었다. 사람들의 얘기처럼 내가 정보를 얻어내는 대가로 홉킨스에서 돈을 받는 것은 아닌지 솔직히 말해달라고 했다. 어떤 유전학 교과서 출판사에서 헨리에타의 사진을 싣는 대가로 300달러를 주겠다는 전화를 받고는 액수가 적절한지 미심쩍어하기도 했다. 데보라가 2만 5천 달러는 줘야 한다고 하자 출판사는 포기했다. 그녀는 곧바로 내게 전화해 책을 쓰는 대가로 돈을 받기로 했는지, 자기에게 얼마를 줄 것인지 물었다.

내 대답은 한결같았다. 나는 아직 책의 판권을 팔지 않았고, 대출한 학자금과 신용카드로 자료 조사 비용을 대고 있었다. 어쨌든 이야기를 해주는 대가로 그녀에게 돈을 줄 수는 없다고 했다. 대신에 만약 책이 출판되면 헨리에타 랙스의 자손들을 위한 장학재단을 만들계획이라고 밝혔다. 기분이 좋은 날이면 데보라는 이 계획에 신이 나서 말했다. "교육이 전부지. 내가 쫌만 더 배웠으면 엄마 노릇이 이만치 힘들진 않을 거야. 맨날 데이번한테 '공부 열심히 해야 한다. 힘 닿는 데까지 배워야 해'하고 잔소리하는 것도 다 그 때문이야." 침울한 날엔 내가 거짓말을 한다고 생각해 상대도 하지 않으려고 했다.

그러나 그런 시간이 오래가지는 않았다. 데보라는 항상 아무것도 숨기지 않겠다고 다시 약속해달라고 하면서 의심을 풀었다. 결국 나는 원한다면 자료 조사에 동행해도 좋다고 했다. "병원이나 대학 같은 데 다 가보고 싶구먼. 여기저기 알아도 둘 겸 말이야. 언니 진료 기록하고 부검 보고서도 받아냈으면 싶구."

나는 헨리에타에 관해 알아낸 정보를 소포로 데보라에게 보내기 시작했다. 과학 저널에 실린 논문, 헬라 세포 사진, 심지어 헬라를 소재로 한 장단편 소설이나 시도 보냈다. 미친 과학자가 광견병을 퍼뜨리기 위해 헬라 세포를 생물학 무기로 사용한다는 소설이 있는가 하면, 말을 하는 헬라 세포를 이용해 만든 노란색 주택용 페인트가 등장하는 소설도 있었다. 헬라 세포와 관련된 전시회 소식도 알려주었다. 어떤 예술가는 전시장 벽에 헬라 세포를 투사했고, 다른 예술가는 자기 세포와 헬라를 융합해 배양한 심장 모양의 세포를 전시했다. 소포 꾸러미마다 내용물이 무엇을 의미하는지 설명하는 쪽지를 동봉했다. 어느 것이 허구이고 어느 것이 사실인지 구분하는 딱지를 붙였고, 자칫 화가 날 만한 내용은 미리 언질을 주었다.

소포를 받을 때마다 데보라는 내게 전화를 걸어 읽은 것에 대해 얘기했다. 놀라서 전화하는 횟수는 점차 줄었다. 내가 자기 딸과 동갑임을 안 뒤부터는 '자기'라고 부르기 시작했다. 나 혼자 고속도로를 운전하고 다니는 것이 걱정스럽다며 휴대전화를 사야 한다고 우겼다. 내가 그녀의 오빠들과 얘기하면 반 농담으로 소리를 지르기도 했다. "내 담당기자 뺏을라고? 오빠 기장 따로 알아보라니까!"

처음으로 함께 여행을 떠나려고 만났을 때, 그녀는 온통 검은색으로 차려 입고 차에서 내렸다. 발목까지 내려오는 검은색 치마에 굽 있는 검은색 샌들을 신고, 단추를 풀어 헤친 검은색 카디건 안에 검은색 셔츠를 입었다. 포옹으로 인사한 후, 그녀가 말했다. "나도 내 기자처럼 입어봤지!" 그리고 단추를 채워 입은 내 검은색 셔츠와 검은색 바지, 검은색 부츠를 가리키며 덧붙였다. "자기는 항상 검은색만 입드라고. 죽이 맞으려면 이렇게 입어야 하지 않겠어?"

여행을 나설 때면 데보라는 언제 필요할지 모른다며 갖가지 신발이며 옷을 지프에 가득 싣고 다녔다. "날씨가 언제 변덕을 부릴지 알 수가 있어야지." 어디에서 옴짝달싹 못 할지 모른다며 베개와 담요를 챙겼고, 더울 때를 대비해 선풍기도 준비했다. 미용학원에서 받은 머리 손질 기구와 매니큐어 세트, 비디오테이프 상자, 음악 CD, 사무용품, 헨리에타에 관해 수집한 모든 자료도 항상 싣고 다녔다. 아직 내 차에 동승할 만큼 나를 신뢰하지는 않았기에, 우리는 항상 차

두 대로 움직였다. 나는 데보라의 검은색 운전 모자가 팝음악에 맞춰 위아래로 춤추는 것을 보며 뒤따라 달렸다. 모퉁이를 돌거나 신호등 앞에 정지할 때면 〈거칠게 태어났네Born to Be Wild〉나 그녀가 가장 좋아하는 윌리엄 벨William Bell의 노래 〈당신의 애인이란 걸 잊었어요I Forgot to Be Your Lover〉를 목청껏 부르는 소리가 들렸다.

마침내 데보라가 자기 집 방문을 허락했다. 두꺼운 커튼을 쳐서 내부는 어두웠다. 소파는 검은색이고, 전등은 침침했다. 짙은 갈색 나무벽에는 종교 의식이 그려진 야광 포스터를 붙였다. 우리는 내내 그녀의 서재에 있었다. 안방에서 풀럼과 같이 자지 않고 대부분 이 방에서 잔다고, 부부싸움을 워낙 자주 해서 평화가 필요하다고 했다.

너비 2미터가 채 못 되는 방의 한쪽 벽에는 1인용 침대가 붙어 있고, 바로 옆에 조그만 책상이 침대와 거의 맞붙어 있었다. 책상 위에는 무수한 종이와 봉투 보관함, 편지, 계산서가 수북이 쌓여 있고, 그 밑에 어머니의 성경책을 숨겨 놓았다. 긴 세월을 지나면서 책장이 구겨지고 찢어졌으며, 군데군데 곰팡이 얼룩도 보였다. 책갈피 사이에 어머니와 언니의 머리카락을 간직하고 있었다.

방 벽은 바닥에서 천장까지 온통 달력에서 오려낸 각양각색 곰, 말, 개, 고양이 사진을 빽빽이 붙여 놓았다. 데보라와 데이번이 직접 만든 펠트 장식품도 여남은 개 붙어 있었다. 하나는 노란색 바탕에 큰 글씨로 '하나님, 저를 사랑해주셔서 감사합니다'라고 수놓았으며, 다른 것에는 '예언이 실현되다'라고 새겨진 글씨 주위에 은박지로 만든 동전들을 붙였다. 침대 머리맡 선반에는 광고 동영상 비디오테이프들이 가득했다. 자쿠지Jacuzzi 욕조, 레저용 자동차, 디즈니랜드 관광을 홍보하는 테이프도 있었다. 데보라는 거의 매일 밤 데이번에게 물었다. "얘, 데이번, 놀러 가고 싶지?" 데이번이 고개를 끄덕이면 다시 물었다. "그래, 어디 가고 싶은데? 디즈니랜드, 온천, 아니면 자동차 여행?" 할머니와 손자는 광고 테이프를 보고 또 보았다.

한번은 데보라의 집에 갔다가 몇 해 전에 누가 주었다는 고물 컴퓨터로 인터넷과 구글 사용법을 가르쳐주었다. 그녀는 처방받은 수면제 앰비엔Ambien을 복용해 몽롱해진 채, 밤새도록 헤드폰을 끼고 윌리엄 벨의 노래를 듣거나 구글에서 '헨리에타'와 '헬라'를 검색하기 시작했다.

데이번은 데보라의 수면제를 '멍청이 약'이라 불렀다. 한밤중에 좀비처럼 집 안을 돌아다니며 터무니없는 말을 하고, 아침식사를 준비한다고 고기 써는 칼로 시리얼을 썰었기 때문이었다. 데보라의 집에서 잘 때면 데이번은 가끔 한밤중에 깨어나 할머니가 컴퓨터 앞에 앉아 양손을 자판에 얹고 머리를 숙인 채 잠든 모습을 보았다. 그때마다 할머니를 침대에 눕히고 이불을 덮어주었다. 데이번이 없을 때, 데보라는 종종 탁자에 얼굴을 처박은 채 잠에서 깨어났다. 주변에 프린터에서 쏟아져 나온 종이가 수북이 쌓여 있었다. 과학 저널에 실린 논문, 특허 신청서, 닥치는 대로 찾아낸 신문기사, 인터넷 블로그에 올라 있는 글을 인쇄한 것이었다. Henrietta, lacks, Hela라는 단어가 들어가긴 했지만 어머니와 전혀 관련이 없는 것들도 많았다.

놀랍게도 'Hela'라는 단어를 사용한 곳은 수도 없이 많았다. 헬라는 스리랑카 현지인들이 자기 나라를 일컫는 국가명으로, 그곳 운동가들은 인터넷에서 '헬라국의 정의'를 요구하는 구호를 사용했다. 또한 지금은 없어진 독일 트랙터 회사의 이름이었으며, 상까지 받은 애완용 시추 강아지의 이름이기도 했다. 폴란드의 어느 해변 리조트,

스위스 광고회사, 사람들이 어울려 보드카를 마시며 영화를 즐기던 덴마크의 유람선 이름도 헬라였다. 온라인 게임에도 등장하는 마블 Marvel 만화의 주인공 헬라는 반흑반백半黑半白의 피부에 2미터가 넘는 키, '무한대'의 지능과 '초인적인' 힘, '신 같은' 정력과 지구력, 200킬로그램이 넘는 탄탄한 근육을 자랑하는 반생반사半生半死의 여신이다. 역병과 질병, 재앙을 다스리는 신으로 화염, 방사선, 독소, 부식성 물질, 질병, 노화에 내성을 갖고 있으며 공중부양 능력이 있고, 사람의 마음을 조종할 수도 있다.

마블 만화에서 헬라를 묘사한 글을 본 데보라는 그 특징이 어떤 면에서 헬라 세포에 대해 들은 것과 비슷했기 때문에 어머니에 관한 글이 맞다고 생각했다. 그러나 공상과학 만화에 나오는 헬라는 지옥과 이승 사이 공간에 갇힌 고대 노르웨이 죽음의 여신에서 영감을 얻은 것이었다. 데보라는 그 여신도 어머니를 바탕으로 창조되었다고 생각했다.

독감과 고열로 잠든 어느 날, 전화벨이 울렸다. 새벽 3시였다. 수화기 너머에서 데보라가 소리쳤다. "런던이 엄마를 복제했다고 내가 말했지!" 수면제 때문에 목소리가 느리고 어눌했다. 그녀는 구글에서 HeLa, clone, London, DNA를 검색하다가 헬라 세포에 관한 토론방에 올라 있는 수천 건의 웹문서를 찾아냈다. 글들은 대체로 이렇게 요약되었다. '각각의 세포에는 헨리에타 랙스를 구성할 유전자 청사진이 들어 있다. 우리가 그녀를 복제할 수 있을까?' '복제'나 '인간농장' 같은 제목의 글에 어머니의 이름이 나오고, 웹문서가 수천 건 검색된 것을 그녀는 과학자들이 어머니의 복제인간을 수천 명 넘게 만들어냈다는 증거로 여겼다.

"어머님을 복제한 게 아니에요. 그 사람들은 어머니의 세포를 복제했을 뿐이에요. 제가 보증해요."

"고맙구먼, 자기. 깨워서 미안해." 그녀가 다정하게 속삭였다. "하지만 말이야. 저 사람들이 세포를 복제했다면 언젠가는 엄마도 복제할 수 있다는 말 아니야?"

"그건 아니에요. 이제 그만 주무세요."

수화기를 들거나 키보드에 얼굴을 파묻은 채 잠이 든 데보라를 본 지 몇 주 뒤, 데이번은 엄마에게 할머니 집에 머물면서 약을 복용하는 할머니를 보살피겠다고 했다.

데보라가 복용하는 약은 평균 하루 열네 알이었다. 남편의 보험과 저소득층 의료보험, 노인 의료보험의 혜택을 받아도 약값으로 매달 150달러 정도가 들었다. "처방전이 열한 갠가 그래. 아니 열두 갠가? 매번 바뀌니까 뭐가 뭔지 알기도 어렵구먼." 어떤 위산 역류 억제제는 처음엔 8달러였는데 한 달 만에 135달러로 오르는 바람에 끊어야 했다. 언젠가부터 남편의 보험회사에서 그녀의 처방약에 보험급여를 취소해 버렸다. 그녀는 아껴 먹으려고 복용하는 약의 개수를 절반으로 줄였다. 수면제가 떨어지면 다시 살 수 있을 때까지 잠을 잘 수 없었다.

데보라는 1997년 소위 '꽃뱀 사건'을 겪은 후에 의사가 이런 약들을 처방하기 시작했다고 했다. 그게 대체 무슨 일이었는지는 말해주지 않았다. 장애인 사회보장 혜택을 신청했을 때라고만 했다. 법원을 몇 번이나 들락거린 후에야 겨우 장애인 혜택을 받을 수 있었다. "사회보장국 사람들이 내 머릿속에 별의별 것이 다 들었다고 하드만. 결국 정신과 의사 댓 명하고 다른 의사들한테 보내드라구. 그 사람들

말로는 내가 편집증이 있고 정신분열병에다 신경과민이래. 불안, 우울, 퇴행성 관절염, 점액낭염, 디스크, 당뇨, 골다공증, 고혈압에다 콜레스테롤까지 있고 말이야. 이름만으론 뭐가 어떻게 고장 났다는 건지 도통 모르겠어. 딴 사람도 그런가 몰라. 내가 아는 거라곤 그런 기분이 들고 겁이 나면 난 그냥 숨어버린다는 거야."

내가 처음 전화했을 때도 그랬다고 한다. "처음에 엄마 얘길 누가 책으로 써줬으면 좋겠다고 할 때는 엄청 신났어. 그런데 머릿속에서 갑자기 그런 게 일어나서, 기겁했지."

그녀가 말을 이었다. "내 인생이 더 나을 수 있었단 거 알아. 은근히 그랬음 싶기도 하고. 엄마 세포 얘길 들으면 사람들이 이래. '우와 너희들 이제 부자 될 수 있겠네! 존홉킨을 고소해버려, 이 짓도 해보구, 저 짓도 해봐!' 그런데 난 그딴 거 바라지 않아." 그녀가 웃었다. "솔직히 난 과학에 화낼 수는 없어. 사람들을 살게 해주니까. 과학이 없으면 내 몸도 엉망이 돼 버렸을 거 아닌가? 내가 걸어다니는 약국이잖아! 난 과학에 욕은 못 해. 그런데 거짓말 안 보태고 의료보험회사에는 욕 좀 해줬으면 싶구먼. 약 사는 데 돈이 너무 많이 들어. 그 약이 엄마 세포 덕분에 만든 건지도 모르는데 말이야."

HENRIETTA LACKS

인터넷에 익숙해지자 마침내 데보라는 한밤중에 기겁하지 않고도 인터넷을 쓰게 됐다. 내게 질문할 목록을 만들기도 했고, 사전 고지나 동의 없이 시행한 인간 대상 연구 논문을 인쇄하기도 했다. 우간다의 백신 연구에서 미군을 대상으로 한 약물 임상시험에 이르기까지 다양한 연구가 있었다. 데보라는 이런 정보를 꼼꼼하게 꼬리표를 붙인 서류철에 정리했다. 하나는 세포, 하나는 암에 관한 것이었다. 나머지 하나에는 공소 시효와 환자 비밀유지 같은 법률 용어의 정의가 가득 들어 있었다. 한번은 〈헨리에타 랙스는 무엇을 남겼는가?What's Left of Henrietta Lacks?〉라는 논문을 우연히 발견하고 노발대발했다. 헨리에타가 '여러 남자와 잤기' 때문에 HPV에 감염되었을 수 있다는 대목이 있었던 것이다. "과학이라곤 쥐뿔도 모르는 것들이! HPV에 걸린 게 엄마가 헤펐단 뜻은 아니라고. 너나 할 것 없이 다 거시기에 걸렸다고. 나도 인터넷에서 봤다니까."

처음 만난 지 거의 1년이 지난 2001년 4월 데보라는 어떤 '암 모임의 회장'이 어머니를 추념하는 행사에서 자신을 무대에 세우고 싶다며 전화를 했다고 말했다. 걱정이 된다며 그가 믿을 만한 사람인지 알아봐 달라고 했다. 확인해보니 미국암연구재단National Foundation for Cancer Research, NFCR 이사장 프랭클린 솔즈베리 주니어Franklin Salisbury Jr.였다. 재단의 2001년 학회를 헨리에타 추념 행사 형식으로 치르기로 했던 것이다. 9월 13일 열릴 학회에는 전 세계 최고의 암 연구자 70명이 참가해 연구 결과를 발표하고, 워싱턴 D.C. 시장과 연방 보건의료정책국장을 비롯한 수백 명의 인사가 참석할 예정이었다. 그는 데보라에게 학회에서 연설한 후, 어머니를 추념하는 기념 명판을 받아달라고 요청했다. "가족들이 매우 언짢아한다는 걸 십분 이해합니다. 그렇다고 그분들께 돈을 드릴 수는 없습니다. 그러나 비록 50년이나 늦었지만, 이번 학회가 역사적인 기록을 바로잡고 그분들의 감정도 누그러뜨리는 데 도움이 되었으면 합니다."

내 설명을 듣고 데보라는 열광했다. 규모만 더 클 뿐, 애틀랜타에서 열렸던 패틸로의 학회와 비슷하지 않겠느냐고 했다. 그녀는 즉시 그날 뭘 입을지, 연구자들의 발표에 대해 무슨 질문을 할지 고민하기 시작했다. 무대에 올라도 안전할지, 그녀를 기다리는 저격수는 없을지도 다시 걱정했다.

"세포나 뭐 그런 중요한 걸 가져갔다고 내가 소란을 피울 거라고 생각하면 어쩌지?"

"그런 걱정을 할 필요는 없어요. 과학자들은 당신을 만나면 신날 거예요." 덧붙여 학회는 보안이 확실한 연방정부 건물에서 열릴 예정이라고 말해주었다.

"오케이. 거기 가서 엄마 세포를 보고 싶구먼. 사람들이 뭘 발표하는지도 알고 싶고."

전화를 끊고 나는 데보라에게 형광 염색한 염색체 그림을 선물한 암 연구자 크리스토프 렌가워에게 전화하려고 저장된 번호를 뒤졌다. 그의 번호를 찾기도 전에 다시 전화가 울렸다. 데보라였다. 울고 있었다. *겁먹은 나머지 세포를 보려던 마음을 바꿨나?* 그녀가 울부짖었다. "아이고, 내 새끼! 주님, 걔를 도와주소서. 피자 상자에 지문이 있다고 우리 애를 잡아가버렸어!."

아들 앨프리드가 친구와 어울려 범죄 행각을 벌였던 것이다. 그들은 총으로 위협해 주류 판매점 대여섯 곳을 털었다. 앨프리드가 가게 점원을 을러메며 머리 위로 포도주병을 흔드는 모습이 감시 카메라에 잡혔다. 그는 350밀리리터짜리 맥주 한 병과 포도주 한 병, 뉴포트 담배 두 갑, 현금 100달러 정도를 훔쳤다. 아들인 리틀 앨프리드가 집 앞 잔디밭에서 지켜보는 가운데, 경찰이 그를 체포해 차에 밀어 넣었다.

"그래도 난 세포를 보러 갈 거야." 데보라가 흐느끼며 말했다. "이런 일이 생겼다고 엄마와 언니를 알아가는 일을 그만두진 않을 거야."

2001년

"저게 다 우리 엄마"

데보라는 어머니의 세포를 보러 갈 준비가 되었지만, 데이는 같이 갈 형편이 못 되었다. 죽기 전에 아내의 세포를 보고 싶다고 여러 차례 말했지만 여든다섯의 나이에 심장과 혈압이 좋지 않아 병원을 들락거렸고, 당뇨로 막 다리 한쪽까지 잃은 터였다. 소니는 일하러 가야 했고, 로런스는 세포를 보러 가는 대신 홉킨스를 고소하는 문제로 변호사를 만나고 싶다고 했다. 로런스는 홉킨스를 '수십억 달러짜리 기업'이라고 했다.

그래서 2001년 5월 11일 존스 홉킨스 병원 예수상 앞에서 나와 데보라, 제카리아 셋이서 헨리에타의 세포를 보러 가기로 했다. 그날 아침 일찍 데보라가 귀띔했다. 로런스는 가족에게서 정보를 얻어주는 대가로 내가 홉킨스에서 돈을 받는다고 생각한다는 것이었다. 로런스는 어머니에 대해 수집한 정보를 가지러 오겠다며 그날만도 이미 여러 차례 데보라에게 전화했다. 그녀는 문서들을 문간방에 넣고 문을 잠근 후, 열쇠를 챙겼다. 그리고 내게 전화해 당부했다. "지금 자기가 어디 있는지 오빠한테 말하면 안 돼. 나 없이는 만나지도 말구!"

층이 진 돔 아래 높이 3미터가 넘는 예수상이 헨리에타가 병원을 찾았던 50년 전과 똑같은 모습으로 우뚝 서 있었다. 동공 없는 대리석 눈은 정면을 응시했고, 활짝 벌린 두 팔에서 석조 옷감이 흘러내렸다. 예수의 발밑에는 사람들이 오가며 던진 동전들과 시든 데이지 꽃다발이 놓여 있었다. 장미도 두 송이 있었는데, 한 송이는 가시까지 붙은 싱싱한 생화였고 다른 하나는 천으로 만든 조화로 플라스틱 이슬이 맺혀 있었다. 예수의 몸은 회갈색으로 거무스름했지만, 오른발만은 수십 년간 사람들이 행운을 빌며 문지른 탓에 흰색으로 변해 반짝반짝 윤기가 흘렀다.

데보라와 제카리아는 아직 도착하지 않은 모양이었다. 나는 멀찌 감치 떨어진 벽에 기대 녹색 수술복을 입은 의사가 예수상 앞에 무릎을 꿇고 기도하는 모습을 지켜보았다. 사람들은 걸음을 늦추지도, 예수상을 쳐다보지도 않고 예수의 발가락만 문지르고는 안으로 들어갔다. 대리석상 옆 나무 받침대에 놓인 큼지막한 방명록에 기도문을 적는 사람들도 있었다. "하늘에 계신 사랑하는 하나님, 이것이 당신의 뜻이거든 이번 한 번만이라도 에디와 얘기할 수 있게 해주세요." "제발 아들 녀석들이 중독에서 벗어나게 도와주세요." "저와 남편에게 일자리를 구해주시길 간구합니다." "주님, 또 한 번 기회를 주셔서 감사합니다."

예수상 앞으로 다가갔다. 대리석 바닥에 발자국 소리가 울렸다. 예수의 엄지발가락에 손을 올려보았다. 내가 기도 비슷한 것을 한 적이 있다면, 이때였을 것이다. 갑자기 데보라가 내 옆에서 속삭였다. "이번에 주님께서 우리 뒤를 지켜주시면 좋겠네." 목소리가 차분했다. 평상시의 과도한 웃음기는 싹 가셔 있었다. 나도 그러길 바란다고 했다.

데보라가 눈을 감고 기도하기 시작했다. 그때 제카리아가 뒤에 나타나 걸쭉하게 웃었다.

"지금 저 양반이 누님을 도울 수 있는 게 아무것도 없수다!" 지난번에 봤을 때보다 더 살이 찐 데다, 두꺼운 회색 모직 바지와 파란색 오리털 코트 때문에 훨씬 비대해 보였다. 검은색 플라스틱 안경다리가 꽉 끼어 양쪽 관자놀이에 깊은 홈이 파였지만, 그는 안경테를 바꿀 여유가 없었다.

그가 내게 말했다. "우리 누님 말이요, 그 세포로 생기는 돈은 절대 안 받겠다고 하니 돌아버린 거 아닌가 몰라." 데보라가 눈을 부라리더니 지팡이로 그의 다리를 쳤다. "얌전히 굴어. 안 그러면 세포 보러 못 갈 줄 알아."

제카리아는 웃음을 멈추고 우리를 따라 크리스토프 렌가워의 실험실로 향했다. 몇 분 안 되어 렌가워가 자신이 일하는 건물 로비를 지나 다가왔다. 팔을 활짝 벌린 채 웃고 있었다. 그는 이제 30대 중반으로 완전히 닳은 청바지에 푸른색 격자무늬 셔츠를 입었다. 텁수룩한 머리카락은 연한 갈색을 띠었다. 나와 데보라에게 차례로 악수한 다음, 제카리아에게 손을 내밀었다. 제카리아는 받지 않았다.

"괜찮습니다!" 렌가워가 데보라를 보았다. "지금껏 그런 일을 겪고 홉킨스 실험실까지 오시기가 쉽지 않았을 겁니다. 여기서 뵙게 되어 정말 기쁩니다." 그가 호주 억양으로 말했다. 그가 엘리베이터 버튼을 누르려고 돌아서자, 데보라가 나를 향해 슬쩍 눈썹을 실룩거렸다. "냉동실부터 시작해 어머님의 세포를 어떻게 보관하고 있는지 보여드렸으면 하는데요. 그런 다음에 현미경으로 살아 있는 세포를 볼 수 있을 겁니다."

"거 좋지요!" 아주 일상적인 일이라는 듯 데보라가 맞장구쳤다. 엘리베이터 안에서는 한 손으로 지팡이를 짚고 다른 손으로 닳아빠진 사전을 든 채 제카리아 쪽으로 바짝 다가섰다. 문이 열리자 우리는 크리스토프를 따라 한 줄로 좁고 긴 복도에 들어섰다. 윙윙거리는 소리로 벽과 천장이 온통 떨렸다. 복도 안쪽으로 들어갈수록 소리는 점점 더 커졌다. "환기시스템에서 나는 소립니다. 밖에 돌아다니는 화학약품하고 세포를 전부 빨아들이지요. 그래야 안에서 그걸 들이마시지 않을 테니까요."

그가 멋지게 '짜잔'하는 몸짓을 하며 실험실 문을 열어젖히더니 들어오라고 손짓했다. "세포는 전부 여기에 보관합니다." 귀가 먹을 듯 웅웅거리는 기계음 속에서 그가 소리쳤다. 소음 때문에 데보라와 제카리아의 보청기가 찍찍거렸다. 제카리아가 귀에서 보청기를 떼어냈다. 데보라는 볼륨을 조절하고 크리스토프를 지나 흰색 냉동고가 벽면 가득 위아래로 들어찬 방으로 들어섰다. 냉동고들은 거대한 세탁공장처럼 웅웅거렸다.

크리스토프가 바닥에서 천장까지 닿는 냉동고의 손잡이를 당겼다. '쉬익' 소리와 함께 문이 열리면서 증기가 구름처럼 쏟아졌다. 데보라는 비명을 지르며 제카리아 뒤로 숨었다. 제카리아는 주머니에 손을 찔러 넣은 채 무표정하게 서 있었다.

"걱정 마세요." 크리스토프가 소리쳤다. "위험한 건 아니고요, 그냥 차가울 뿐입니다. 집에서 흔히 쓰는 냉장고처럼 영하 20도가 아니고, 영하 80도나 됩니다. 그래서 열 때 증기가 나오지요." 그가 데보라에게 가까이 오라고 손짓했다.

"여기 어머님의 세포가 가득 들어 있어요."

데보라가 제카리아를 잡은 손을 놓더니 얼음처럼 찬 공기가 얼굴에 닿을 때까지 조금씩 다가섰다. 그녀는 붉은 액체가 가득 든 3센티미터 크기의 플라스틱 시험관 수천 개를 가만히 바라보았다. "맙소사!" 그녀가 놀라 숨을 멈추었다. "저게 다 우리 엄마라니 믿을 수가 없네요." 제카리아는 그저 말없이 들여다보았다.

크리스토프는 팔을 뻗어 시험관 하나를 꺼내 옆면에 적힌 글자를 가리켰다. H-e-L-a. "이 안에 수백만 개의 헬라 세포가 들어 있어요. 수십억 개가 맞겠군요. 일일이 세려면 한도 끝도 없을 겁니다. 50년, 100년, 아니 더 오래 걸릴 겁니다. 그냥 녹이기만 하면 자라지요."

헬라 세포를 다룰 때 얼마나 조심해야 하는지 설명하면서 그는 시험관을 손에 쥐고 앞뒤로 흔들었다. "이 세포만을 위한 방이 따로 있어요. 그게 아주 중요합니다. 다른 걸로 헬라 세포를 오염시키면 더 이상 쓸 수 없으니까요. 헬라 세포가 다른 배양 세포를 오염시켜서도 안 되고요."

"그거 러시아에서 그랬지요?"

그가 깜짝 놀라더니 싱긋 웃었다. "바로 맞습니다. 그걸 아시다니 정말 대단하십니다." 그는 헬라 세포에 의한 오염 문제가 어떻게 발생했는지 설명하고는 덧붙였다. "그분의 세포가 수백만 달러짜리 피해를 입힌 셈이죠. 인과응보 같아요, 그렇지 않아요?"

"가족한테 숨겼다고 우리 엄마가 골려준 거네." 데보라가 말했다. "헨리에타한테 시비 안 붙는 게 좋을 거요. 궁뎅이에다 헬라 세포를 갈겨줄지도 모르니까." 모두 한바탕 웃었다.

크리스토프가 뒤쪽 냉동고로 손을 뻗어 시험관 하나를 더 꺼내 데보라에게 내밀었다. 눈빛이 따뜻했다. 데보라는 잠시 꼼짝 않고 서서 그가 내민 손을 바라보았다. 이윽고 시험관을 잡더니 손바닥 사이에 놓고 빠르게 문질렀다. 한겨울에 언 손을 녹이듯.

"우리 엄마 춥겠어요." 그녀가 양손을 컵처럼 오므려 그 사이에 놓인 시험관을 호호 불었다. 크리스토프가 헬라 세포를 해동하는 배양기로 향하며 따라오라고 손짓했지만 움직이지 않았다. 제카리아와 크리스토프가 멀어지자 데보라는 시험관에 입을 맞추었다.

"엄마는 유명한 사람이야. 사람들이 몰라서 그렇지." 그녀가 속삭였다.

HENRIETTA LACKS

크리스토프가 작은 실험실로 안내했다. 현미경, 피펫, 옆면에 'DNA'나 '생물학적 유해물질'이라고 적힌 용기들이 가득 들어차 있었다. 그가 실험대를 거의 덮은 환기통을 가리켰다. "암이 여기저기 돌아다니면 안 되잖아요. 이게 공기를 다 빨아들여 여과장치로 보내면 공중에 떠돌아다니는 세포는 다 제거됩니다."

그는 배양액이 무엇인지, 어떻게 세포를 냉동고에서 배양기로 옮겨 자라게 하는지 설명했다. "결국 세포가 저 뒤쪽에 있는 큼지막한 병들을 다 채우게 됩니다." 그가 줄지어 선 3.8리터들이 병들을 가리켰다. "그러면 우린 세포로 실험을 하지요. 가령 새로 개발된 항암제를 세포에 가해 어떻게 되나 보는 거죠." 그는 의약품이 어떻게 세포, 동물, 마지막으로 인간 시험을 거치는지 설명했다. 데보라와 제카리아는 고개를 끄덕였다.

크리스토프가 배양기 앞에 무릎을 꿇더니 안쪽으로 손을 넣어 헬라 세포가 자라고 있는 배양접시 하나를 꺼냈다. "이것들, 세포는 아주아주 작아요. 세포를 보려면 현미경을 써야 합니다." 그가 전원 스위치를 켜고 접시를 현미경에 올렸다. 그리고 현미경과 연결된 작은 모니터를 가리켰다. 화면이 형광 녹색으로 빛나자 데보라는 숨을 멈추었다.

"색이 참말로 예뻐요!"

크리스토프가 몸을 구부려 현미경을 들여다보며 초점을 맞췄다. 화면에 나타난 이미지는 세포라기보다 안개 낀 녹색 호수처럼 보였다. "이 정도 확대해서는 잘 보이지 않습니다. 세포가 워낙 작아서 화면이 좀 답답할 수 있겠네요. 현미경으로도 잘 안 보일 때가 있어요." 그가 딸깍딸깍 대물렌즈를 바꿔가며 배율을 점점 높였다. 아련한 녹색 바다가 마침내 가운데가 검고 볼록한 수백 개의 세포로 가득 찬 모습으로 바뀌었다.

"오, 저기 있구먼." 데보라가 속삭였다. 손을 뻗어 화면에서 이 세포 저 세포를 손가락으로 어루만졌다.

크리스토프가 손가락으로 세포의 윤곽을 그려 보였다. "이게 세포 하나입니다. 가운데에 동그라미가 들어 있는 삼각형 같기도 해요. 보이시죠?"

그는 거의 30분 동안 이면지에다 이런저런 그림을 그려가며 세포 생물학의 기초 원리를 설명했다. 데보라는 들으면서 이것저것 질문했다. 제카리아는 보청기를 다시 켜고 크리스토프와 종이 쪽으로 몸을 숙였다.

"죄다 세포니 DNA니 떠들어 대는데," 어느 순간 데보라가 말했다. "어떤 것이 DNA고 어떤 것이 세포인지 통 모르겠어요."

"아!" 크리스토프가 짧게 내뱉더니 신이 나서 계속 말을 이었다. "DNA는 세포 안에 있는 거예요! 더 크게 확대해보면 세포핵 속에 이렇게 생긴 DNA 가닥을 볼 수 있어요." 그는 길고 구불구불한 선을 그렸다. "모든 인간 세포의 핵 속에는 DNA가 마흔여섯 가닥씩 들어 있습니다. 그걸 염색체라고 하는데요, 전에 제가 드렸던 큰 그림에서 밝게 염색된 게 바로 그겁니다."

"아아! 우리 동생이 엄마하고 언니 사진 옆에 그걸 걸어놨어요." 데보라가 제카리아를 쳐다봤다. "사진 준 사람이 이 분인 거 아냐?" 제카리아는 바닥을 내려다보며 고개를 끄덕였다. 입가에 보일 듯 말 듯 미소가 번졌다.

"그 사진에 나오는 DNA 속에 어머니를 그 유명한 헨리에타로 만든 모든 유전 정보가 들어있습니다." 크리스토프가 말했다. "어머님이 키가 컸습니까, 작았습니까?"

"작으셨어요."

"머리칼은 검었고요, 그렇죠?" 모두 고개를 끄덕였다.

"그런 정보가 다 DNA에서 온 겁니다. 암도 마찬가지죠. DNA에 실수가 생겨서 암이 됩니다." 데보라가 고개를 떨구었다. 어머니의 세포 속에 있던 DNA 일부를 물려받았다고 수없이 들었다. 어머니의 암도 그 DNA 속에 들어 있다는 말은 듣고 싶지 않았다.

"화학약품이나 방사선에 노출되면 그런 실수가 생길 수 있습니다. 모친은 HPV라는 생식기 사마귀 바이러스 때문에 그런 실수가 생겼죠. 데보라에겐 다행스러운 소식일 텐데, 이런 DNA 변형은 유전되지 않습니다. 바이러스에 노출돼 생긴 거니까요."

"가만, 그러니까 엄마 세포를 저렇게 무한정 자라게 하는 뭔가가 우리한테는 없다, 그 말씀인가요?" 데보라가 묻자 크리스토프가 고개를 끄덕였다. "그 오랜 세월을 보내고서 이제서야 그 말을 듣네요!" 데보라가 외쳤다. "주님, 감사합니다. 늘 그게 궁금했구먼요!"

그녀는 화면에서 다른 것보다 좀 길어 보이는 세포를 가리켰다. "이것이 암이지요? 나머진 그냥 엄마 세포구요?"

"사실은 헬라는 다 암세포입니다."

"가만. 그 뭐냐, 그럼 그냥 세포는 하나도 없다는 말인가요? 다 암세포라고요?"

"그렇습니다."

"허, 그런 줄도 모르고! 나는 그동안 그냥 엄마 세포가 살아 있는 줄 알았지 뭐예요!"

크리스토프가 다시 현미경 위로 몸을 숙이고 화면 이리저리로 세포를 움직이다가 외쳤다. "보세요, 저기! 저 세포 보이시죠?" 그가 모니터 한가운데를 가리켰다. "가운데가 거의 절반으로 잘록해진 것 같은 저 큰 핵, 보이세요? 지금 세포가 우리 눈앞에서 둘로 분열하고 있는 거예요! 그리고 두 세포 모두 모친의 DNA가 들어 있습니다."

"고마우신 하나님!" 데보라가 손으로 입을 가리면서 속삭였다.

크리스토프가 세포분열에 대해 계속 설명했지만 데보라는 듣지 않았다. 완전히 매혹된 채 어머니의 세포가 둘로 나뉘는 모습을 지켜보았다. 세포들은 헨리에타가 뱃속의 배아였을 때처럼 분열했다. 데보라와 제카리아는 무아경에 빠져 입을 다물지 못한 채 화면을 들여다보았다. 아기 때 이후, 살아 있는 어머니를 가장 가까이서 보는 것이었다.

오랜 침묵 끝에 제카리아가 입을 열었다. "저게 엄마 세포면, 엄마는 흑인인데 왜 세포는 검은색이 아닐까요."

"현미경으로 보면 세포는 색이 없습니다. 다 똑같지요. 염료로 색을 입히기 전엔 투명합니다. 세포만 봐서는 피부색이 어떤지 알 수 없어요." 그는 제카리아에게 가까이 오라고 손짓했다. "현미경으로 세포를 한번 보시겠습니까? 이렇게 보면 더 잘 보이죠."

크리스토프는 데보라와 제카리아에게 현미경 사용법을 설명했다. "이렇게 보세요…… 안경은 벗으시고요…… 이제 여기 손잡이를 돌려서 초점을 맞추세요." 마침내 데보라의 시야에 세포가 선명하게 드러났다. 그 순간 그녀는 현미경을 통해 영롱한 형광 녹색으로 염색된 어머니 세포로 이루어진 거대한 바다를 보았다.

"아름다워요." 이렇게 속삭이고 그녀는 아무 말 없이 현미경을 들여다보았다. 마침내 그녀가 세포에서 눈도 떼지 않은 채 말했다. "세상에, 현미경으로 엄마를 볼 거라고는 생각도 못 했네요. 이런 날이 올 줄은 꿈에도 생각 못 했어요."

"예, 홉킨스가 어지간히 일을 꼬이게 했죠, 제가 보기엔." 크리스토프가 말했다.

데보라가 갑자기 몸을 벌떡 일으키더니 그를 쳐다보았다. 과학자가, 그것도 다른 곳도 아닌 홉킨스에서 일하는 사람이 그런 말을 했다는 데 충격을 받은 것 같았다. 그러고는 다시 현미경을 들여다보면서 말했다. "존홉킨은 배우는 학교니까 그것도 중요하겠지요. 하지만 이건 우리 엄마예요. 알아주는 사람 하나 없어도 말이에요."

"맞아요. 과학에 관한 책을 읽을 때마다 항상 헬라 어쩌고, 헬라 저쩌고 합니다. 사람들은 헬라가 어떤 사람의 이름 첫 글자를 따온 것인 줄은 알아도, 그 사람이 누군지는 모릅니다. 그게 역사의 중요한 대목이지요."

데보라는 그를 껴안기라도 할 것 같았다. "정말 놀랍구먼요." 그녀는 고개를 흔들며 신기루를 보는 듯한 눈으로 크리스토프를 바라보았다.

갑자기 제카리아가 조지 가이에 대해 뭔가 큰 소리로 말하기 시작했다. 데보라가 지팡이로 그의 발가락을 내리찍었고, 제카리아는 말하다 말고 입을 다물었다.

"제카리아는 모든 일에 분노가 잔뜩 쌓였다우." 그녀가 크리스토프에게 말했다. "얘를 좀 진정시키려고 애쓰고 있어요. 저러다 가끔 폭발하기도 하지만, 저놈도 애쓰고 있구먼요."

"화내시는 거 탓하지 않습니다." 크리스토프는 헬라 세포를 주문할 때 쓰는 카탈로그를 보여주었다. 누구든 한 병에 167달러면 구입할 수 있는 헬라 세포 복제품 목록이 길게 이어져 있었다. "받으셔야 합니다." 크리스토프가 데보라와 제카리아에게 말했다.

"예, 그럼요. 그런데 엄마 세포 한 병 갖고 뭘 해야 좋을까?" 데보라가 웃었다.

"아뇨, 돈을 받으셔야 한다는 말입니다. 적어도 일부라도 말이지요."

"아, 일 없어요." 그녀가 깜짝 놀랐다. "그런데 사실 헬라가 누구였는지 듣고 나면 누구나 이러지요. '당신들 다 백만장자가 돼야 해!'"

크리스토프가 고개를 끄덕였다. "모친의 세포는 모든 것의 시초가 되었어요. 암 완치법이 개발된다면 상당 부분 모친 세포 덕입니다."

"아멘." 데보라가 분노라고는 전혀 섞이지 않은 어조로 말했다. "이세포로 줄창 돈을 벌겠지만, 우리가 할 수 있는 게 없구먼요. 그래도 거기서 나온 돈은 안 받을래요."

크리스토프는 그건 옳지 않다고, 가치 있는 세포는 석유와 같은 것이라고 했다. 누군가의 땅에서 석유가 발견되어도 자동적으로 땅 주인의 소유가 되지는 않는다. 그는 석유에서 나온 이윤의 일부를 받는다. "세포에 대해서 이 문제를 어떻게 다뤄야 할지 아는 사람이 없어요. 모친께서 병에 걸렸을 당시에는 환자가 원하지 않아도 의사들이 그냥 하고 싶은 대로 했죠. 하지만 요즘은 환자들이 무슨 일이 벌어지는지 다 알고 싶어하죠."

"아멘." 데보라가 되뇌었다.

크리스토프는 자기 휴대전화 번호를 주면서 어머니의 세포에 대해 궁금한 것이 있으면 언제든지 연락하라고 했다. 엘리베이터로 걸어 나올 때 제카리아는 크리스토프에게 다가가 등을 두드리며 고맙다고 했다. 밖으로 나오자 내게도 똑같이 했다. 그리고 집으로 가는 버스를 잡으려고 돌아섰다.

데보라와 나는 그가 걸어가는 모습을 말 없이 지켜보았다. 이윽고 그녀가 내게 팔을 둘렀다. "아가씨, 지금 눈앞에서 기적을 봤구먼."

흑인 정신병원

데보라와 함께 하기로 약속한 것이 있었다. 어머니의 세포를 보는 것이 첫째였고, 둘째는 언니 엘시에게 무슨 일이 있었는지 알아보는 것이었다. 크리스토프의 실험실을 방문한 다음 날, 데보라와 나는 크라운스빌을 시작으로 일주일간의 여행에 돌입했다. 우선 거기서 언니의 진료 기록을 찾아본 후, 클로버를 거쳐 헨리에타의 생가가 있는 로어노크까지 둘러볼 계획이었다.

마침 어머니날이었다. 데보라에게는 항상 슬픈 날이었는데 이날도 시작이 좋지 않았다. 길을 나서기 전에 손자 앨프리드를 데리고 수감 중인 아들을 면회할 생각이었지만 감옥에 있는 아들이 전화를 걸어 유리 칸막이를 사이에 두고 어머니나 아들을 만나고 싶지 않다고 했다. 하지만 그는 헨리에타 할머니에 관해 알고 싶다며 여행에서 찾아낸 정보는 무엇이든 보내달라고 했다.

"그 녀석한테서 평생 기다렸던 말이야." 데보라가 울면서 말했다. "하지만 하필 깜빵에 들어앉아 할머니에 대해 궁금하다고 하다니." 그녀는 이내 마음을 다잡고 다짐했다. "이런 일 땜에 그만두진 않을 거야. 암튼 엄마 세포나 언니에 대해 알아가는 것처럼 좋은 생각만 해야지!" 우리는 각자 차를 몰고 크라운스빌로 향했다.

과거에 흑인 정신병원이었던 곳은 어떤 모습일까? 쉽게 상상이 되지 않았다. 실제로 본 병원은 예상 밖이었다. 크라운스빌 의료센터 Crownsville Hospital Center는 군데군데 화사한 초록빛 언덕을 끼고 널찍이 펼쳐진 500만 제곱미터의 부지에 자리잡고 있었다. 깔끔하게 다듬은 잔디 위 여기저기 소풍용 탁자들이 놓였고, 산책로에는 앵두나무 가지가 드리웠다. 흰색 기둥과 붉은 벽돌로 지은 본관의 현관은 널찍한 의자들과 샹들리에 장식이 조화를 이루었다. 박하술이나 달콤한 홍차를 홀짝이기 안성맞춤이었다. 예전 병원 건물 중 하나는 가난한 사람에게 무료로 음식을 제공하는 푸드뱅크로 쓰였다. 다른 옛 건물들에는 경찰 범죄조사부와 대안 고등학교, 로터리클럽이 세 들어 있었다.

본관으로 들어가 인기척 없는 기다란 흰색 복도를 따라 걸었다. 텅 빈 사무실을 지나칠 때마다 "여보세요?" 혹은 "누구 안 계시우?" 외쳤다. "여기 참 이상하네요." 복도 끝에 족히 수십 년 치는 될 법한 얼룩과 손자국으로 뒤덮인 흰색 문이 있었다. 문을 가로질러 '진료 기록실'이라고 쓰인 글자는 군데군데 끊어져 있었다. 바로 밑에 작은 글씨가 보였다. '통행금지'

데보라는 손잡이를 잡고 숨을 깊이 들이쉬었다. "준비됐지?" 나는 고개를 끄덕였다. 데보라는 한 손으로 내 팔을 붙잡고, 다른 손으로 힘껏 문을 열었다. 우리는 안으로 들어섰다. 온통 굵고 흰 쇠창살을 둘러친 축사 같은 방이었다. 맞은편은 진료 기록실로 통했다. 창고처럼 큰 진료 기록실은 직원도, 환자도, 의자도, 방문객도, 진료 기록도 없이 텅 비어 있었다. 빗장을 지른 창문은 철조망과 먼지로 덮였고,

회색 카펫은 수십 년간 밟힌 탓에 잔물결처럼 여기저기 들떠 있었다. 콘크리트 블록으로 된 칸막이가 허리 높이로 방을 가로지르며 대기 구역과 '직원 전용' 구역을 나누었다. 직원 전용 구역에는 키 큰 철제 책장이 늘어서 있었지만, 역시 텅 비어 있었다.

"이게 뭐야, 도대체?" 데보라가 속삭였다. "기록이 전부 없어졌다는 거야?" 그녀는 텅 빈 책장을 어루만졌다. "그니까 1955년에 그 놈들이 언니를 죽였는데…… 기록이 남아 있어야 하는데…… 뭔가 켕기니까 싸그리 치워버린 거 아니겠어?" 크라운스빌에 어떤 끔찍한 일이 있었다고 누가 굳이 말해줄 필요조차 없어 보였다. 텅 빈 그곳에서 충분히 느낄 수 있었다. "나가서 뭔가 말해줄 만한 사람을 찾아보죠."

이리저리 돌아 또 다른 긴 복도로 들어서자, 데보라는 소리치기 시작했다. "실례합니다! 우린 진료 기록을 찾고 있어요! 그게 어디 있는지 아는 사람 없어요?"

마침내 젊은 여자가 사무실 밖으로 머리를 쑥 내밀더니 복도 아래 다른 사무실을 가리켰다. 그곳에 있던 사람이 다시 다른 곳을 알려주었다. 결국 키 큰 남자 한 명을 만날 수 있었다. 산타클로스처럼 덥수룩한 흰 턱수염에 눈썹은 숱이 많고 거칠었다. "안녕하세요? 난 데보라구요, 이분은 내 기자요." 데보라가 남자에게 다가서며 말했다. "혹시 세포 역사에 나오는 우리 엄마하고 가족에 대해 들어보셨는지 모르겠지만, 암튼 진료 기록을 좀 찾을라고 하는데요." 남자가 웃으며 물었다. "어머니가 누구신데요? 그리고 세포라뇨?"

그곳에 온 이유를 들은 그는 최근 진료 기록은 다른 건물에 있으며 크라운스빌에는 옛날 기록이 별로 남지 않았다고 했다. "병원에 기록보관 담당자가 따로 있다면 좋을 텐데요. 어쨌든 유감입니다만, 제가 두 분께서 찾으시는 사람에 가장 가까운 것 같습니다.”

폴 러즈Paul Lurz는 병원의 실적개선과장이었다. 우연찮게 사학을 전공한 사회복지사로 역사에 관심이 아주 많았다. 그는 사무실로 들어와 앉으라고 손짓했다. “1940~50년대엔 흑인을 치료할 돈이 충분치 않았어요. 안타깝게도 크라운스빌은 있을 만한 곳이 못 됐습니다.” 그는 데보라를 바라보았다. “언니가 여기 계셨다구요?”

데보라는 고개를 끄덕였다.

“언니에 관해 말씀해보세요.”

“아버지 말로는 언니는 지능이 어린애 수준을 넘지 못했어요.” 데보라는 핸드백에서 구깃구깃한 엘시의 사망진단서 사본을 꺼내 천천히 큰 소리로 읽었다. “엘시 랙스…… 사망 원인 (a) 호흡부전 (b) 간질 (c) 뇌성마비…… 크라운스빌 주립병원에 5년간 입원.” 그녀가 러즈에게 사진을 건넸다. 제카리아가 벽에 붙여 놓았던 엘시의 사진이었다. “언니가 그렇게 많은 병에 걸렸다고는 믿어지지 않는데 말이죠.”

러즈가 머리를 흔들었다. “정말 사진으로는 뇌성마비가 있는 거 같진 않네요. 사랑스러운 아이로군요.”

“그 놈의 간질은 있었어요. 게다가 언니는 변기 쓰는 법도 못 배웠대요. 하지만 난 언니가 그냥 귀머거리였던 거 같아요. 나랑 오빠, 동생들도 전부 귀에 문제가 있거든요. 어머니랑 아버지가 사촌 간이고 매독도 앓아서 그렇다더군요. 누군가 언니한테 수화를 가르쳤으면 아직까지 살아 있지 않을까, 그런 생각을 가끔 해요.”

러즈는 다리를 꼬고 앉아 엘시의 사진을 보았다. “마음의 준비를 좀 하셔야 할 겁니다." 부드러운 목소리였다. "때로는 안다는 게 모르는 것만큼 힘들 수도 있으니까요."

"괜찮으니 얼른 말해주세요." 데보라가 고개를 끄덕였다.

"병원에 심각한 석면사고가 있었어요. 50년대 이전의 진료 기록 대부분이 오염되었구요. 기록을 한 장씩 세척해서 살렸어야 하는데, 모두 자루에 담아 매장해버렸답니다."

러즈는 책상 옆 수납장으로 걸어갔다. 벽을 따라 책장과 서류 캐비닛이 줄지어 서 있었다. 뒤쪽 구석에서 조그만 탁자 하나를 벽 쪽으로 밀어 넣었다. 러즈는 1964년부터 크라운스빌에서 일했다. 당시 20대 학생 인턴이었던 그는 역사적인 잠재 가치가 있는 문서를 수집하는 취미가 있었다. 진료 기록이나 오래된 입원 기록 사본 따위에 관심을 두었다. 얼굴 기형에 한쪽 눈까지 실명한 채 가족도 없이 입원한 유아, 명백한 정신질환 없이 입원한 어린이의 기록 같은 것.

러즈의 모습이 수납장 안으로 사라졌다. 덜컹거리는 소리, 질질 끄는 소리 사이로 중얼거림이 들렸다. "좀 있었는데…… 몇 주 전에 바로 여기 어디서 봤는데…… 아! 여기 있네." 그는 두꺼운 가죽 책등과 짙은 녹색 헝겊으로 제본된 큼지막한 책을 한아름 안고 나타났다. 노란색 서류를 묶은 두꺼운 책들은 세월에 뒤틀리고 먼지로 뒤덮여 있었다.

사무실 안에 흰곰팡이 냄새가 퍼졌다. "이것들은 부검 보고서입니다." 그가 맨 위에 있는 책을 집어들었다. 1980년대에 틈틈이 버려진 병원 건물 지하실을 뒤져 발견한 것이라고 했다. 책을 펼치자마자 족히 수백 마리는 될 벌레들이 책상 위로 쏟아져 나왔다.

병원이 문을 연 1910년부터 진료 기록의 석면 오염이 확인된

1950년대 후반까지 수만 명이 크라운스빌을 거쳐갔다. 진료 기록이 모두 남아 있다면 러즈의 좁은 사무실을 몇 차례 채우고도 남을 것이다. 그러나 지금 크라운스빌에 남은 기록은 여기 있는 제본 몇 권이 전부였다.

러즈는 엘시가 사망한 1955년의 부검 보고서가 일부 포함된 제본을 꺼냈다. 데보라는 긴장해 가슴이 콩닥거렸다. "언니 이름이 정확히 뭐라고 하셨죠?" 러즈가 쪽번호 옆에 정자체로 쓰인 이름 목록을 손가락으로 짚어 내려갔다.

"엘시 랙스예요." 그의 어깨너머로 이름들을 뚫어지게 살피며 내가 대답했다. 심장이 고동쳤다. 그때 뭔가에 홀린 듯 나는 엘시 랙스라는 이름을 발견했다. "오, 맙소사! 여기 있어요!"

데보라는 숨이 멎을 지경이었다. 얼굴이 갑자기 창백해졌다. 눈을 감고 내 팔을 붙잡아 겨우 몸을 가누며 속삭였다. "감사해요, 하나님…… 감사합니다, 주님."

"와, 정말 놀랍군요." 러즈가 말했다. "기록이 이 안에 있을 가능성은 거의 없었거든요."

데보라와 나는 박수를 치며 펄쩍펄쩍 뛰었다. 기록에 뭐라고 적혀 있든 엘시의 삶에 대해 무엇인가 알게 될 참이었다. 전혀 모르는 것보다는 그 편이 낫다고 생각했다.

러즈는 엘시의 기록을 펼치다 말고 눈을 감았다. 그리고 우리가 뭔가 보기 전에 책을 끌어안으며 속삭였다. "이런 보고서에서 한 번도 사진을 본 적은 없는데……"

그는 모두가 볼 수 있게 책을 아래쪽으로 내렸다. 갑자기 시간이 멈춘 것 같았다. 우리 셋은 서로 거의 머리를 부딪칠 듯 책을 들여다보았다. 데보라가 소리쳤다. "세상에! 우리 딸이랑 똑같아! 데이번하고도 똑같아요! 우리 아버지를 쏙 빼닮았구만! 랙스 집안의 부드러운 올리브 색깔 피부까지." 러즈와 나는 말없이 보기만 했다.

사진 속에서 엘시는 키를 재는 숫자가 쓰인 벽 앞에 서 있다. 양쪽으로 굵게 땋아 늘어뜨린 머리카락은 파마를 해서 곱슬곱슬하고, 정수리는 뒷벽의 150센티미터 표시 바로 밑에 닿았다. 헨리에타가 몇 시간씩 정성 들여 빗질하고 땋았을 그 머리카락이었다. 한때 아름답던 눈은 앞으로 툭 튀어나왔고, 약간 멍든 채 부어올라 거의 감겼다. 그녀는 울면서 카메라 아래쪽 어딘가를 보고 있다. 일그러진 얼굴은 본 모습을 알아볼 수 없을 정도이고, 콧구멍에는 염증이 생겨 딱지가 가득했다. 입술은 거의 두 배나 부풀어올랐고, 입 주위를 돌아가며 피부가 시커멓게 트고 갈라졌다. 두꺼운 혀는 입 밖으로 밀려나와 있었다. 비명을 지르는 것 같았다. 누군가의 희고 큼지막한 두 손이 엘시의 머리를 왼쪽으로 부자연스럽게 뒤틀며 턱을 들어올려 받치고 있었다.

"머리를 저리 들면 언니가 싫어할 텐데." 데보라가 나지막이 말했다. "대체 왜 머리를 저렇게 붙들고 있는 걸까요?"

엘시의 목을 휘감은 커다란 흰 손을 조용히 응시할 뿐 아무도 말이 없었다. 매니큐어로 단장한 여자의 손은 새끼손가락이 살짝 들려 있었다. 매니큐어 광고라면 모를까, 우는 아이의 목을 휘감을 손은 아니었다. 데보라는 엘시의 어릴 적 사진을 그 옆에 놓았다.

"오, 예뻤네요." 러즈가 속삭였다.

데보라는 크라운스빌 사진 속 엘시의 얼굴을 쓰다듬었다. "언니는 지금 자기가 어디 있나 어리둥절한 것 같아요. 동생을 찾는 거 같기도 하구."

사진은 엘시의 부검 보고서 위쪽 모서리에 붙어 있었다. 러즈와 나는 부검 보고서를 읽어내려갔다. 어떤 구절은 큰 소리로 읽었다. "저능아로 진단", "매독과 직접 연관된", "사망 전 6개월간 손가락을 목구멍으로 집어넣어 스스로 구토 유발". 마지막 부분에는 응고된 혈액으로 보이는 "커피 가루 같은 토사물을 쏟아낸다"고 적혀 있었다.

러즈가 "커피 가루 같은 토사물을 쏟아낸다"는 부분을 큰 소리로 읽었을 때, 검은색 정장 차림의 작고 뚱뚱한 대머리 사내가 들이닥쳤다. 내게 메모하지 말라고 경고하더니, 우리가 거기에서 뭘 하는지 밝히라고 다그쳤다. "환자 가족입니다." 러즈가 끼어들었다. "이 환자의 진료 기록을 보러 오셨습니다."

남자는 멈칫하더니 데보라와 나를 번갈아 보았다. 작은 키의 50대 흑인 여자와 중키의 20대 백인 여자. 데보라는 지팡이를 짚고 선 채 어디 한번 붙어보자는 눈빛으로 그를 노려보았다. 그녀는 핸드백을 뒤져 서류 세 장을 꺼냈다. 자신의 출생증명서와 엘시의 출생증명서, 엘시에 대한 모든 법적 권한을 그녀에게 부여한다고 명시한 법률 문서였다. 혹시 누군가 우리를 제지하려 들 때에 대비해 몇 달간 준비한 서류들이었다.

데보라가 문서를 남자에게 건넸다. 그는 부검 보고서를 꼭 움켜쥐고 건네 받은 문서를 읽었다. 데보라와 나는 그를 노려보았다. 방해받은 데 너무 화가 난 나머지 우리는 그가 랙스 가족의 프라이버시를 보호하려고 애썼던 유일한 병원 보직자임을 깨닫지 못했다.

"여사께서 부검 보고서 사본을 가져갈 수 있을까요?" 내가 러즈에게 부탁했다.

"물론입니다. 요청서만 작성하시면 됩니다." 그는 책상 위에서 종이 한 장을 집어 데보라에게 건넸다.

"뭐라고 쓰면 되나요?"

러즈가 불러주었다. "본인, 데보라 랙스는……"

몇 분만에 데보라는 찢어진 종이에 공식 진료 기록 요청서를 작성해 러즈에게 건넸다. "그 사진도 큼지막하게 부풀려 복사해주면 좋겠어요."

러즈는 복사하고 올 동안 보라며 사진 몇 장과 문서 한 뭉치를 건네고 방을 나섰다. 대머리 남자도 바로 뒤따랐다. 뭉치 속의 첫 문서는 엘시가 죽은 지 3년이 지난 1958년 어느 날의 워싱턴 포스트 기사였다.

너무 혼잡한 병원, 치료할 수 있는 환자들을 '놓치다!'
의사 부족한 크라운스빌, 환자들을 위기로 내몰아

제목을 보자마자 데보라에게 보여주면 안 되겠다는 생각이 스쳤다. 나는 기사를 허벅지 위에 뒤집었다. 먼저 읽어본 다음, 혹시 끔찍한 내용이라면 미리 마음의 준비를 시키는 편이 낫겠다고 여겼다. 그러나 데보라는 기사를 낚아채 큰 소리로 제목을 읊었다. 그리고 멍한 눈으로 위를 쳐다보았다.

"이거 좋네." 그녀는 여러 명의 남자들이 절망적인 표정으로 바닥에 드러눕거나 구석에서 뒤죽박죽 엉켜 머리를 움켜잡은 모습을 그린 커다란 삽화를 가리켰다. "내 방 벽에다 붙여 놔야겠구만." 그녀는 기사를 되돌려주며 큰 소리로 읽어 달라고 했다.

"정말요? 보나마나 열 받을 이야기일 텐데요. 제가 먼저 읽고 무슨 내용인지 알려드리는 게 어때요?"

"아냐." 그녀가 딱 잘랐다. "저 양반 말대로 그때는 흑인을 치료할 돈이 없었잖아." 그녀는 내 뒤로 바싹 다가서 어깨너머로 내가 읽는 것을 지켜보았다. 기사를 훑어보더니 몇 개의 낱말을 가리키며 직접 읽기도 했다. "소름끼치는?" "무시무시한 흑인 병동?"

엘시가 사망한 크라운스빌은 데보라가 상상했던 것보다 훨씬 열악했다. 환자들은 근처 병의원에서 좁아 터진 열차에 가득 실려 도착했다. 엘시가 사망한 1955년, 크라운스빌의 입원 환자 수는 2,700명 이상으로 사상 최고치를 기록했다. 최대 수용 가능 인원을 거의 800명 초과한 숫자였다. 유일하게 정확한 환자 수 확인이 가능했던 1948년에는 의사 한 명이 평균 225명의 환자를 담당했으며, 사망률이 퇴원율보다 훨씬 높았다. 환자들은 변기도 없이 배설물 배출로가 드러나 있고 환기도 거의 되지 않는 콧구멍만 한 방에 갇혀 있었다. 치매나 결핵에서 '신경과민', '자신감 결여', 뇌전증에 이르기까지 온갖 질병에 시달리는 흑인 남녀와 아이들을 창문도 없는 지하실이나 빗장을 지른 현관 등 수용 가능한 공간 어디든 몰아넣었다. 침대가 있긴 했지만, 1인용 침대에 보통 두세 명이 함께 잤다. 다른 사람의 발치에서 자는 일은 다반사였고, 잠자리로 가려면 잠든 사람의 바다를 기어 건너야 했다. 나이나 성별로 환자를 나누지 않았고, 종종 성범죄자도 섞여 있었다. 크고 작은 소동이 끊이지 않았다. 사제 흉기도 나돌았다. 다루기 힘든 환자는 침대에 묶어 두거나, 격리실에 집어넣고 밖에서 문을 잠갔다.

나중에 안 사실이지만 엘시가 크라운스빌에 입원할 당시 과학자들은 종종 그곳 환자들을 대상으로 사전 동의도 받지 않고 연구를 수행했다. '100명의 간질 환자에게 시행한 공기주입 뇌촬영법 pneumoencephalography 및 두개골 X선 검사 연구'라는 것도 있었다. 공기주입 뇌촬영법은 액체 속에 떠 있는 뇌의 영상을 촬영할 목적으로 1919년에 개발되었다. 뇌척수액은 뇌가 손상 받지 않게 보호하지만, X선이 액체를 통과하면 영상이 흐려지기 때문에 뇌를 방사선으로 촬영하기는 쉽지 않다. 공기주입 뇌촬영법은 드릴로 두개골에 구멍을 뚫어 뇌를 둘러싼 뇌척수액을 빼낸 다음, 공기나 헬륨 가스를 주입해 뇌의 뚜렷한 영상을 얻는 방법이다. 검사 후에는 극심한 두통, 어지럼증, 경련, 구토 등 부작용이 생겨 다시 생성된 뇌척수액이 두개골을 채울 때까지 두세 달간 지속되었다. 게다가 영구적인 뇌 손상과 마비를 초래할 수 있기 때문에 1970년대에 폐기되었다.

크라운스빌 환자들을 대상으로 연구를 수행한 과학자들이 환자나 부모에게 사전 동의를 받았다는 증거는 없다. 훗날 러즈는 공기주입 뇌촬영법 연구에 등록한 환자 수와 연구 시기를 고려할 때, 엘시를 비롯해 입원했던 모든 어린이 간질 환자가 연구에 참여한 것으로 보인다고 했다. 사정이 비슷한 연구가 적어도 또 한 건 있다. 환자의 뇌 속에 금속 탐침을 삽입하는 '정신운동성 뇌전증 연구에 있어 대뇌 측두엽 내측에 삽입한 탐침의 유용성'이란 연구다.

엘시의 사망 직후 새 병원장이 취임했다. 그는 불필요하게 입원해 있던 수백 명의 환자를 내보냈다. 워싱턴 포스트는 그의 발언을 인용했다. "아픈 사람에게 가장 나쁜 짓은 병원에 던져 넣고 잊어버리는 것입니다."

내가 그 부분을 큰 소리로 읽자 데보라가 속삭였다. "언니를 잊은 건 아니야. 어머니가 돌아가셔서 언니가 여기 있다고 아무도 얘기를 안 한 거야. 내가 언니를 꺼냈어야 하는데."

HENRIETTA LACKS

크라운스빌을 떠날 때, 데보라는 러즈에게 언니에 관한 정보를 알려줘서 감사하다고 했다. "아주 오랫동안 이걸 기다렸어요, 박사님!" 그가 괜찮으냐고 묻자 데보라는 눈물을 글썽였다. "맨날 오빠들한테도 말하는데요, 역사를 뒤지려면 증오로는 안 돼요. 시대가 달랐단 걸 잊으면 안 된다니까요."

밖으로 나와 데보라에게 정말 괜찮냐고 물었다. 그녀는 묻는 내가 오히려 이상하다는 듯 웃었다. "여기 들르길 정말 잘했네." 그녀는 서둘러 주차장으로 향했다. 그리고 차에 오르자마자 창문을 내렸다. "이제 어디로 갈 거야?"

러즈는 10킬로미터쯤 떨어진 애너폴리스 소재 메릴랜드 주립기록보관소Maryland State Archives에 옛 크라운스빌 진료 기록 중 남은 것들이 좀 더 있다고 알려주었다. 1950년대 기록이 남아 있을 것 같지는 않지만 확인해보는 것도 나쁘지 않겠다고 했다.

"진료 기록이 더 있는지 보러 애너폴리스로 갈 거지?"

"그게 좋은 생각인지 잘 모르겠어요. 좀 쉬고 싶지 않으세요?"

"전혀!" 그녀가 소리쳤다. "우리 오늘 취재할 것이 엄청 많잖아. 인제 막 발동이 걸렸는데!" 그녀는 창 밖으로 나를 향해 언니의 새 사진을 흔들며 웃었다. 그리고 쌩하는 소리를 내며 차를 출발시켰다. 나는 얼른 내 차에 뛰어올라 뒤쫓았다.

2001년 __ 혹인 정신병원

약 10분 후, 주립기록보관소 주차장에 도착했다. 데보라는 운전석에 앉아 큰 소리로 찬송가를 부르며 엉덩이를 들썩거렸다. 노랫소리가 어찌나 큰지 내 차에서 창문을 열지 않고도 들릴 정도였다. 건물 안으로 들어서자 그녀는 곧장 접수 창구로 향했다. 그리고 가방 안으로 손을 뻗어 어머니의 진료 기록을 꺼내더니 머리 위로 흔들었다. "사람들이 엄마를 헬라라고 불러요! 그녀는 컴퓨터란 컴퓨터엔다 있다구요!"

접수 직원이 기록보관소에 엘시의 진료 기록이 없다고 하자 나는 안도했다. 우리가 알게 될 진실이 두려웠다. 데보라가 얼마나 더 견딜지도 알 수 없었다.

그 뒤로는 엉망이었다. 클로버로 가는 동안, 차가 멈출 때마다 데보라는 뛰어나갔다. 언니의 사진을 움켜쥐고 만나는 사람마다 코앞에 들이댔다. 거리 모퉁이에서 만난 여자, 주유소 직원, 조그만 교회의 목사, 식당 여종업원에게 외쳤다. "안녕하시우? 내 이름은 데보라구요, 여기는 내 기자예요. 아마 우리 얘길 들어봤을 거요. 우리 엄마가 그 세포 역사 속에 있단 말이요. 그리고 우린 방금 언니 사진을 찾았지요!"

사람들은 질색했다. 데보라는 괘념치 않았다. 그저 웃을 뿐이었다. "우리 취재가 잘 돼서 진짜 기분 좋구만!"

갈수록 사진 뒤에 숨겨진 이야기도 상세해졌다. 어떤 곳에서는 이렇게 말했다. "언니는 엄마가 보고 싶다고 하도 울어서 얼굴이 퉁퉁 부어버렸어요." 또 다른 곳에서는 이렇게 말하기도 했다. "언니는 계속 날 찾다가 못 찾으니까 성질을 부렸어요."

가끔 데보라는 길가에 차를 세우고 내게도 멈추라고 손짓했다. 그

때마다 운전하는 동안 떠오른 여러 가지 생각을 말했다. 한번은 어머니의 성경책과 머리카락을 넣어둘 비밀금고를 사겠다고 했다. 나중에는 아무도 도용하지 못하게 헨리에타의 서명을 저작권으로 보호할 필요가 있는지 물었다. 주유소 화장실 앞에 줄을 서서 기다릴 때는 배낭에서 망치를 꺼냈다. "가족들이 나한테 '아늑한 집'을 주면 말이야, 아주 역사적인 곳으로 만들고 싶구만. 그런데 줄 생각을 안 해. 그래서 문고리라도 빼 오려고."

한번은 차에서 울먹이다시피 말했다. "도로를 똑바로 쳐다볼 수가 없어. 언니 사진만 보게 된다니까." 엘시의 사진 두 장을 조수석에 놓고 내내 들여다보며 운전했던 것이다. "당최 머릿속에서 지울 수가 없어. 언니가 죽기 전에 몇 년간 겪은 일이 자꾸 떠올라."

데보라가 스스로를 고문하지 못하게 사진을 빼앗고 싶었다. 달라고 해도 절대 내놓지 않았을 것이다. 대신 나는 아무래도 집으로 가는 편이 좋겠다고 설득했다. 며칠 강행군을 한 데다, 그녀가 한꺼번에 그 많은 일을 받아들일 준비가 안 된 것 같았다. 그때마다 데보라는 자기가 멈추리라 생각했다면 내가 실성한 것이라고 했다. 우리는 계속 달렸다.

그날 데보라는 우리가 묵을 호텔에 도착하면 어머니의 진료 기록을 내 방으로 가져가라고 여러 번 말했다. "자기가 꼼꼼히 살펴보구 일일이 메모해야 한다는 거 알아. 사실이란 사실은 죄다 알아야 할 테니까." 밤 9시경, 애너폴리스와 클로버 사이 어디쯤 호텔을 잡았다. 마침내 데보라가 진료 기록을 건넸다.

"나는 잘 거야." 그녀가 내 방 바로 옆 자기 방으로 들어가며 말했다. "원 없이 보라고."

진료 기록

채 몇 분도 안 되어 데보라가 방문을 쾅쾅 두드렸다. 무릎까지 덮는 커다란 흰색 티셔츠로 갈아입고 있었다. 티셔츠에는 오븐에서 쿠키를 꺼내는 막대인간stick-figure 그림 위에 '할매GRANDMA'란 글자가 깜찍하고도 큼지막하게 찍혀 있었다.

"난 안 잘 작정이야." 무덤덤한 표정이었다. "아가씨하고 저거나 봐야겠어." 에스프레소 커피를 연달아 몇 잔 들이켠 것처럼 들뜨고 초조한 기색이 역력했다. 한 손에는 크라운스빌에서 구한 엘시의 사진을, 다른 손에는 내가 화장대 위에 올려 둔 진료 기록이 가득 든 가방을 꼭 움켜잡았다. 데보라는 처음 만났던 날 밤에 그랬던 것처럼 가방 속 내용물을 침대 위에 몽땅 쏟았다.

"어디 시작해보자고." 그녀가 서둘렀다.

족히 100장이 넘었다. 상당 부분 구겨지고, 접히고, 찢어져 있었다. 순서도 뒤죽박죽이었다. 나는 기가 막히고 어리벙벙해 한참 동안 물끄러미 바라보았다. 우선 순서대로 정리하면 복사해야 할 부분을 골라낼 수 있을 것 같다고 겨우 말했다.

"안 돼!" 데보라가 소리치더니, 초조한 듯 어색한 미소를 지었다.

"여기서만 봐야 해. 필요한 것은 직접 손으로 베끼고."

"며칠은 걸릴 거 같은데요."

"설마, 그럴 리가." 데보라는 팔다리로 기어 종이 더미를 가로지르더니 침대 한가운데 책상다리를 하고 앉았다.

노트북을 켜고 안락의자를 당겨 앉았다. 그리고 서류를 정리하기 시작했다. 데보라가 아버지의 석면 피해보상금 2,000달러로 구입한 클로버의 자투리 땅 등기서류도 있었다. 1997년 어느 신문에 실린 로런스의 상반신 사진에는 '지명수배, 로런스 랙스, 무장 강도 혐의'라는 설명이 붙어 있었다. 헬라 세포를 온라인 구매할 때 쓰는 주문서, 영수증, 데보라가 다니는 교회의 소식지도 섞여 있었고, 헨리에타의 '양손 허리 사진' 복사본은 셀 수 없이 많았다. 데보라가 과학용어나 법률용어의 뜻을 적어 놓은 종이도 수십 장은 되었다. 자신의 삶에 관한 자작시도 몇 편 있었다.

암
검진 받을
여유가 내겐 없네
그런 건 백인과 부자들 차지
내 어머니는 흑인이었지
가난한 흑인은
검사 받을 돈이 없다네
미쳤지 그래 내가 미쳤어
우린 피 뽑는 데 이용되고 거짓말만 들었지
우린 아프면 병원비를 내야만 했어, 조금

2001년 __ 진료 기록

줄여줄 수는 없나

존흡킨 병원과 다른 곳에서도 다,

내 어머니 세포를 가져가고, 그녀에게 준 것은

아무것도 없었지

시를 읽고 있을 때, 데보라는 계보학系譜學 입문서에서 복사한 종이 몇 장을 집어 내게 보라고 내밀었다. "그거 덕에 변호사의 힘을 알게 된 거야. 그래서 크라운스빌에 언니 정보 얻으러 갈 때 몽땅 가져간 거구. 그 놈들, 누군지 알고 감히 날 바보 취급해!" 그녀는 말하면서 서류 더미를 헤집는 내 손을 바라보았다.

나는 진료 기록 사본 한 장을 들어 작은 글씨를 보기 위해 눈앞에 바싹 갖다 대고 큰 소리로 읽었다. "'이 스물여덟 살 난'…… 뭐라고 쓴 거지? 손글씨는 읽기가 힘들어서…… 'Rh 양성.'" 왼쪽 귀퉁이에 1949년 11월 2일이라고 기록되어 있었다.

"우와!" 나는 갑자기 흥분했다. "당신이 태어나기 바로 3일 전이에요. 어머님이 이때 당신을 임신하고 있었던 거예요."

"뭐라구? 저런, 맙소사!" 데보라가 탄성을 지르며 종이를 낚아채더니 입도 다물지 못한 채 뚫어지게 바라보았다. "또 뭐라고 써 있는데?"

나는 헨리에타가 정기검진 차 내원했다고 알려주었다. "여기 보세요. '자궁경부가 2센티미터쯤 열렸다'…… 이제 당신을 낳을 준비를 하는 거예요." 데보라는 손뼉을 치며, 침대 위를 껑충껑충 뛰었다. 그리고 진료 기록지에서 다른 페이지를 집어 들었다.

"이것도 읽어봐!"

날짜는 1951년 2월 6일이었다. "이날은 어머님이 자궁경부암으로 병원에 처음 간 지 일주일쯤 후예요. 조직검사를 받고 마취에서 깨어났어요. 상태가 양호하다고 돼 있네요."

그 다음 몇 시간 동안 데보라가 서류를 한 장씩 골라 내밀면, 나는 읽은 다음 내용을 구분해 정리했다. 데보라는 때로 내가 발견한 사실에 기뻐서 함성을 질렀지만, 때로는 받아들이기 힘든 새로운 사실 앞에서 어쩔 줄 몰랐다. 어떨 땐 내가 어머니의 진료 기록지 한 장만 들고 있는 걸 보고 허둥지둥했다. 당황할 때마다 침대를 두드리며 "언니 부검 보고서가 어디 있더라?"라거나 "세상에. 내가 방 열쇠를 어디다 뒀지?"하며 안절부절했다.

이따금 서류 뭉치를 베개 밑에 감추고 내가 봐도 좋겠다는 확신이 들 때만 꺼내 주기도 했다. "여기 엄마 부검서요." 서류를 내밀고, 몇 분 후에는 어머니의 서명이 있어서 제일 좋아하는 것이라며 진료 기록지 한 장을 건넸다. 헨리에타의 자필 기록이 있는 유일한 서류였다. 라듐 치료를 받기 전, 그러니까 원조 헬라 세포 채취 직전에 서명한 동의서였다.

마침내 데보라가 조용해졌다. 엘시의 크라운스빌 사진을 옆에 놓고 한참 동안 몸을 웅크린 채 모로 누워 있었다. 그대로 잠들었으려니 했다. 그런데 그녀가 속삭였다. "이런, 어떡하나. 언니 목이 돌아간 게 영 찜찜하구만." 그녀는 사진을 들어 흰 손을 가리켰다.

"맞아요. 저도 맘에 걸려요."

"내가 눈치 못 챘으면 싶었지, 그치?"

"아니요. 이미 눈치챘다는 거 알고 있었어요."

데보라는 다시 베개를 베고 누웠다. 이런 식으로 몇 시간이 흘렀다.

나는 진료 기록을 읽고 메모하고, 데보라는 조용히 엘시의 사진을 보다가 이따금 짧은 논평으로 침묵을 깼다. "언니가 뭐에 놀란 거 같아." "얼굴이 저 지경이어서 영 맘이 안 좋아." "목구멍에 뭘 집어넣은 걸까?" "엄마를 더 볼 수 없단 걸 알고 포기해버린 것 같아." 데보라는 가끔 마치 나쁜 것을 빨리 털어내려는 듯 머리를 심하게 흔들었다.

결국 나는 의자에 기대어 눈을 비볐다. 이미 한밤중이었지만 정리해야 할 기록은 그대로 쌓여 있었다. "어머니의 진료 기록 사본을 하나 더 신청해서 흐트러지지 않게 스테이플러로 잘 철해 놓는 게 좋겠어요."

데보라는 갑자기 미심쩍다는 듯 나를 곁눈질했다. 방을 가로질러 옆 침대로 가서 엎드린 채 언니의 부검 보고서를 읽기 시작했다. 몇 분 후에는 벌떡 일어나 사전을 집어 들었다.

"저들이 언니를 저능아라고 진단했지?" 이렇게 묻더니 큰소리로 사전의 정의를 읽었다. "저능 idiocy. 분별력이 전혀 없거나 어리석음." 그녀는 사전을 내던졌다. "그게 저 놈들이 말하는 언니의 문제야? 그니까 바보 천치였다 그 말이지? 어떻게 그런 말을 할 수 있어?"

나는 그녀에게 의사들은 정신지체나 선천성 매독에서 나타나는 뇌손상을 지칭하는 말로 저능이란 단어를 사용하곤 했다고 말해주었다. "발달이 느린 사람을 이르는 일종의 포괄적인 단어였어요." 내가 부연했다.

데보라는 옆에 앉더니 부검 보고서에 있는 단어를 가리켰다. "이건 무슨 뜻이야?" 내가 대답하자 얼굴빛이 어두워지더니 입을 다물지 못했다. 그녀가 속삭였다. "이건 책에다 안 썼으면 좋겠는데."

"안 쓸게요." 그때 내가 실수를 했다. 웃은 것이다. 우습다고 생각한 것이 아니라, 언니를 보호하려는 따뜻한 마음이 좋았다. 그녀가 어떤 내용을 책에 쓰지 말라고 한 적은 없었다. 그러나 그 낱말은 내가 보기에도 적절하지 않았다. 책에 쓸 단어는 결코 아니었다. 그래서 웃음이 나온 것이었다.

데보라가 나를 노려보며 화난 목소리로 고함을 질렀다. "그거 책에다 쓰지 말라니까!"

"안 쓸 게요." 진심이었다. 그러나 나는 여전히 웃고 있었다. 이번에는 난처해서였다.

"거짓말!" 데보라는 내 테이프 녹음기를 탁 꺼버리더니, 주먹을 불끈 쥐며 소리쳤다.

"아니에요, 맹세해요. 보세요, 제가 테이프에 녹음할게요. 만약 그 단어를 쓰면 고소해도 좋아요." 녹음 버튼을 눌렀다. 마이크를 입에 대고 그 단어를 책에 쓰지 않겠다고 말한 다음 녹음기를 껐다.

"이게 어디서 사기를 쳐!" 데보라가 다시 소리쳤다. 그리고 침대에서 뛰어내리더니 삿대질을 하며 내 앞에 버티고 섰다. "거짓말 치는 게 아니라면, 왜 웃었냐구?"

나는 이유를 설명하며 진정시키려고 했지만, 그녀는 정신없이 캔버스 가방에 기록지를 쓸어 담았다. 그러다 갑자기 가방을 침대 위로 던지더니 달려들었다. 벽으로 밀어붙이며 손으로 내 가슴을 세게 내리쳤다. 벽에 머리를 호되게 부딪쳐 숨도 못 쉴 지경이었다.

"너 누구 좋으라고 이 짓거리야?" 그녀가 고함을 질렀다. "존홉킨이지?"

"뭐라고요? 아니에요!" 나는 헐떡거리며 소리쳤다. "저 혼자서 일하는 거 아시잖아요."

"누가 보냈어? 누가 너한테 돈을 주냐구?" 그녀가 악을 썼다. 손은 여전히 나를 벽에 밀어붙인 채였다. "이 방값 낸 사람 이름 불어!"

"벌써 다 얘기했잖아요! 기억 안 나요? 신용카드? 학자금 대출?"

결국 만난 후 처음으로 데보라에 대한 인내심을 잃고 말았다. 나는 그녀의 손아귀를 홱 뿌리치면서 소리를 질렀다. "씨발, 진정하고 나한테서 떨어져!"

데보라는 분노에 활활 타오르는 눈길로 나를 노려보았다. 몇 분 동안 그렇게 있었던 것 같다. 그러더니 갑자기 씩 웃으며 손을 뻗어 내 머리카락을 매만졌다. "아가씨가 이렇게 화내는 거 처음 보네. 내 앞에선 욕지거리 한마디 안 하길래, 진짜 사람이 맞나 했지."

그리고 방금 일어난 일을 해명이라도 하려는 듯 마침내 코필드에 관해 이야기해주었다.

"그 놈은 사기꾼이야. 진료 기록을 넘겨 주느니 차라리 산 채로 불 속에 뛰어들겠다고 했지. 진료 기록은 누구한테도 안 줄 거야. 너나 없이 우루루 달려들어 엄마 세포를 가져갔잖아. 이제 엄마 것은 그 진료 기록하고 성경책밖에 없단 말이야. 그래서 코필드 그 인간한테 울화가 치미는 거야. 몇 안 되는 엄마 것을 다 뺏으려고 했으니까."

데보라는 침대 위에 있는 내 노트북 컴퓨터를 가리켰다. "하여간 진료 기록에 있는 걸 전부 컴퓨터에 적지는 말았으면 좋겠어. 책 쓰는 데 필요한 것만, 전부는 말고. 그 기록은 우리 가족만 갖고 있으면 좋겠어."

내가 전부 옮겨 적지는 않겠다고 약속하자 데보라는 자기 방으로 돌아가 잠자리에 들겠다고 했다. 그러나 그후 몇 시간 동안 15분에서 20분 간격으로 내 방문을 두드렸다. 처음 노크했을 땐 복숭아향을 잔뜩 풍겼다. "로션 가지러 차에 갔다 오는 길에 잠깐 인사나 하려구." 방문을 두드릴 때마다 이유도 가지가지였다. "차에다 손톱깎이를 두고 내렸지 뭐야!" "지금 〈엑스파일〉 시작하는데!" "갑자기 팬케이크 생각이 나는구만!" 노크할 때마다 나는 문을 활짝 열어주었다. 그녀가 방을 나갈 때 모습 그대로 쌓여 있는 진료 기록을 볼 수 있도록.

마지막으로 문을 두드렸을 때, 데보라는 나를 지나쳐 곧바로 화장실로 달려 들어가더니 세면대에 기대 거울을 유심히 들여다보았다. "뭐가 나는 거 맞지?" 그녀가 소리쳤다. 내가 화장실로 들어가자 이마에 난 동전 크기의 부푼 자국을 가리켰다. 두드러기 같았다. 뒤돌아 셔츠를 내리자 목과 등이 온통 붉은 두드러기로 덮여 있었다.

"크림을 좀 발라야겠구만." 그녀가 말했다. "아 참, 수면제도 먹어야지." 그녀는 자기 방으로 돌아가더니 잠시 후에 텔레비전 볼륨을 높였다. 비명과 울음소리, 총소리가 밤새도록 울렸다. 그러나 그녀는 아침까지 다시 찾아오지 않았다. 내가 잠든 지 겨우 한 시간이 지난 새벽 6시, 그녀가 방문을 두드리며 소리를 질렀다. "아침밥이 공짜래!"

나는 눈이 충혈되고 부었으며 눈 밑에는 다크서클이 드리웠다. 옷차림도 전날 입었던 그대로였다. 데보라가 소리 내어 웃었다.

"우리 둘 다 꼴이 아주 가관이구만!" 그녀가 얼굴 전체로 퍼진 두드러기를 가리켰다. "아휴! 간밤엔 불안해 죽는 줄 알았네. 어떻게 할 수 없어서 손톱이나 칠했지 뭐야." 그녀는 손을 내밀어 손톱을 보여주었다. "아주 끔찍하게 칠해놨다니까!" 그녀가 웃으며 말했다. "암만 해도 수면제 먹고 칠한 거 같아." 손톱뿐만 아니라 주변의 피부까지 새빨갰다. "멀리서 보면 그래도 봐줄 만할 거야. 내가 손톱장이였으면 바로 쫓겨났겠지만."

무료 아침식사를 먹으러 로비로 내려갔다. 데보라는 나중에 먹을 요량으로 냅킨에 작은 머핀 몇 개를 싸더니 나를 빤히 쳐다보았다.

"우리 둘 다 괜찮을 거야, 자기."

나는 고개를 끄덕이며 그렇다고 했다. 그러나 그 순간, 나는 아무 것도 확신할 수 없었다.

2001년

영혼 정화

데보라의 얼굴에 난 두드러기는 점차 등으로 번졌다. 양 볼 군데군데 빨간 반점이 돋고, 눈 밑에는 멍든 듯 긴 음영이 드리웠다. 눈꺼풀도 핏빛 아이섀도를 바른 것처럼 새빨갛게 부어 올랐다. 나는 괜찮으냐고 묻고 또 물었다. 의사한테 가보자고 했지만 그녀는 웃을 뿐이었다.

"늘 그러는데 뭐. 난 괜찮아. 베나드릴만 있으면 돼." 그녀는 항히스타민제 베나드릴 한 병을 가방에 넣고 다니며 시도때도 없이 입안에 털어 넣었다. 정오 무렵에는 벌써 약병이 3분의 1이나 비었다.

클로버에 도착한 우리는 메인가를 둘러보고 강변을 따라 걷기도 했다. 헨리에타가 일했던 담배밭에도 들어가보았다. '아늑한 집'을 찾았을 때 데보라가 말했다. "언니하고 여기서 사진 한 장 찍어줘."

데보라는 집 앞에 서서 엘시의 사진 두 장이 카메라 쪽을 향하게 가슴에 갖다 댔다. 헨리에타가 제일 좋아했다던 떡갈나무 등걸 위, 헨리에타의 어머니인 외할머니의 비석 앞에서 자신과 엘시의 사진을 찍었다. 그 뒤에 어머니와 언니가 묻혀 있을 것으로 짐작되는 길게 푹 꺼진 자리 옆에 무릎을 꿇었다. "엄마 무덤 옆에서 언니하고 같이 한 장 찍자고. 세상에 우리 셋이 얼추 같이 있는 사진은 이것뿐일 거야."

마침내 헨리에타의 언니인 글래디스의 집에 이르렀다. 현관에 흔들의자가 놓인 작고 노란 오두막이었다. 글래디스는 판자를 깐 어두컴컴한 거실에 앉아 있었다. 바깥은 스웨터만 입어도 될 정도로 따뜻했지만, 큼지막한 장작 난로 한가득 불을 지펴 놓고 그 옆에 앉아 수건으로 이마에서 흘러내리는 땀을 닦고 있었다. 관절염 때문에 손과 발이 오그라들듯 비틀렸고, 등은 심하게 굽어 팔꿈치로 받치지 않으면 가슴이 거의 무릎에 닿았다. 내의는 입지 않고 얇은 가운만 걸쳤는데, 몇 시간 동안 휠체어에 앉아 있었던 탓에 옷이 말려 올라가 허리가 드러나 있었다.

우리가 들어서자 그녀는 가운을 펴서 몸을 가리려고 했지만, 오그라진 손은 가운을 놓치고 말았다. 데보라가 가운을 아래로 당겨 몸을 가려주었다. "다들 어디 갔어요?" 아무 말이 없었다. 옆방에는 그녀의 남편이 금방이라도 숨이 넘어갈 듯 병상에 누워 신음하고 있었다. "아아, 그렇지. 일들 하러 갔구만, 그렇죠?"

글래디스는 역시 대꾸가 없었다. 데보라는 그녀가 확실히 들을 수 있게 더욱 목청을 높였다. "나 인터넷 달았어! 엄마 홈페이지 만들고, 기부금이랑 기금도 받을 거야. 그걸로 무덤 옆에 기념비도 세우고, 저 낡은 '아늑한 집'도 박물관으로 바꾸고 해서 사람들이 엄마를 기억하게 할 작정이야!"

"거기다 뭘 넣는다고?" 미친 게 아니냐는 듯 글래디스가 물었다.

"세포 말이요. 사람들이 자라는 걸 보게 거기다 세포를 넣을 거라니까요." 데보라는 잠깐 생각에 잠기는 듯 싶더니 덧붙였다. "엄마 사진도 큰 걸 넣어야죠. 밀랍인형도 하나. 낡은 옷들하고 집에 있던 구두 한 짝도 넣어야겠어. 모두 의미가 아주 크니까요."

갑자기 현관문이 열리더니 글래디스의 아들 개리가 들어섰다. "어이, 사촌!" 쉰 살이 된 개리는 랙스 집안 사람답게 피부가 부드러웠다. 엷은 콧수염에 입술 밑에도 수염을 길렀다. 살짝 벌어진 앞니를 여자들이 좋아한다고 자랑했다. 붉은색과 푸른색 줄무늬가 엇갈린 반소매 럭비셔츠에 파란 청바지, 빨간 운동화와 기막히게 어울렸다.

데보라가 깜짝 놀라더니 두 팔로 개리의 목을 감싸 안았다. 이내 주머니에서 엘시의 사진을 꺼냈다. "크라운스빌에서 뭘 갖고 왔는지 한번 보라고! 언니 사진이야!" 개리는 웃음을 거두고 사진에 손을 뻗었다.

"이건 안 좋은 사진인데. 언니가 추워서 울고 있어."

"꼬마였을 때 현관에서 찍은 사진을 보여드리는 게 어때요? 그 사진이 좋던데요."

그제야 개리가 나를 쳐다봤다. '이건 또 뭐야?'하고 묻는 것 같았다.

"그 사진 때문에 데보라가 좀 화가 났어요." 내가 말했다.

"어떻게 된 건지 대충 알겠구만." 그가 나지막이 말했다.

"게다가 데보라는 어머니의 세포를 얼마 전에 처음 봤거든요."

개리가 고개를 끄덕였다. 몇 년간 그와 나는 많은 시간 이야기를 나누었다. 그는 데보라와 그녀가 겪은 일을 가족 누구보다도 잘 이해했다.

데보라가 얼굴에 난 두드러기를 가리켰다. "바로 반응이 오네. 부어 오르고 문드러지고. 그래도 난 지금 눈물이 날 만큼 아프면서도 행복하다니까." 그녀는 집안을 서성거렸다. 장작 난로가 방 안의 산소를 몽땅 빨아들일 듯 활활 타는 가운데 얼굴이 땀으로 번들거렸다. "하나씩 하나씩 배우고 있어. 나한테도 엄마가 진짜 있었다는 거, 엄마가 겪은 그 비참한 걸 이제 다 알아. 알면 알수록 괴롭지만 알고 싶은 걸 어떻게 해. 언니에 대해 알고 싶은 거랑 같아. 하나씩 알수록 엄마하고 언니한테 더 가까이 가는 거 같아. 그래도 그리운 것은 마찬가지지만. 지금 여기 같이 있으면 얼마나 좋을까?"

개리는 시선을 데보라에게 고정한 채 방 안을 가로질러 커다란 안락의자에 앉았다. 그리고 우리더러 옆에 와 앉으라고 손짓했다. 데보라는 앉지 않았다. 리놀륨 바닥을 가로지르며 이리저리 서성거렸다. 손톱의 빨간 매니큐어를 뜯어내기도 하고, 뉴스에서 들은 살인사건이나 애틀랜타의 교통난에 대해 두서없이 떠들었다. 개리는 이리저리 오가는 데보라를 눈도 깜빡이지 않고 진지하게 응시했다.

"사촌, 좀 앉아봐." 마침내 그가 말했다.

데보라는 개리에게서 그리 떨어지지 않은 흔들의자로 달려가 몸을 던졌다. 그리고 의자를 뒤집기라도 하려는 듯 발로 바닥을 차고 윗몸을 앞뒤로 굽혔다 폈다 하면서 세차게 흔들기 시작했다.

"우리가 뭘 알아냈는지 못 믿을 거야! 그 놈들이 엄마 세포에다 오만 가지, 그 뭐냐, 독극물이나 뭐 그딴 거를 집어넣어 가지고 사람이 죽나 안 죽나 실험을 했다니까."

"데일, 너 자신을 위해서도 뭘 좀 해봐." 개리가 말했다.

"알아, 노력하고 있다니까. 그런데 엄마 세포를 깜빵에 있는 살인자들한테 주사 놓은 것도 알아?"

"어허, 진정하라니까. 뭐라도 좀 쉴 만한 걸 해보란 말이야."

"별수 없어." 데보라가 손을 저어 말을 막았다. "허구한 날 그 걱정만 드니까."

"성경에도 나오잖아." 개리가 속삭이듯 말했다. "인간은 아무것도 안 갖고 이 세상에 들어왔고, 아무것도 못 갖고 돌아간다는 말. 우리는 걱정이 너무 많아. 걱정할 게 아무것도 없는데도 자꾸 걱정한단 말이야."

정신이 들었는지 데보라가 고개를 끄덕였다. "그렇게 죽어라 걱정만 하니까 몸이 망가지지."

"지금 많이 안 좋은 거 같은데, 데보라. 맘 푹 놓고 여유를 좀 가져봐." 개리가 다독였다. "차를 타고 운전을 해도 꼭 어디 안 가고 그냥 한 바퀴 돌고 오는 것도 괜찮더라고. 그냥 거리에서 편안하게 시간을 보내는 거야. 사는 데 그런 시간이 좀 필요하더구만."

"돈이 좀 생기면 RV를 한 대 살 거야. 그걸 몰고 여기저기 돌아다니면 좋겠어. 맨날 똑같은 데 처박혀 있지 않아도 되잖아. 성가시게 하는 사람도 없을 거구."

그녀가 다시 일어서 서성거렸다.

"정말 맘이 편안해지는 때라고는 운전해서 여기 내려올 때뿐이야. 하지만 이번에는 운전하는 내내 언니하고 엄마한테 무슨 일이 있었는가, 그런 생각밖에 안 들더라구."

언니와 엄마라는 단어를 말하는 순간, 데보라는 얼굴이 더 붉어지면서 공황에 빠졌다. "그 놈들이 엄마 세포를 우주로 쏴 올리고 핵폭탄하고 같이 터뜨린 거 알아? 또 그 짓도 했다니까…… 거 뭐시냐, 복제! ……그래 맞아, 그 놈들이 엄마한테 그 복제를 했단 말이야."

개리와 나는 걱정스러운 눈짓을 주고받았다. 의자에서 일어나는 데보라를 다시 앉히려고 다급히 일어서며 둘이 동시에 입을 열었다.

"복제인간 같은 건 없었어요, 기억 안 나세요?" 내가 말했다.

"겁먹을 거 없다니까." 개리가 말했다. "하나님 말씀에 말이야, 우리가 아버지와 어머니를 명예롭게 하면 이 세상에 오래도록 산다고 했어. 넌 그렇게 하고 있고. 엄마를 명예롭게 해드리고 있잖아." 그는 웃으면서 눈을 감았다. "난 시편에 있는 이 구절이 좋더라. 거기 보면 아버지 어머니가 병들지라도 주께서 우릴 보살펴주신다고 돼 있어. 엄마나 언니를 다 잃어버렸어도 사랑이 많으신 하나님께선 결코 너한테 등을 돌리지 않으시지."

데보라는 전혀 듣지 않았다.

"아무리 말해도 못 믿을 거야. 그 놈들이 엄마를 쥐새끼하고 섞어서 인간-쥐를 만들려고 한 거 알아? 엄마가 이제 더는 인간도 아니라고 했다니까!" 그녀는 실성한 사람처럼 미친 듯이 웃고는 창문 쪽으로 내달렸다.

"우라질!" 그녀가 외쳤다. "밖에 비 오는 거야?"

"눈 빠지게 기다린 비라네." 개리가 앞뒤로 의자를 흔들며 나직이 말했다.

데보라는 항상 목에 걸고 다니는 푸른색 리본 모양 열쇠고리를 잡았다. WWJD라고 새겨져 있었다. "이게 뭔 뜻이야?" 그녀가 물었다. "라디오 방송국인가? WWJD라곤 들어본 적이 없는데." 그녀는 열쇠고리 줄을 잡아당겨 목에서 뜯어내리려고 했다.

"에구, '예수님이라면 어떻게 했을까What Would Jesus Do'란 뜻이잖아." 개리가 말했다. "자네도 알면서 그래."

데보라는 열쇠와 씨름하기를 멈추고 다시 의자에 앉았다. "그 놈들이 엄마한테 그 에이드 바이러스인가 뭔가를 집어넣고, 엄마 세포를 원숭이한테 주입했다는 거 믿어져?" 그녀는 바닥을 내려다보며 의자를 거칠게 흔들었다. 숨을 쉴 때마다 가슴이 오르락내리락했다.

개리는 조용히 의자를 앞뒤로 흔들면서 마치 의사가 환자를 살피기라도 하듯 데보라의 움직임을 낱낱이 주시했다. "어쩔 수 없는 거 갖고 병 나게 하지는 말아." 개리가 말하자 데보라는 눈 밑의 자국을 문질렀다. "그럴 가치도 없다니까 그래…… 주님께서 알아서 하실 거야." 그는 중얼거리면서 두 눈을 살며시 감았다. "지금 자네가 자네를 위해 하는 일이 뭐가 있냐고?"

대답이 없자 그는 나를 보았다. "지금 막 주님께 얘기하고 있었소. 하나님께서 나한테 뭔가 말하라고 시키시네요. 나를 자꾸 움직이게 하시고." 데보라는 개리를 사도使徒라고 불렀다. 대화 중에 주님과 소통하는 버릇 때문이었다. 그가 서른 살이던 20여 년 전부터 그랬다. 한때는 술과 여자에 빠져 정신을 못 차리던 그는 심장마비 몇 번에 관상동맥 우회술을 받고 깨어나면서부터 전도에 나섰다.

"손님이 오셨으니 주님은 좀 물러나 계시게 하려고 애써봤는데요." 그가 쑥스럽다는 듯 웃었다. "그런데 어떨 때는 주님께서 요지부동이세요."

개리의 갈색 눈동자가 텅 빈 것처럼 초점이 흐려졌다. 그는 천천히 자리에서 일어나 두 팔을 넓게 벌리면서 데보라에게 다가섰다. 데보라도 간신히 일어나 절뚝거리며 두 팔로 그의 허리를 감쌌다. 데보라의 몸에 닿는 순간, 개리의 상체가 전기충격이라도 받은 듯 뻣뻣해졌다. 그는 팔을 굽혀 두 손으로 데보라의 머리 양쪽을 꽉 잡았다. 손바닥은 그녀의 턱에, 손가락은 콧마루에서 머리 뒤쪽까지 펼친 후 흔들기 시작했다. 그는 데보라의 머리를 가슴 쪽으로 바싹 끌어당겼다.

그녀가 조용히 흐느끼며 어깨를 들썩였다. 개리의 눈에서 눈물이 볼을 타고 흘러내렸다.

두 사람의 몸이 함께 흔들리는 가운데, 개리가 머리를 하늘로 젖히고 심금을 울리는 아름다운 바리톤으로 노래하기 시작했다.

"환영합니다, 여기 오신 것을…… 환영합니다, 이 부서진 육신에 오신 것을." 조용히 시작된 노래는 한 소절 한 소절 흐르면서 점차 커지더니 온 집 안을 채우고 담배밭까지 퍼졌다. "주께서 백성의 찬양 속에 거하길 바라시니, 저는 손을 높이 들고 마음을 다해 이 찬양을 주님께 바칩니다."

"이 부서진 육신에 오신 것을 환영합니다, 주님." 그가 데보라의 머리를 손바닥으로 지긋이 누르며 속삭였다. 그의 눈이 번쩍 뜨였다가 다시 감겼다. 이윽고 그가 설교를 시작했다. 얼굴에서 땀이 비 오듯 흘렀다.

"주님, 당신께서 친히 말씀하셨습니다. **믿는 자**가 병자에게 손을 얹으면 그들이 **치유**될 것이라고!" 목소리는 속삭임에서 외침으로, 다시 속삭임으로 고조되었다 가라앉길 반복했다. "이제야 **깨닫습니다. 오늘 밤** 의사들도 **할 수 없는 것**이 있음을!"

"아멘, 주님." 얼굴을 그의 가슴에 파묻은 채 데보라가 중얼거렸다. 목소리가 그의 가슴에 묻혀 맴돌았다.

"오늘밤 주님께 감사드립니다." 개리가 속삭였다. "그 **세포**로 인해 당신의 도우심이 간절하나이다. 이 여인이 그 세포의 **멍에**에서 벗어날 수 있도록 도와주옵소서! 이 멍에를 걷어주소서, 주님, 이 짐을 그만 떨쳐주소서, 저희에게 **필요**치 않나이다!"

데보라는 개리에게 안겨 요동치기 시작했다. 그녀가 울먹이며 속삭였다. "감사합니다, 주님…… 감사합니다, 주님." 개리가 눈을 질끈 감고 그녀와 더불어 외쳤다. **"감사합니다, 주님! 오늘 밤으로 인해 감사합니다!"**

두 사람의 목소리가 함께 높아지다가 어느 순간 개리가 기도를 멈췄다. 데보라가 "예수님 감사합니다!"를 외칠 때, 개리의 눈물과 땀방울이 데보라에게 흘러내렸다. 데보라는 할렐루야를 연발하며 하나님을 찬양했다. 개리가 다시 앞뒤로 몸을 흔들며 복음성가를 부르기 시작했다. 목소리가 깊고 노련했다. 집 밖의 담배밭에서 대대로 일하다 사라져간 수많은 조상들에게서 길어온 목소리 같았다. "주님께서 인자하심을 압니다, 요오오오오오오오오오오호…… 주님께서 인자하심을 압니다."

"정말 인자하십니다." 데보라가 속삭였다.

"주께서 우리 식탁에 양식을 올려주십니다……" 개리가 홍얼홍얼 콧소리를 내면서 목소리를 낮추었다. 데보라가 말을 받았다. "어디로 가야 하는지 일러주옵소서, 주님. 이 세포를 어떻게 해야 할지 알려주옵소서, 주님, 제발. 주께서 하라시는 대로 따르겠나이다. 이 **멍에**를 제발 도와주옵소서. 저 혼자선 할 수 없나이다. 할 수 있을 줄 알았는데, 아무리 해도 **감당**할 수 없나이다, 주님."

음음음음음음음 음음음음음음음 음음음음음음. 개리가 홍얼거렸다.

"어머니하고 언니에 대한 사실을 알게 해주셔서 감사합니다, 주님. 하지만 제발 **도와주옵소서.** 이 멍에를 혼자서는 감당할 수 없습니다. 그 **세포**를 제게서 거둬주옵소서, 주님. 이 **멍에**를 거둬주옵소서. 제게서 **떨쳐내어** 저기다 **내버려주옵소서!** 더는 감당 못 하겠나이다,

주님. 당신께서 그 멍에를 넘기라셨지만 저는 그리하고 싶지 않았나이다. 하지만 이젠 가져가옵소서, 주님. 이젠 **가져가셔도 되나이다!** 할렐루야, 아멘."

의자에서 일어선 후 처음으로 개리가 나를 똑바로 쳐다보았다. 나는 조금 떨어진 안락의자에 앉아 모든 광경을 지켜보았다. 겁에 질리고 말문이 막혀 한마디도 할 수 없었다. 꼼짝 못 하고 그저 미친 듯 노트에 적어 내려갔다. 다른 상황이었다면 아마 모두 미친 짓이라고 했을 것이다. 하지만 그 순간 개리와 데보라 사이에서 벌어지는 광경은 온종일 본 것 중 미친 짓과 가장 거리가 멀었다. 오직 한 가지 생각만 들었다. '오 이런…… 내가 그녀에게 이런 짓을 했구나!'

개리는 흐느낌으로 들썩이는 데보라를 안고 내 눈을 뚫어져라 바라보았다. 그리고 그녀에게 속삭였다. "넌 혼자가 아니야."

나를 똑바로 쳐다보면서 개리가 말했다. "더는 그녀가 이 짐을 혼자 감당할 수는 없습니다, 주님! 그녀는 감당해낼 수 없습니다!" 그는 팔을 데보라의 머리 위로 올리더니 외쳤다. "**주님, 저는 압니다.** 당신께서 이 **세포라는 멍에를 벗겨주시려고** 리베카 양을 보냈다는 걸 말입니다!" 그가 나를 향해 양팔을 뻗더니 두 손으로 내 머리 양쪽을 가리키며 외쳤다. **"멍에를 그녀에게 넘겨주시옵소서! 그녀가 가져가도록 허락하옵소서."**

나는 얼어붙은 듯 꼼짝도 못 하고 앉아 개리를 쳐다보며 생각했다. '잠깐, 이건 아닌데!'

데보라는 개리의 포옹에서 벗어나 머리를 흔들면서 눈을 비볐다. "퓨!" 개리와 데보라가 함께 웃음을 터뜨렸다. "사촌, 고마워. 많이 가벼워졌어."

"맺힌 거는 풀어야 된다네." 개리가 말했다. "꽁꽁 붙잡을수록 자꾸 나빠진다니까. 맺힌 걸 풀려면, 딴 데로 보내 버려야 해. 성경에도 주께서 모든 짐을 지신다고 돼 있잖아."

그녀가 손을 뻗어 그의 얼굴을 만졌다. "자넨 내게 뭐가 필요한지 늘 안다니까. 날 어떻게 도울지 알지."

"내가 안다기보다, 주님께서 아는 거라네." 개리가 웃으며 받았다. "내 입에서 그런 말이 나올 줄은 나도 몰랐으니까. 그건 주께서 자네한테 말씀하신 거야."

"오, 할렐루야." 데보라가 킥킥 웃었다. "이거 한 번 더 하러 내일 또 올 거야! 아멘!"

몇 시간째 보슬비가 내리고 있었다. 갑자기 비가 함석지붕을 두드리더니 우박으로 변했다. 마치 박수소리 같았다. 우리 셋은 출입문 쪽으로 가서 밖을 내다보았다.

"주께서 우리 얘길 들었다고 하시네." 개리가 웃으며 말했다. "수도꼭지를 힘껏 틀어서 자넬 깨끗하게 해주시는 거야!"

"주님께 찬양을!" 데보라가 외쳤다.

개리는 데보라와 작별 포옹을 하고, 나와도 포옹했다. 데보라는 기다란 검은 비옷을 활짝 펴더니 머리 위로 우산처럼 받친 후, 내게 들어오라고 고개를 끄덕였다. 그리고 비옷을 내려 우리 둘의 머리를 덮고는 팔을 뻗어 내 어깨를 바싹 감쌌다.

"영혼 정화할 준비된 거야?" 그녀가 문을 열며 외쳤다.

천상의 몸

이튿날 아침, 데보라의 두드러기는 좀 들어갔지만 두 눈은 여전히 부어 있었다. 그녀는 집으로 돌아가 병원에 가기로 했다. 나는 전날 밤 일로 개리와 더 얘기하고 싶어 클로버에 남았다. 거실로 들어섰을 때, 그는 밝은 청록색 셔츠 차림으로 접이식 플라스틱 의자에 올라서서 전구를 갈아 끼우고 있었다.

"그 아름다운 노랫소리가 제 머리를 떠나지 않아요. 아침 내내 그 노래를 부르고 있어요." 나는 몇 소절을 흥얼거렸다. 여기 오신 것을 환영합니다…… 이 부서진 육신에 오신 것을 환영합니다.

개리는 나를 향해 눈썹을 치켜세우고 웃더니 의자에서 뛰어내렸다.

"왜 지금 그게 아가씨 머릿속에 꽂혔을까? 그렇게 생각하고 싶지 않겠지만 하나님이 아가씨에게 뭔가 말씀하시는 거라오."

그 노래는 찬송가라 했다. 개리는 다른 방으로 가서 부드러운 파란 표지에 금색으로 큼직하게 '성경'이라고 새겨진 책을 가져왔다. "이걸 받아주면 좋겠어요." 그는 손가락으로 표지를 톡톡 쳤다. "예수님은 우리에게 영생의 권한을 주시려고 우릴 위해 돌아가셨어요. 그런데 사람들이 그걸 믿지 않아요. 하지만 아가씬 영생을 얻을 수 있어요. 헨리에타가 바로 그 증거예요."

"헨리에타가 그 세포 속에 살아 있다고 믿으시는군요?"

개리는 씩 웃으며 코끝 아래로 나를 내려다보았다. 애송이라고 깔보는 듯한 눈초리였다. "그 세포들이 바로 헨리에타랍니다." 그는 성경책을 도로 가져가 요한복음을 펼쳤다. "여기 좀 읽어봐요." 그가 한 구절을 가리켰다. 나는 기어들어가는 목소리로 읽었다. 그는 성경책을 손으로 가리더니 다시 말했다. "큰 소리로 읊어봐요."

난생처음 성경 구절을 큰 소리로 읽었다. "나를 믿는 자는 죽어도 살겠고, 무릇 살아서 나를 믿는 자는 영원히 죽지 아니하리니."

개리는 다른 장으로 넘기더니 또 읽으라고 했다. "누가 묻기를 '죽은 자들이 어떻게 다시 살아나며 어떠한 몸으로 오느냐?' 하리니, 어리석은 자여! 네가 뿌리는 씨가 죽지 않으면 살아나지 못하노라. 또 네가 뿌리는 것은 장래 형체를 뿌리는 것이 아니요…… 그저 맨 씨앗뿐이로다. 하나님께서 그 뜻대로 그에게 형체를 주시되, 각 씨앗에게 그 형체를 주시느니라."

"헨리에타는 선택받은 거라오." 개리가 속삭였다. "하나님께서 당신의 일을 맡길 천사를 선택하실 때, 천사들이 어떤 모습으로 세상에 내려올지는 아무도 모르지."

개리는 또 다른 부분을 가리키며 계속 읽으라고 했다. "하늘에 속한 형체도 있고 땅에 속한 형체도 있으되, 하늘에 속한 자의 영광이 따로 있고 땅에 속한 자의 영광이 따로 있나니." 며칠 전에 크리스토프가 실험실에서 헬라 세포를 컴퓨터 화면에 비췄을 때, 데보라는 말했다. "아름다워요!" 그녀가 옳았다. 헬라 세포는 천상의 빛처럼 아름다운 초록색을 띠고 물처럼 움직였다. 온화하고 가볍고 여린 것이 천국의 형상 같았다. 그것들은 심지어 공기 중에 떠다닐 수도 있었다.

나는 계속 읽었다. "죽은 자의 부활도 그와 같으니, 썩을 것으로 심고 썩지 아니할 것으로 다시 살아나며, 육의 몸이 있은 즉 또 영의 몸이 있느니라."

"헬라?" 내가 물었다. "헬라가 그녀의 영적인 몸이란 말씀인가요?"

개리는 웃으며 고개를 끄덕였다.

성경 구절을 읽던 바로 그 순간, 나는 헨리에타가 하나님에 의해 선택되어 불멸의 존재가 되었음을 랙스 가족이 어떻게 아무런 의심 없이 믿을 수 있는지 완전히 이해했다. 성경에 적힌 그대로를 사실로 믿는다면 헨리에타 세포의 불멸성은 완전히 이치에 닿는다. 물론 헬라 세포는 그녀가 사망한 후에도 수십 년간 증식하며 살아 있고, 공중에 떠다니기도 했다. 질병의 완치를 이끌고, 우주로 날아가기도 했다. 바로 천사들이 그렇다고 성경에 쓰여 있다.

데보라와 그녀의 가족, 나아가 세상의 많은 사람에게는 헨리에타 세포의 불멸성이 DNA에 대한 HPV의 작용 및 텔로미어와 관련되어 있다는 과학적 설명보다 이런 생각이 훨씬 더 구체적이다. 하나님이 헨리에타를 천사로 선택해 불멸의 세포로 다시 태어나게 했다고 이해하는 편이 데보라가 몇 년 전에 빅터 매쿠식의 유전학 교과서에서 읽었던 대로 헬라가 '비전형적인 조직학적 소견'과 '특이한 악성 행태'를 보인다는 임상적인 설명보다 훨씬 마음에 와 닿는다. 매쿠식의 교과서는 '종양의 기이성' 같은 문구를 사용해 헬라 세포가 '형태학적, 생화학적 정보의 보고'라고 했다.

그러나 예수님은 제자들에게 이렇게 말했다. "내가 저들에게 영생을 주노니, 영원히 죽지 아니할 것이요." 간단명료 그 자체다.

"조심해야 할 게요. 머잖아 아가씨도 믿게 될 테니 말이요."

"설마요." 우리 둘은 소리 내 웃었다.

그가 내 손에서 성경책을 슬그머니 빼내더니 다른 구절을 펼쳤다. 그리고 다시 돌려주며 한 문장을 가리켰다. "여기 있는 당신들은 하나님께서 죽은 사람을 살리심을 어찌해 못 믿을 것으로 여기나이까?"

"알아들었는감?" 그가 장난기 어린 웃음을 지었다.

나는 고개를 끄덕였고 개리는 내 손에 놓인 성경책을 덮었다.

2001년

"겁먹을 건
아무것도 없으니까"

데보라는 혈압과 혈당치가 엄청나게 높았다. 클로버에서 뇌졸중이나 심장마비를 겪지 않은 것이 오히려 놀라운 일이라 했다. 의사는 그 정도 혈압이나 혈당이라면 언제든 뇌졸중이나 심장마비를 일으킬 수 있다고 설명했다. 여행 중에 보인 이상한 행동이 갑자기 조금도 이상하지 않게 느껴졌다. 혈압이나 혈당이 극도로 높으면 혼란, 공황, 횡설수설 등의 증상을 보이고, 나아가 뇌졸중이나 심장마비를 일으킬 수 있다는 것이다. 피부가 빨개지거나 붓는 것도 고혈압이나 고혈당과 관련이 있었다. 그래서 베나드릴을 그렇게 먹어도 붉은 자국이 가시지 않았던 것이다.

의사가 스트레스를 최대한 피하라고 했기에 그녀는 더이상 자료 수집 여행에 동행하지 않기로 했다. 하지만 중간중간 전화해서 뭘 알아냈는지 꼭 알려달라고 신신당부했다. 그후 몇 달간 나는 자료 조사를 계속하면서 좋은 소식만 알렸다. 가령 헨리에타가 클리프의 집에서 야구놀이하는 아이들을 지켜봤다든가, 춤추러 나가곤 했다든가, 군청의 공식 기록이나 조상들의 유서 따위 자료에서 알아낸 가족 내력 같은 것이었다.

하지만 둘 다 소강 상태가 오래가지 않으리란 걸 알았다. 데보라는 미국암연구재단의 헨리에타 추모학회에서 연설할 예정이었다. 무대에 오른다는 생각에 진저리를 치면서도, 잘해내겠다는 의지가 대단해서 매일 연설 준비에 열중했다.

어느 날 오후, 그녀가 전화로 학교에 다니겠다고 했다. "과학을 조금이라도 이해했다면 엄마랑 언니 얘기가 그렇게 무섭지 않을 거라는 생각이 계속 들어. 그냥 한번 부닥쳐볼라고." 그녀는 여기저기 지역 봉사단체에 전화를 걸어 며칠 만에 성인 대상 강좌를 찾아냈다. 곧바로 수학과 읽기 과목의 학년 편성 시험 일정을 잡았다.

"고등학생 수준만 되면 대학 갈 준비도 할 수 있단 말이야! 상상이 가우? 그렇게만 되면 엄마에 관한 과학은 죄다 이해할 수 있을 거야." 그녀는 치과 보조원이 될 생각도 해봤지만, 방사선 기사 쪽으로 맘이 기울었다. 암에 대해 공부하고, 어머니처럼 방사선 치료를 받는 환자들을 도울 수 있기 때문이라고 했다.

학회가 다가오자 데보라는 조금 차분해졌지만 나는 그렇지 못했다. 계속 질문을 했다. "정말 하고 싶으세요?" "혈압은 좀 어때요?" "이거 의사도 알아요?" 그녀는 계속 괜찮다고, 의사도 괜찮다 그랬다고 했다.

데보라는 학년 편성 시험을 보았다. 실력을 고등학교 1학년 수준까지 끌어올리고, 지역 단과대학에서 듣고 싶은 과목의 수강 자격을 얻기 위해 이런저런 과목에 등록했다. 그녀는 잔뜩 들떠서 내게 전화했다. "일주일만 지나면 바로 시작이라니까!"

다른 일은 전부 좋지 않은 방향으로 꼬였다. 학회 며칠 전에 로런스와 제카리아가 전화해서 데보라가 누구와도 얘기해서는 안 되며,

헨리에타 세포로 연구한 과학자는 모조리 고소하겠다고 했다. 그러나 소니는 형제들에게 이 일에 관여하지 말자고 했다. "걔가 하는 거라곤 여기저기 다니면서 연설하고 배우는 것이 전부잖아. 형님이나 동생은 그러고 싶지 않은 거구. 그러니 걔는 그냥 놔둡시다." 로런스는 데보라가 어머니에 대해 모은 자료를 자신에게 넘겨야 한다고 버텼다.

데보라의 아들 앨프리드는 감옥에서 전화를 걸어 학회 직후에 무장강도 및 살인미수 혐의로 재판을 받는다고 알려왔다. 같은 날 데보라는 로런스의 아들 중 하나가 강도 혐의로 체포되어 앨프리드와 같은 감옥에 수감되었다는 전화를 받았다.

"악마들이 바쁘구만, 자기. 그 놈들을 사랑하지만, 당장은 아무도 날 막지 못해."

다음날은 2001년 9월 11일이었다.

8시경에 워싱턴 D.C.의 학회에 가려고 피츠버그에서 집을 나서는 참이라고 데보라에게 전화로 알렸다. 한 시간도 안 되어 첫 번째 비행기가 세계무역센터를 들이받았다. 기자로 일하는 친구가 전화로 그 소식을 전해주었다. "워싱턴은 가지 마. 안전하지 않아." 두 번째 비행기가 무역센터로 돌진할 즈음, 차를 돌렸다. 집에 도착하자 TV에서는 국방부 건물의 부서진 잔해며 워싱턴 지역 건물에서 사람들을 대피시키는 보도뿐이었다. 헨리에타 추모학회의 리셉션이 열리기로 예정된 로널드 레이건 빌딩도 포함되었다.

데보라는 거의 공황 상태였다. "진주만이 다시 터진 거 같구만. 완전 오클라호마 폭탄 테러야! 워싱턴에 갈 방법이 없다니까." 더이상 워싱턴에 갈 필요도 없었다. 항공편 운항이 중단되고 워싱턴 시도 폐

쇄되었다. 미국암연구재단은 헨리에타 랙스 추모학회를 취소했다. 언제 다시 일정을 잡는다는 계획도 있을 리 없었다.

며칠간 데보라와 나는 여러 차례 통화하면서 이 공격이 도대체 어떻게 된 일인지 이해하려고 했다. 데보라는 추모학회가 취소되었다는 사실을 받아들이려고 노력했다. 그녀는 우울해했고, 다시 어머니를 추념하기까지 누군가 10년은 더 애써야 하는 게 아닌지 걱정했다.

9월 11일의 공격이 있고 닷새가 지난 일요일 아침, 데보라는 며칠후면 재판을 받게 될 앨프리드를 위해, 또 헨리에타 랙스 학술대회가다시 열리게 해달라고 기도하려고 교회에 나갔다. 빨간 정장을 입고길게 늘어선 벤치 앞줄에 앉은 그녀는 손을 무릎에 공손히 올린 채,9월 11일 공격에 대한 남편의 설교를 들었다. 예배가 한 시간가량 진행되었을 때, 그녀는 팔이 움직이지 않는다는 걸 알아챘다.

당시 아홉 살이던 데이번은 예배 중 항상 성가대석에 앉아 할머니를 지켜보았다. 잠깐 사이에 데보라의 얼굴에서 기운이 빠지고 몸이축 늘어지자, 데이번은 할머니가 교회에 오기 전에 수면제를 잘못 복용한 모양이라고 생각했다. 데보라는 데이번의 작은 두 눈이 보고 있음을 깨닫고 손을 흔들어 뭔가 이상하다고 알리고 싶었지만 움직일수 없었다.

예배가 끝나고 교인들이 일어섰다. 데보라는 소리라도 지르려고안간힘을 썼지만 입술만 뒤틀렸다. 다들 조용한 가운데 데이번이 외쳤다. "할머니가 이상해요!" 데보라가 한쪽 무릎을 구부린 채 앞으로쓰러질 때 데이번이 성가대석에서 달려 내려왔다. "할아부지! 할아부지!" 풀럼은 데보라를 내려다보고 소리질렀다. "뇌졸중이야!"

뇌졸중이라는 말을 듣자마자 데이번은 데보라의 핸드백을 뒤져 열쇠를 꺼내 들고 자동차로 내달렸다. 차문을 모두 열어젖히고, 조수석을 최대한 편평하게 뒤로 젖힌 다음 운전석으로 튀어 들어갔다. 발이 가속페달에 닿으려면 한참 멀었지만 시동을 걸어 풀럼이 바로 출발시킬 수 있게 했다.

차는 곧 교회에서 나오는 꼬불꼬불한 길을 따라 속도를 높였지만, 조수석에 누운 데보라는 정신이 혼미해지고 있었다. 데이번이 할머니 쪽으로 몸을 숙이고 외쳤다. "자면 안 돼, 할무니!" 데보라가 눈을 감을 때마다 데이번은 얼굴을 세차게 때렸다. 풀럼은 그만하라고 소리쳤다. "이눔아, 그러다 할머니 죽겠다!" 데이번은 멈추지 않았다.

거리 아래 위치한 소방서에 도착하자 응급 처치 요원들이 데보라를 차에서 들어 내린 다음 산소마스크를 씌우고 팔에 정맥주사를 꽂아 구급차에 태웠다. 앰뷸런스가 멀어져가자 소방관이 데이번에게 차에서 할머니의 얼굴을 후려친 걸 보니 영리하다고 했다. "얘야, 넌 아주 대단한 일을 했단다. 방금 네가 할머니 목숨을 구한 거야."

HENRIETTA LACKS

데보라가 의식을 회복하고 처음으로 내뱉은 말은 "테스트 받아야 하는데"였다. 의료진은 CT촬영이나 혈액검사를 말하는 줄 알았지만, 사실은 학교시험을 쳐야 한다는 말이었다.

의사가 면회를 허락하자 데이번, 풀럼, 딸 토냐 등 가족이 줄지어 들어갔다. 데보라는 침대 등받이를 세우고 앉아 있었다. 눈을 둥그렇게 뜨고 몸은 지쳤지만, 그래도 살아 있었다. 몸 왼쪽 부분의 근력이 미약했고 팔을 제대로 움직일 수 없었다. 하지만 의사들 말로는 운이 좋았고 어쩌면 완전회복도 가능하다고 했다.

"주님, 감사합니다!" 풀럼이 외쳤다.

며칠 후 데보라는 퇴원하자마자 바로 내게 음성메시지를 남겼다. 그날은 내 생일이었고 우린 클로버에서 만나기로 했었다. "자기, 생일 축하해." 목소리가 아주 차분했다. "축하해주러 시골에 같이 못 가서 미안하구만. 얼마 전에 중풍을 맞았으니 어쩌겠어? 그래도 주님 덕분에 이제 많이 좋아졌어. 입 한쪽이 좀 마비돼서 말이 좀 이상하지만 의사가 곧 괜찮아질 거래. 아가씬 계속 조사하러 다녀, 내 걱정은 하지 말고. 난 괜찮아. 그 놈들이 엄마 세포 훔쳐갔단 걸 안 때보다는 훨 낫구만. 기분이 홀가분해. 꼭 무거운 짐을 내려 놓은 것 같아. 다 주님이 돌봐주신 덕이야."

의사는 데보라에게 두 번째 뇌졸중이 항상 첫 번째보다 훨씬 더 심각하다고 경고했다. "정말이에요. 또다시 이런 일이 발생하면 절대 안 됩니다." 의사가 말했다. 의사는 그녀에게 스스로 공부해서 뇌졸중 위험징후가 어떤 것인지 알고 있어야 한다고 했다. 또 혈압을 낮추고 혈당을 관리할 필요가 있다고 강조했다.

"그것도 학교 가서 공부해야 할 이유라니까. 당뇨 수업하고 뇌졸중 수업을 신청했어. 그게 뭔지 배워보면 알겠지. 밥 잘 먹는 것도 방법이 따로 있다더구만. 그래서 영양 수업도 들을라고."

데보라의 뇌졸중으로 인해 가족 간의 긴장도 좀 풀린 것 같았다. 데보라의 형제들이 매일 전화로 안부를 물었다. 제카리아는 병문안을 오겠다고까지 했다. 그녀는 어머니에 대해 더 알고자 하는 자신의 소망을 이제 형제들이 수긍한다는 의미이기를 바랐다.

데보라는 내게 전화해서 웃었다. "아가씨, 그동안 좀 쉬었으니까

다시 자료수집에 따라 나서야겠구만. 추워지기 전에 많이 해 놔야지! 이제부터는 차를 같이 타고 다닐 거니까 괜찮겠지, 뭐. 이번에 깨어나서 생각 많이 했어. 좀 천천히 움직이고 주변 일에도 신경 쓰고, 절대 겁먹지 말자, 이런 것 말이야. 엄마나 엄마 세포에 겁먹을 건 아무것도 없으니까. 뭐든지 배우는 데 방해되는 건 싫다 이 말이야."

데보라의 배움에 걸림돌이 없지는 않았다. 무엇보다 돈이 부족했다. 사회보장연금으로 겨우 생계를 유지하는 형편이라 수업료며 책값을 감당하는 건 엄두도 내지 못했다. 데보라는 돈이 될 만한 몇 가지 아이디어를 떠올렸다. 분유와 물이 적당량 들어 있는 알록달록한 일회용 아기 젖병도 있었다. 바쁜 엄마들이 한 손으로 아기를 안고 다른 손으로 그냥 흔들기만 해도 먹일 수 있도록 고안했다. 각종 도안을 정성껏 그려 특허 신청까지 냈지만, 모형을 만드는 데만 수천 달러가 든다는 걸 알고 생각을 접었다.

결국 데보라는 직접 학교를 다니겠다는 생각을 포기했다. 대신 자신과 오빠들의 손자손녀들 교육에 더 관심을 두기 시작했다. "헨리에타의 자식들은 이제 너무 늦어버렸어." 그녀가 전화 너머로 얘기했다. "더이상은 우리 얘기가 아니야. 이제 랙스 집안 새 아이들이 주인공이라구."

HENRIETTA LACKS

뇌졸중을 겪고 두 달쯤 후, 우리는 아홉 달 된 소니의 손녀 자브레아의 침례식을 보러 갔다. 설교가 시작될 무렵에는 빈자리가 거의 없었다. 이마에 구슬땀이 맺힌 폴럼이 옷 한가운데 붉은 십자가가 수

놓인 검은색 긴 예복을 입고 연단 앞에 섰다. 장님 연주자가 지팡이를 짚어가며 피아노에 다가가 반주를 시작하자 교인들이 합창했다.

"제 곁을 지켜주세요, 제가 이 경주를 하는 동안, 이를 헛되이 하고 싶지는 않으니까요."

그때 풀럼이 나를 가리키더니 장난스럽게 싱긋 웃으며 외쳤다.

"여기 올라와 제 옆에 서주세요!"

"아이구, 우리 아가씨, 큰일 났네." 데보라가 팔꿈치로 옆구리를 찌르며 속삭였다.

"안 올라갈래요." 내가 나직한 목소리로 맞받았다. "그냥 못 본 체해요."

풀럼이 양팔을 머리 위로 흔들더니 연단을 가리키며 다시 올라오라고 했다. 데보라와 나는 못 본 체 멍한 얼굴로 풀럼 뒤쪽의 성가대를 보았다. 풀럼이 눈동자를 굴리더니 마이크에 대고 소리쳤다. "오늘 귀한 손님이 오셨습니다! 리베카 스클루트 양, 이 아침, 우릴 위해 자리에서 일어나주시겠습니까?"

"이런, 이런." 데보라가 속삭였다. 모든 이의 시선이 풀럼의 손가락을 따라 나를 향했다.

나는 자리에서 일어섰다.

"리베카 스클루트 자매님. 자매님께는 적절한 때가 아닐지 모르겠습니다만 제게는 적절한 때입니다."

"아멘." 내 옆에서 데보라가 말했다. 목소리가 갑자기 진지하게 들렸다.

"존홉킨스가 제 장모님의 몸을 가져다가 필요한 대로 사용했습니다." 그가 마이크에 대고 외쳤다. "그녀의 세포를 세계 곳곳에 팔았습니다! 이제 리베카 스클루트 자매님이 올라오셔서 제 아내와 무슨 일을 하고 있는지, 그 세포가 무엇인지 말씀하실 겁니다."

나는 종교 집회에 나가거나 예배당 연단에 서본 적이 없었다. 데보라가 등을 떠미는데 얼굴이 화끈거리고 목이 탔다. 풀럼이 박수로 맞아달라고 하자, 예배당은 박수 소리로 가득 찼다. 연단으로 올라가 마이크를 넘겨받았다. 풀럼은 내 등을 살짝 두드리며 귀에 속삭였다. "아가씨 하고 싶은 대로 말씀하시면 됩니다." 그렇게 했다. 헨리에타의 세포와 그 세포가 과학에 어떤 기여를 했는지 설명했다. 교인들이 "아멘!" "할렐루야!" "인자하신 주님!" 화답하자 내 목소리도 점차 높아졌다.

"대부분 그분이 헬렌 레인인 줄 알아요. 아니에요, 헨리에타 랙스지요. 자녀가 다섯 있었구요, 그중 한 분이 바로 저기 앉아 계십니다." 이제 데보라는 자브레아를 무릎에 앉히고 있었다. 입은 싱긋 웃는데 눈물이 볼을 타고 흘러내렸다.

풀럼이 앞으로 나서더니 마이크를 넘겨 받았다. 그리고 팔로 내 어깨를 꼼짝할 수 없을 정도로 꽉 감쌌다. "리베카 자매가 전화를 걸었을 때, 전 화가 많이 났습니다. 제 아내도 마찬가지였죠. 하지만 결국 우린 허락했어요. 대신 리베카 자매에게 말했습니다. '우리를 그냥 흑인이 아닌 보통 사람으로 대해줘야 합니다. 무슨 일이 벌어지고 있는지도 얘기해주셔야 합니다.'라고요."

그는 데보라를 바라보았다. "세상이 당신 어머님을 알게 될 거에요. 하지만 당신과 소니, 헨리에타의 자녀 어느 누구도 그 세포로 실제 혜택을 누리진 못할 겁니다." 데보라는 고개를 끄덕였고, 풀럼은 예복으로 덮인 긴 팔을 뻗어 자브레아를 가리켰다. 흰 레이스 옷을 입고 머리에 나비 리본을 단 아이는 숨 막힐 정도로 아름다웠다.

"이 아이가 자라 언젠가는 증조할머니가 세상을 도왔다는 걸 알게 될 겁니다." 풀럼이 소리쳤다. 예배당을 빙 둘러가며 데이번을 비롯한 자브레아의 사촌들을 가리키며 말했다. "저 아이도…… 또 저 아이도…… 저 아이도 알게 될 겁니다. 이제 이건 그들의 이야기입니다. 아이들이 이걸 제대로 이해하고, 자신들도 세상을 바꿀 수 있음을 배워야 합니다."

그는 양팔을 높이 치켜들고 할렐루야를 외쳤다. 아기 자브레아가 손을 흔들더니 행복에 겨워 새된 소리를 질렀다. 모든 교인이 소리 높여 화답했다. "아멘!"

클로버로 가는 먼 길

2009년 1월 18일 춥고도 화창한 일요일, 나는 고속도로를 빠져나와 클로버로 향하는 길로 접어들었다. 끝없이 이어진 녹색 들판을 지나면서 생각했다. 클로버로 가는 길이 이렇게 멀었나? 그때 클로버 우체국을 막 지나쳤음을 깨달았다. 우체국은 황량한 벌판을 위로 뻗은 도로 맞은편에 있었다. 다운타운을 따라 뻗은 도로 맞은편이었는데? 이해할 수 없었다. 저게 우체국이라면 다른 건 다 어디로 갔을까? 잠시 계속 차를 몰면서 생각했다. 우체국을 옮겼나? 그리고 불현듯 깨달았다.

클로버가 사라졌다!

나는 튕겨 나오듯 차에서 내려 들판, 그러니까 낡은 극장이 서 있던 자리로 달려갔다. 한때 헨리에타와 클리프가 벅 존스Buck Jones의 영화를 봤던 극장은 사라지고 없었다. 그레고리-마틴 식료품점과 애벗의 옷가게도 마찬가지였다. 나는 손으로 입을 가린 채 믿기지 않는 심정으로 텅 빈 벌판을 바라보았다. 흙과 잔디 사이사이에 벽돌이며 흰 타일 조각들이 박혀 있었다. 무릎을 꿇고 그 조각들, 헨리에타가 젊은 시절을 보냈던 읍내에 그나마 남은 것들을 주워 모아 주머니에 넣었다.

'데보라한테도 좀 보내야지.' 나는 생각했다. '클로버가 사라졌다는 걸 믿지 않을 거야.'

메인가 한복판에서 클로버 다운타운의 잔해를 바라보자, 헨리에타의 역사에 얽힌 것은 모두 사라져버린 것 같았다. 2002년, 개리는 쉰두 살의 나이에 심장마비로 세상을 떠났다. 양손으로 데보라의 머리를 감싼 채 헬라 세포라는 멍에를 나한테 넘긴 것이 겨우 1년 전이었다. 쿠티 어머니의 장례식에 가는 동안 제일 좋은 양복이 구겨질까봐 트렁크에 넣어두려고 쿠티의 차로 걸어가다가 변을 당했다. 몇 달 후에는 클리프의 형 프레드가 식도암으로 사망했다. 그 다음에는 데이가 가족에게 둘러싸인 채 뇌졸중으로 운명을 달리했다. 쿠티는 자기 머리에 엽총을 쐈다. 누가 죽을 때마다 데보라는 울면서 전화했다.

그런 전화가 끝이 없을 것 같았다.

"어딜 가나 죽음이란 놈이 뒤꽁무니를 쫓아온다니까. 그래도 난 견뎌낼 거야!"

HENRIETTA LACKS

자브레아의 침례식 후 몇 년간은 랙스 집안에 이렇다 할 변화가 없었다. 로런스와 바벳은 계속 일상을 이어갔다. 로런스는 더이상 세포 생각에 몰두하지 않았다. 이따금 제카리아와 더불어 홉킨스를 고소할 궁리를 했지만.

소니는 쉰여섯 살 되던 2003년, 관상동맥 다섯 부위에 우회술을 받았다. 수술실에서 마취 주사를 맞고 의식이 혼미해지는 와중에도 의사가 내려다보며 어머니의 세포가 의학의 가장 중요한 사건에 속한다고 말한 것은 기억했다. 병원비가 12만 5,000달러에 달한다는 것은 마취에서 깨어나 알게 되었다. 의료보험은 수술비를 보장해주지 않았다.

제카리아는 결국 생활보조시설에서 쫓겨났다. 주택 임대료 보조사업인 '섹션 8 주택 프로젝트Section Eight Housing Project'의 혜택을 받았지만, 맥주병으로 어떤 여자의 등을 후려쳐 유리창 밖으로 밀어버린 사건으로 그마저 취소되었다. 그는 가끔 트럭을 운전하면서 소니와 함께 일했다.

2004년 데보라는 남편 집에서 나와 생활보조 서비스를 받는 아파트로 옮겼다. 남편과 싸우는 데 신물이 난 데다, 남편과 살던 연립주택에는 계단이 너무 많아 벌써 몇 년 전부터 따로 살기를 열망했었다. 이사 후에는 생활비를 감당하기 위해 딸 토냐가 자기 집에 개업한 가정생활보조사업을 전업으로 도왔다. 매일 아침 토냐 집으로 출근해 거기서 지내는 대여섯 명의 남자들을 위해 요리와 청소를 했다. 2년 정도 일했지만 더이상 온종일 계단을 오르내릴 수 없어서 그만두고 말았다.

2006년 풀럼과 공식적으로 이혼했을 때는 이혼 청구료를 면제받기 위해 판사에게 소득명세서를 제출했다. 그녀는 월소득으로 장애인 사회보장금 732달러와 저소득층에게 제공되는 식료품 쿠폰 10달러를 적어냈다. 은행 계좌 잔액은 한 푼도 없었다.

내가 클로버를 다시 찾았다가 메인가가 온데간데없이 사라진 것을 알았을 때는 데보라와 마지막으로 통화한 지 몇 달 뒤였다. 전화로 책이 마무리되었다는 소식을 전하자, 그녀는 볼티모어로 내려와 책을 읽어달라고 했다. 그래야 어려운 부분을 설명해줄 수 있지 않겠느냐는 것이었다. 그 뒤로 볼티모어 방문 계획을 잡으려고 여러 차례 전화했지만 통화가 되지 않았고, 그녀가 전화를 걸어오지도 않았다. 메시지를 남겼지만 재촉하지는 않았다. '좀 여유가 필요하겠지. 때가 됐다 싶으면 전화할 거야.' 클로버에서 돌아와 다시 전화를 걸었다. "클로버에서 뭘 좀 갖고 왔어요. 거기 무슨 일이 있었는지 못 믿으실 거예요." 그녀는 전화하지 않았다.

응답 없는 메시지를 수도 없이 남겼지만, 2009년 5월 21일 다시 전화를 걸었다. 그녀의 자동응답기는 용량이 꽉 차 있었다. 소니의 번호를 눌렀다. 지난 수년간 그랬던 것처럼 얘기할 참이었다. "데보라에게 그만 하고 전화 좀 하라고 전해주세요. 정말 할 얘기가 있어요. 시간이 없습니다." 그가 전화를 받았다. "안녕하세요, 소니? 리베카예요." 잠시 아무 말이 없었다.

"아가씨 전화번호를 내내 찾고 있었는데." 내 눈에 눈물이 가득 고였다. 소니가 내게 전화를 걸 이유는 딱 하나였다.

내가 전화하기 열흘쯤 전 데보라는 어머니날을 맞아 조카딸네에 갔다. 소니는 데보라를 위해 크랩 케이크를 만들었다. 손자손녀들도 함께 어울려 웃고 떠들었다. 저녁식사 후 소니는 데보라를 집에 바래다주고 잘 자라고 인사했다. 다음날 데보라는 집에 머물면서 전날 소니가 가져다준 크랩 케이크를 먹고, 데이번과 전화로 이야기도 나눴다. 운전을 배우기 시작한 데이번은 연습도 할 겸 아침에 건너오기로 했다. 다음날 아침 데이번이 전화했지만 그녀는 받지 않았다. 몇 시간 후, 평소처럼 잘 있는지 보려고 소니가 아파트에 들렀다. 데보라는 양손을 가지런히 가슴에 올려놓은 채 웃는 표정으로 침대에 누워 있었다. 잔다고 생각한 소니는 팔을 툭 치며 말했다. "데일, 일어날 시간이야." 자는 것이 아니었다.

"지금쯤 좋은 데 가 있겠지." 소니가 말했다. "어머니날 바로 다음 날 심장마비로 갔으니까, 좋은 때 간 거야. 평생 고생만 했는데 이제 좀 행복해지려나."

침대에 누운 데보라를 발견한 직후, 소니는 머리카락을 한 줌 잘라 어머니의 성경 책갈피 사이에 넣었다. 헨리에타와 엘시의 머리카락이 보관된 성경책이었다. "데보라는 인제 엄마랑 언니하고 같이 있는 거야. 거기보다 좋은 데가 세상 어디에 있겠어?"

사망할 무렵 데보라는 행복했다. 손자 앨프리드는 열두 살 중학생이 되었고, 공부도 곧잘 했다. 로런스와 바벳의 손녀 에리카는 증조할머니 헨리에타의 이야기에서 영감을 얻어 과학을 공부하기로 결심했다는 에세이를 써서 펜실베이니아 주립대에 합격했다. 이후 메릴랜드 주립대학교로 편입해 학사학위를 받고, 심리학 전공으로 대학원에 진학했다. 헨리에타의 자손 가운데 처음으로 대학원 공부를 하게 된 것이다. 데보라의 손자 데이번은 열일곱 살로 곧 고등학교를 졸업할 예정이었다. 데이번은 꼭 대학에 가서 헨리에타에 대해 모든 것을 알게 될 때까지 공부하겠다고 할머니와 약속했었다. 그녀는 말했다. "그 소릴 들으니 참말로 이제 죽어도 여한이 없구만."

데보라의 사망 소식을 들었을 때, 근 10년 동안 책상 한자리를 지키고 있던 그녀의 사진을 바라보았다. 사진 속의 데보라는 두 눈을 부릅뜨고, 찌푸린 미간에 노기가 흐른다. 핑크빛 셔츠를 입고, 역시 핑크빛 베나드릴 병을 들고 있다. 다른 것들, 그러니까 매니큐어, 얼굴의 두드러기 자국, 신발 밑에 붙은 흙은 모두 붉은색이다.

데보라의 부음을 접한 후, 며칠 동안 그 사진을 뚫어져라 쳐다보았다. 예전에 녹음한 그녀와의 대화를 하염없이 듣고, 마지막 만났을 때 적은 메모를 읽고 또 읽었다. 마지막 방문했을 때 데보라와 데이번, 나 이렇게 셋은 다리를 쭉 뻗은 채 벽을 등지고 침대에 걸터앉아 있었다. 데보라가 제일 좋아하는 영화 두 편을 연달아 본 뒤였다. 하나는 〈뿌리Roots〉, 다른 하나는 미군에 포획된 야생마 이야기를 다룬 만화영화 〈스피릿Spirit〉이었다. 그녀는 우리가 두 편의 유사점을 알아내기를 바랐다. 쿤타 킨테Kunta Kinte가 〈뿌리〉에서 그랬던 것처럼, 스피릿도 자신의 자유를 찾기 위해 싸웠다는 것이 그녀의 설명이었다. "사람들은 누가 뭘 간절히 원하면 꼭 못 하게 찍어 누르는 못된 버릇이 있다니까. 울 엄마나 나한테 그런 것처럼 말이야."

영화가 끝나자 데보라는 침대에서 벌떡 일어나더니 비디오테이프를 하나 더 집어 넣었다. 재생 버튼을 누르니 좀 젊어 보이는 데보라가 화면에 나타났다. BBC가 다큐멘터리용으로 촬영했지만 방송에 내보내지 않은, 열 개도 더 되는 테이프 가운데 하나였다. 화면 속 데보라는 어머니의 성경을 무릎에 올려놓고 소파에 앉아 있었다. 머리카락은 회색이 아닌 갈색이었고, 눈빛은 반짝였다. 아직 눈 밑에 멍울이 서지도 않았다. 얘기를 하면서 손으로는 어머니의 긴 머리카락을 어루만졌다.

"간혹 성경에 넣어둔 엄마 머리카락을 한 번씩 꺼내봐요." 데보라가 카메라를 보며 말했다. "이 머리카락을 생각하면 외롭지 않아요. 찾아가서 웃고 울고 껴안을 엄마가 있으면 어떨까 하고 상상해보죠. 주님 뜻대로 언젠가는 엄말 만날 수 있을 테지요. 그날을 손꼽아 기다려요."

화면 속의 젊은 데보라는 죽어서 어머니에게 세포와 가족이 겪은 일을 이야기하지 않아도 된다고 생각하니 기쁘다고 말한다. 어머니가 이미 알고 테니 말이다. "엄만 여기서 벌어지는 일을 모두 내려다보겠죠. 눈이 빠지게 우리를 기다리고 있을 거예요. 나중에 만나면, 암 말도 안 하고 그냥 꼭 껴안고 엉엉 울 작정이에요. 엄마는 천국에서 잘 지내고 있겠지요. 여기선 우리 땜에 너무 많이 고통받았으니까요. 거기는 고통도, 고생도 없다잖아요…… 나는 엄마랑 천국에서 살고 싶어요."

데보라는 나와 데이번 사이에 앉아 화면 속 젊은 자신에게 고개를 끄덕였다. "천국은 말이야, 버지니아의 클로버 같은 거야. 엄마랑 나는 세상 어디보다 거기서 가장 행복했으니까."

데보라는 데이번의 머리를 쓰다듬었다. "어떻게 갈지는 모르겠다만, 그냥 편안하고 조용하면 좋겠다. 그래도 이거 하난 분명하네. 영원히 사는 것이 불멸이라면, 난 불멸 같은 건 절대 안 해. 나는 안 늙고 그대론데, 딴 사람들은 다 늙고 죽어가면 얼마나 슬프겠어." 그녀는 조용히 웃었다. "하지만 엄마처럼 헬라 세포가 돼서 되돌아올지도 모르지. 그러면 엄마랑 같이 이 세상에 좋은 일 할 수 있을 테니까." 그녀는 말을 멈추더니, 다시 고개를 끄덕였다. "그게 좋겠구만."

앨프리드 카터

데보라의 아들. 권총을 이용한 1급 폭행죄 및 무장강도죄로 30년 형을 선고 받고 복역 중이다. 수감 중에 마약 및 알코올 재활교육을 이수했다. 고졸 학력인증시험인 GED^{General Educational Development}에 합격한 후, 월급 25달러를 받고 다른 수감자들에게 GED 수업을 가르쳤다. 2006년에는 자신에게 형을 선고한 판사에게 훔친 돈을 되돌려주고 싶다며 누구에게 돈을 보내야 하는지 알려달라는 편지를 보냈다.

서 로드 키넌 케스터 코필드

행방이 묘연하다. 훔친 수표로 백화점에서 귀금속을 사려다 붙잡혀 몇 년간 복역했으며, 수감 중에도 최근까지 몇 건의 소송을 남발했다. 2008년 출소 후, 226개 단체와 개인을 상대로 100억 달러 이상을 요구하는 75쪽짜리 소송을 제기했다. 이는 코필드가 제기한 가장 최근 소송으로 판사는 '이해 불능'이라고 했다. 그는 이 소송에서 과거에 제기했던 모든 소송의 판결이 자신에게 유리하게 번복되어야 하며, 저작권을 등록했으므로 허락 없이 자기 이름을 출판한 사람은 모두 법의 심판을 받아야 한다고 주장했다. 이 책을 쓰면서 그를 인터뷰하려고 수소문했지만 행방을 찾을 수 없었다.

클리프 개럿

헨리에타의 사촌. 2009년까지 클로버에 있는 자기 소유의 농가에 살았다. 이후 건강이 악화되어 버지니아주 리치먼드에 있는 아들 집으로 옮겼으며, 현재 그곳에 살고 있다.

헬라

여전히 세계 곳곳의 실험실에서 가장 널리 사용되는 세포주의 하나다. 2009년 이 책이 인쇄에 들어갔을 때까지 6만 건 이상의 헬라 세포 연구 논문이 발표되었으며, 매달 300건 이상의 관련 논문이 새로 발표된다. 여전히 다른 배양 세포를 오염시키고 있으며, 그로 인한 손해액은 매년 수백만 달러로 추정된다.

하워드 존스

헨리에타의 주치의. 현재 존스 홉킨스 의대와 이스턴 버지니아 의대Eastern Virginia Medical School의 명예교수로 있다. 작고한 아내 조지애나와 함께 버지니아주 노픽에 존스 생식의학연구소Jones Institute for Reproductive Medicine를 설립했다. 존스 부부는 불임 치료 분야의 선구자로 미국 최초로 시험관 아기를 탄생시켰다. 이 책이 인쇄에 들어갈 때 그는 99세였다.

메리 쿠비체크

은퇴하고 메릴랜드주에 살고 있다.

제카리아, 소니, 로런스

랙스 형제는 데보라의 사망에 큰 충격을 받았다. 로런스는 6,000달러가 넘는 장례비를 신용카드로 지불했다. 이 책이 인쇄될 무렵, 소니는 그녀의 비석을 세우기 위해 돈을 모으고 있었다. 제카리아는 술을 끊고 요가 수행자와 내적인 평화에 이른 사람들의 삶을 공부하기 시작했다. 가족과 많은 시간을 보내며, 조카들을 자주 안아주고 키스도 해준다. 종종 웃기도 한다. 소니는 어머니에 대해 제대로 알리고자 했던 데보라의 소망을 대신 이루겠다고 맹세했다. 이제 랙스 형제는 헨리에타가 과학에 중요한 기여를 했다는 점에 초점을 맞춘다. 로런스와 제카리아는 여전히 헬라 세포에서 나오는 이익 중 자신들의 몫을 받아야 한다고 믿지만, 존스 홉킨스를 고소하겠다는 말은 더이상 하지 않는다.

크리스토프 렌가워

프랑스 파리에 살며 세계적 제약회사인 사노피-아벤티스 항암제 개발부 총괄책임자로 있다. 그와 함께 일하는 과학자들은 헬라 세포를 일상적으로 사용한다.

데이번 미드와 리틀 앨프리드

데보라의 손자로 볼티모어에 산다. 헨리에타의 손자손녀와 증손, 그 자녀들을 포함한 다른 22명의 자손이 볼티모어에 살고 있다. 자손 둘은 캘리포니아에 산다.

존 무어

미국 대법원에 항소했지만 기각되었다. 2001년 사망했다.

롤런드 패틸로

모어하우스 의대 교수로 재직 중이며, 매년 그곳에서 헨리에타를 추념하는 헬라학회를 개최한다. 패틸로와 아내 팻은 헨리에타의 무덤에 세울 비석을 마련했다.

제임스 풀럼

데보라의 전 남편. 여전히 볼티모어에서 설교를 하고 있다.

코트니 스피드

여전히 식료품점을 운영하며, 그곳에서 동네 아이들에게 계속 수학을 가르친다. 헨리에타 랙스 박물관을 세우겠다는 소망도 여전하다.

헨리에타 랙스,
못다 한 이야기

헨리에타 랙스와 그녀의 세포에 관한 이야기를 하면 사람들의 첫 번째 질문은 보통 이렇다. "의사가 알리지도 않고 세포를 채취했다면 불법 아닌가요? 세포를 연구에 이용하려면 먼저 환자에게 알려야 하지 않나요?" 그렇지 않다. 1951년에도, 이 책이 인쇄에 들어간 2009년에도 여전히 답은 '아니요'다.

오늘날 상당히 많은 미국인의 신체 조직이 어딘가에 보관되어 있다. 의사를 찾아 일상적인 피검사를 하거나 점을 뺄 때, 맹장 수술, 편도선 절제술, 기타 절제술을 받을 때 병원에 남겨둔 조직이 항상 폐기 처분되지는 않는다. 의사나 병원, 실험실에서 그것들을 보관한다. 종종 무기한으로.

1999년 비영리 단체인 랜드 연구소RAND Corporation는 미국에만 '최소한' 1억 7,800만 명에게서 채취한 3억 700만 개 이상의 조직이 보관되어 있다고 처음으로 발표했다. 관련 조사로는 유일무이한 이 보고서는 보관된 조직이 매년 2천만 개 이상 늘어난다고 밝혔다. 조직 표본은 일상적 진료, 검사, 수술, 임상시험, 연구를 위한 기증을 통해 수집되며, 실험실 냉동고나 선반, 공업용 액화질소통 등에 보관된다. 군시설이나 FBI, 국립보건원에서 조직 표본을 보관한다. 생명공학회사와 대부분의 병원에서도 보관한다. 생체은행에는 충수돌기, 난소, 피부, 괄약근, 고환, 지방, 심지어 포경수술 중 잘라낸 포피까지 보관한다. 미국 각 주에서 모든 신생아에게 유전질환 선별검사를 의무화한 1960년대 후반부터 대부분의 태아에게 채취한 혈액도 생체은행에 보관되어 있다.

조직을 이용한 연구 건수 역시 확대일로에 있다. "옛날에는 플로리다주의 어느 연구자가 냉동고에 샘플 60개를 보관하고 있다면, 유타주에 있는 다른 연구자도 그 정도 가지고 있는 정도였어요." 존스홉킨스 대학에 유전학 정책센터를 설립하고, 현재 국립보건원 비서실장으로 있는 분자생물학자 캐시 허드슨Kathy Hudson의 말이다. "지금은 실로 어마어마한 규모입니다." 2009년 국립보건원은 1,350만 달러를 투입해 미 전역에서 태어나는 신생아에서 조직을 채취해 보관할 생체은행을 설립했다. 몇 년 전 국립보건원 산하 국립암연구소는 암유전자 지도를 만들기 위해 수백만 개에 달하는 조직 표본 수집에 착수했다. 인간의 이주 경로를 밝히기 위한 지노그래픽 프로젝트Genographic Project도 비슷한 수의 조직을 모으고 있다. 국립보건원도 질병 유전자를 추적하기 위해 조직을 모으기 시작했다. 최근에는 일반 대중도 '23andMe' 같은 민간 DNA검사 회사로 수백만 건의 조직을 보낸다. 회사들은 향후 연구를 위해 조직을 보관해도 좋다는 동의서에 서명하는 경우에만 개인 의학 정보나 혈통에 대한 정보를 제공한다.

과학자들은 이런 조직을 이용해 독감 백신에서 성기 확대 제품까지 별의별 것들을 만든다. 배양접시에 담긴 세포를 방사선, 약물, 화장품, 바이러스, 가정용 화학물질, 생화학 무기 등에 노출시켜 어떤 반응이 일어나는지 연구한다. 이런 조직이 없었다면 간염이나 에이즈 같은 질병의 진단 검사법을 개발할 수 없었을 것이다. 공수병, 천연두, 홍역 백신은 물론, 백혈병, 유방암, 대장암에 유망한 치료제도 개발하지 못했을 것이다. 인간의 생물학적 재료를 이용해 제품을 개발해 수십억 달러를 벌 수도 없었을 것이다.

독자들이 이런 사실을 어떻게 받아들일지는 분명하지 않다. 과학자들이 우리의 팔이나 필수 장기를 훔쳐가는 것과는 분명 다르다. 그들은 당신이 자발적으로 떼어준 조직 조각을 이용할 뿐이다. 물론 신체 조직의 일부를 사전 동의 없이 채취하는 과학자도 없지 않다. 사람들은 자기 몸에 대해 강한 소유 의식을 갖는 수가 많다. 아주 작은 조직이라도 마찬가지다. 누군가 그 조직으로 돈을 벌거나, 유전자나 질병에 관련된 정보를 밝혀낼 수 있다는 얘기를 들으면 더욱 그럴 것이다. 그러나 이런 소유 의식이 법원에서 설득력을 갖는 것은 아니다. 개인이 자기 신체 조직의 실제 소유자인지, 자기 조직을 통제할 권리를 갖는지 명확하게 밝힌 판례가 있는 것도 아니다. 조직이 사람의 몸에 붙어 있다면 분명 그의 소유다. 그러나 일단 몸에서 떨어지면 권리가 모호해진다.

표적 집단을 뽑아 대중이 조직 소유권 논쟁을 어떻게 느끼는지 조사한 바 있는 캐시 허드슨은 인간 조직에 대한 권리 찾기 운동이 실제로 전개될 가능성이 있다고 말한다.

"사람들이 '안 돼요, 내 조직을 그렇게 갖고 갈 순 없어요'라고 말하기 시작했어요. 제 말은 문제가 실제로 벌어지기 전에 지금 손쓰는 편이 낫다는 겁니다."

꼭 해결해야 할 과제가 두 가지 있다. 사전 동의와 금전적 문제다. 대중은 자신의 조직이 연구에 사용되는지, 그렇다면 어떻게 사용되는지 아는 것이 금전적 이익보다 훨씬 큰 관심거리다. 그러나 이 책이 인쇄될 때까지도 연구 목적으로 혈액과 조직을 보관하는 데 법적으로 사전 동의를 받아야 할 필요는 없다. 사전 동의를 다루는 법이 신체 조직을 이용하는 연구에 포괄적으로 적용되지는 않기 때문이다.

'통상규범Common Rule'이라고도 하는 '인간 피험자 보호를 위한 연방정책규범Federal Policy for the Protection of Human Subjects'은 인간을 대상으로 하는 모든 연구에 사전 동의를 요구한다. 그러나 실제로는 대부분의 조직 연구가 이 규범의 적용을 받지 않는다. 이유는 (1) 연구가 연방 자금을 지원받지 않거나, (2) 연구자가 조직 '기증자'의 신원을 알지 못하거나 기증자와 직접적인 접촉을 하지 않기 때문이다. 이런 연구는 인간 대상으로 간주되지 않는다. 결국 대부분의 조직 연구는 통상규범의 적용을 받지 않는다.

오늘날 의사들이 헨리에타의 경우처럼 처음부터 연구 목적으로 조직을 채취하려면 사전 동의를 받아야 한다. 그러나 예컨대 모반母斑 조직검사처럼 진단적 시술 중 얻은 조직을 보관했다가 나중에 연구에 이용한다면 동의를 받을 필요가 없다. 그럼에도 대부분의 연구 기관은 동의를 받도록 하고 있다. 그러나 그 방법은 통일된 형식 없이 기관마다 제각각이다. 일부는 충분한 정보를 기록한 소책자를 제공하며, 조직을 이용해 무엇을 할지 정확히 설명한다. 그러나 대부분은 단지 입원 서식지에 제거된 조직을 교육이나 연구 목적으로 사용할 수 있다는 내용이 한 줄 적혀 있을 뿐이다.

국립보건원 산하 국립의과학 연구소의 유전학 및 발생생물학 과장 주디스 그린버그Judith Greenberg에 따르면, 현재 국립보건원은 자체 생체은행에 보관하기 위해 수집하는 모든 조직에 대해 사전 동의를 의무화하는 '매우 엄격한 지침'을 갖고 있다. "조직 연구로 어떤 결과를 얻을 수 있는지 기증자가 제대로 이해하는 것은 매우 중요합니다." 그러나 이 지침은 단지 국립보건원에만 적용될 뿐이며, 법적 구속력이 있는 것도 아니다.

현 상황을 지지하는 사람들은 조직 문제를 다루는 새로운 법을 만드는 것은 불필요하며 현 감독 체계로도 충분하다고 주장한다. 그들은 임상시험 심사위원회IRB를 지적한다. 의사들에게 조직 표본이 연구에 사용되거나 이익을 창출할 경우 환자에게 알리도록 규정한 미의학협회 윤리강령 같은 전문적인 지침도 많으며, 사전 동의를 요구하는 헬싱키 선언Declaration of Helsinki과 벨몬트 보고서Belmont Report 등 뉘른베르크 이후에 나온 강령도 얼마든지 있다고 말한다. 그러나 지침서나 윤리강령은 법이 아니며, 많은 조직권리 옹호론자들은 내부 심사가 제 역할을 못 한다고 지적한다.

일부 조직권리 운동가는 기증자가 자신의 조직이 연구에 사용될 것임을 단순히 인지하는 정도를 넘어, 예컨대 핵무기, 낙태, 인종차별, 지능, 또는 개인적 신념과 배치되는 목적의 연구에 사용되는 것에 반대할 권리를 가져야 한다고 믿는다. 또한 조직 표본을 통해 수집된 정보가 기증자에게 불리하게 사용될 우려가 있기 때문에 누가 조직을 사용하는지 기증자가 통제할 수 있는 것도 중요하다고 믿는다.

2005년 미 원주민 하바수파이Havasupai 부족은 당뇨병 연구를 위해 기증한 조직 표본을 과학자들이 동의도 없이 조현병과 근친교배 연구에 사용했다는 이유로 애리조나 주립대학을 고소했다. 소송은 여전히 진행중이다. 2006년에는 어느 병원 의사들이 향후 제기될지 모를 선천성 결손 소송에서 병원을 변호하는 데 도움이 될 비정상 소견을 검사하기 위해 사전 동의 없이 700여 명의 산모에게서 태반을 채취했다는 사실이 밝혀졌다. 사전 동의 없이 유전검사를 시행해 노동자에게 손해배상이나 질병보험금 지급을 거부하는 데 이용한 것과 관련해 제기된 소송도 더러 있다(현재 이런 경우는 2008년에 제정된 '유전정보에 의한 차별 금지에 관한 법률'의 보호를 받을 수 있다).

이런 사례 때문에 윤리학자, 법률가, 의사, 환자 등 점점 많은 활동가들이 환자가 자기 조직을 통제할 권리를 부여하는 새로운 법규를 제정하라고 촉구하고 있다. 또한 점점 많은 '조직기증자'들이 자신의 조직과 그 안에 담긴 DNA에 대한 통제권을 요구하는 소송에 나서고 있다. 2005년 6,000여 명의 환자가 워싱턴 대학을 상대로 전립선암 생체은행에 보관된 자신의 조직 표본을 폐기하라고 요구했다. 대학 측은 거부했고, 조직들은 수년째 소송에 얽혀 있다. 현재 초심과 항소심 법원은 환자에게 조직에 대한 권리를 부여하면 연구가 위축될 것이라는, 무어의 소송에서 적용된 것과 똑같은 논리로 환자 측 패소 결정을 내렸다. 환자들은 2008년 연방 대법원에 상고했지만 기각되었다. 이 책이 인쇄될 무렵, 환자들은 집단 소송을 제기할 것인지 숙고하고 있었다. 가장 최근인 2009년 7월, 미네소타주와 텍사스주에서 어린 자녀를 둔 부모들이 사전 동의 없이 신생아에서 채취한 혈액으로 연구를 진행하는 전국적 관행을 금지하라는 소송을 제기했다. 상당수에서 혈액을 제공한 신생아를 추적할 수 있다는 이유였다. 그들은 이런 연구가 자녀의 프라이버시를 침해한다고 주장한다.

현재는 존스 홉킨스의 의사들이 헨리에타의 이름과 진료 기록을 유출해 랙스 가족이 당했던 것과 같은 프라이버시 침해를 방지하는 데 분명한 효력을 발휘하는 연방법이 있다. 1996년에 공포된 '의료보험의 이동성 및 책임성에 관한 법률'이다. 기증자의 이름을 연상시키는 조직명은 통상규범에 의해 엄격한 제한을 받는다. 오늘날에는 헨리에타의 세포처럼 기증자 이름 첫 글자를 따서 세포를 명명할 수 없으며, 보통 고유 코드번호로 세포를 식별한다. 그러나 국립보건원의 주디스 그린버그는 지적한다. "100퍼센트 익명성을 보장한다는 것은 불가능합니다. 이론적으로 유전자 염기서열을 확인해 세포가 누구 것인지 밝혀낼 수 있으니까요. 따라서 조직 연구에 따르는 위험을 잘 설명해 연구 참여 여부를 올바로 결정할 수 있도록 사전 동의 과정을 바꿀 필요가 있습니다."

의사이자 변호사이며 밴더빌트 대학 생명의학윤리사회연구소 소장인 엘런 라이트 클레이턴Ellen Wright Clayton은 이 문제에 대해 '매우 허심탄회한 대화'가 필요하다고 강조한다. "의사에게 진료받을 때, 환자에게 물어보지 않고도 진료 기록과 조직 표본을 연구에 사용할 수 있다는 법안을 의회에 제출했다고 칩시다. 논쟁이 이렇게 직설적으로 표현되어 대중이 무슨 일이 일어나고 있는지 제대로 이해하고 거기에 동의한다면 현재 과학계의 관행이 좀 덜 거북할 겁니다. 지금 벌어지는 일은 전혀 그렇지 않죠."

일리노이 공과대학 과학·법·공학연구소 소장 로리 앤드루스Lori Andrews는 더 적극적인 행동을 주문한다. 정책입안자들의 관심을 끌기 위해서라도 대중이 '양심적 DNA 징집 거부자'가 되어 조직 표본

제공을 거부해야 한다는 것이다.

하버드 대학 부연구처장 데이비드 콘David Korn은 환자가 조직을 통제한다는 것은 근시안적인 생각이라고 주장한다. "사전 동의란 말은 그럴듯하게 들리지요. 자신의 조직으로 무엇을 할지 스스로 결정하게 하는 게 옳은 것 같습니다. 하지만 사전 동의는 조직의 가치를 떨어뜨립니다." 콘은 스페인 독감을 예로 들었다. 1990년대에 유행한 조류독감에 관한 정보를 얻기 위해 과학자들은 1918년에 사망한 병사의 냉동 조직 표본을 이용해 독감 바이러스 유전자를 재생해 스페인 독감이 왜 그토록 치명적이었는지 연구했다. 1918년에 그 병사에게 이런 종류의 미래 연구를 위해 조직을 채취하겠다는 동의를 얻기는 불가능했을 것이라고 콘은 말한다. "당시로서는 상상조차 할 수 없는 일입니다. 심지어 DNA가 무엇인지조차 아무도 몰랐으니까요!"

콘은 사전 동의 문제보다 과학의 사회적 책임이 훨씬 중요하다고 믿는다. "우리는 별 가치 없는 자신의 조직을 다른 사람에게 도움이 될 지식을 발전시키는 데 사용하도록 허락할 도덕적 의무가 있다고 봅니다. 모두에게 이익이 되기 때문에, 자신의 조직 부스러기를 연구에 사용한다는 사소한 위험 정도는 감수해야 합니다." 유일한 예외는 종교적인 이유로 조직을 기증할 수 없는 경우다. "신체 조직 일부가 없어진 채 묻히면 구원받지 못하고 영원히 떠도는 처지가 된다고 믿는다면, 다른 사람들은 이를 존중해야 합니다." 그러나 그런 사람도 자기 조직이 연구에 사용될 수 있음을 미리 알지 못하면 조직 제공을 거부할 수조차 없음을 그도 인정한다.

"과학이 사회에서 최상의 가치는 아닙니다." 앤드루스는 자율성과 개인의 자유 같은 가치를 지적한다. "생각해보세요. 내가 죽은 뒤 누가 내 돈을 가질지는 내가 결정합니다. 죽은 다음에 돈을 전부 다른 사람에게 준다고 해도 내게 해가 되지는 않습니다. 그렇지만 주고 싶은 사람한테 줄 수 있다면, 살아 있는 내게 마음의 위안이 되지요. 사회를 위해 가장 유익한 방법이 아니니까 허용해서는 안 된다고 말할 수는 없습니다. 여기서 돈이란 단어를 조직이란 단어로 바꿔보세요. 많은 사람이 기증자에게 조직에 대한 통제권을 주는 데 반대하는 논리를 정확히 파악할 수 있을 겁니다."

UCLA 진단분자병리실험실 책임자 웨인 그로디Wayne Grody는 한때 조직 연구 관련 사전 동의에 강력히 반대했다. 그러나 앤드루스나 클레이턴 같은 과학자들과 몇 년간 논쟁을 벌인 끝에 다소 유연해졌다. "좀 복잡하지만 올바른 동의 과정을 수립하기 위해 더욱 애써야 한다는 데는 어느 정도 확신이 듭니다." 그럼에도 그는 동의 과정이 어떻게 작용할지는 짐작하지 못한다. "조직은 수백만 개의 다른 조직과 같은 경로로 들어갑니다. 자, 이제 어떻게 이들을 구분하겠어요? 한 환자는 우리더러 대장암 연구를 할 수 있다고 하고, 다른 환자는 뭐든지 해도 좋지만 상업화는 안 된다고 합니다. 그럼 조직을 모두 색깔로 구분해야 하나요?" 어쨌든 사전 동의 논쟁은 향후 수집될 조직에만 적용해야지, 헬라를 포함해 이미 보관된 수백만 개의 조직에 적용해선 안 된다고 그로디는 강조한다. "그럼 어떻게 할까요, 그냥 전부 내다버릴까요?"

아이오와 대학 생명의학윤리센터를 설립한 로버트 위어Robert Weir는 사전 동의 이슈가 해결되지 않는다면 결말은 하나뿐이라고 강조한다. "조직 통제에 대한 참여가 인정되지 않는다면, 환자들은 최후의 수단으로 법에 호소할 겁니다." 소송을 줄이려면 정보를 더 많이 공개해야 한다고 위어는 지적했다. "전부 협상 테이블에 올려놓고, 서로 받아들일 수 있는 법적 가이드라인을 찾아야 합니다. 그렇지 않으면 다 같이 법정으로 갈 수밖에 없어요." 실제로 법원에서는 이런 소송, 특히 돈 문제가 걸린 분쟁이 심심찮게 다뤄진다.

HENRIETTA LACKS

돈에 관해서는 인간 조직이나 조직 연구를 상업화할 것이냐 말 것이냐가 문제가 아니다. 지금도 그렇고 앞으로도 계속 상업화될 것이다. 상업화가 불가능했다면 회사들은 수많은 사람에게 도움이 되는 약물이나 진단 검사법을 개발하지 않았을 것이다. 문제는 상업화를 어떻게 다룰 것이냐에 있다. 다시 말해 조직이 이윤을 목적으로 사용될 수 있음을 환자에게 알리도록 의무화해야 하는지, 가공되지 않은 원재료를 기증한 사람이 시장에서 어떤 위치를 차지해야 하는지에 대한 논란이다.

이식이나 의학적 치료를 위해 인간의 장기와 조직을 매매하는 것은 불법이다. 그러나 채취와 처리에 드는 비용을 받고 장기나 조직을 기증하는 것은 완전히 합법이다. 정확한 통계는 없지만, 한 인간의 신체로 대략 1만~15만 달러를 벌 수 있다고 한다. 그러나 한 인간에서 유래한 개별 세포가 존 무어의 것처럼 수백만 달러의 가치를 갖는 경우는 극히 드물다. 실험용 쥐나 초파리 한 마리가 엄청나게 유용한 연구 재료가 아니듯, 대부분의 개별 세포주나 조직 표본도 단독으로는 별 가치가 없다. 방대한 연구 재료의 일부가 되었을 때 비로소 과학 연구에 기여할 수 있는 가치가 생기는 것이다.

오늘날 신체 조직 공급사는 작은 개인 사업체에서 거대 기업까지 다양하다. 아르데Ardais라는 회사는 정확한 액수는 알려지지 않았으나 상당한 금액을 지불하고 듀크 대학교 의료원 및 베스 이스라엘 디커너스 의료원Beth Israel Deaconess Medical Center을 비롯한 많은 의료기관에서 환자들의 조직을 독점 공급받는다.

"누가 돈을 받아야 하는지 돈을 어디에 써야 하는지에 대한 논쟁은 무시할 수 있는 게 아닙니다." 클레이턴은 말했다. "저는 이 문제를 어떻게 다뤄야 하는지 확신하지 못합니다. 하지만 원재료 제공자만 쏙 빼고 다들 돈을 나눠 갖는다는 건 분명 굉장히 이상하죠."

정책분석가, 과학자, 철학자, 윤리학자 등 다양한 전문가들이 조직 기증자를 보상할 여러 가지 방법을 제시했다. 많이 기증할수록 보상도 많이 받는 사회보장식 제도, 세금 면제 정책, 방송에서 음악을 내보낼 때마다 저작권자에게 돈을 지불하는 것과 같은 인세 제도, 조직 연구 수익의 1퍼센트를 과학이나 의학 관련 자선 기금에 기부하거나, 수익금 전액을 연구에 재투자하게 하는 방식 등이다.

보상 제도 자체에 대한 찬반과 관계없이 전문가들은 환자 보상 제도가 비현실적인 금전적 보상을 요구하거나 비상업적 또는 수익성이 없는 연구에 사용되는 조직까지 돈을 요구하는 수익 추구자를 양산해 과학 연구를 저해할 것이라고 우려한다. 그러나 조직 기증자는 대부분 전혀 이익을 좇지 않는다. 대부분의 조직 권리 운동가들처럼 그들도 개인적인 이익보다 조직 연구를 통해 얻는 지식이 대중이나 연구자에게 유용하게 쓰이는 데 더 큰 관심을 갖는다. 실제로 몇몇 환자 집단은 조직을 직접 통제하고 조직 연구를 통해 얻는 결과물에 대한 특허권을 취득할 목적으로 직접 조직은행을 설립했다. 어떤 여성은 자녀들의 조직을 이용한 연구에서 발견된 질병 유전자의 특허권을 직접 소유했다. 그 유전자로 무슨 연구를 시행할지, 어떤 식으로 그 연구를 허가할지 스스로 결정한다.

인간 생물학 재료에 대한 소유권과 그런 소유권이 과학 발전을 저해할지에 대한 논쟁에서 최대 관심사는 유전자에 대한 특허권이다. 가장 최근 통계가 보고된 2005년까지 미국 정부는 밝혀진 인간 유전자의 약 20퍼센트에 대해 특허권을 인정했다. 노인성 치매(알츠하이머병), 천식, 대장암, 그리고 잘 알려진 대로 유방암 유전자가 여기 포함된다. 이로써 특허권을 소유한 제약회사나 과학자, 대학은 해당 유전자를 이용한 연구뿐만 아니라 연구를 통해 얻게 될 치료법이나 진단 검사법의 가격도 통제할 수 있다. 어떤 기관은 특허권을 공격적으로 행사한다. 대부분의 유전성 유방암 및 난소암의 원인 유전자인 BRCA1과 BRCA2에 대한 특허권을 소유한 미리어드 제네틱스 Myriad Genetics는 이 유전자 검사에 3,000달러를 부과한다. 다른 곳에서는 이 검사를 시행할 수 없기 때문에 시장을 독점했다는 이유로 고발되기도 했다. 과학자들은 미리어드 사에 비싼 승인료를 지불하고 허락을 받지 않으면 값싼 검사법이나 새로운 치료법을 개발할 수 없다. 실제로 미리어드 사의 허락 없이 이 유방암 유전자 관련 연구를 수행한 과학자들은 연구 중지 명령서와 함께 소송 위협을 받았다.

2009년 5월 미국시민자유연맹은 몇몇 유방암 생존자와 15만 명 이상의 과학자를 대표하는 전문가 집단과 함께 유방암 유전자 특허권과 관련해 미리어드 제네틱스를 고소했다. 소송에 참여한 과학자들은 무엇보다 유전자 특허 허용이 연구를 저해한다고 주장하면서, 특허 허용 중지를 목표로 했다. 그토록 많은 과학자가 소송에 참여했고, 많은 이들이 최고 연구 기관 소속이라는 사실은 생물학적 특허권을 인정하지 않는 판결이 과학 발전을 저해할 수 있다는 기존의 주장과 배치된다.

로리 앤드루스는 조직 기증자들이 과학 발전을 저해할지 모른다고 법원이 항상 우려하던 것과 정확히 똑같은 방식으로 많은 과학자들이 과학을 방해한다고 지적한다. 그녀는 진행 중인 유방암 유전자 소송을 비롯해 지금까지 생물학적 소유권과 관련해 제기된 모든 주요 소송에 무료로 참여했다. "아이러니예요. 무어의 경우 법원은 개인의 조직 소유권을 인정하면 사람들이 돈을 목적으로 조직에 대한 자유로운 접근을 막을지 모른다고 염려했지요. 하지만 무어의 판결은 역효과를 낳았어요. 연구자들에게 상업적 가치를 넘긴 꼴이 되고 말았지요." 앤드루스와 당시 반대 의견을 냈던 캘리포니아 대법원 판사에 따르면 판결은 상업화를 막지 못했다. 그저 환자들을 무대 밖으로 끌어내고 과학자들은 더욱 대담하게 조직을 상품화할 수 있도록 해주었을 뿐이다. 앤드루스를 비롯한 많은 연구자들은 판결로 인해 과학자들은 조직과 연구 결과를 덜 공유하게 되었으며, 결국 연구가 지연되는 결과를 낳았다고 생각한다. 또한 의료서비스 전달체계에도 악영향을 미쳤다고 믿는다.

이들의 주장을 뒷받침하는 몇 가지 증거가 있다. 한 설문조사에 참여한 실험실의 53퍼센트가 특허권 때문에 한 가지 이상의 유전자 검사를 하지 못하거나 개발을 중단한 적이 있으며, 67퍼센트는 특허권이 의학 연구를 방해한다고 느꼈다. 흔한 혈액질환인 유전성 혈색소 침착증hereditary haemochromatosis에 대한 유전자 연구를 허가받으려면 특허 사용료로 2만 5,000달러를 내야 하며, 같은 유전자를 상업적

검사에 사용하려면 25만 달러 이상을 내야 한다. 그런 식으로 계산하면 어떤 사람에게 지금까지 알려진 모든 유전성 질환을 검사하려면 대학 연구 기관은 4,640만 달러, 상업적인 검사실은 4억 6,400만 달러를 특허 사용료로 지불해야 한다.

인간 생물학 재료의 상업화를 둘러싼 논쟁은 항상 똑같은 근본 문제에 봉착한다. 좋든 싫든 우리는 시장원리가 지배하는 사회에 살며, 과학도 시장의 일부라는 것이다. 테드 슬래빈의 항체를 이용해 B형간염을 연구했던 노벨상 수상자 바루크 블럼버그는 내게 말했다. "의학연구의 상업화가 좋으냐 나쁘냐는 자본주의를 얼마나 신봉하느냐에 달려 있습니다." 그는 전체적으로 상업화는 좋은 것이라고 했다. "달리 어떤 방법으로 우리에게 필요한 약물이나 진단 검사를 개발할 수 있습니까?" 그럼에도 그는 문제점을 지적했다. "상업화가 과학을 저해한다는 견해에도 일리가 있습니다. 상업화로 세태가 달라졌어요." 한때 무료로 공유되던 정보는 이제 특허권과 정보사유권으로 대체되었다. "연구자들은 기업가가 되었어요. 경제에는 활력소가 되고, 연구를 촉진할 유인책도 될 겁니다. 하지만 문제도 있어요. 비밀리에 연구를 진행한다든가, 뭔가 나왔을 때 소유권을 누가 갖는가 하는 논란이 그것입니다."

슬래빈과 블럼버그는 사전 동의서나 소유권 이전 동의서를 사용하지 않았다. 슬래빈은 그저 소매를 걷고 조직을 제공했을 뿐이다. "윤리적으로, 상업적으로 다른 시대였지요." 블럼버그는 오늘날의 환자들이 조직을 기증할 가능성이 더 낮을 것으로 본다. "남들처럼 상업적 가능성을 극대화하고 싶어할 테니까요."

블럼버그가 여러 해에 걸쳐 쌓은 중요한 과학적 업적은 모두 돈을 지불하지 않고도 조직을 무제한으로 구할 수 있었기 때문에 가능했다. 그러나 그는 환자 모르게 조직을 채취하는 것은 좋은 방법이 아니라고 생각한다. "살아가기 위해 정말로 돈이 필요한 테드 같은 사람한테, 과학자는 그의 항체를 상업화할 수 있지만 정작 그 자신은 그렇게 할 수 없다고 하는 건 옳지 않을 겁니다. 아시다시피 누군가 그의 항체로 돈벌이를 할 작정이라면, 테드가 거기에 대해 한마디 하면 안 될 이유가 있습니까?"

내가 만난 과학자들은 이 논쟁에 대해 대체로 의견이 같았다. "우리는 자본주의 사회에 살지요." 웨인 그로디가 말했다. "테드 슬래빈 같은 사람은 자본주의의 이점을 잘 이용한 겁니다. 제가 보기엔 차라리 처음부터 자본주의를 이용하겠다고 작심하는 편이 더 효과적이에요."

문제는 자기 조직이 연구자들에게 중요해질지 모른다는 사실을 미리 알지 못하면 환자들이 '처음부터 자본주의를 이용하겠다고 작심하는 것'조차 불가능하다는 점이다. 테드 슬래빈과 존 무어, 헨리에타 랙스의 차이가 여기 있다. 슬래빈은 자신의 조직이 특별하기 때문에 과학자들이 연구에 쓰고 싶어할 것을 미리 알았다. 그래서 조직을 내주기 전에 조건을 확실히 제시해 스스로 조직을 통제할 수 있었다. 사전 정보를 바탕으로 조직 제공에 동의한 것이다. 따지고 보면 문제는 슬래빈이 가졌던 권리를 다른 조직 기증자도 갖게 하려면 과학이 윤리적으로나 법적으로 얼마나 많은 의무를 져야 하느냐는 것이다. 결국 사전 동의라는 간단치 않은 논쟁으로 되돌아가게 된다.

연구를 위해 조직을 보관할 때 사전 동의를 받아야 한다는 법이 없는 것과 마찬가지로, 조직으로 인해 금전적 이익이 생겼을 때 기증자에게 알려야 한다는 분명한 의무 조항도 없다. 2006년 국립보건원의 한 연구원은 약 50만 달러를 받고 수천 개의 조직 표본을 제약회사 화이자에 넘겼다가 '연방 이익상충금지법Federal Conflict of Interest Law' 위반 혐의로 기소되었다. 금전적 이익이나 조직 표본의 가치를 기증자에게 알리지 않았기 때문이 아니라, 연방정부 소속 연구자는 제약사에서 돈을 받을 수 없기 때문이었다. 이 사건으로 의회 조사와 청문회까지 열렸다. 그러나 그 과정 어디에도 환자에게 조직의 가치를 제대로 알리지 않았다는 문제와 환자에게 돌아가야 할 잠재적 이익에 대한 언급은 없었다.

존 무어 소송에서 담당 판사는 조직의 상업적 잠재 가치를 환자에게 알려야 한다고 명시했다. 하지만 법이 제정된 것은 아니었으므로 판결은 단지 판례로만 남았다. 오늘날 이런 정보를 미리 제공할지는 해당 기관의 판단에 달려 있고, 많은 기관이 여전히 제대로 알리지 않는다. 어떤 기관은 동의서에 돈 문제를 전혀 언급하지 않는다. 좀 더 솔직한 내용을 동의서에 넣은 기관도 있긴 하다. "우리는 조직과 함께 귀하에 관한 일부 의학 정보를 팔거나 기증할 수 있습니다." 어떤 동의서에는 더 짤막하게 적혀 있다. "귀하는 기증한 조직에 대해 어떠한 보상도 받지 않습니다." 한편 법적인 혼란을 그대로 반영한 동의서도 있다. "귀하의 조직은 [대학이] 소유합니다. (⋯) 귀하가 본 연구에서 얻게 되는 이익에 대해 금전적인 보상(수당)을 받을 수 있을지는 분명하지 않습니다."

조직권리 운동가들은 인간 조직의 모든 금전적 이익 가능성을 반드시 공개해야 한다고 주장한다. "환자들에게 금전적인 이익을 나눠주기 위해서만은 아닙니다." 로리 앤드루스의 말이다. "단지 사람들의 바람을 표현할 수 있게 하려는 것입니다." 클레이턴도 동의하지만 단서를 달았다. "근본 문제는 돈이 아닙니다. 조직을 제공한 사람이 누구인지는 중요하지 않다고 생각하는 관념이 진정한 문제입니다."

무어 소송 후, 의회는 청문회를 열고 연구기관에서 인간조직 연구를 통해 수백만 달러를 벌어들이고 있다는 보고서를 채택했다. 나아가 실태를 조사하고 향후 해결책을 모색하기 위해 특별위원회를 구성했다. 특별위원회는 이렇게 보고했다. "생명공학 분야에서 인간의 세포와 조직을 이용한 연구는 인간의 건강을 증진하는 데 있어 '매우 유망한 가능성'을 내포하지만, 동시에 광범위한 윤리적, 법적 의문을 야기한다. 이런 의문에 대해 아직 뚜렷한 해답은 없으며, 법, 정책, 또는 윤리 중 어느 한 가지를 마침맞게 적용할 수 있는 것도 아니다." 보고서는 우선 이 부분을 명확히 해야 한다고 주장했다.

1999년 클린턴 정부의 국가생명윤리 자문위원회National Bioethics Advisory Commission, NBAC는 조직 연구에 대한 연방정부의 감독 체계가 '불충분'하고 '애매'하다는 보고서를 발표했다. 보고서는 아울러 환자들의 조직 사용에 대한 통제권을 보장하기 위해 구체적인 시정 사항을 권고했다. 그러나 인간의 몸에서 나오는 이익을 누가 가질지에 대한 논쟁은 피해갔다. 단지 이 문제가 '많은 우려를 낳고 있으며', 좀더 연구할 필요가 있다고 지적했을 뿐이다. 하지만 실질적으로 변한 것은 별로 없었다.

몇 년 후 나는 1990년대에 이 논쟁에 깊숙이 관여했던 웨인 그로디에게 왜 의회 차원의 권고문과 NBAC 보고서가 유명무실해졌는지 물었다.

"아주 이상한 일이긴 한데, 난 모르겠네요. 왜 그렇게 됐는지 알게 되면 내게도 좀 알려주세요. 모두 그 문제를 그저 잊고 싶어했어요. 어쩌면 모두 무시하니까 사라졌는지 모르죠." 그러나 논쟁은 사라지지 않았다. 조직과 관련된 소송이 꾸준히 제기되는 것을 보면 곧 사라질 것 같지도 않다.

비슷한 소송이 수차례 제기되고, 언론이 숱하게 취재했음에도 랙스 가족이 헬라 세포와 관련해 누군가를 실제로 고소한 적은 없다. 내가 만난 법률가와 윤리학자들은 현재 헬라 세포를 익명으로 쓸 방법이 없기 때문에 헬라 연구에는 통상규범을 적용해야 한다고 했다. 헨리에타의 세포에 들어 있는 DNA의 일부는 자식들에게도 존재하기 때문에, 과학자들은 헬라 세포를 연구함으로써 동시에 랙스 집안 자녀들을 연구하는 것이라고 주장할 수 있다는 논리다. 통상규범은 피험자가 원한다면 언제든지 연구에서 빠질 수 있도록 허용해야 한다고 명시되어 있으므로 이론적으로 랙스 가족은 전 세계 모든 연구에 헬라 세포를 사용하지 못하게 할 수도 있다고 전문가들은 말했다. 사실 비슷한 소송에 대한 판례도 여러 건 있다. 아이슬란드의 한 여성은 소송을 통해 부친의 DNA를 데이터베이스에서 삭제하는 데 성공했다. 이런 가능성을 언급하면 거의 모든 연구자가 생각만 해도 몸서리가 처진다고 했다. 연구를 위해 거의 8,000억 개의 헬라 세포를 배양했다고 밝힌 컬럼비아 대학 미생물학 및 면역학 교수 빈센트 라카니엘로Vincent Racaniello는 헬라 세포의 사용을 제한하는 것은 재앙이라고 했다. "과학에 미칠 영향은 상상조차 할 수 없습니다."

랙스 가족에 대해 말하자면, 법적 선택은 별로 없다. 우선 몇 가지 이유로 인해 최초로 채취된 세포에 대해 소송을 제기할 수 없다. 공소시효가 수십 년 전에 지났다는 사실도 한 가지 이유다. 소송을 통해 자신들의 DNA를 포함한 헨리에타의 세포를 익명으로 하는 것이 불가능해졌다고 주장해 헬라 연구를 중단하도록 시도할 수는 있다. 그러나 내가 만난 법률가들은 그런 소송이 성공할지는 의문이라고 전망했다. 어쨌든 랙스 가족은 헬라 연구에 제동을 거는 데 관심이 없다. "과학에 골칫거리를 만들 생각은 없소." 이 책이 인쇄에 들어갈 때 소니가 말했다. "데일도 마찬가지일 거요. 우린 말이지, 어머니가 과학에 공헌한 것이 자랑스럽거든. 다만 어머니 세포로 이득을 본 사람들하고 홉킨스가 어머니를 추념하고, 가족들한테 사과 정도는 했으면 좋겠다는 거지."

감사의 말

나는 헨리에타와 그녀의 세포에 대한 이야기에서 힘을 얻는 사람을 수없이 보았다. 나아가 그들은 과학에 대한 그녀의 기여에 감사하고, 가족에게 보상하기 위해 뭐라도 해야겠다는 생각에 사로잡혔다. 상당수는 이 책을 쓰는 것을 돕는 데 그 에너지를 쏟아주었다. 이 프로젝트에 시간, 돈, 지식, 열정을 나누어주신 모든 분께 감사한다. 제한된 지면 때문에 이름을 하나하나 기록할 수는 없지만, 그들이 없었다면 결코 책을 마무리할 수 없었을 것이다.

누구보다 먼저 헨리에타 랙스의 가족에게 무한한 감사를 전한다. 데보라는 이 책의 영혼이다. 그녀의 정신, 그녀의 웃음, 그녀의 고통, 그녀의 결단력, 그녀의 믿을 수 없는 용기에서 영감을 얻은 덕에 10여 년간 이 책에 매달릴 수 있었다. 그녀 삶의 일부가 된 것을 진심으로 영광스럽게 생각한다.

끝까지 나를 신뢰하고 자신들의 이야기를 들려준 로런스와 제카리아에게 감사한다. 이 프로젝트의 가치를 인식하고 가족의 구심점이 되어준 소니에게도 깊은 감사를 전한다. 그는 정직했고, 항상 긍정적이었으며, 내가 이 책을 끝낼 수 있다고 믿어주었다.

데보라의 손자 데이번과 리틀 앨프리드는 어머니와 언니에 대해 알고 싶어하는 데보라의 탐구열을 믿을 수 없을 정도로 적극 지지해주었다. 항상 나를 웃게 하고, 많은 물음에 언제나 흔쾌히 대답해준 그들에게 고마움을 전한다. 바벳 랙스는 수십 년간 랙스 가족이 뭉칠 수 있게 도와준 강한 여성이다. 싫은 내색 한번 하지 않고 몇 시간씩 걸리는 여러 번의 인터뷰와 잦은 서류 요청에 흔쾌히 응해주었으며, 전혀 주저하지 않고 자신의 이야기를 들려주었다. 언제나 믿음직한 소니의 딸 제리 랙스-와이Jeri Lacks-Whye에게도 감사하고 싶다. 그녀는 새로운 사실과 사진들을 찾아냈으며, 종종 나를 대신해 자신의 대가족과 논쟁을 벌였다. 그녀와 그녀의 어머니 셜리 랙스Shirley Lacks, 로런스의 손녀 에리카 존슨Erika Johnson과 코트니 시몬 랙스Courtnee Simone Lacks, 데보라의 아들 앨프리드 카터 주니어Alfred Carter Jr.의 솔직함과 열정에 찬사를 보낸다. 제임스 풀럼의 지지도 변함이 없었다. 그의 이야기, 그의 웃음, 그의 기도에 감사한다. 내 음성 사서함에 아름다운 목소리로 찬송가를 불러주고, 내 생일마다 세레나데를 잊지 않았던 개리 랙스에게도 똑같은 감사를 드린다.

헨리에타 랙스의 삶을 재창조하는 작업은 그녀의 가족, 친구, 이웃의 너그러운 도움이 없었다면 불가능했다. 특히 프레드 개럿Fred Garret, 하워드 그리넌Howard Grinnan, 헥터 '쿠티' 헨리Hector "Cootie" Henry, 벤 랙스Ben Lacks, 칼턴 랙스Carlton Lacks, 데이비드 '데이' 랙스 시니어David "Day" Lacks Sr., 에밋 랙스Emmett Lacks, 조지아 랙스Georgia Lacks, 글래디스 랙스Gladys Lacks, 루비 랙스Ruby Lacks, 설 랙스Thurl Lacks, 폴리 마틴Polly Martin, 세이디 스터디번트Sadie Sturdivant, 존 테리 John Terry와 돌리 테리Dolly Terry, 피터 우든Peter Wooden의 도움이 컸다. 헨리에타의 유년 시절과 과거 클로버의 모습을 생생하게 들려주고, 나를 항상 미소 짓게 했던 클리프 개럿Cliff Garret에게 특별히 감사한다. 헨리에타의 먼 친척으로 노예 시대까지 거슬러 올라가는 플레전트 쪽 계보를 추적해 조사 결과를 너그러이 보내준 크리스틴 플레전트 톤킨Cristine Pleasant Tonkin에게도 감사한다. 또한 그녀는 이 책의 초고를 읽고 소중한 조언을 아끼지 않았다. 코트니 스피드에게는 자신의 이야기를 나누고, 내가 만나야 할 분들을 불러모아준 데 대해, 그리고 열정에 대해 감사한다.

메리 쿠비체크를 만난 것은 그야말로 행운이었다. 그녀의 예리한 기억력, 지칠 줄 모르는 인내심과 열정은 더없이 소중했다. 조지 가이 주니어George Gey Jr.와 그의 누이 프랜시스 그린Frances Greene을 만난 것도 마찬가지다. 그들은 유년 시절의 대부분을 가이의 실험실에서 부모님과 함께 보냈기 때문에 당시의 상황을 생생하게 들을 수 있었다. 프랜시스의 남편 프랭크 그린에게도 감사한다.

오래전 신문과 저널 기사, 사진, 비디오, 기타 자료를 찾는 데 시간을 할애해준 사서들과 기록보관원들에게 깊이 감사한다. 특히 앨런 메이슨 체스니 의학기록보관소Alan Mason Chesney Medical Archives, AMCMA 조지 가이 기념관 큐레이터 앤디 해리슨Andy Harrison, 피츠버그 대학교 도서관학과 학생 에이미 노터리어스Amy Notarius와 일레이나 비탈리Elaina Vitale, 풍부한 정보와 이야기를 제공해준 프랜시스 볼츠Frances Woltz, 햅 해이굿Hap Hagood, 피비 에번스 레토차Phoebe Evans Letocha, 팀 비스니브스키Tim Wisniewski에게 특별히 감사한다. 뉴욕 공립도서관의 데이비드 스미스David Smith를 만난 것은 작가로서 큰 행운이었다. 그는 도서관 내 베르트하임Wertheim 연구실에 조용한 작업 공간을 마련해주었다. 마치 오브 다임스 재단의 기록보관원 데이비드 로즈David Rose는 이 책에 깊은 관심을 갖고 많은 시간을 들여 유용한 자료를 대신 조사해주었다. 그에게 엄청난 감사와 '점심'을 빚졌다.

인터뷰에 너그러이 시간을 내준 수백 명 모두에게 감사드린다. 특히 조지 애나스George Annas, 로르 오릴리언, 바루크 블럼버그, 엘런 라이트 클레이턴, 너대니얼 컴포트Nathanial Comfort, 루이스 디그스Louis Diggs, 밥 겔먼Bob Gellman, 캐럴 그라이더Carol Greider, 마이클 그로딘Michael Grodin, 웨인 그로디, 칼 할리Cal Harley, 로버트 헤이Robert Hay, 캐시 허드슨, 그로버 허친스, 리처드 키드웰, 데이비드 콘, 로버트 커먼Robert Kurman, 존 매스터스John Masters, 스티븐 오브라이언Stephen O'Brien, 애나 오코넬Anna O'Connell, 로버트 폴락Robert Pollack, 존 래시John Rash, 주디스 그린버그, 폴 러즈, 토드 새빗Todd Savitt, 테리 섀러, 마크 소벨Mark Sobel, 로버트 위어, 바버라 위치, 줄리어스 영너Julius Youngner에게 감사한다. 전문가적 충고와 따뜻한 격려에 시간을 아끼지 않았던 로리 앤드루스와 루스 페이든Ruth Faden, 리사 파커Lisa Parker에게 특별한 감사를 전한다. 이들은 초기부터 많은 대화로 내 생각을 틔워주었으며, 초고를 읽고 귀한 의견을 보내주었다. 박사학위 논문 초고를 비롯해 매우 유용한 자료를 제공해준 던컨 윌슨Duncan Wilson에게도 감사를 전한다.

몇몇 과학자들께 특별한 감사를 전한다. 하워드 존스와 빅터 매쿠식, 수전 수는 귀중한 기억을 나눠주었다. 모두 어떤 상황에서도 정직했으며, 수많은 질문을 참아주었다. 레너드 헤이플릭은 열 시간도 넘게 통화해주었으며, 여행 중이거나 일하는 도중에도 전화를 받아주었다. 그의 기억과 과학적 전문 지식은 그 자체로 엄청난 자료였다. 또한 그는 이 책의 초고에 더없이 소중한 의견을 들려주었다. 로버트 스티븐슨은 다른 과학자들이 회의적이었음에도 처음부터 이

프로젝트를 지지해주었으며, 역시 초고에 대해 소중한 의견을 주었다. 그는 실로 거대한 정보의 보고였다.

시간을 들여 나를 이해해주고 믿어주고 가르쳐주고, 데보라와 연결해준 롤런드 패틸로에게 깊이 감사한다. 그와 아내 팻은 일찍이 마음을 열고 나를 집에 초대했으며, 그후로 죽 후원자가 되어주었다. 그들도 초고를 검토하고 유익한 제언을 들려주었다.

크리스토프 렌가워의 열정과 랙스 집안의 이야기에 몰두하는 적극성은 큰 용기를 주었다. 그의 인내심과 솔직함, 미래지향적인 사고에 감사를 전한다. 그는 수많은 질문에 성실히 답해주었으며, 책의 초고를 읽은 후 솔직하고도 더없이 소중한 의견을 주었다.

헬라 이야기를 다룬 작가들은 나를 늘 관대하게 대해주었다. 세포 오염 이야기를 상세하게 다룬 마이클 골드의 책《세포의 음모》는 훌륭한 자료가 되었다. 마이클 로저스와의 대화도 항상 유쾌했다. 그가 1976년《롤링스톤》에 실었던 헬라에 관한 기사는 책을 구상할 때 중요한 자료가 되었다.《의학적 인종차별Medical Apartheid》의 저자 해리엇 워싱턴Harriet Washington은 훌륭한 옹호자가 되어주었다. 그녀는 1994년《이머지Emerge》란 잡지에 기사를 쓰기 위해 랙스 가족과 인터뷰했던 경험을 들려주고, 이 책의 초고에 관해서도 유익한 비평을 아끼지 않았다.

내가 '헨리에타 랙스 재단'을 설립할 때 보수도 받지 않고 도와준 이선 스케리Ethan Skerry와 로웬스타인 샌들러 피시Lowenstein Sandler PC에도 특별한 감사를 전한다. 막바지 자료 조사와 사실 확인 비용을 지원해준 멤피스 대학에도 감사한다. 내 학생들과 동료들에 대한 감사도 잊을 수 없다. 특히 훌륭한 교사이자 작가이며 친구인 크리스틴 아이버슨Kristen Iversen과 리처드 바슈Richard Bausch에게 감사를 전한다. 10년 이상 나를 지지하고 격려하며 우정을 나눈 존 칼데라 조John Calderazzo와 리 굿킨드Lee Gutkind에게도 특별한 감사를 보낸다. 존은 내가 글을 쓰기 오래전부터 작가적 소질을 알아보고 항상 영감을 불어넣었다. 리는 이야기의 짜임새에 세심한 관심을 갖도록 가르쳤으며, 전문적인 작가의 세계로 이끌었다. 또한 새벽 5시에 글을 쓰는 습관을 전수했다. 내게 헨리에타를 소개해주고, 열정적으로 생물학을 가르쳤던 도널드 데플러 선생님께도 깊이 감사드린다.

이 책은 모든 사실을 아주 철저히 확인했다. 그 과정의 일환으로 출판 전에 많은 전문가가 원고를 읽고 내용의 정확성을 검증했다. 시간을 내 원고를 읽고 유익한 의견을 보내준 데 대해 무한히 감사한다. 에릭 앵너Erik Angner(가까운 친구이자 초기부터 이 책의 강력한 지지자였다), 스탠리 가틀러, 린다 맥도널드 글렌Linda MacDonald Glenn, 제리 메니코프Jerry Menikoff, 린다 그리피스Linda Griffith, 미리엄 켈티Miriam Kelty(개인 소장 기록에서 유용한 문서를 찾아주었다), 조앤 매내스터Joanne Manaster(트위터 @sciencegoddess), 알론드라 넬슨Alondra Nelson(늘 진솔했으며 중대한 누락을 찾아내 나를 구해주었다), 리치 퍼셀Rich Purcell, 오마 퀸테로Omar Quintero(책과 웹사이트에 아름다운 헬라 사진과 비디오 영상을 제공해주었다), 로라 스타크Laura Stark, 키스 우즈Keith Woods가 그들이다. 이 책의 일부를 검토해준 많은 분들께도 감사한다. 특히 너대니얼 컴포트와 해나 랜데커Hannah Landecker(헬라와 세포 배양의 역사에 대한 광범위한 연구 업적과 저서 《생명의 배양 Culturing Life》은 매우 유익한 자료였다)에게 특별히 감사한다.

빈센트 라카니엘로처럼 늘 아량 있는 전문가를 만난다는 것은 작가에게 크나큰 행운이다. 그는 많은 자료를 보내주었으며, 초고를 여러 차례 검토하고 더없이 귀중한 의견을 주었다. 일반 대중에게 정확하고 접근 가능한 방법(TWiV.tv에 올라 있는 '금주의 바이러스학This Week in Virology'이란 팟캐스트와 트위터 @profvrr를 보라)으로 과학을 전달하는 것이 중요하다는 그의 신념은 다른 과학자에게 귀감이 된다. 이 책의 큰 지지자이며, 블로그(Scienceblogs.com/terrasig)에 과학에 관한 글을 쓰는 데이비드 크롤David Kroll(@AbelPharmboy)도 마찬가지다. 그는 자신이 조사한 자료와 유익한 의견을 보내주었다. 심지어 도서관에 스캐너를 가지고 가 중요한 서류를 수집해주기도 했다. 그를 친구라고 부를 수 있다는 것은 엄청난 행운이다.

대학원 조교인 리 앤 밴스코이Leigh Ann Vanscoy는 열정적으로 이 일에 뛰어들었다. 사진과 동의서를 찾아내는 어려운 일을 맡아주었으며, 막바지 사실 확인 작업을 도와주었다. 뛰어난 연구보조원 팻 월터스Pat Walters, patwalters.net는 유능한 젊은 작가이자 기자이며 좋은 친구다. 누구 못지않은 열정과 정확성으로 헌신해 세부사항까지 꼼꼼히 점검하며 책 전체의 사실 확인 작업을 도왔다. 발견하기 어려운 사실들을 밝혀냈으며, (내가 산수에 약해 생긴 실수를 포함해) 수많은 착오를 발견해 나를 구했다. 그의 기여로 이 책의 가치가 한층 높아졌다. 그를 만난 것은 그야말로 행운이었다. 그에게 밝은 미래가 펼쳐지기를 진심으로 기원한다.

자료 조사나 사실 확인 과정에서 도와준 사람이 더 있다. 그분들 모두에게 감사한다. 《뉴욕타임스 매거진》의 대가 찰스 윌슨Charles Wilson은 책의 내용 중 그 잡지에서 발췌한 부분의 사실 확인 작업을 맡아주었다. 그와 함께 작업하는 것은 큰 기쁨이었다. 헤더 해리스

Heather Harris는 내 대리인 역할을 톡톡히 해주었다. 볼티모어에 직접 갈 수 없어 종종 갑작스럽게 부탁해도 법원이나 기록보관소를 돌아다니며 필요한 문서를 끈질기게 수집해주었다. 애브 브라운Av Brown(yourmaninthestacks.com)은 말 그대로 '서고를 지키는 내 사람my man in the stacks'으로 부탁한 자료를 항상 신속하고 철저히 조사해주었다. 페이지 윌리엄스Paige Williams는 자기 글을 쓰느라 바쁜 와중에도 급히 시간을 내 최종 사실 확인 작업을 도와주었다. 오랜 친구 리사 손Lisa Thorne에게 특별한 감사(아마도 손목보호대와 함께)를 전하고 싶다. 그녀는 인터뷰 테이프의 대부분을 글로 옮기고, 청취한 내용에 대해 훌륭한 해설까지 달아주었다.

내내 따뜻한 격려와 충고, 비평, 우정을 보내준 자드 아붐라드Jad Abumrad, 앨런 버딕Alan Burdick, 리사 데이비스Lisa Davis, 니콜 다이어 Nicole Dyer, 제니 에버렛Jenny Everett, 조너선 프랜즌Jonhathan Franzen, 엘리자베스 길버트Elizabeth Gilbert, 신디 길Cindy Gill, 앤드루 허스트 Andrew Hearst, 돈 호이트 고먼Don Hoyt Gorman, 앨리슨 그윈Alison Gwinn, 로버트 크럴위치Robert Krulwich, 로빈 메런츠 헤니그Robin Marantz Henig, 마크 재놋Mark Jannot, 앨버트 리Albert Lee, 에리카 로이드Erica Lloyd, 조이스 메이너드Joyce Maynard, 제임스 맥브라이드James McBride, 로빈 미켈슨Robin Michaelson, 그레고리 모네Gregory Mone, 마이클 모이어Michael Moyer, 스콧 모브레이Scott Mowbray, 케이티 오런스타인Katie Orenstein, 애덤 페넌버그Adam Penenberg, 마이클 폴란Michael Pollan, 코리 파월Corey Powell, 마크 로텔라Mark Rotella, 리지 스커닉 Lizzie Skurnick, 스테이시 설리번Stacy Sullivan, 폴 터프Paul Tough, 조너선 와이너Jonathan Weiner, 배리 요먼Barry Yeoman 등 훌륭한 기자, 작

가, 편집자들께 감사한다. 딘티 무어Dinty W. Moore와 다이애나 흄 조지Diana Hume George를 비롯해 애석하게도 지금은 없어진 '미동부연안 창조적 논픽션 작가 여름 컨퍼런스'에서 나를 지도해준 훌륭한 작가들에게도 특별한 감사를 전한다. 그분들 모두가 그립다. 이 책의 초기 이야기와 관련해 함께 작업했던 편집자들께도 감사한다. 뉴욕 타임스의 패티 코언Patti Cohen, 《존스 홉킨스 매거진》의 수 데 파스콸Sue De Pasquale, 《피트 매거진Pitt Magazine》의 샐리 플레커Sally Flecker, 《뉴욕타임스 매거진》의 제임스 라이어슨James Ryerson은 항상 글을 더 잘 쓸 수 있게 도와주었다. ScienceBlogs.com의 블로거 친구들, 항상 유익하고 고무적인 작가들의 모임인 인비저블 인스티튜트Invisible Institute 와 어메이징 버더스Amazing Birders, 그리고 자료와 웃음, 격려를 보내며 크고 작은 경사를 함께 축하해준 페이스북 및 트위터의 멋진 친구들에게도 감사를 전한다. 책의 편집과 관련해 초기에 유익한 조언을 해준 존 글럭Jon Gluck에게 감사한다. 놀랍게도 몇 달간 어딘가로 사라져 글을 쓸 수 있도록 자신의 자동차를 제공해준 재키 하인츠Jackie Heinze에게도 감사한다. 책을 쓰기 시작해 초기의 어려운 단계에 머물러 있을 때 계속 도전하라고 격려해 결국 해낼 수 있게 이끌어준 앨버트 프렌치Albert French에게 특별한 감사를 전한다.

전국도서비평가협회 이사회의 모든 동료들에게서 큰 은혜를 입었다. 훌륭한 책에 대한 그들의 헌신은 내게 영감과 의욕을 불어넣었으며, 비판적 사고를 도와주었다. 여러 해 동안 격려해주고, 책의 초고에 대해 통찰력 있는 비평을 해준 리베카 밀러Rebecca Miller, 마르셀라 발데스Marcela Valdes, 아트 윈즐로Art Winslow에게 특별한 감사를 전한다. 덧붙여 장시간 동안 글쓰기와 이 책에 관해 얘기해주고, 따뜻한 우정에 포드 자동차까지 보내준 존 프리먼John Freeman에게도 감사한다.

'라이터스 하우스Writers House'의 내 에이전트 사이먼 립스카Simon Lipskar에게 무한한 감사를 바친다. 그는 다른 사람이 침묵할 때도 나와 함께, 나를 위해 싸우며 나의 록스타이자 친구가 되어주었다. 나는 그가 왜 좋은지 잘 안다. 오늘날 많은 책이 그렇듯, 이 책도 출판할 길을 찾느라 애를 먹었다. 세 개의 출판사와 네 명의 편집자를 거친 후, 레이철 클레이먼Rachel Klayman이 편집자로 있는 크라운 출판사를 만난 것은 최고의 행운이었다. 그녀는 책을 넘겨받자마자 자신의 책으로 여겼으며, 이 책을 지원하는 데 한순간도 머뭇거리지 않았다. 그녀는 이 책에 내가 기대한 것 이상으로 시간과 애정을 쏟아부었다. 크라운 같은 헌신적인 출판사와 클레이먼 같은 재능 있는 편집자를 만나는 것은 모든 작가에게 크나큰 행운이다. 크라운 불멸팀Team Immortal의 모든 팀원에게도 깊이 감사한다. 이 책에 대한 열정, 책을 최고의 상태로 세상에 내보내기 위해 그들이 해낸 믿기지 않는 작업을 생각하면 놀랍고 겸손해진다. 오랜 시간 자리를 지키며 끊임없이 성원해준 티나 컨스터블Tina Constable, 지칠 줄 모르는 홍보 담당자 코트니 그린핼프Courtney Greenhalgh, 창의적인 방법으로 모든 마케팅 기회를 물색해준 패티 버그Patty Berg에게 특별한 감사를 전한다. 에이미 부어스타인Amy Boorstein, 제이컵 브론스타인Jacob Bronstein, 스테파니 챈Stephanie Chan, 휘트니 쿡먼Whitney Cookman, 질 플랙스먼Jill Flaxman, 매슈 마틴Matthew Martin, 필립 패트릭Philip Patrick, 앤슬리 로스너Annsley Rosner, 코트니 신더Courtney Synder, 바버라 스터먼Barbara Sturman, 케이티 웨인라이트Katie Wainwright, 아다 요네나카Ada

Yonenaka에게도 감사한다. 함께 일할 수 있어 정말 행운이었다. 랜덤하우스Random House 교양서 마케팅부의 레일라 리Leila Lee와 마이클 젠틸Michael Gentile과 함께 일한 것도 큰 행운이었다. 그들은 책을 믿어주었고, 학교 도서관에 넣기 위해 열심히 뛰었다. 랜덤하우스 판촉부에도 감사의 말을 전한다. 특히 이 책을 끌어안고 함께 뛰었던 존 하스티John Hastie, 마이클 카인드니스Michael Kindness, 지애나 라모테Gianna LaMorte, 미셸 설카Michele Sulka에게 감사한다.

처음부터 나와 이 책을 믿고, 내가 책에 바라는 것을 관철하도록 격려해준 W. H. 프리먼Freeman 사의 전前 직원 에리카 골드먼Erika Goldman과 존 미셸Jon Michel, 밥 포드라스키Bob Podrasky에게 깊이 감사한다. 출판 과정 초기에 큰 도움을 준 루이즈 퀘일Louise Quayle과 이 책을 항상 사랑하고, 이 책의 훌륭한 집이 된 크라운 사를 연결해준 캐럴라인 신서보Caroline Sincerbeaux에게도 감사드린다.

랭커스터 문학협회Lancaster Literary Guild와 헐리 부부Betsy and Michael Hurley에게 글로 표현할 수 없는 큰 감사를 보낸다. 그들은 내게 '작가의 천국'으로 가는 열쇠를 주었다. 나는 웨스트버지니아 언덕에 위치한 그 아름다운 은신처에서 종종 수개월간 방해받지 않고 자유롭게 책을 썼다. 랭커스터 문학협회처럼 예술을 지원하는 단체가 많다면 세상은 훨씬 더 아름다워질 것이다. 은신처에는 환상적인 이웃도 있었다. 레이블 부부Joe and Lou Rable는 나를 늘 아껴주었다. 그들이 있어 그곳에서 안전하고 풍요롭고 행복하게 지냈다. 섀이드 부부Jeff and Jill Shade는 우정과 즐거움을 선사하고 개들에게 아름다운 산책로를 허락해 몇 달 동안 쉬지 않고 일하면서도 인간미를 잃지 않게 해주었다. 질 덕분에 나는 세상에서 제일 좋아하는 카페 '바리스타와 JJS 마사지Baristas and JJS Massage'에서 맘껏 먹고 커피를 즐겼다. 제프는 내 팔에 생긴 결절을 '작가의 블록writers' blocks'이라고 부르며 마사지로 풀어주었다. 필요할 때마다 음료수를 내왔고, 내 책에 관해 여러 시간 대화를 나눴다. 나를 받아준 웨스트버지니아 뉴마틴스빌 주민들에게도 감사를 전한다. 최선을 다해 시간적 구성이 흐트러져 있는 소설 여러 편을 찾아준 더북스토어The Book Store의 헤더Heather에게도 감사한다. 이 책을 구상하는 동안 그 소설책을 전부 탐독했다. "책을 써야 해서 함께 못 해"라고 수없이 말했지만, 이 프로젝트의 지칠 줄 모르는 응원단이 되어준 멋진 친구들이 있어 다행이었다. 그들 모두에게 감사한다. 특별히 애나 바개글리오티Anna Bargagliotti, 즈비 비너Zvi Biener, 스티븐 포스터Stiven Foster(축하위원회!), 온다인 기어리Ondine Geary, 피터 마차머Peter Machamer, 제시카 메스먼Jessica Mesman(쳇!), 밀러 부부Jeff and Linda Miller, 엘리스 미틀먼Elise Mittleman(삐뽀!), 이리나 레인Irina Reyn, 헤더 놀런Heather Nolan(초고를 읽고 유익한 조언을 해주었다), 앤드리아 스카란티노Andrea Scarantino, 엘리사 손다이크Elissa Thorndike, 존 지벨John Zibell에게 감사를 전한다. 책을 준비하는 초기에 격려와 지원을 아끼지 않은 구알티에로 피치니니Gualtiero Piccinini에게 감사한다. 나를 항상 즐겁고 활기차게 해준 소중한 친구 스테파니 클리슐트Stephanie Kleeschulte에게 감사한다. 와인 잔을 앞에 놓고 함께 웃으며 역사를 이야기하고, 정신 나간 듯(예, 그 사람은 정말 미쳤어요, 선생님!) 엉터리 영화들을 함께 즐겼던 퀘일 로저스-블로흐Quail Rogers-Bloch에게도 감사한다. 그녀가 없었다면 지금의 나도 없을 것이다. 그녀는 볼티모어에서 일을 끝내고 밤늦게 들어가 쉴 수 있는 집을 제공해주었고, 책에서 가장 힘들었던 부분에 대해 함께 논의했다. 궁지에 빠지거나 돈이 떨어졌을 때 나를 구해주었고, 책의 초고에 관해 항상 현명한 조언을 해주었다(일부 원고는 전화로 듣고 조언해주었다). 그녀의 멋진 남편 가이언Gyon은 내가 지쳤을 때 망고를 내왔으며, 나의 대자代子가 된 아들 아료Aryo는 큰 기쁨을 선사했다. 퀘일의 어머니 테리 로저스Terry Rogers는 항상 영감을 주고, 책에 관해 훌륭한 조언을 주었다.

작가, 기자, 독자로서 영감을 주는 마이크 로젠월드Mike Rosenwald, mikerosenwald.com가 가장 가까운 친구 중 하나여서 무척 다행이다. 그는 책의 모든 단계를 함께 작업하며 격려와 위로, 조언을 해주었으며, 필요한 순간에는 따끔한 충고도 잊지 않았다. 초고를 읽고(일부분은 전화로 듣고) 항상 유익한 조언을 해주기도 했다. 은혜 갚을 날을 학수고대한다.

나의 가족은 이 책의 중추였다. 뭇 소녀들의 우상이자 최고의 오빠인 매트Matt는 긴 시간을 나와 대화하며 웃음을 선사했으며, 항상 주의하라고 충고해주었다. 나의 멋진 조카 닉Nick과 저스틴Justin은 언제나 기쁨을 선사했다. 이 책 때문에 녀석들은 너무 많은 휴일을 고모 없이 보냈다. 잃어버린 시간을 만회하기를 손꼽아 기다린다. 새언니 르네René도 끊임없는 성원을 보냈다. 그녀는 좋은 친구일 뿐 아니라 사소한 실수나 모순을 찾아내는 데 경이로운 재능을 가진 형안炯眼의 독자다. 새어머니 베벌리Beverly도 마찬가지로, 일부 초고를 읽고 탁견과 지지를 보냈다. 뒤얽힌 랙스 집안의 경험과 씨름할 때, 그녀의 사회사업가 경력과 감수성은 큰 도움이 되었다.

부모님과 그들의 새 배우자들이 수년에 걸쳐 보내준 성원은 이 페이지의 양면을 그분들의 이름으로 장식해도 모자랄 것이다. 어머니 벳시 매카시Betsy McCarthy는 조금도 망설이지 않고 나와 책을 믿어주었다. 항상 분별 있게 일할 수 있도록 격려의 말을 아끼지 않았으며, 현실을 직시하라고 조언했다. 또한 우리 가족의 소중한 전통인 뜨개질의 재능을 물려주었다. 그녀의 박력과 투지, 예술적 재능은 든든한 길잡이였다. 그녀와 그녀의 남편 테리Terry는 내가 가장 힘들 때 격려해주었으며, 이 책의 초고를 읽고 현명하고도 유익한 조언을 주었다.

아버지 플로이드 스클루트Floyd Skloot께 무한한 감사를 전한다. 그는 작가의 눈으로 세상을 보도록 가르쳤으며, 그의 훌륭한 여러 저서는 내게 영감을 주었다. 그는 이 책을 자신의 책처럼 여겼다. 아버지는 항상 나 자신의 예술을 추구하고, 가능하다고 믿는 것을 위해 싸우라고 용기를 주었다. 심지어 안정된 직장을 버리고 프리랜서로 나설 때처럼 위험을 감수하는 순간에도 마찬가지였다. 그는 출판 전에 이 책을 여섯 번 읽었다(수십 번 검토한 개별 장이나 절節은 뺀 횟수다). 그는 아버지이자 동료이며, 사심 없는 비평가이자 친구다. 그 점에 있어 나는 정말 굉장한 행운아다.

그리고 나의 중심, 데이비드 프레테David Prete가 있다(당신은 알지요). 그는 책과 거리가 한참 멀었던 원고를 읽고, 작가와 배우로서 풍부한 재능을 활용해 적당한 규모로 편집해주었다. 그의 아량과 성원, 사랑, 열정, 그리고 환상적인 요리는 나를 항상 활기차고 행복하게 만들었다. 심지어 '리베카 스클루트의 불멸의 책 프로젝트'가 내 가정과 삶을 접수해버렸을 때도 그의 성원은 결코 흔들리지 않았다. 그에게 나의 사랑과 감사를 바친다. 나는 참으로 운 좋은 여자다.

옮긴이의 말

이 책은 2010년 미국에서 출판되어 의학 연구 윤리와 관련해 큰 반향을 불러일으킨《THE IMMORTAL LIFE OF HENRIETTA LACKS》를 우리말로 옮긴 것이다.

2010년 4월 15일 오후 4시, 나(김정한)는 미국 워싱턴주 시애틀의 프레드허치슨 암연구센터Fred Hutchinson Cancer Research Center 에서 《헨리에타 랙스의 불멸의 삶》의 저자 리베카 스클루트를 만났다. 그날 스클루트는 자신의 저서와 관련해 의학 연구윤리란 주제로 강연을 했고, 나는 청중석 맨 뒷줄에 앉아 있었다. 그 무렵 나는 허치슨 암연구센터에서 연수를 시작한 지 2개월 남짓 지났지만, 아직 실험실 일에 어려움을 겪고 있었다. 그날도 실험이 잘 진행되지 않아 답답하던 차에, 별생각 없이 머리나 식힐 겸 강연장을 찾았다. 한 시간가량 진행된 그녀의 강연은 내게 큰 충격과 감동이었다. 의대 재학 시절 강의실에서 처음 헬라 세포에 대해 간략히 배운 이후, 수많은 의학논문에서 헬라 세포를 만났지만 그 주인공의 이면에 대해서는 한 번도 생각해본 적이 없었기 때문이었다.

곧바로 퇴근길에 서점에 들러 책을 구입해 읽기 시작했다. 의학자의 관점에서 보았을 때 이 책은 수많은 현대의학의 기적을 이끈 한 세포주의 전기傳記를 통해 의학 연구사의 어두운 이면을 파헤치고 있었다. 손에서 책을 놓자마자, 이 책이 한국에서도 의학 연구윤리에 대한 사회적 논쟁의 시발점이 되기를 기대하면서 우리말로 옮겨야겠다는 나만의 '사명감'에 빠지고 말았다. 책의 의학적인 부분은 어떻게든 번역할 수 있을 것 같았지만, 정책적인 내용과 흑인들의 대화는 내 능력 밖이었다. 거의 반사적으로 미국 남부에 거주하고 있던 동생(김정부)에게 메일을 보냈다. 당시 동생은 조지아주 애틀랜타에서 정책학으로 학위를 마치고, 미시시피주의 한 주립대학에서 강의를 하고 있었다. 나의 뜬금없는 제안에 동생은 주저 없이 "넉넉잡아 일 년이면 되겠지요"라고 대답했다.

HENRIETA JACKS

형의 제안을 받고 나(김정부)는 서둘러 책을 구입해 읽어보았다. 나 역시 언론을 통해 미국 사회에서 큰 반향을 일으키고 있던 이 책에 관해 어렴풋이 알고 있는 상태였다. 정책학자의 관점에서 볼 때 이 책은 본의 아니게 생명공학의 발전에 얽혀든 한 흑인 여성과 그 가족의 처절한 이야기를 통해, 알렉시 드 토크빌이 1835년《미국의 민주주의》의 첫머리에서 당시 미국 사회를 떠받치고 있다고 갈파한 바 있는 평등(과 인권)을 향한 인간의 지난한 투쟁이 21세기 미국에서도 여전히 현재진행형임을 여실히 보여주고 있었다. 나아가 한국 사회에서 생명과학과 인권의 경계에 걸치는 정책토론에 이 책이 의미 있는 시사점이 될 수 있을 것 같았다.

그렇게 형제는 겁도 없이 헨리에타의 삶 속으로 빠져들고 말았다. 번역 원고를 넘기며, 감히 이런 생각을 했다. 혹시 우리가 이 책을 번역하게 된 것도 저자가 프롤로그에서 지적하듯이 헨리에타가 조화를 부린 것은 아니었을까? 형은 허치슨 연구센터로 연수를 보내 저자와 만나게 하고, 동생은 미국 남부로 유학을 보내 과학기술정책을 공부하면서 흑인 문화를 접할 수 있게 해 이 책을 함께 번역하도록 이끈 것은 아닐까? 독자들도 책을 읽으면서 마법 같은 헨리에타의 운명을 따라간다면, 그 또한 이 책을 읽는 재미가 아닐까 싶다.

HENRIETTA LACKS

원서에서 인용한 성경 구절의 번역은 한글개역개정판 성경전서에 따랐다. 등장인물의 종교가 대부분 기독교인 관계로 원서의 'God'는 모두 우리가 통상적으로 부르는 '하느님'이 아닌 '하나님'으로 번역했다. 종교적인 신념이 다른 독자들의 양해를 구한다.

2012년 3월

김정한·김정부

이 책을 쓰는 데 참고한 자료는 서류 캐비닛 여러 개 분량이다. 랙스 가족, 과학자, 저널리스트, 법학자, 생명윤리학자, 보건정책 전문가, 역사학자와 수백 시간 인터뷰한 내용을 기록한 노트는 따로 책장 여러 칸을 채우고도 남는다. 후주에 내가 만난 전문가를 모두 열거하지는 않겠다. '감사의 글'에서 많은 분들께 감사를 드렸고, 책 속에도 그들의 이름을 인용했다.

전부 열거하기에는 자료가 너무 방대하므로 여기서는 공개적으로 열람할 수 있는 자료에 초점을 맞춰, 가장 중요한 것만 골라 언급하고자 한다. 추가 정보나 자료는 RebeccaSkloot.com에서 확인할 수 있다.

이 주는 두 부분을 제외하고 장별로 배열했다. 랙스 가족과 조지 가이는 많은 장에 등장하므로 그들에 관한 내용은 한데 묶어 바로 아래 따로 수록했다. 주에 열거되지 않은 장은 해당 자료가 가이와 랙스 집안에 대한 주에 이미 언급되었기 때문이다.

헨리에타 랙스와 가족

헨리에타와 친족의 삶을 재구성하는 데는 그녀의 가족과 친구, 이웃은 물론 그들이 살았던 시대(시간적, 공간적 배경)에 대한 전문가들과의 인터뷰에서 큰 도움을 받았다. 가족의 오디오와 비디오 기록, BBC 다큐멘터리 〈인체의 원리〉의 편집 전 원본 영상도 큰 도움이 되었다. 데보라 랙스의 일기, 각종 진료 기록, 법원 문서, 경찰 기록, 가족사진, 신문과 잡지 기사, 지역 신문, 유언장, 재산권리증, 출생증명서, 사망증명서도 참고했다.

조지 가이와 그의 실험실

가이 부부(조지와 마거릿)의 삶과 업적을 재구성하기 위해 존스 홉킨스 의과대학 앨런 메이슨 체스니 의학기록보관소(AMCMA) 및 볼티모어 카운티 소재 메릴랜드 주립대학 조직배양협회 기록보관소(Tissue Culture Association Archives, TCAA)에 보관된 조지 가이 관련 문서와 가족이 개인적으로 소장하고 있는 문서를 참고했다. 또한 학술논문과 가족, 동료, 암 연구 및 세포 배양 분야 과학자들과의 인터뷰를 참고했다.

프롤로그 ─ 사진 속의 여인

지금까지 배양된 헬라 세포의 무게 2,000만 톤은 레너드 헤이플릭이 정상 인간 세포주의 최대 가능 무게를 계산해 어림한 값이다. 헬라 세포는 '헤이플릭의 한계점'에서 벗어나 있으므로 잠재력은 무한히 크다고 그는 말한다. 헤이플릭은 내게 보낸 이메일에 이렇게 썼다. "만약 헬라가 50세대만 분열했다고 해도, 그 세포가 모두 살아 있다면 족히 5,000만 톤은 될 겁니다. 직접 측정하기는 불가능합니다만." 정상 세포의 성장 잠재력에 관해 더 많은 정보를 얻고 싶다면, 다음 논문을 참고한다. Hayflick and Moorehead, "The Serial Cultivation of Human Diploid Cell Strains," *Experimental Cell Research* 25 (1961).

여기서 참고한 랙스 가족에 관한 잡지 기사는 다음과 같다. "Miracle of HeLa," *Ebony* (June 1976) and "Family Takes Pride in Mrs. Lacks' Contribution," *Jet* (April 1976).

제1부 삶

검진

헨리에타가 존스 홉킨스를 처음 내원한 때에 관해서는 기록이 일치하지 않는다. 가장 흔히 인용되는 날은 1951년 2월 1일이다. 내원일자가 명확하지 않은 것은 담당 의사가 2월 5일에 진료 기록을 작성하며 실수로 날짜를 잘못 기입했기 때문이다. 다른 기록에는 1월 29일 처음 종양 검사를 받았다고 명시되어 있기 때문에 나는 그날을 채택했다.

존스 홉킨스의 역사(제1장뿐 아니라 이후에도)에 관한 다음의 자료는 AMCMA 및 존스 홉킨스 병원과 존스 홉킨스 의과대학에서 확인할 수 있다. *The Johns Hopkins Hospital and the Johns Hopkins University School of Medicine: A Chronicle*, by Alan Mason Chesney, and *The First 100 Years: Department of Gynecology and Obstetrics, the Johns Hopkins School of Medicine, the Johns Hopkins Hospital*, edited by Timothy R. B. Johnson, John A. Rock, and J. Donald Woodruff.

존스 홉킨스가 환자를 인종별로 분리했다는 정보는 인터뷰와 다음 자료에서 얻었다. Louise Cavagnaro, "The Way We Were," Dome 55, no. 7 (September 2004), available at hopkinsmedicine.org/dome/0409/feature1.cfm; Louise Cavagnaro, "A History of Segregation and Desegregation at The Johns Hopkins Medical Institutions," unpublished manuscript (1989) at the AMCMA; and "The Racial Record of Johns Hopkins University," *Journal of Blacks in Higher Education* 25 (Autumn 1999).

인종분리정책이 의료 전달 및 임상 결과에 미친 영향에 관한 자료는 다음과 같다. *The Strange Career of Jim Crow*, by C. Vann Woodward; P. Preston Reynolds and Raymond Bernard, "Consequences of Racial Segregation," *American Catholic Sociological Review* 10, no. 2 (June 1949); Albert W. Dent, "Hospital Services and Facilities Available to Negroes in the United States," *Journal of Negro Education* 18, no. 3 (Summer 1949); Alfred Yankauer Jr., "The Relationship of Fetal and Infant Mortality to Residential Segregation: An Inquiry into Social Epidemiology," *American Sociological Review* 15, no. 5 (October 1950); and "Hospitals and Civil Rights, 1945~1963: The Case of Simkins v. Moses H. Cone Memorial Hospital," *Annals of Internal Medicine* 126, no. 11 (June 1, 1997).

랙스 가족이 내게 전달한 헨리에타의 진료 기록은 일반인이 열람할 수 없다. 그러나 그녀의 진단에 관한 정보는 하워드 존스의 다음 논문에서 수록되었다. "Record of the First Physician to see Henrietta Lacks at the Johns Hopkins Hospital: History of the Beginning of the HeLa Cell Line," *American Journal of Obstetrics and Gynecology* 176, no. 6 (June 1997): S227~S228.

클로버

버지니아의 담배 생산에 관한 정보는 버지니아 역사협회(Virginia Historical Society), 핼리팩스 카운티(Halifax County) 웹사이트, 보스턴 남부도서관에 소장된 문서와 뉴스 기사 등에서 얻었다. 또한 대중을 위해 담배의 역사를 개략적으로 기술한 다음 책을 비롯해 몇 권의 책을 참고했다. *Cigarettes: Anatomy of an Industry, from Seed to Smoke*, by Tara Parker Pope.

헨리에타가 살았던 시대와 장소를 재구성하는 데는 다음 책들이 도움이 되었다. *Country Folks: The Way We Were Back Then in Halifax County, Virginia*, by Henry Preston Young, Jr.; *History of Halifax*, by Pocahontas Wight Edmunds; *Turner Station*, by Jerome Watson; *Wives of Steel*, by Karen Olson; and *Making Steel*, by Mark Reutter.

터너스테이션의 연대기는 메릴랜드주 던도크에 있는 던도크 패탭스코 넥 역사협회(Dundalk Patapsco Neck Historical Society)와 노스포인트 도서관(North Point Library)에 보관된 신문 기사와 문서를 근거로 했다.

진단과 치료

팝도말검사의 개발에 관한 정보는 다음 논문에서 볼 수 있다. G. N. Papanicolaou and H. F. Traut, "Diagnostic Value of Vaginal Smears in Carcinoma of Uterus," *American Journal of Obstetrics and Gynecology* 42 (1941), and "Diagnosis of Uterine Cancer by the Vaginal Smear," by George Papanicolaou and H. Traut (1943).

상피내암과 침윤성 암에 관한 리처드 테린드의 연구와 불필요한 자궁절제술에 대한 염려는 다음 논문 및 그의 전기 등에서 확인할 수 있다. "Hysterectomy: Present-Day Indications," *JMSMS* (July 1949); G. A. Gavin, H. W. Jones, and R. W. TeLinde, "Clinical Relationship of Carcinoma in Situ and Invasive Carcinoma of the Cervix," *Journal of the American Medical Association* 149, no. 8 (June 2, 1952); R. W. TeLinde, H.W. Jones and G. A. Gavin, "What Are the Earliest Endometrial Changes to Justify a Diagnosis of Endometrial Cancer?" *American Journal of Obstetrics and Gynecology* 66, no. 5 (November 1953); and TeLinde, "Carcinoma in Situ of the Cervix," *Obstetrics and Gynecology* 1, no. 1 (January 1953); also the biography *Richard Wesley TeLinde*, by Howard W. Jones, Georgeanna Jones, and William E. Ticknor.

라듐의 역사와 암에 대한 치료 효능에 관한 정보는 다음 자료에서 얻었다. *The First 100 Years;* the website of the U. S. Environmental Protection Agency at epa.gov/iris/subst/0295.htm; D. J. DiSantis and D. M. DiSantis, "Radiologic History Exhibit: Wrong Turns on Radiology's Road of Progress," *Radiographics* 11 (1991); and *Multiple Exposures: Chronicles of the Radiation Age,* by Catherine Caufield.

1950년대 자궁경부암의 표준치료법에 대한 자료는 다음과 같다. A. Brunschwig, "The Operative Treatment of Carcinoma of the Cervix: Radical Panhysterectomy with Pelvic Lymph Node Excision," *American Journal of Obstetrics and Gynecology* 61, no. 6 (June 1951); R. W. Green, "Carcinoma of the Cervix: Surgical Treatment (A Review)," *Journal of the Maine Medical Association* 42, no. 11 (November 1952); R. T. Schmidt, "Panhysterectomy in the Treatment of Carcinoma of the Uterine Cervix: Evaluation of Results," *JAMA* 146, no. 14 (August 4, 1951); and S. B. Gusberg and J. A. Corscaden, "The Pathology and Treatment of Adenocarcinoma of the Cervix," *Cancer* 4, no. 5 (September 1951).

실험쥐에서 수립한 최초의 불멸 세포주인 L-세포의 배양은 다음 논문에서 확인했다. W. R. Earle et al., "Production of Malignancy in Vitro. IV. The Mouse Fibroblast Cultures and Changes Seen in Living Cells," *Journal of the NCI* 4 (1943).

헬라 세포 탄생 전 세포 배양을 위한 가이의 노력에 관한 자세한 정보는 다음 자료에서 볼 수 있다. G. O. Gey and M. K. Gey, "The Maintenance of Human Normal Cells and Human Tumor Cells in Continuous Culture I. A Preliminary Report," *American Journal of Cancer* 27, no. 45 (May 1936); an overview can be found in G. Gey, F. Bang, and M. Gey, "An Evaluation of Some Comparative Studies on Cultured Strains of Normal and Malignant Cells in Animals and Man," *Texas Reports on Biology and Medicine* (Winter 1954).

헬라의 탄생

가이가 개발한 시험관 회전통에 관한 정보는 다음 출처에서 확인했다. "An Improved Technic for Massive Tissue Culture," *American Journal of Cancer* 17 (1933); for his early work filming cells, see G. O. Gey and W. M. Firor, "Phase Contrast Microscopy of Living Cells," *Annals of Surgery* 125 (1946).

가이가 헬라 세포주의 초기 수립 과정을 기록한 논문은 다음과 같다. G. O. Gey, W. D. Coffman, and M. T. Kubicek, "Tissue Culture Studies of the Proliferative Capacity of Cervical Carcinoma and Normal Epithelium," *Cancer Research* 12 (1952): 264-65.

헬라와 다른 배양 세포에 관한 그의 연구는 다음 문헌에서 자세히 고찰했다. G. O. Gey, "Some Aspects of the Constitution and Behavior of Normal and Malignant Cells Maintained in Continuous Culture," *The Harvey Lecture Series L* (1954-55).

"시커먼 게 몸 안 가득 번지고 있어"
'자궁절제술의 정신적 영향'에 대한 테린드의 고찰은 다음 논문에 수록되었다. "Hysterectomy: Present-Day Indications," *Journal of the Michigan State Medical Society,* July 1949.

"어떤 아줌마 전화야"
최초의 헬라 심포지엄에서 발표된 논문들은 다음 학회지에 수록되었다. "The HeLa Cancer Control Symposium: Presented at the First Annual Women's Health Conference, Morehouse School of Medicine, October 11, 1996," edited by Roland Pattillo, *American Journal of Obstetrics and Gynecology* suppl. 176, no. 6 (June 1997).

독자들은 다음 문헌에서 터스키기 연구를 개괄할 수 있다. *Bad Blood: The Tuskegee Syphilis Experiment,* by James H. Jones; "Final Report of the Tuskegee Syphilis Study Legacy Committee," Vanessa Northington Gamble, chair (May 20, 1996).

세포 배양의 생과 사
조지 가이 특집 TV 프로그램은 다음 자료를 참고한다. "Cancer Will Be Conquered," *Johns Hopkins University: Special Collections Science Review Series* (April 10, 1951).

다음 저서에서 세포 배양의 역사를 더 자세히 살펴볼 수 있다. *Culturing Life: How Cells Became Technologies,* by Hannah Landecker, the definitive history; *The Immortalists: Charles Lindberg, Dr. Alexis Carrel and Their Daring Quest to Live Forever,* by David M. Friedman.

세포 배양에 대한 존스 홉킨스의 공헌은 다음 문헌에서 개략적으로 살펴볼 수 있다. "History of Tissue Culture at Johns Hopkins," *Bulletin of the History of Medicine* (1977).

알렉시 카렐과 닭 심장 세포 이야기를 재구성하는 데는 다음 문헌을 비롯한 많은 자료를 참고했다. 또한 노벨상 웹사이트에도 카렐에 관해 유용한 정보가 많이 실려 있다. A. Carrel and M. T. Burrows, "Cultivation of Tissues in Vitro and Its Technique," *Journal of Experimental Medicine* (January 15, 1911); "On the Permanent Life of Tissues Outside of the Organism," *Journal of Experimental Medicine* (March 15, 1912); Albert H. Ebeling, "A Ten Year Old Strain of Fibroblasts," *Journal of Experimental Medicine* (May 30, 1922); "Dr. Carrel's Immortal Chicken Heart," *Scientific American* (January 1942); "The 'Immortality' of Tissues," *Scientific American* (October 26, 1912); "On the Trail of Immortality," *McClure's* (January 1913); "Herald of Immortality Foresees Suspended Animation," *Newsweek* (December 21, 1935); "Flesh That Is Immortal," *World's Work* 28 (October 1914); "Carrel's New Miracle Points Way to Avert Old Age!" *New York Times Magazine* (September 14, 1913); Alexis Carrel, "The Immortality of Animal Tissue, and Its Significance," *The Golden Book Magazine* 7 (June 1928); and "Men in Black," *Time* 31, number 24 (June 13, 1938).

유럽 세포 배양의 역사는 다음 자료를 참고한다. W. Duncan, "The Early History of Tissue Culture in Britain: The Interwar Years," *Social History of Medicine* 18, no. 2 (2005), and Duncan Wilson, "'Make Dry Bones Live': Scientists' Responses to Changing Cultural Representation of Tissue Culture in Britain, 1918-2004," dissertation, University of Manchester (2005).

카렐의 닭 심장 세포가 불멸세포가 아니었다는 결론은 레너드 헤이플릭과의 인터뷰 및 다음 논문을 참고했다. J. Witkowski, "The Myth of Cell Immortality," *Trends in Biochemical Sciences* (July 1985), and J. Witkowski, letter to the editor, Science 247 (March 23, 1990).

터너스테이션

헨리에타의 주소를 확인해준 신문 기사는 다음과 같다. Jacques Kelly, "Her Cells Made Her Immortal," *Baltimore Sun*, March 18, 1997. 마이클 로저스가 쓴 기사는 다음과 같다. "The Double-Edged Helix," *Rolling Stone* (March 25, 1976).

길 건너편 저쪽에는

클로버의 쇠락에 관한 문헌은 다음과 같다. "South Boston, Halifax County, Virginia," an Economic Study by Virginia Electric and Power Company; "Town Begins to Move Ahead," *Gazette-Virginian* (May 23, 1974); "Town Wants to Disappear," *Washington Times* (May 15, 1988); "Supes Decision Could End Clover's Township," *Gazette-Virginian* (May 18, 1998); "Historical Monograph: Black Walnut Plantation Rural Historic District, Halifax County, Virginia," Old Dominion Electric Co-operative (April 1996). 인구동향은 census.gov에서 확인할 수 있다.

제2부 죽음

폭풍

부검과 관련된 법원 결정과 권리에 대한 역사적 고찰은 다음 책을 참고했다. *Subjected to Science*, by Susan Lederer.

헬라 세포 공장

소아마비 백신의 역사는 다음 문헌에서 더 살펴볼 수 있다. *The Virus and the Vaccine*, by Debbie Bookchin and Jim Shumacher; *Polio: An American Story*, by David M. Oshinski; *Splendid Solution: Jonas Salk and the Conquest of Polio*, by Jeffrey Kluger; and *The Cutter Incident: How America's First Polio Vaccine Led to the Growing Crisis in Vaccines*, by Paul Offit.

초기 단계에 헬라 세포를 이용해 소아마비 바이러스를 증식하는 세부 과정과 배송법의 개발은 AMCMA 및 마치 오브 다임스 기록보관소에 소장된 문서와 다음 문헌에서 확인했다. J. Syverton, W. Scherer, and G. O. Gey, "Studies on the Propagation in Vitro of Poliomyelitis Virus," *Journal of Experimental Medicine* 97, no. 5 (May 1, 1953).

터스키기 헬라 세포 대량생산 시설의 역사는 마치 오브 다임스 기록보관소에 있는 서신 및 경비 보고서, 기타 문서에서 확인했다. 포괄적으로 살펴보려면 다음 논문을 참고한다. Russell W. Brown and James H. M. Henderson, "The Mass Production and Distribution of HeLa Cells at the Tuskegee Institute, 1953-55," *Journal of the History of Medicine* 38 (1983).

헬라의 배양에 이은 과학적 진보에 대한 상세한 역사는 AMCA와 TCAA 보관 문서와 다른 논문에서 찾을 수 있다. 포괄적인 역사는 다음 책을 참고한다. *Culturing Life: How Cells Became Technologies* by Hannah Landecker. 이 장에 언급된 과학 논문들은 로버트 폴락(Robert Pollack)이 편집한 *Readings in Mammalian Cell Culture*에 수록되었으며, 대략 다음과 같다. H. Eagle, "Nutrition Needs of Mammalian Cells in Tissue Culture," *Science* 122 (1955): 501-4; T. T. Puck and P. I. Marcus, "A Rapid Method for Viable Cell Titration and Clone Production with HeLa Cells in Tissue Culture: The Use of X-irradiated Cells to Study Conditioning Factors," *Proceedings of the National Academy of Science* 41 (1955); J. H. Tjio and A. Levan, "The Chromosome Number of Man," *Cytogenics* 42 (January 26, 1956); M. J. Kottler, "From 48 to 46: Cytological Technique, Preconception, and the Counting of Human Chromosomes," *Bulletin of the History of Medicine* 48, no. 4 (1974); H. E. Swim, "Microbiological Aspects of Tissue Culture," *Annual Review of Microbiology* 13 (1959); J. Craigie, "Survival and Preservation of Tumors in the Frozen State," *Advanced Cancer Research* 2 (1954); W. Scherer and A. Hoogasian, "Preservation at Subzero Temperatures of Mouse Fibroblasts (Strain L) and Human Epithelial Cells (Strain HeLa)," *Proceedings of the Society for Experimental Biology and Medicine* 87, no. 2 (1954); T. C. Hsu, "Mammalian Chromosomes in Vitro: The Karyotype of Man," *Journal of Heredity* 43 (1952); and D. Pearlman, "Value of Mammalian Cell Culture as Biochemical Tool," *Science* 160 (April 1969); and N. P. Salzman, "Animal Cell Cultures," *Science* 133, no. 3464 (May 1961).

다음 문헌들도 유용한 자료가 되었다. *Human and Mammalian Cytogenetics: An Historical Perspective* by T. C. Hsu; and C. Moberg, "Keith Porter and the Founding of the Tissue Culture Association: A Fiftieth Anniversary Tribute, 1946-1996," *In Vitro Cellular & Developmental Biology-Animal* (November 1996).

헬렌 레인

대중에게 헨리에타의 실명을 공개하는 데 대한 논란은 AMCA 소장 문서에서 확인했다. 헬라 세포주가 '헨리에타 레이크스(Henrietta Lakes)'에서 유래했다고 보도한 기사는 다음과 같다. "U Polio-detection Method to Aid in Prevention Plans," *Minneapolis Star*, November 2, 1953. 헬라 세포주의 주인을 '헬렌 L 모'로 처음 표기한 기사는 다음과 같다. Bill Davidson, "Probing the Secret of Life," *Collier's*, May 14, 1954.

불법적이고 부도덕하며 개탄스러운

사우섬의 암세포 주사는 그가 주 저자나 공동 저자로 참여한 다음 논문에서 확인했다. "Neoplastic Changes Developing in Epithelial Cell Lines Derived from Normal Persons," *Science* 124, no. 3212 (July 20, 1956); "Transplantation of Human Tumors," letter, *Science* 125, no. 3239 (January 25, 1957); "Homotransplantation of Human Cell Lines," *Science* 125, no. 3239 (January 25, 1957); "Applications of Immunology to Clinical Cancer Past Attempts and Future Possibilities," *Cancer Research* 21 (October 1961): 1302-16; "History and Prospects of Immunotherapy of Cancer," *Annals of the New York Academy of Sciences* 277, no. 1 (1976).

죄수를 대상으로 한 사우섬의 연구에 대한 언론 보도는 다음 자료에서 확인했다. "Convicts to Get Cancer Injection," *New York Times*, May 23, 1956; "Cancer by the Needle," *Newsweek*, June 4, 1956; "14 Convicts Injected with Live Cancer Cells," *New York Times*, June 15, 1956; "Cancer Volunteers," *Time*, February 25, 1957; "Cancer Defenses Found to Differ," *New York Times*, April 15, 1957; "Cancer Injections Cause 'Reaction,'" *New York Times*, July 18, 1956; "Convicts Sought for Cancer Test," *New York Times*, August 1, 1957.

사우섬의 암세포 주사에 관한 심리와 관련해 가장 완벽한 자료는 다음 책이다. *Experimentation with Human Beings* by Jay Katz. 카츠는 답변서 원본 및 재판 기록과 자문위원회가 보존을 결정하지 않는 바람에 폐기될 뻔한 자료까지 광범위하게 수집했다. 제이 카츠의 다음 자료도 있다. "Experimentation on

Human Beings," *Stanford Law Review* 20 (November 1967). 하이만의 고소 내용은 다음 문헌을 참고했다. *William A. Hyman v. Jewish Chronic Disease Hospital* (42 Misc. 2d 427; 248 N.Y.S.2d 245; 1964 and 15 N.Y.2d 317; 206 N.E.2d 338; 258 N.Y.S.2d 397; 1965). 환자의 고소 내용은 다음 문헌을 참고했다. *Alvin Zeleznik v. Jewish Chronic Disease Hospital* (47 A.D.2d 199; 366 N.Y.S.2d 163; 1975). 비처의 논문은 다음과 같다. H. Beecher, "Ethics and Clinical Research," *New England Journal of Medicine* 274, no. 24 (June 16, 1966).

사우섬 논쟁을 둘러싼 윤리적 논란을 다룬 뉴스는 다음과 같다. "Scientific Experts Condemn Ethics of Cancer Injection," *New York Times*, January 26, 1964; Earl Ubell, "Why the Big Fuss," *Chronicle-Telegram*, January 25, 1961; Elinor Langer, "Human Experimentation: Cancer Studies at Sloan-Kettering Stir Public Debate on Medical Ethics," *Science* 143 (February 7, 1964); Elinor Langer, "Human Experimentation: New York Verdict Affirms Patient Rights," *Science* (February 11, 1966).

인간을 대상으로 하는 연구의 역사와 윤리 문제에 관해서는 다음 문헌을 반드시 읽어야 한다. *Subjected to Science: Human Experimentation in America Before the Second World War* by Susan E. Lederer; *The Nazi Doctors and the Nuremberg Code: Human Rights in Human Experimentation* by George J. Annas and Michael A. Grodin. 두 저서 모두 이 장의 중요한 자료가 되었다. 죄수 대상 실험의 역사는 다음 저서를 참고했다. *Acres of Skin: Human Experiments at Holmesburg Prison*, by Allen Hornblum. 저자는 사우섬이 사망하기 전에 인터뷰한 적이 있으며, 친절하게도 당시에 얻은 정보를 공유해주었다.

사우섬의 논쟁 이후에 일어난 변화를 포함해 생명윤리의 역사에 대해 더 알고 싶다면 다음 문헌들을 참고하기 바란다. *The Birth of Bioethics* by Albert R. Jonsen; *Strangers at the Bedside: A History of How Law and Bioethics Transformed Medical Decision Making* by David J. Rothman; *Informed Consent to Human Experimentation: The Subject's Dilemma* by George J. Annas; M. S. Frankel, "The Development of Policy Guidelines Governing Human Experimentation in the United States: A case Study of Public Policy-making for Science and Technology," *Ethics in Science and Medicine* 2, no. 48 (1975); R. B. Livingston, "Progress Report on Survey of Moral and Ethical Aspects of Clinical Investigation: Memorandum to Director, NIH" (November 4, 1964).

사전 동의의 명확한 역사는 다음 문헌을 참고한다. *A History and Theory of Informed Consent* by Ruth Faden and Tom Beauchamp. '사전 동의'를 언급한 최초의 법원 판례는 다음 문헌에서 확인할 수 있다. *Salgo v. Leland Stanford Jr. University Board of Trustees* (Civ. No. 17045. First Dist., Div. One, 1957).

"정말 해괴한 잡종"

집에서 헬라 세포를 배양하는 데 대한 설명서는 다음 문헌에 수록되었다. C. L. Stong, "The Amateur Scientist: How to Perform Experiments with Animal Cells Living in Tissue Culture," *Scientific American*, April 1966.

우주에서 세포 배양 연구의 역사는 다음 문헌을 참고한다. Allan A. Katzberg, "The Effects of Space Flights on Living Human Cells," Lectures in Aerospace Medicine, School of Aerospace Medicine (1960); and K. Dickson, "Summary of Biological Spaceflight Experiments with Cells," *ASGSB Bulletin* 4, no. 2 (July 1991).

우주에서 헬라 세포 연구가 합법적이고 유익했을지라도, 오늘날 우리는 그것이 소련을 위성촬영할 목적으로 진행된 정찰 프로젝트의 은폐 수단이었음을 알고 있다. 정찰 임무에 대한 은폐수단으로 '생물학 탄두'를 사용한 데 대한 정보는 다음 문헌을 참고한다. *Eye in the Sky: The Story of the Corona Spy Satellites*, edited by Dwayne A. Day et al.

헬라 세포에 의한 오염 가능성을 제기한 초기 논문은 다음과 같다. L. Coriell et al., "Common Antigens in Tissue Culture Cell Lines," *Science*, July 25, 1958. 배양 세포 오염 우려를 다룬 초기의 문헌들은 다음과 같다. L. B. Robinson et al., "Contamination of Human Cell Cultures by Pleuropneumonialike Organisms," *Science* 124, no. 3232 (December 7, 1956); R. R. Gurner, R. A. Coombs, and R. Stevenson, "Results of Tests for the Species of Origins of Cell Lines by Means of the Mixed Agglutination Reaction," *Experimental Cell Research* 28 (September 1962); R. Dulbecco, "Transformation of Cells in Vitro by Viruses," *Science* 142 (November 15, 1963); R. Stevenson, "Cell Culture Collection Committee in the United States," in *Cancer Cells in Culture*, edited by H. Katsuta (1968).

미국형 기준주관리원의 역사는 다음 문헌에 수록되었다. R. Stevenson, "Collection, Preservation, Characterization and Distribution of Cell Cultures," *Proceedings, Symposium on the Characterization and Uses of Human Diploid Cell Strains: Opatija* (1963); W. Clark and D. Geary, "The Story of the American Type Culture Collection: Its History and Development (1899-1973)," *Advances in Applied Microbiology* 17 (1974).

초창기 잡종세포 연구에 관한 중요 자료는 다음과 같다. Barski, Sorieul, and Cornefert, "Production of Cells of a 'Hybrid'Nature in Cultures in Vitro of 2 Cellular Strains in Combination," *Comptes Rendus Hebdoma daires des Sénces de l'Acadéie des Sciences* 215 (October 24, 1960); H. Harris and J. F. Watkins, "Hybrid Cells Derived from Mouse and Man: Artificial Heterokaryons of Mammalian Cells from Different Species," *Nature* 205 (February 13, 1965); M. Weiss and H. Green, "Human-Mouse Hybrid Cell Lines Containing Partial Complements of Human Chromosomes and Functioning Human Genes," *Proceedings of the National Academy of Sciences* 58, no. 3 (September 15, 1967); and B. Ephrussi and C. Weiss," Hybrid Somatic Cells," *Scientific American* 20, no. 4 (April 1969).

해리스의 잡종 연구에 관한 추가 정보는 다음 문헌을 참고한다. H. Harris, "The Formation and Characteristics of Hybrid Cells," in *Cell Fusion: The Dunham Lectures* (1970); *The Cells of the Body: A History of Somatic Cell Genetics*; "Behaviour of Differentiated Nuclei in Heterokaryons of Animal Cells from Different Species," *Nature* 206 (1965); "The Reactivation of the Red Cell Nucleus," *Journal of Cell Science* 2 (1967); H. Harris and P. R. Harris, "Synthesis of an Enzyme Determined by an Erythrocyte Nucleus in a Hybrid Cell," *Journal of Cell Science* 5 (1966).

언론매체의 보도 내용은 다음 기사를 비롯한 많은 자료에서 확인할 수 있다. "Man-Animal Cells Are Bred in Lab," *The* [London] *Sunday Times* (February 14, 1965); and "Of Mice and Men," *Washington Post* (March 1, 1965).

헬라 폭탄

이 장은 대중매체의 자료와 AMCA 및 TCAA 소장 문서와 다음 학회 초록집을 참고했다. "The Proceedings of the Second Decennial Review Conference on Cell Tissue and Organ Culture, The Tissue Culture Association, Held on September 11-15, 1966," *National Cancer Institute Monographs* 58, no. 26 (November 15, 1967).

배양 세포 오염에 관해서는 다음 논문을 포함해 방대한 과학문헌을 참고했다. "Apparent HeLa Cell Contamination of Human Heteroploid Cell Lines," *Nature* 217 (February 4, 1968); N. Auersperg and S. M. Gartler, "Isoenzyme Stability in Human Heteroploid Cell Lines," *Experimental Cell Research* 61 (August 1970); E. E. Fraley, S. Ecker, and M. M. Vincent, "Spontaneous in Vitro Neoplastic Transformation of Adult Human Prostatic Epithelium," *Science* 170, no. 3957 (October 30, 1970); A. Yoshida, S. Watanabe, and S. M. Gartler, "Identification of HeLa Cell Glucose 6-phosphate Dehydrogenase," *Biochemical Genetics* 5 (1971);

W. D. Peterson et al., "Glucose-6-Phosphate Dehydrogenase Isoenzymes in Human Cell Cultures Determined by Sucrose-Agar Gel and Cellulose Acetate Zymograms," *Proceedings of the Society for Experimental Biology and Medicine* 128, no. 3 (July 1968); Y. Matsuya and H. Green, "Somatic Cell Hybrid Between the Established Human Line D98 (presumptive HeLa) and 3T3," *Science* 163, no. 3868 (February 14, 1969); and C. S. Stulberg, L. Coriell, et al., "The Animal Cell Culture Collection," *In Vitro* 5 (1970).

오염 논란에 관한 상세한 근거는 마이클 골드(Michael Gold)의 저서 《세포의 음모(A Conspiracy of Cells)》에서 확인할 수 있다.

심야 의사들

심야 의사 및 흑인과 의학 연구의 역사에 관한 정보는 다음 논문을 참고했다. *Night Riders in Black Folk History,* by Gladys-Marie Fry; T. L. Savitt, "The Use of Blacks for Medical Experimentation and Demonstration in the Old South," *Journal of Southern History* 48, no. 3 (August 1982); *Medicine and Slavery: The Disease and Health Care of Blacks in Antebellum Virginia;* F. C. Waite, "Grave Robbing in New England," *Medical Library Association Bulletin* (1945); W. M. Cobb, "Surgery and the Negro Physician: Some Parallels in Background," *Journal of the National Medical Association* (May 1951); V. N. Gamble, "A Legacy of Distrust: African Americans and Medical Research," *American Journal of Preventive Medicine* 9 (1993); V. N. Gamble, "Under the Shadow of Tuskegee: African Americans and Health Care," *American Journal of Public Health* 87, no. 11 (November 1997).
다음 저서는 가장 상세하면서도 쉽게 구할 수 있는 자료다. *Medical Apartheid: The Dark History of Medical Experimentation on Black Americans from Colonial Times to the Present* by Harriet Washington. 존스 홉킨스의 역사는 "검진" 장의 후주에 함께 기술했다.

범죄 행위의 유전적 소인에 관한 존스 홉킨스 연구에 대해 제기된 1969년 ACLU 소송 관련 문서 및 참고 자료는 다음과 같다. *Experimentation with Human Beings,* chapter titled "Johns Hopkins University School of Medicine: A Chronicle. Story of Criminal Gene Research," by Jay Katz. 다음 자료도 도움이 된다. Harriet Washington, "Born for Evil?" in Roelcke and Maio, *Twentieth Century Ethics of Human Subjects Research* (2004).

존스 홉킨스 납 연구는 법원 문서 및 보건후생부 기록을 참고했으며, 소송 관련 인물과의 인터뷰 및 다음 소송 자료도 도움이 되었다. *Ericka Grimes v. Kennedy Kreiger Institute, Inc.* (24-C-99-925 and 24-C-95-66067/CL193461). 다음 논문에도 관련 내용이 수록되었다. L. M. Kopelman, "Children as Research Subjects: Moral Disputes, Regulatory Guidance and Recent Court Decisions," *Mount Sinai Medical Journal* (May 2006); and J. Pollak, "The Lead-Based Paint Abatement Repair & Maintenance Study in Baltimore: Historic Framework and Study Design," *Journal of Health Care Law and Policy* (2002).

"그녀는 명성을 얻을 자격이 충분합니다"

헨리에타의 실명은 다음 논문에서 처음으로 공개되었다. H. W. Jones, V. A. McKusick, P. S. Harper, and K. D. Wuu, "George Otto Gey (1899-1970): The HeLa Cell and a Reappraisal of Its Origin," *Obstetrics and Gynecology* 38, no. 6 (December 1971). 다음 논문들도 그녀의 실명을 밝혔다. J. Douglas, "Who Was HeLa?" *Nature* 242 (March 9, 1973); J. Douglas, "HeLa," *Nature* 242 (April 20, 1973); B. J. C., "HeLa (for Henrietta Lacks)," *Science* 184, no. 4143 (June 21, 1974).

헨리에타의 암에 대한 오진과 그것이 치료에 영향을 미쳤는지에 관한 정보는 하워드 존스, 롤런드 패틸로, 로버트 커먼(Robert Kurman), 데이비드 피시먼(David Fishman), 카멜 코언(Carmel Cohen) 등과의 인터뷰에서 얻었다. 또한 다음을 비롯한 몇 편의 과학논문이 도움이 되었다. S. B. Gusberg and J. A. Corscaden, "The Pathology and Treatment of Adenocarcinoma of the Cervix," *Cancer* 4, no. 5 (September 1951).

헬라 오염 논란에 관한 자료는 제20장 후주에 수록했다. 1971년 '국가 암 퇴치법'에 관한 자료는 다음 사이트를 참고한다. cancer.gov/aboutnci/national-cancer-act-1971/allpages.

당시 진행된 논란에 관한 자료는 다음과 같다. L. Coriell, "Cell Repository," *Science* 180, no. 4084 (April 27, 1973); W. A. Nelson-Rees et al., "Banded Marker Chromosomes as Indicators of Intraspecies Cellular Contamination," *Science* 184, no. 4141 (June 7, 1974); K. S. Lavappa et al., "Examination of ATCC Stocks for HeLa Marker Chromosomes in Human Cell Lines," *Nature* 259 (January 22, 1976); W. K. Heneen, "HeLa Cells and Their Possible Contamination of Other Cell Lines: Karyotype Studies," *Hereditas* 82 (1976); W. A. Nelson-Rees and R. R. Flandermeyer, "HeLa Cultures Defined," *Science* 191, no. 4222 (January 9, 1976); M. M. Webber, "Present Status of MA-160 Cell Line: Prostatic Epithelium or HeLa Cells?" *Investigative Urology* 14, no. 5 (March 1977); and W. A. Nelson-Rees, "The Identification and Monitoring of Cell Line Specificity," in *Origin and Natural History of Cell Lines* (Alan R. Liss, Inc., 1978).

논쟁에 직접 참여한 과학자들이 발표한 논문은 물론 공식 발표되지 않은 자료도 참고했다. 발표된 자료에는 다음 논문이 포함된다. W. A. Nelson-Rees, "Responsibility for Truth in Research," *Philosophical Transactions of the Royal Society* 356, no. 1410 (June 29, 2001); S. J. O'Brien, "Cell Culture Forensics," *Proceedings of the National Academy of Sciences* 98, no. 14 (July 3, 2001); R. Chatterjee, "Cell Biology: A Lonely Crusade," *Science* 16, no. 315 (February 16, 2007).

제3부 불멸

"그게 아직 살아 있대요"

이 장은 부분적으로 AMCMA 소장 문서 및 데보라 랙스의 진료 기록을 참고했다. 다음 워크샵 자료집도 큰 도움이 되었다. "Proceedings for the New Haven Conference (1973): First International Workshop on Human Gene Mapping," *Cytogenetics and Cell Genetics* 13 (1974): 1-216.

빅터 매쿠식의 경력은 국립의학도서관에서 찾았다. nlm.nih.gov/news/victor_mckusick_profiles09.html. OMIM이라 불리는 그의 유전자 데이터베이스는 ncbi.nlm.nih.gov/omim/에 수록되어 있다.
인간 연구 대상자 보호 관련 법규에 참고한 자료는 다음과 같다. "The Institutional Guide to DHEW Policy on Protection of Human Subjects," DHEW Publication No. (NIH) 72-102 (December 1, 1971); "NIH Guide for Grants and Contracts," U.S. Department of Health, Education, and Welfare, no. 18 (April 14, 1972); "Policies for Protecting All Human Subjects in Research Announced," *NIH Record* (October 9, 1973); and "Protection of Human Subjects," Department of Health, Education, and Welfare, *Federal Register* 39, no. 105, part 2 (May 30, 1974).

인간 대상 연구에 대한 관리 감독의 역사는 다음 자료에 수록되었다. *The Human Radiation Experiments: Final Report of the President's Advisory Committee* (Oxford University Press, available at hss.energy.gov/HealthSafety/ohre/roadmap/index.html).

"그들이 할 수 있는 최소한"

마이크로바이올로지컬 어소시에이츠는 점차 규모가 커지면서 분리되어 Whittaker Corp, BioWhittaker,

Invitrogen, Cambrex, BioReliance, Avista Capital Partners를 포함해 몇몇 더 큰 회사로 합병되었다. 이들과 다른 헬라 세포 판매 회사들의 프로파일은 *OneSource Corp Tech Company Profiles*나 Hoover.com에서 볼 수 있다. 헬라 세포의 가격 정보는 Invitrogen.com을 비롯한 많은 생의학제품 공급업체의 생산품 목록에서 확인할 수 있다. 헬라 세포의 특허권 정보는 Patft.uspto.gov에서 HeLa를 검색하면 된다.

비영리기관인 미국형 기준주관리원에 관한 정보 및 재무제표는 Guidestar.org에서 American Type Culture Collection을 찾아 확인할 수 있다. 헬라 카탈로그는 Atcc.org에서 HeLa를 찾으면 볼 수 있다.

헬라-식물 잡종체에 관한 정보는 다음을 참고한다. "People-Plants," *Newsweek*, August 16, 1976; C. W. Jones, I. A. Mastrangelo, H. H. Smith, H. Z. Liu, and R. A. Meck, "Interkingdom Fusion Between Human (HeLa) Cells and Tobacco Hybrid (GGLL) Protoplasts," *Science*, July 30, 1976.

'심령치료법'으로 헬라 세포를 죽여 암을 치료하겠다는 딘 크래프트의 시도는 그의 책 *A Touch of Hope*에 수록되었다. 또한 YouTube.com에서 Dean Kraft를 찾으면 관련 비디오를 볼 수 있다.

랙스 가족의 혈액으로 시행한 연구 논문은 다음과 같다. S. H. Hsu, B. Z. Schacter, et al., "Genetic Characteristics of the HeLa Cell," *Science* 191, no. 4225 (January 30, 1976). 이 연구는 국립보건원 연구비를 지원받았다(Grant Number 5P01GM019489-020025).

"누가 내 비장을 팔아도 좋다고 했습니까?"

무어 이야기의 많은 부분은 법원과 정부 문서에 기록되어 있다. 특히 다음 자료가 큰 도움이 되었다. "Statement of John L. Moore Before the Subcommittee on Investigations and Oversight," House Committee on Science and Technology Hearings on the Use of Human Patient Materials in the Development of Commercial Biomedical Products, October 29, 1985; *John Moore v. The Regents of the University of California* et al. (249 Cal.Rptr. 494); *John Moore v. The Regents of the University of California* et al. (51 Cal.3d 120, 793 P.2d 479, 271 Cal.Rptr. 146).

Mo 세포의 특허번호는 no. 4,438,032이며, Patft.uspto.gov에서 확인할 수 있다.

무어의 소송과 그 영향에 관한 문헌은 방대하다. 몇 가지 유용한 자료는 다음과 같다. William J. Curran, "Scientific and Commercial Development of Human Cell Lines," *New England Journal of Medicine* 324, no. 14 (April 4, 1991); David W. Golde, "Correspondence: Commercial Development of Human Cell Lines," *New England Journal of Medicine*, June 13, 1991; G. Annas, "Outrageous Fortune: Selling Other People's Cells," *The Hastings Center Report* (November-December 1990); B. J. Trout, "Patent Law—A Patient Seeks a Portion of the Biotechnological Patent Profits in Moore v. Regents of the University of California," *Journal of Corporation Law* (Winter 1992); and G. B. White and K. W. O'Connor, "Rights, Duties and Commercial Interests: John Moore versus the Regents of the University of California," *Cancer Investigation* 8 (1990).

존 무어의 소송을 보도한 언론 기사는 다음과 같다. Alan L. Otten, "Researchers' Use of Blood, Bodily Tissues Raises Questions About Sharing Profits," *Wall Street Journal*, January 29, 1996; "Court Rules Cells Are the Patient's Property," *Science*, August 1988; Judith Stone, "Cells for Sale," *Discover*, August 1988; Joan O'C. Hamilton, "Who Told You You Could Sell My Spleen?" *Business Week*, April 3, 1990; "When Science Outruns Law," *Washington Post*, July 13, 1990; and M. Barinaga, "A Muted Victory for the Biotech Industry," *Science* 249, no. 4966 (July 20, 1990).

무어의 소송에 대한 규제기관의 반응은 다음 자료에서 찾을 수 있다. "U.S. Congressional Office of Technology Assessment, New Developments in Biotechnology: Ownership of Human Tissues and Cells—Special Report," Government Printing Office (March 1987); "Report on the Biotechnology Industry in the United States: Prepared for the U.S. Congressional Office of Technology Assessment," National Technical Information Service, U.S. Department of Commerce (May 1, 1987); and "Science, Technology and the Constitution," U.S. Congressional Office of Technology Assessment (September 1987). 1993년 2월 18일 제출되었지만 의회를 통과하지 못한 법안 "Life Patenting Moratorium Act of 1993," (103rd Congress, S.387) 도 도움이 된다.

차크라바티의 소송에 등장한 기름 먹는 세균에 관한 자세한 사항은 Patft.uspto.gov의 특허번호 no. 4,259,444에서 찾을 수 있다. 소송에 관한 더 많은 정보는 *Diamond v. Chakrabarty* (447 U.S. 303)에서 얻을 수 있다.

이 장에 언급된 다른 세포들의 소유권 분쟁 소송에 관해 더 자세한 정보는 다음 자료를 참고한다. "Hayflick–NIH Settlement," *Science,* January 15, 1982; L. Hayflick, "A Novel Technique for Transforming the Theft of Mortal Human Cells into Praiseworthy Federal Policy," *Experimental Gerontology* 33, nos. 1–2 (January–March 1998); Marjorie Sun, "Scientists Settle Cell Line Dispute," *Science,* April 22, 1983; and Ivor Royston, "Cell Lines from Human Patients: Who Owns Them?" presented at the AFCR Public Policy Symposium, 42nd Annual Meeting, Washington, D.C., May 6, 1985; *Miles Inc v. Scripps Clinic and Research Foundation et al.* (89-56302).

프라이버시 침해

오늘날 개인의 진료 기록을 공표하는 것이 HIPAA를 위반하는지는 여러 가지 요인에 달려 있다. 가장 중요한 것은 누가 기록을 유출했는지이다. HIPAA는 "형태나 매체(전자 기록, 서류, 또는 구두)에 상관없이 '개별적으로 신원 확인이 가능한 모든 의학정보'"를 보호한다. 그러나 이 법은 특정한 '의료주체'에만 적용된다. 의료주체란 의료를 '제공'하는 의료서비스 공급자, 의료 관련 '보험료를 받거나 지급 청구서를 보내는' 건강보험업자, 컴퓨터를 이용해 모든 비공개 건강정보를 전송하는 사람 등이다. 즉, 의료주체에 해당되지 않는 사람은 개인의 진료 기록을 유출하거나 공표해도 HIPAA 위반이 아니다.

미정부의 '프라이버시 및 비밀유지 소위원회' 위원장을 역임한 건강 관련 프라이버시 전문가 로버트 겔먼(Robert Gellman)에 따르면, 홉킨스는 의료주체에 해당하므로 오늘날 교직원이 헨리에타의 의학 정보를 유출한다면 그가 누구든 HIPAA를 위반하는 것이다.

이 책이 출판될 무렵인 2009년 10월, 헨리에타의 진료 기록 일부가 가족의 허락 없이 다음 논문에 등장했다. B. P. Lucey, W. A. Nelson-Rees, and G. M. Hutchins, "Henrietta Lacks, HeLa Cells, and Culture Contamination," *Archives of Pathology and Laboratory Medicine* 133, no. 9 (September 2009). 공동저자인 브렌던 루시(Brendan Lucey)는 넬리스 공군기지에 있는 마이클 오캘러건 연방병원(Michael O'Callaghan Federal Hospital) 소속이었고, 월터 넬슨-리스는 헬라 오염 퇴치에 앞장섰던 과학자로 논문 출판 2년 전에 사망했다. 그로버 허친스는 존스 홉킨스의 부검 책임자였다.

그들이 발표한 정보의 일부는 이미 마이클 골드의 책 《세포의 음모》에 수록되었다. 그들은 또한 헨리에타의 자궁경부 조직검사 사진을 비롯해 새로운 정보도 공개했다. 겔먼은 이렇게 말했다. "이 경우는 HIPAA 위반 가능성이 농후합니다. 확실히 하려면 우선 진료 기록을 어떻게 입수했는지를 포함해 몇 가지 복잡한 요인을 조사해봐야 합니다." 나는 논문의 제1저자인 루시에게 전화해 진료 기록을 어떻게 입수했으며 발표 전에 가족의 동의를 구했는지 물었다. 그는 공동저자이자 홉킨스 소속인 허친스에게서 진료 기록을 받았다고 했다. "가족의 동의를 구하는 게 이상적이긴 하죠. 나는 허친스 박사가 가족을 수소문했지만 찾지 못했다고 믿습니다." 저자들은 일련의 논문에 부검 보고서를 인용하기 위해 임상시험 심사위원회의 허락을 받았고, 다른 논문에서는 환자의 신원을 숨기기 위해 이름 첫 글자만 사용했다. 루시는 헨리에타의 진료 기록에서 나온 정보의 일부는 이미 다른 많은 논문에서 그녀의 실명과 함께 공개되었다고 지적했다. "이 논문에서 이름 첫 글자만 쓴다고 그녀의 신원이 보호되는 것은 아니라고 봅니다. 그녀의 이름은 이미 세포와 연결되어 있기 때문에, 누구든 그녀가 누구인지 알 수 있으니까요."

사망자의 프라이버시에 관해 말하자면, 보통 사망자는 살아 있는 사람이 누리는 것과 같은 정도의 프라이버시 권리를 갖지는 않는다. 한 가지 예외가 HIPAA이다. 겔먼은 말했다. "심지어 토머스 제퍼슨 전 대통령의 진료 기록이 현재 존재한다고 해도, 그것을 의료주체가 소장하고 있다면 HIPAA에 의해 보호받습니다. 환자가 살아 있느냐에 상관없이, 병원에서는 진료 기록을 내줄 수 없습니다. HIPAA 산하에서 프라이버시에 대한 우리의 권리는 태양계에서 수소가 없어질 때까지 영원합니다."

고려할 점이 하나 더 있다. 헨리에타는 사망했기 때문에 산 사람이 누리는 프라이버시 권리를 가질 수는 없다. 그러나 내가 만난 법률 및 프라이버시 전문가들에 따르면 랙스 가족의 경우 헨리에타의 진료 기록 유출로 자신들의 프라이버시가 침해당했다고 주장할 수 있다. 당시에는 비슷한 소송에 대한 판례가 없었지만, 이후 그런 소송이 제기되었다.

진료 기록 비밀유지 관련 법규와 제기되는 쟁점에 대해 더 자세한 정보는 다음 문헌을 참고한다. "Medical Genetics: A Legal Frontier"; *Confidentiality of Health Records* by Herman Schuchman, Leila Foster, Sandra Nye, et al.; M. Siegler, "Confidentiality in Medicine: A Decrepit Concept," *New England Journal of Medicine* 307, no. 24 (December 9, 1982): 1518–1521; R. M. Gellman, "Prescribing Privacy," *North Carolina Law Review* 62, no. 255 (January 1984); "Report of Ad Hoc Committee on Privacy and Confidentiality," *American Statistician* 31, no. 2 (May 1977); C. Holden, "Health Records and Privacy: What Would Hippocrates Say?" *Science* 198, no. 4315 (October 28, 1977); C. Levine, "Sharing Secrets: Health Records and Health Hazards," *The Hastings Center Report* 7, no. 6 (December 1977).

프라이버시 문제 관련 소송은 다음과 같다. *Simonsen v. Swensen* (104 Neb. 224, 117 N.W. 831, 832, 1920); *Hague v. Williams* (37 N.J. 328, 181 A.2d 345. 1962); *Hammonds v. Aetna Casualty and Surety* Co. (243 F. Supp. 793 N.D. Ohio. 1965); *MacDonald v. Clinger* (84 A.D.2d 482, 446 N.Y.S.2d 801, 806); *Griffen v. Medical Society of State of New York* (11 N.Y.S.2d 109, 7 Misc. 2d 549. 1939); *Feeney v. Young* (191, A.D. 501, 181 N.Y.S. 481. 1920); *Doe v. Roe* (93 Misc. 2d 201, 400 N.Y.S.2d 668, 677. 1977); *Banks v. King Features Syndicate, Inc.* (30 F. Supp. 352. S.D.N.Y. 1939); *Bazemore v. Savannah Hospital* (171 Ga. 257, 155 S.E. 194. 1930); *Barber v. Time* (348 Mo. 1199, 159 S.W.2d 291. 1942).

불멸의 비밀

제러미 리프킨의 소송에 관한 더 많은 정보는 다음 자료에 수록되어 있다. *Foundation on Economic Trends et al. v. Otis R. Bowen et al.* (No. 87-3393) and *Foundation on Economic Trends et al. v. Margaret M. Heckler, Secretary of the Department of Health & Human Services et al.* (756 F.2d 143). 이 소송에 관한 매체 보도는 다음 자료에서 확인할 수 있다. Susan Okie, "Suit Filed Against Tests Using AIDS Virus Genes; Environmental Impact Studies Requested," *Washington Post,* December 16, 1987; William Booth, "Of Mice, Oncogenes and Rifkin," *Science* 239, no. 4838 (January 22, 1988).

헬라를 둘러싼 종에 관한 논쟁은 다음 문헌을 참고한다. L. Van Valen, "HeLa, a New Microbial Species," *Evolutionary Theory* 10, no. 2 (1991).

세포의 불멸성에 관해 더 자세히 알고 싶다면 다음 논문들을 참고하기 바란다. L. Hayflick and P. S. Moorhead, "The Serial Cultivation of Human Diploid Cell Strains," *Experimental Cell Research,* 25 (1961); L. Hayflick, "The Limited in Vitro Lifetime of Human Diploid Cell Strains," *Experimental Cell Research* 37 (1965); G. B. Morin, "The Human Telomere Terminal Transferase Enzyme Is a Ribonucleoprotein That Synthesizes TTAGGG Repeats," *Cell* 59 (1989); C. B. Harley, A. B. Futcher, and C. W. Greider, "Telomeres Shorten During Ageing of Human Fibroblasts," *Nature* 345 (May 31, 1990); C. W. Greider and E. H.

Blackburn, "Identification of Specific Telomere Terminal Transferase Activity in Tetrahymena Extracts," *Cell* 43 (December 1985).

노화와 인간 수명 연장에 관한 연구에 대해 더 알고 싶다면 다음 문헌을 참고한다. *"Merchants of Immortality,"* by Stephen S. Hall.

헬라 세포에서 HPV 연구에 관한 논문은 다음과 같다. Michael Boshart et al., "A New Type of Papillomavirus DNA, Its Presence in Genital Cancer Biopsies and in Cell Lines Derived from Cervical Cancer," *EMBO Journal* 3, no. 5 (1984); R. A. Jesudasan et al., "Rearrangement of Chromosome Band 11q13 in HeLa Cells," *Anticancer Research* 14 (1994); N. C. Popescu et al., "Integration Sites of Human Papillomavirus 18 DNA Sequences on HeLa Cell Chromosomes," *Cytogenetics and Cell Genetics* 44 (1987); E. S. Srivatsan et al., "Loss of Heterozygosity for Alleles on Chromosome 11 in Cervical Carcinoma," *American Journal of Human Genetics* 49 (1991).

런던 이후

헬라 심포지엄에 관한 정보는 "어떤 아줌마 전화야" 장의 후주에 수록했다.

코필드가 제기한 긴 소송 내력의 일부는 다음과 같다. *Sir Keenan Kester Cofield v. ALA Public Service Commission et al.* (No. 89-7787); *United States of America v. Keenan Kester Cofield* (No. 91-5957); *Cofield v. the Henrietta Lacks Health History Foundation, Inc.,* et al. (CV-97-33934); *United States of America v. Keenan Kester Cofield* (99-5437); *Keenan Kester Cofield v. United States* (1:08-mc-00110-UNA).

헨리에타 마을

이 장에 언급된 《존스 홉킨스 매거진》에 실린 기사는 다음과 같다. Rebecca Skloot, "Henrietta's Dance," *Johns Hopkins Magazine,* April 2000.

이 장에 인용된 다른 기사들은 다음과 같다. Rob Stepney, "Immortal, Divisible; Henrietta Lacks," *The Independent,* March 13, 1994; "Human, Plant Cells Fused; Walking Carrots Next?" *The Independent Record,* August 8, 1976 (via the *New York Times* news service); Bryan Silcock, "Man-Animal Cells Are Bred in lab," *The [London] Sunday Times,* February 14, 1965; and Michael Forsyth, "The Immortal Woman," *Weekly World News,* June 3, 1997.

죽음의 여신, 헬라

수많은 마블 만화책에 등장하는 헬라라는 주인공에 대해서는 다음 자료에서 알 수 있다. "The Mighty Thor; The Icy Touch of Death!" *Marvel Comics Group* 1, no. 189 (June 1971).

흑인 정신병원

크라운스빌의 역사를 설명한 기사는 다음과 같다. "Overcrowded Hospital' Loses' Curable Patients," *Washington post* (November 26, 1958). 다음 자료도 크라운스빌의 역사를 다룬다. "Maryland's Shame," a series by Howard M. Norton in the *Baltimore Sun* (January 9-19, 1949). 또한 크라운스빌 의료센터에서 제공한 다음 자료도 도움이 되었다. "Historic Overview," "Census," and "Small Area Plan; Community Facilities."

크라운스빌 의료센터는 데보라와 내가 그곳을 방문한 지 몇 년 후에 폐원했다. 이에 관한 내용은 Washingtontimes.com/news/2004/jun/28/20040628-115142-8297r/#at에서 찾을 수 있으며, 다음 자료도 참고했다. Robert Redding Jr., "Historic Mental Hospital Closes," *Washington Times* (June 28, 2004).

천상의 몸

개리 랙스가 내게 건넨 성경책은 다음과 같다. *Good News Bible: Today's English Version* (American Bible Society, 1992).

에필로그 – 헨리에타 랙스, 못다 한 이야기

조직이 연구에 사용된다고 언급한 미국인들과 그들의 조직이 어떻게 사용되는지에 대한 정보는 다음 자료를 참고했다. *"Handbook of Human Tissue Sources,"* by Elisa Eiseman and Susanne B. Haga. 연구에서 인간 조직 사용 실태에 관한 국가생명윤리 자문위원회의 조사 내용은 다음 자료에서 확인했다. *Research Involving Human Biological Materials: Ethical Issues and Policy Guidance,* vol. 1: *Report and Recommendations of the National Bioethics Advisory Commission, and* vol. 2: *Commissioned Papers* (1999).

연구에서 인간조직의 사용과 이를 둘러싼 윤리적, 정책적 논쟁에 관한 문헌은 실로 방대하지만, 일부를 소개하면 다음과 같다. E. W. Clayton, K. K. Steinberg, et al., "Informed Consent for Genetic Research on Stored Tissue Samples," *Journal of the American Medical Association* 274, no. 22 (December 13, 1995): 1806–7, and resulting letters to the editor; *The Stored Tissue Issue: Biomedical Research, Ethics, and Law in the Era of Genomic Medicine,* by Robert F. Weir and Robert S. Olick; *Stored Tissue Samples: Ethical, Legal, and Public Policy Implications,* edited by Robert F. Weir; *Body Parts: Property Rights and the Ownership of Human Biological Materials,* by E. Richard Gold; *Who Owns Life?,* edited by David Magnus, Arthur Caplan, and Glenn McGee; and *Body Bazaar,* by Lori Andrews.

관련 소송을 일부 소개하면 다음과 같다. *Margaret Cramer Green v. Commissioner of Internal Revenue* (74 T.C. 1229); *United States of America v. Dorothy R. Garber* (78-5024); *Greenberg v. Miami Children's Hospital Research Institute* (264 F.Supp.2d 1064); *Steven York v. Howard W. Jones et al.* (89-373-N); *The Washington University v. William J. Catalona, M.D., et al.* (CV-01065 and 06-2301); *Tilousi v. Arizona State University Board of Regents* (04-CV-1290); *Metabolite Laboratories, Inc., and Competitive Technologies, Inc., v. Laboratory Corporation of America Holdings* (03-1120); *Association for Molecular Pathology et al. v. United States Patent and Trademark Office; Myriad Genetics et al.* (case documents online at aclu.org/brca/); and *Bearder et al. v. State of Minnesota and MDH* (complaint online at cchconline.org/pr/pr031109.php).

찾아보기

ㄱ

가이, 마거릿 46, 246, 249
가이, 조지 46, 50~58, 60, 70, 80~82, 87, 93, 122,
　123, 128~131, 134, 135, 139~147, 169, 176,
　185, 200, 201, 204, 220~224, 227, 228, 240,
　248~250, 269, 274, 275, 280, 285, 286, 313,
　341, 423
가족묘지 126
가틀러, 스탠리 199~204, 226, 276, 426
개릿, 클리프 399, 422
개릿, 프레드 38, 106, 422
개리 168, 273, 296, 368~380, 392, 422
게일런 63, 150, 152~156
골드, 데이비드 255~257, 259, 260, 263
골드, 마이클 267~270
공기주입 뇌촬영법 253
국가생명윤리 자문위원회(NBAC) 418
국립보건원(NIH) 46, 179, 184, 238, 403, 406, 408
국립암연구소(National Cancer Institute) 182, 183,
　232, 403
그로디, 웨인 410, 416, 424
그리넌, 조 36
그린버그, 주디스 406, 408, 424

ㄴ

넬슨-리스, 월터 226, 246, 248, 267
뉘른베르크 강령 11, 174~177, 270, 406
뉴욕 주립대 평의회 178, 179

ㄷ

닭 채혈법 54
데이번, 미드(데보라의 손자) 281, 308, 309, 311,
　320, 321, 323, 324, 326, 349, 384, 385, 390,
　394, 395, 397, 400, 420
데이비드슨, 빌 146
데일(데보라) 72, 153, 155, 156, 198, 206, 213,
　301, 369, 394, 420(8, 18~21, 25, 63, 72~77, 79, 94,
　102, 103, 105, 118, 126, 149~157, 190, 192, 193,
　196~198, 207, 208, 213, 219, 225, 239~245, 247, 248,
　250, 252, 254, 265~269, 279~287, 289~312, 314~379,
　381~389, 392~398, 400, 401, 420~422, 425)
DNA 134, 136, 145, 184, 188, 225, 235, 245,
　254, 272, 274~277, 284, 317, 325, 336~338,
　379, 403, 407~409, 419, 420

ㄹ

라듐 48~50, 59, 61, 65~67, 90, 170, 360
라슨, 헬렌 13, 147, 227
라카니엘로, 빈센트 426
라토냐'토냐'(데보라의 딸) 197, 239, 385, 393
랙스 가족 8, 9, 20, 105, 220, 235, 237, 238, 240,
　242, 244~248, 250, 253~255, 272, 279~281,
　284, 287~289, 291, 292, 294, 198, 350, 379,
　408, 419~421, 425
랙스, 글래디스(언니) 36, 38, 117~119, 125, 167,
　168, 272, 273, 296, 367, 368, 422
랙스, 데이비드'데이'(남편) 19, 24, 26, 31, 77, 78,
　194, 422
랙스, 데이비드'소니'(아들) 76, 94, 95, 106, 107,
　126, 149~152, 162, 190, 193, 196, 206~208,
　211~215, 219, 220, 225, 239, 240, 248, 250,
　254, 267, 280, 281, 310, 312, 331, 383, 387,
　389, 392, 393~395, 400, 420~422
랙스, 로런스(아들) 19, 37, 49, 63~65, 76, 94,
　126, 149~152, 157, 190, 193, 196, 207~213,
　219, 225, 234, 239, 240, 247, 250, 254, 267,
　269, 281, 291, 310, 319, 331, 358, 383, 392,
　395, 400, 421, 422
랙스, 루비 166, 167, 422
랙스, 바벳(결혼 전 성은 쿠퍼) 152, 155~157, 190,
　196, 198, 213, 215, 219, 220, 232~234, 281,
　309, 392, 395, 421
랙스, 벤저민(종증조부) 164~167
랙스, 앨버트(증조부) 164~167
랙스, 에밋(사촌) 115~118, 422
랙스, 엘시(딸) 37, 63~65, 116, 126, 157, 285,
　292, 294, 295, 315, 343, 346, 348~353,
　355~357, 360, 361, 366, 368, 395

랙스, 조(제카리아) 196, 198, 225, 237, 240, 265, 266, 269, 281, 307~317, 331~342, 346, 382, 386, 392, 393, 400

랙스, 칼턴 166, 167, 422

랙스, 토미(조부) 30, 31, 33, 34, 36, 165

랙스타운 35~37, 40, 107~110, 113, 114, 124, 159, 165~167, 193, 209

랜드 연구소(RAND Corporation) 402

러즈, 폴 346~351, 353, 354, 424

레이크스, 헨리에타 143, 144

레인, 헬렌 13, 17, 20, 143, 147, 227~229, 246, 252, 297, 313, 389

레프코위츠, 루이스 178

렌가워, 크리스토프 298~300, 317, 329, 333, 400, 425

로저스, 마이클 246~248, 253, 255, 425

《롤링 스톤》 95, 112, 147, 246, 253, 255, 265, 425

리더, 새뮤얼 137, 138

리프킨, 제러미 274, 275

릴리언(막냇동생) 168

ㅁ

마거릿(사촌) 32, 63, 66~69, 91, 150

마이크로바이올로지컬 어소시에이츠 134, 138

매독 26, 28, 37, 71, 72, 132, 224, 233, 241, 268, 346, 350, 361

매쿠식, 빅터 222, 227, 228, 235~238, 240~246, 253, 269, 305, 379

맨델, 이매뉴얼 173, 176, 178, 179

Mo 세포주 257, 262

무어, 존 254~264, 401, 407, 411, 414, 416~418

미국암연구재단(National Foundation for Cancer Research, NFCR) 328, 382, 384

미국형 기준주관리원(American Type Culture Collection, ATCC) 184, 185, 201, 250, 442

미리어드 제네틱스(Myriad Genetics) 413

미의학협회 윤리강령 270, 406

미치광이 조 36, 37, 191, 196

ㅂ

바이넘, 찰스 130

배양액 53~55, 58, 81, 84, 129, 130, 131, 134, 135, 137, 138, 200, 284, 336

밴 밸런, 리 275, 276

버그, 롤런드 144~146

벨몬트 보고서 406

보건교육후생부 238, 242

복제 13, 46, 135, 136, 199, 271, 284, 302, 303, 313, 325, 326, 341, 370, 371

부검 보고서 75, 292, 321, 347, 348, 350, 360, 361

불멸의 닭 심장 83, 84, 86, 87, 186

브로디, 윌리엄 287

블럼버그, 바루크 259, 260, 415, 424

BBC 다큐멘터리 105, 189, 293, 300, 396

비에르크룬드, 베르틸 176

ㅅ

사우섬, 체스터 169~180, 218, 238, 241

《사이언스》 177, 179, 226, 228, 253, 275

사전 동의 174, 175, 177, 179, 218, 219, 237, 238, 254, 262, 263, 353, 404~410, 415, 416

상피내암 43~45

상피양암 42, 223, 224

샐고, 마틴 175

새러, 테리 283, 284, 424

세이디(사촌) 25, 26, 32, 36, 37, 61~63, 65, 66, 69, 90, 91, 117, 125, 150, 241, 273

《세포의 음모》 267

세포주관리위원회(Cell Culture Collection Committee) 184, 185, 201, 203

셔러, 윌리엄 129~131, 143, 184, 185

소아마비 국민재단(National Foundation for Infantile Paralysis, NFIP) 127~130, 138, 143, 144

소크, 조너스 127, 131, 132

수, 수전 235, 237, 240, 245, 253, 424

스티븐스, 로버트 184, 201, 203, 204, 276, 424

스패로스 포인트 제철공장 38, 39, 65, 96, 97, 115

스피드, 코트니 97~104, 279, 283~286, 288, 289,

291~293, 401, 423

슬래빈, 테드 259, 260, 415, 416

시버튼, 제롬 143

ㅇ

아늑한 집 31, 33, 34, 37, 61, 63, 125, 126, 160, 280, 296, 356, 366, 367

앤드루스, 로리 408~410, 414, 417, 424

앨프리드(데보라의 아들) 190, 239, 267, 329, 383, 384, 398, 422

앨프리드(리틀 앨프리드, 데보라의 손자) 308, 309, 320, 395, 400, 421

얼, 월턴 185

에설 63, 150~153, 191, 266, 316

HLA 표지(HLA marker) 236, 237

HPV(인간유두종바이러스) 271~273, 328, 338, 379

L-세포 185

염색체 16, 136, 137~188, 202, 226, 272, 277, 278~300, 317, 329, 338

오릴리언, 로르 93, 424

와튼, 로런스 49, 50, 221

왓킨스, 존 187, 189

위어, 로버트 410, 411, 424

위치, 바버라 283~289, 293, 424

유태인 만성질환 병원(Jewish Chronic Disease Hospital, JCDH) 173

의료보험의 이동성 및 책임성에 관한 법률 (Health Insurance Portability and Accountability Act, HIPAA) 254

의학기록보관소 423

의학실험에서 인간 피험자 보호에 관한 법 (Protection of Human Subjects in Medical Experimentation Act) 262

《의학유전학(Medical Genetics)》 243, 305

인간 피험자 보호를 위한 연방정책규범(Federal Policy for the Protection of Human Subjects) 405

인간-동물 잡종세포 187, 188

인간조직 418

인비트로젠 250

ㅈ

자궁경부암 15, 17, 42~48, 147, 227, 233, 272, 273, 360

자발변형 134, 182, 202~204

자브레아(소니의 손녀) 389, 390, 392

제자리형광잡종화법(fluorescence in situ hybridization, FISH) 299

조직 배양 46, 86~88, 134, 135, 138~140, 146, 183, 184, 199

조직 표본 45, 403, 406~409, 411, 417

《존스 홉킨스 매거진》 298, 312, 429

존스, 로스 287

존스, 하워드 143, 228, 244, 399

존슨, 에리카(증손녀) 422

주립기록보관소 354, 355

GeGe 세포주 222

ㅊ

차크라바티, 아난다 모한 258

창, 로버트 203

ㅋ

카렐, 알렉시 83~87, 186, 277

카터, 앨프리드 '치타' 154, 190, 398

KKK단 85, 166, 216

코리엘, 루이스 183, 184

코필드, 서 로드 키넌 케스터 102, 103, 288~294, 363, 398

콘, 데이비드 409, 424

《콜리어스》 146, 147, 227

쿠비체크, 메리 51, 285, 399, 423

크라운스빌 116, 126, 295, 344~349, 351~354, 357, 359, 360, 368

크라운스빌 주립병원(Crownsville State Hospital) 64

클레이턴, 엘런 라이트 408, 410, 412, 418, 424

키드웰, 리처드 290, 294, 424

ㅌ

터너스테이션 39, 40, 63~66, 95~99, 103, 149,

209, 273, 283~286, 293
터스키기 대학 71, 130, 131
터스키기 매독연구 71, 233
테린드, 리처드 웨슬리 42, 43, 45, 46, 49, 53, 67,
　143~146
텔로미어 277, 278, 379
통상규범(Common Rule) 405, 408, 419
특허권 257, 258, 412~415

ㅍ

파파니콜로, 조지 44
팝도말검사법 44
패틸로, 롤런드 70~73, 94, 280~282, 295, 329,
　401, 425
포도당-6-인산탈수소효소-A(glucose-6-phosphate
　dehydrogenase-A, G6PD-A) 199
포머럿, 찰스 141
풀럼, 제임스 265, 296, 323, 384~390, 393,
　401, 422
플레전트, 로레타(헨리에타 랙스의 원래 이름)
　30, 292
플레전트, 엘리자 랙스(어머니) 30, 162
플레전트, 조니(아버지) 30

ㅎ

하바수파이 부족 406
하우젠, 하랄트 추어 271, 272

하이먼, 윌리엄 176, 177
하이엇, 조지 182, 204
해리스, 헨리 187, 189
허드슨, 캐시 403, 404, 424
허친스, 그로버 292, 294, 424
헤이플릭, 레너드 87, 138, 203, 204, 277, 424
헨리, 헥터 '쿠터' 110, 422
헨리에타 랙스 박물관 97, 98, 401
헨리에타 랙스 보건역사박물관 재단(Henrietta
　Lacks Health History Museum Foundation, Inc.)
　284, 292
헨리에타 랙스의 날 280, 281
헨리에타 세포 379, 383
헨리에타의 사진 213, 243, 269, 320
헨리에타의 진료 기록 9, 76, 90, 269, 270, 292,
헬라 세포 9, 13, 14, 16, 17, 19, 20, 70~72, 77,
　82, 83, 105, 122, 127, 129~147, 168~172, 174,
　176, 181~183, 185, 187, 200~202, 204, 211,
　218, 223~225, 227~229, 234, 235, 237, 241,
　245~250, 252, 253, 262, 264, 267, 271~281,
　283~285, 287, 288, 299, 321, 325, 335, 336,
　341, 358, 360, 378, 379, 392, 397, 399, 400, 419
헬라사이톤 가틀러리 276
헬싱키 선언 406
흑인 정신병원 75, 76, 343, 344

지은이   리베카 스클루트

과학 저술가이자 논픽션 작가.《뉴욕 타임스 매거진》《오프라 매거진》《디스커버》《프리벤션》《글래머》를 비롯한 많은 잡지에 기고해왔다. 미국 공영라디오(NPR)의 〈라디오 랩 Radio Lab〉과 PBS 방송국의 〈노바 사이언스나우 Nova ScienceNOW〉의 통신원으로 일했으며, 현재《파퓰러 사이언스 Popular Science》의 객원 편집자 및《베스트 아메리칸 사이언스 라이팅 2011 The Best American Science Writing 2011》의 초청 편집위원으로 활동하고 있다. 그의 기고문은《베스트 크리에이티브 논픽션 The Best Creative Nonfiction》과 몇몇 선집에도 수록되어 있다. 전미도서비평가협회의 부회장을 역임했으며, 멤피스 대학, 피츠버그 대학, 뉴욕 주립대학에서 논픽션 작법과 과학 저널리즘을 강의했다. 현재 시카고에 살고 있다.

옮긴이   김정한

한림의대를 졸업하였고, 성균관대에서 의학박사 학위를 받았다. 혈액종양내과 전문의로 현재 한림의대 교수 및 강남성심병원 항암센터장으로 재직중이다. 2010년 미국 프레드허친슨 암연구센터에서 연수했으며, 마르퀴스 Who's Who, IBC, ABI 등 세계 3대 인명사전에 등재된 암연구자이다. 저역서로는 한평생의 지식(민음사, 공저, 2012), 면역학 (라이프 사이언스, 공역, 2023), PP+면역학(라이프 사이언스, 공편저, 2021) 등이 있다.

                                                           김정부

서울대학교 정치학과를 졸업하고 미국 조지아 공대 Georgia Institute of Technology와 조지아 주립대 Georgia State University에서 정책학 박사학위를 받았다. 현재 경희대학교 행정학과에서 주로 재무행정, 예산제도, 중앙정부와 지방정부의 재정관계 등을 연구하고 가르치고 있다.